山东卷

Shandong Volume

中国传统建筑

解析与传承

THE INTERPRETATION AND INHERITANCE OF
TRADITIONAL CHINESE ARCHITECTURE

Editorial Committee of the Interpretation and Inheritance
of Traditional Chinese Architecture: Shandong Volume

《中国传统建筑解析与传承　山东卷》编委会　编

中国建筑工业出版社

图书在版编目(CIP)数据

中国传统建筑解析与传承. 山东卷= THE
INTERPRETATION AND INHERITANCE OF TRADITIONAL
CHINESE ARCHITECTURE Shandong Volume／《中国传统
建筑解析与传承 山东卷》编委会编. —北京：中国建
筑工业出版社，2022.12
ISBN 978-7-112-28134-3

Ⅰ. ①中… Ⅱ. ①中… Ⅲ. ①古建筑–建筑艺术–山
东 Ⅳ. ①TU-092.2

中国版本图书馆CIP数据核字（2022）第207688号

责任编辑：胡永旭 唐 旭 吴 绫
文字编辑：孙 硕 李东禧
责任校对：张惠雯

中国传统建筑解析与传承 山东卷
THE INTERPRETATION AND INHERITANCE OF TRADITIONAL CHINESE ARCHITECTURE Shandong Volume
《中国传统建筑解析与传承 山东卷》编委会 编

*
中国建筑工业出版社出版、发行（北京海淀三里河路9号）
各地新华书店、建筑书店经销
北京锋尚制版有限公司制版
天津图文方嘉印刷有限公司印刷
*
开本：880毫米×1230毫米 1／16 印张：21¼ 字数：965千字
2022年12月第一版 2022年12月第一次印刷
定价：**238.00元**
ISBN 978-7-112-28134-3
（40263）

本卷编委会

Editorial Committee

组织委员会：

刘　甦　赵继龙　许从宝　隋杰礼　赵　斌　谢　群

编著委员会：

主　　编：仝　晖　邓庆坦

副 主 编：赵鹏飞　刘建军　高宜生　隋杰礼

编　　委：（以姓氏拼音为序）

常　玮　陈　勐　成　帅　韩　玉　郝占鹏　贾　超　金文妍　李超先　刘　强
刘馨蕖　刘　哲　慕启鹏　王　宇　王月涛　温亚斌　徐　敏　徐雅冰　许从宝
杨　俊　尹　新　于　洋　张　菁　张文波　赵　琳

编著单位：山东建筑大学
　　　　　青岛理工大学
　　　　　烟台大学
　　　　　济南大学

目　录

Contents

上篇：山东传统建筑解析

第二章 鲁中南地区建筑特征解析

第三章 胶东地区建筑特征解析

第四章　鲁西南地区建筑文化特征

第五章　鲁西北地区建筑特征解析

下篇：山东现当代建筑传承策略解析

第六章　山东近代建筑风格的形成与演进

第七章 现当代山东建筑传承的探索与发展

第八章 当代山东建筑传承的自然环境回应策略

第十一章　当代山东建筑遗产保护更新策略

第十二章　结语

参考文献

后　记

前　言

Preface

　　山东地处中华人民共和国东部沿海、黄河下游、京杭大运河中北段，上达京津、下至沪宁，"右有山河之固，左有负海之饶。"山东半岛东部伸入黄海，北隔渤海海峡与辽东半岛相望，东隔黄海与朝鲜半岛相对，西面与冀、豫、皖、苏四省接壤。山东地区历史悠久，是中华民族最早的发祥地之一。"山东"的名称由来已久，古称广义"山东"出自战国时期，秦据关中，将太行山（或函谷关）以东的六国之地称为"山东"。秦汉之后，中原及周边地区实现大一统，"山东"的范围逐渐缩小，历经区域范围和归属的分合交织，狭义的"山东"逐渐成为如今山东疆域的专称。西周早期，齐、鲁二国是今山东境内的两个主要封国，山东因此有"齐鲁之邦"的别称，简称"鲁"。①

　　黄河之水滋养着山东大地，悠久历史孕育出璀璨夺目的齐鲁文化。《史记·货殖列传》记载："泰山之阳则鲁，其阴则齐。齐带山海，膏壤千里，宜桑麻，人民多文彩布帛鱼盐。临菑亦海岱之间一都会也。……而邹、鲁滨洙、泗，犹有周公遗风，俗好儒，备于礼，故其民龊龊。颇有桑麻之业，无林泽之饶。"山东是儒家思想的发源地，仁爱礼乐融入生活，世世代代滋养着当地人民，因此有"孔孟之乡、礼仪之邦"的美誉。得天独厚的地理条件与丰沛富饶的经济基础，也为道教、佛教、伊斯兰教以及民间宗教信仰的传播与发展创造了条件，丰富多彩的宗教文化与地域文化相融合，成为齐鲁文化的重要组成部分。

　　基于地理环境和区域文化的综合考察，山东大致可分为四大文化区域，即鲁中南、胶东、鲁西南和鲁西北。鲁中南地区地处山东腹地，区域地势高、多山地和丘陵，相对闭塞的环境孕育出东夷文化、齐文化和泰山文化。胶东地区位于山东半岛东部，近海依山、三面环海、地形起伏平缓，承载着沿海军事布防的职能。胶东地区是山东海洋文化的源头，影响着人们的生活习俗和民间信仰。鲁西南、鲁西北地区属黄河冲积平原，区内以平原为主。京杭大运河纵贯南北，加强了南、北方文化交流，繁荣的漕运和河运也塑造了沿线城镇"商贾迤逦、夜不罢市"的景象，形成兼收并蓄的大运河文化。鲁西南地区还是儒家文化的发祥地，孔、颜、曾、孟等儒家先贤思想源远流长，滋养着当地民众。

---

① 孙祥民. 山东通史（上卷）[M]. 济南：山东人民出版社，1992：1.

建筑是人类活动的空间载体，是地域性历史文化的物质表征。齐鲁建筑文化既体现出中国北方官式建筑的正统与经典，也呈现出地域性乡土建筑的丰富与多样，既有几千年间多元文化交融的包容与延续，也有现当代对人文与自然的传承与创新。《中国传统建筑解析与传承 山东卷》分上、下两篇，上篇专注于传统建筑文化解析，论述鲁中南、胶东、鲁西南、鲁西北四个区域传统建筑的地域性特征及其发展脉络，讨论建筑类型、空间、文化、营造、形式及装饰特征。下篇专注于传承，论述近代、现代及当代三个阶段建筑的发展与演变，提出自然环境回应、人文环境回应、技术传承创新和遗产保护更新是建筑创作实践的四个主要面向，从不同侧面呈现出对传统建筑文化的继承与发扬。

　　山东地区多元化的地域历史、地形地貌、社会文化和风土人情，形成了特色鲜明、形貌各异的地域性传统建筑文化，体现在聚落形态、院落布局、结构构造和细部装饰等方面。鲁中南地区基于山地和丘陵地貌，发展出依山就势、临水而居、秩序井然的建筑形态和空间布局，以及由石材、生土等地方材料所形成的因地制宜、就地取材、实用朴素的传统营造技艺。胶东地区受海洋文化的特殊性和尊儒重道的一般性特征影响，呈现出商官与耕读并立的聚居形态、院落秩序和自由形态并存的建筑格局，衍生出海洋崇拜、图腾崇拜、重视防御、海草房民居等地方性装饰样式和营造技艺。鲁西南、鲁西北地区受运河文化和商旅贸易影响，南北方文化交融荟萃、地方传统开放包容，形成运河沿线的商贸重镇和装饰富丽的商贾宅邸，与注重地域性营造的传统民居构成该区的主要特征。作为儒家文化的发祥地，鲁西南地区建筑还强调等级秩序、礼乐相成、附儒而行。

　　鸦片战争爆发后，殖民入侵和自主通商开埠，使山东城市格局和建筑风貌发生深刻变革，出现了西方历史主义、宗主国地域主义、殖民地外廊式、现代派与国际风格等西方建筑风格，以及不同主体推动下的中国古典建筑复兴，构成了近代山东中西交杂、风格多样的建筑特征。

　　中华人民共和国成立后，山东在经历了"民族形式"探索期和多元探索期后，开始关注新理念和地域性特色相融合的问题，对于场所精神、技术创新、绿色建筑与环境、遗产保护的关注，直接影响到21世纪之后的当代实践。

　　山东当代建筑实践的四个主要创新理念和创作领域包括自然环境、人文环境回应策略、技术创新策略和遗产保护更新策略。对于地域自然环境的尊重，体现在因地制宜、因势而造的设计理念，或将建筑形态消隐于自然，或以地方材料向自然致敬，或以表皮肌理呼应自然，也以空间布局回应自然，从而实现建筑与环境交相辉映、人与自然和谐共生；人文环境回应策略，体现出理性解读与感性认知并重、严谨操作与意识共情共存的设计理念，呈现出对地方文化的解码、再现、演绎等林林总总的表达方式；建筑技术创新与表达，是连接传统文化与时代精神的纽带，包括传统技术的传承与创新、现代技术的演绎与表现、适宜性技术对传统与现代的综合与利用，呈现出时代美学、技术美学和建构文化的在地性表达；建筑遗产保护更新涉及历史文化街区、地域性建筑遗产和产业遗产三个领域的实践，旨在保护并延续历史信息的完整性和真实性，提升建筑质量并改善空间环境，使建筑遗产进一步为当代社会生活服务。

总之，山东建筑是中国传统建筑传承与当代建筑创新不可或缺的重要组成。希望这本汇集了阶段性研究思考的"山东卷"，能够为我们解析、传承齐鲁大地上绵延至今的建筑文化、空间形制、建造技艺、生态思想贡献一隅之见，藉此促发山东建筑历史研究与当代创作新视野的开启，共同推动地方建筑文化的繁荣与创新！

第一章　绪论

　　山东历史悠久，是中华文明的重要发祥地之一。齐鲁先民在创造古代灿烂文明的同时，也形成了丰厚的传统建筑文化积淀。山东建筑历史文脉的沿革大致可以划分为古代、近代、现当代三个历史时期。古代时期是山东传统建筑文化发源和形成的时期。山东是儒家文化的发源地和传承地，儒家文化成为正统的官方意识形态和社会主流文化，与之相对应的礼制文化和正统的官式建筑体系，构成了山东传统建筑文化的内核和根柢。山东宗教文化传播、交通、移民、海防等因素带来的文化交流，则形成了传统建筑文化的多元与复合特征。近代时期是中西方建筑文化碰撞与交融的时期。现当代时期是山东传统建筑文化传承与发展的新的历史时期。通过对齐鲁文化区域内建筑历史的肇源、流变、规制、意匠的探究，运用科学方法整理齐鲁建筑文化遗产，发掘地域文化精神特质，梳理近现代时期传统建筑文化延续与传承的历史脉络，对于传统建筑文化的守正创新与现代转化，促进地域性建筑创作与理论创新，推动山东当代建筑文化的多元化发展与繁荣，必将产生不可估量的积极作用。

第一节　概述

山东省简称"鲁"，地处华东沿海、黄河下游，东部山东半岛伸入黄海，北隔渤海海峡与辽东半岛相对，东隔黄海与朝鲜半岛相望，内陆部分自北向南分别与河北、河南、安徽、江苏四省接壤。山东境内地形复杂，中部高突，泰山是全境最高点，西部、北部是黄河冲积而成的平原，是华北平原的一部分。山东历史悠久，是中华文明的重要发祥地之一。齐国、鲁国作为西周在山东境内两个最大的封国，其发达的政治、经济、文化对中国历史产生了重大影响，故后世将"齐鲁之邦"作为山东的别称。"山东"一词最早出现于春秋战国时代，泛指崤山、函谷关以东地区，古属《尚书·禹贡》所载"九州"中的"青、徐、兖、豫"四州之域。随着历史演进与朝代更迭，山东地区范围和归属分合交织，明清山东设省后，政区范围逐渐稳定下来。

山东地区自古以来气候温和、资源丰富，史前时代就有原始人类在此繁衍生息。进入文明社会以来，山东地区更是华夏先民的主要聚集地和各民族交汇、融合之地。便利的水陆交通，接近中原地区的优越地理位置，山东地区先民们直接参与了中华民族传统主流文化的创造与发展。齐鲁文化是对春秋战国时期齐文化、鲁文化的总称，孕育于西周初年齐、鲁建国之始，生成于春秋，繁荣发展于战国，至汉代被吸收兼容。春秋战国时期是中国历史上思想活跃、百家争鸣的时期，齐鲁大地涌现出一大批贤哲圣人，如孔子、孟子、曾子、子思、墨子、管仲、晏婴、孙子等，他们开宗立派、标新立异，构建思想理论体系，这些思想理论相互渗透与扩展，逐渐形成了齐鲁文化的主体内容和鲜明特色，这就是以"人"为本，以"仁"为核心，以"和"为贵，以"礼"为形式，以"天人合一"为目标，成为此后两千多年中国传统文化的主体。孔子为代表的儒家文化，庄子为代表的道家文化，管仲为代表的法家和重商文化，孙子为代表的军事文化以及汉末传入山东地区的佛家文化等，成为一体多元的中华民族传统文化不可或缺的组成部分。

建筑是人类活动的物质载体和历史文化的积淀结晶，中国传统文化渗透了中国古建筑，中国古建筑深刻地体现了中国传统文化。[①]齐鲁先民在创造古代灿烂文明的同时，也形成了丰厚的传统建筑文化积淀。在一体多元的文化因素、丰富多彩的自然环境影响下，历经漫长历史岁月，在齐鲁大地上形成了数量众多、风格多元、特色鲜明的山东古代建筑，其特点可以用"全""续""变"来概括。"全"是指山东古建筑遗产类型丰富，山东省遗留下来的古代建筑遗产数量众多、类型齐全，涵盖了传统聚落包括城镇、村落、海防卫所，传统建筑从衙署、坛庙、佛寺、道观、陵墓、民居到园林，以及军事工程、水利设施、桥涵、牌坊等，涵盖了古代政治、经济、宗教、文化、教育、军事、交通、产业等几乎所有领域。"续"是指山东传统建筑文化发展演变的持续性、传统建筑技术传承的连续性，在正统和主流文化影响下，营建历史延续千余年的曲阜三孔建筑群、采用帝王宫城规制的泰山岱庙等为代表的礼制建筑，构成了中国主流、正统的传统建筑体系的典型代表；另一方面，山东古代建筑在不断融合外来文化的同时，表现出统一性和连续性，伴随着儒、释、道的融合和外来宗教的本土化，无论是本土的道教建筑，还是外来的佛教建筑、伊斯兰教建筑乃至基督宗教建筑，均被整合到中国传统木构建筑体系中，传统建筑体系主导地位一直延续到晚清和民国时期，表现出强大的生命力。"变"则是指与主流和正统的官式建筑文化相对比，在不同历史文脉和地理环境作用下，山东古代建筑因势利导、因地取材形成了丰富多样的地域性特征。如在传统城池建设上，既有严格按照《周礼》规制建设的西周鲁国故城，也有因形就势的"四门不对"的济南府城。另一方面，京杭大运河、海洋交通和移民、海防等人口迁移因素，给山东传统建筑带来了鲜明的文化交融和复合特征。

---

① 引自：陆元鼎. 中国古建筑丛书［M］. 北京：中国建筑工业出版社，2015. 总序.

跌宕起伏的山东近代建筑历史构成了山东建筑历史和齐鲁文脉传承中不可或缺的重要一环。1840年鸦片战争爆发，拉开了中国近代建筑历史的序幕。山东近代城市转型的契机首先来自帝国主义列强势力的武力楔入。1861年第二次鸦片战争后，烟台正式开埠，成为近代山东第一个对外通商口岸。1897年，德国以"巨野教案"为由，强行租占胶州湾。1898年，英国租占威海卫。面对日益深重的民族危机，在中国官方与民族资本主导下，山东城市的近代化建设步伐大大加快。西方建筑体系大举东渐，新的建筑功能、建筑技术、建筑材料不断涌入，中西方建筑文化不断冲突交融，其中以殖民地外廊式、西方历史主义、殖民宗主国地域性风格、现代主义风格为代表的西方建筑文化输入与传播潮流，与以西方在华教会主导的"中国式"、南京国民政府倡导的"中国固有形式"为代表的传统建筑文化传承与复兴潮流激荡交融，形成了山东近代建筑文化的两条主要脉络。近百年山东近代建筑历史，在山东沿海地区和胶济铁路、津浦铁路沿线地区，留下了以济南商埠区、青岛历史城区、潍坊坊子、烟台烟台山为代表的一批近代历史城区、历史街区，构成了山东城市历史风貌不可或缺的组成部分。近百年山东近代建筑历史，在全省范围内形成了一大批近代建筑历史遗产，涵盖了行政办公、商业金融、工业建筑、军事建筑、近代民居等广泛的近代建筑类型，形成了独具特色的山东近代建筑文化。如果说源远流长的历史文化积淀构成了齐鲁建筑文化传承的基础，那么多元纷繁的山东近代建筑为山东地域建筑文化添加了新的底色。

1949年，中华人民共和国成立，山东建筑历史掀开了新的篇章，传统建筑文化的传承与复兴潮流进入了现代历史阶段。20世纪五六十年代全国范围内兴起的"社会主义内容、民族形式"建筑潮流，对山东现代建筑产生了重要影响，产生了一批"民族形式"建筑。七八十年代之交，进入改革开放新时期，建筑设计实践、建筑历史理论研究空前活跃，山东立基传统文化的建筑实践开启了多元发展的新阶段。20～21世纪之交，后现代主义、批判性地域主义、建构主义、绿色建筑、数字建筑等当代建筑思潮不断涌入，山东当

代建筑中形成了基于地形地貌气候的新地域主义，基于人文环境文脉的文脉主义，基于新材料、新技术的建构主义等诸多探索趋势，这些探索融入了现代性、后现代性、绿色生态意识等新的时代精神。

改革开放以来，山东省经历了史无前例的城乡建设与更新大潮，城乡面貌日新月异，地域文化失落与城乡风貌"千城一面""千村一面"的特色危机日益凸显，经济高速发展、现代化建设与历史遗产保护之间的矛盾更加尖锐，传统城镇、村落、街区与历史建筑保护开始受到社会各界的关注，建筑遗产的传承保护与有机更新成为山东传统建筑文化传承的重要趋向。

第二节　自然地理环境述略

历史文化是人类活动的产物，自然地理则是历史文化形成演变的舞台。自然环境是齐鲁地域建筑产生与存在的基础，就地理环境而言，全省地形以泰、沂、鲁、蒙山为中心向四周降低，向西、向北则逐步过渡为低山、丘陵、山前平原和鲁西北黄泛平原，向南过渡为临郯苍平原，向东过渡为胶莱平原和鲁东丘陵。山东整体地形特点大致可分为：山东半岛、泰沂山地、鲁西平原。山东整体气候受大陆和海洋的影响，基本上属于暖温带季风气候区，气候较为温和湿润，适宜人类的耕作居住。

总体来看，山东地形地貌有三个突出的特征。首先在地势上中间高、四周低，全省地形以泰、沂、鲁、蒙山地为中心向四周降低。全省最高点为泰山主峰玉皇顶，海拔1532米；其次在地貌类型上丰富多样，平原面积较为广阔；根据《山东省第一次全国地理国情普查》等相关资料，山东地貌类型分中山、低山、丘陵、山前倾斜地、山间谷地、山前平原、湖沼平原、滨海低地、滩涂、河滩高地、决口扇形地、微斜平原、洼地和现代黄河三角洲14个地貌类型。鲁西南、鲁西北平原地势坦荡、开阔；在地质上山东的山地丘陵切割较强烈，山东山地丘陵构造基础是断块山、断裂谷、断陷平原和

盆地。由于流水侵蚀、切割，使山地丘陵呈现出高度的破碎状态，分割强烈，沟谷众多，山东的山地丘陵被称为"破碎丘陵"。

依据山东整体地形特点，山东现辖省域大致可分为山东半岛、泰沂山地、鲁西平原三大地貌区域；对应于山东方位区域，山东半岛即胶东半岛地区，泰沂山地即鲁中南地区，鲁西平原进一步可划分为鲁西南地区（包含部分衔接的低山丘陵及山前倾斜地区域）和鲁西北地区。

一、胶东半岛地区

胶东半岛，又称山东半岛。半岛三面环海，在3000多公里漫长曲折的海岸线上，形成了莱州湾、胶州湾等200余个大小不等的海湾；散布着长山列岛、田横岛、灵山岛等450多个近海岛屿，是中国海洋资源最丰富的区域之一。

1. 地理地貌特征

胶东丘陵区主要包括烟台市、威海市、青岛市所辖地区，为山东半岛的主体部分。该区群山起伏、丘陵绵延，山丘基本由火成岩组成，除少数山峰海拔在700米以上，大部分为海拔200～300米的波状丘陵。坡缓谷宽，土层较厚，加之三面环海，气候温和湿润，自然条件优越。介于鲁中山丘区与胶东丘陵区之间的胶莱平原为山东省面积较大的第二平原，主要包括潍坊市大部与青岛市北部，系潍河、大沽河、胶莱河冲积而成，海拔多在50米左右，土层深厚，农耕发达。现代黄河三角洲呈扇形状，以宁海为顶端，东南至小清河口，西北到徒骇河入海处，前缘部分凸出伸入渤海湾与莱州湾之中，面积5000多平方公里，三角洲资源丰富，也有很大的农耕潜力。

半岛丘陵之间为地堑断陷平原带，主要有莱阳盆地、桃村盆地等。丘陵外缘，散布着沿海平原，宽度自数公里至10余公里不等，其中以蓬莱、龙口、莱州滨海平原面积最大，为胶东重要农作区之一。在半岛中北部，自西向东分布着大泽山、艾山、牙山、昆嵛山、伟德山等较大高山，它们成为

半岛南北水系的分水岭，河流多由此发源，向南北分流。中部方圆300余里的昆嵛山，峰峦叠嶂，林深谷幽，是中国著名的道教名山。半岛山海之间尚有面积不等的沿海平原和近海滩涂，物产丰饶的地理环境，为半岛地区发展提供了优越条件。考古资料表明，早在六七千年以前，在烟台的白石村遗址和渤海中的长山岛北庄遗址等地就有大量先民从事渔、牧、猎等生产活动，其文化发达程度，不仅可与内陆同期的北辛文化、大汶口文化相比肩，而且独具特色、富于创造性。

2. 气候与降雨量

胶东半岛气候资源的突出特征表现为受海洋影响深刻，因而有气候湿润、春来迟及、夏无酷热、降水较多、变率较小，但热量资源较少、风力资源丰富等特点。

胶东半岛是山东省年降雨量最丰沛的地区，多年平均年雨量多为700～900毫米，半岛和胶莱平原北部的少数地区小于700毫米，沭东地区的日照、莒南一带达950毫米。降水的年际变化较小，变率为20%左右，东南沿海因易受台风影响，变率稍大，可达25%。降水的季节分配是本省较均匀的一个地区，夏秋降水约占全年55%~60%，集中程度小于其他地区，春季降水量约占15%~18%，秋季降水约占20%~24%，冬季降水约占5%左右。降水的高值期与高温期相配合，利于作物生长。春季降水较少，但春温较低，蒸发弱，相对湿度较大，平均达63%以上（是省内较高值区），因此，土壤墒情较好，少春旱的出现。雨季雨势急，常有暴雨出现，东南部沿海为本省暴雨中心之一，平均强度在70～90毫米/日，半岛东部达到200毫米以上，石岛、牟平、威海等地均出现过最大日降水量超过300毫米的记录。

二、鲁中南地区

鲁中南山地又称泰沂山区。山地凸起，大致为西北、东南走向，绵延至鲁南大部，泰沂山脉构成了山东省中部脊梁，

脊部两侧，海拔500～600米，属古生代和中生代地层构成的丘陵，形成了山东地理环境的一大特点。

1. 地理地貌特征

泰沂山区自西向东，有泰山、蒙山、鲁山、沂山四大海拔千米以上的山系，其中，号称"五岳独尊"的东岳泰山最高峰海拔1532米。登上巍峨挺拔的泰山之巅，确有"一览众山小"的气势。这里是自上古传说中的炎帝、黄帝、尧、舜、禹、汤以迄秦皇、汉武等历代帝王的封禅之地，是一个上层宗教活动的文化中心，被联合国教科文组织列入世界自然、文化双遗产名录；蒙山是《诗经》中称为"东山"的文化名山；鲁山是著名的淄水、沂水的发源地，其南山坡石洞中发现了距今80万年的人类遗骨——"沂源人"；而沂山则是宋代以来中国山岳中号称"五镇"之首的"东镇"之山。在葱郁茂密的群山林海中，斑斑古迹随处可见。在泰、鲁、沂等山脉构成的东西走向高山脊背群的北面，是一大片丘陵过渡带，蜿蜒起伏的丘陵外缘，是广袤的山麓堆积平原。呈南高北低、倾斜之状，淄水、潍水、弥河等数条大河，源自南山，呈网状滚滚北流，汇入渤海。在这些河流发源的高山、丘陵地带，由于河流均源于山丘岭表，呈辐射状向四周分流，形成众多宽窄不等的河谷地带。区内石灰岩分布广泛，喀斯特地貌发育，地下裂隙溶洞水受阻后一部分涌现地表，形成诸多泉群，著名的有：济南趵突泉群、黑虎泉群、珍珠泉群、五龙潭泉群，章丘明水泉群，莱芜郭娘泉群，新泰楼德泉群，蒙阴柳沟泉群等。这里不仅生长着茂密的树林，而且矿产资源丰富；在河海交汇的浅海区，为水产养殖和渔业捕捞提供了理想条件；而山海之间的广阔地带，大多坡缓谷宽、地表平坦、田野肥沃，既有农桑之利，又是畜牧业和矿业生产的理想场所。这一广阔的地带，就是《禹贡》所载古青州之地。20世纪初，围绕中国文明起源的考古探查就首先从这里开始，并最先在这里发现了被称为"代表中国上古文化史的一个重要阶段"的龙山文化章丘城子崖遗址。以上充分说明，这里优越的自然环境催生了中华最早的文明。

泰沂高山脊背群的南面是地势逐渐趋缓的丘陵地带，东部有蒙山及其他高低不等、起伏绵延的山地，著名的沂蒙山区即在这个范围之内。鲁中南丘陵的特点是山地平缓，陵原相间、土地肥沃、河湖众多、灌溉便利、草丰林茂，是著名的农桑之区。这里的河流主要有汶水、泗水、沂水、沭水等。这些河流大多发源于泰沂山脉，水量充沛、流域广阔，既有灌溉之利，又为交通要道。汶泗流域从上古时代就是人类活动聚居的政治文化中心，距今5000年的大汶口文化的发现地，传说中的太皞（昊）、少皞（昊）部落就主要在这一带活动，商民族曾先后在此建都。公元前11世纪，周天子分封齐、鲁于潍淄流域和汶泗流域。

2. 气候与降雨量

鲁中地区热量资源为省内丰富的地区之一，北部济南附近受鲁中山地背风处焚风效应的影响，高达27℃以上，是全省高温中心。本区气候的大陆性明显大于鲁东区，加之山地众多，地形复杂，使区内气温的年较差较大，山区气候特征明显。本区降水属省内较多的地区，年降水量多在700～850毫米之间，北部济潍平原较少，可在650毫米左右，南部枣庄、临沂以南最多可达900毫米以上，是省内降水丰富的地区。区内山地众多，较高山地的迎风坡往往成为多雨中心，如位于泰山南北两侧的泰安和济南两地市，前者处于泰山水汽迎风坡，年降水量平均高出位于背风坡的济南市80毫米左右。区内年降水的集中程度高于鲁东地区，夏季降水可占全年降水总量的65%左右，旱涝灾害的发生机率增加，尤以石灰岩山地区旱灾危害十分突出。本区由于地形抬升作用明显，故为全省暴雨中心之一，以鲁中山区南部最为突出，每年平均暴雨日达3天以上，1日最大降水达300毫米左右，且年暴雨期可长达60～70天。每当暴雨，多造成山洪暴发，河床径流爆满，下游洩泄不及，往往形成洪涝灾害，如鲁南临郯苍平原，就是省内洪涝灾害发生较多的地区之一。

三、鲁西平原地区

鲁西平原地区由鲁西南地区（包含部分衔接的低山丘陵及山前倾斜地区域）和鲁西北地区构成。

1. 地理地貌特征

由黄河泛滥冲积而成的鲁西南—鲁西北平原东到渤海，包括菏泽、聊城、德州、滨州四市全部，济宁大部，泰安一部分。此平原面积约52100平方公里，占全省总面积的34%，海拔大多在50米以下，自西南向东北微倾，土壤肥沃，是山东省主要的粮食和农作物产地。由于黄河历次决口、改道和沉积，平原地表形成一系列高差不大的河道高地和河间洼地，彼此重叠，纵横交错。

该平原北接冀南，南达苏、皖，呈半圆形环抱着鲁中南山地，地势较低，是我国华北大平原的主要组成部分。黄河由其西南入境，斜贯东北滚滚而下，自东营注入渤海，千百年来形成黄河三角洲广袤的冲积平原。中南部是河湖交错的鲁西平原，东平湖水面浩瀚、资源丰富，是古梁山泊的余部；南面由南阳湖、独山湖、昭阳湖和微山湖四湖相连，形成我国北方最大的淡水湖群——南四湖；京杭大运河自北向南纵贯鲁西平原，全长600余公里，明清时代为南北主要交通要道，舟楫往返，商贾云集，形成了德州、临清、聊城、张秋、济宁、枣庄等一条繁华的运河城市带，南北经济、文化交汇于此，使鲁西一度成为最发达的商业经济区和重要粮仓。

2. 鲁西南气候与降雨量

鲁西南地区属典型的大陆性季风气候，光、热资源丰富，降水适中，雨热同期，但是，旱涝灾害发生频率较高。区内年均降水量多在600～750毫米之间，南部明显多于北部，较为适中。降水期又主要分布在农耕期，其中89%以上降水是在日均温≥10℃以上的农作物活跃生长期，对多种作物的生长和发育十分有利。但降水的季节分配不均，夏季降水可占全年总量的65%，春季降水平均不足100毫米，仅占全年13%左右，春旱和夏涝的发生十分频繁。本区降水的又一特点，表现为强度较大。年均暴雨日虽不多（一般2～3天）但多有大暴雨，1日最大降水量可达200毫米以上。降水的分布不均，是区内气候资源的主要不足。

3. 鲁西北气候与降雨量

鲁西北地区属省内大陆性气候最强的地区，大陆度达60%~65%，也是全省降水最少的地区。虽纬度偏高，热量资源有所减少，但与降水相比，仍属相对丰富，为省内光热资源较丰富的地区之一。鲁西北地区是省内降雨量最少的地区，年降雨量仅550～650毫米，自东南向西北减少，德州附近低于550毫米，是全省最低值区。

第三节　行政区划与文化区系

山东最初作为一个地理概念，主要指崤山、华山或太行山以东的黄河流域广大地区。至金代设置山东东、西二路，"山东"始作为政区名称。清初设置山东省，"山东"才成为本省的专名。明清以降山东设省，政区逐渐相对稳定；中华人民共和国成立后，山东所辖区域小有变化。

一、山东省行政区划沿革

山东省的地域区划与政区设置，上溯先秦古国，远绍秦汉郡县，近承明清州府。山东古属《尚书·贡禹》所载"九州"中的青、徐、兖、豫四州之域。夏商时期，今山东地区存在着许多古国，仅文献上有记载且能查到地望的就达130多个，这些所谓的古国，大多是一些带有浓厚氏族部落特征的居民群体，同地域结合在一起，有各自的居住地和分布范围。西周、春秋时，属齐、鲁、曹、滕、薛、郯、莒、魏、宋等诸侯封国地。战国后期大部分并于齐，南部属楚，西部一部分归赵。

历史上，自秦汉至宋元，是山东政区变化最纷繁复杂的时期，改朝换代必有变迁，一朝之中数变政区者亦不在少数。秦代设郡，东汉应劭撰《汉官仪》阐明郡县设置原则，即注重历史文化传承和地理环境选择。"凡郡，或以列国，……或以旧邑，……或以山陵，……或以川原"。当代人文地理学者指出，"秦汉设郡大都是以现专区一级范围的古文化古国为基础的。"秦代初设三十六郡，后增至四十八郡，山东有其八，大致奠定了山东后代州府设置的基本格局。汉至西晋，封国与郡县并存，政区变化，多而复杂。东晋南北朝时期，战乱频仍，政区易迭更属变化无常，但是基本以秦代郡县设置为基础。明代设省之后，地方设六府十五州。清代虽有几次调整，但基本沿袭明制的基础。到清乾隆年间，析地增至九府，即济南、东昌、泰安、武定、兖州、沂州、曹州、登州、青州（领临清、济宁两直隶州）。明清时期不仅奠定了现代山东地域分区的基本框架，同时对于山东地域文化区系风貌的形成与传承产生了重要影响。

秦统一六国后，在山东境内置齐、薛、琅琊、东海四郡。汉代郡国并行，西汉时期设置十一郡六国。汉武帝元封五年（公元前106年），初置十三部州，山东分属青、兖、徐三州。东汉时期山东属青、徐、兖、豫四州，西晋初，山东分属青、徐、兖、豫、冀五州。晋怀帝永嘉以后，山东先后为后赵、前燕、前秦、南燕所据。东晋安帝义熙五年（公元409年），刘裕平南燕复置青、徐、兖三州。其后，山东地区为北魏所有。北魏亡，属北齐，后又为北周所并。南北朝时期，州郡数量大增，辖区相对变小。隋统一后，山东分属青、徐、兖、豫四州。唐贞观初，山东属河南、河北两道。北宋改道为路，山东分属京东东路、京东西路。金大定八年（1168年）置山东东西路军统司，山东一名始作为正式地方行政区划。元朝分置山东东西道肃政廉访司及山东东西道宣慰司，直隶中书省。明洪武元年（1368年），置山东行中书省，后改为山东承宣布政使司。清初，分全国为18行省，后增至23省，山东省至此成为地区与政区相统一的专用名词。中华民国初期，

划分为济南、济宁、胶东、东临4道，属县107个。1928年废道，各县直属省。1937年10月，日军侵占山东，国民党省政府流亡。1938年7月，中共苏鲁豫皖边区省委发出关于恢复县、区、乡政权的指示，到当年年底有12个县成立了抗日民主政府。1939年7月，中共山东分局将山东划分为3个区和2个特区：胶济路南、陇海路北、津浦路东为一区，津浦路西为二区，胶东为三区，湖西、清河为特区。1940年8月，山东省战时工作推行委员会成立，下辖16个专员公署，88个县。

中华人民共和国成立后，设立平原省，由中央直接领导，今山东的菏泽、聊城等地区划归平原省管辖。1952年撤销平原省，菏泽、聊城、湖西3专区划归山东省。1953年6月，滕县专区（今滕州）驻地迁往济宁，成立济宁专区。7月，撤销湖西专区和沂水专区，将其所属县市分别划归济宁、菏泽和临沂专区。1954年12月，撤销淄博工矿特区，设立淄博市。1958年，莱阳专区更名为烟台专区。1960年，撤销峄县，设立枣庄市。1963年，河南省东明县划归山东。1964年，范县划归河南。1965年1月，馆陶划归河北，河北省的宁津县、庆云县划归山东。1967年，专区更名为地区，山东辖9个地区，4个省辖市，5个县级市，107个县。1981年5月，昌潍地区更名为潍坊地区。1982年11月，设立省辖东营市。1983年，撤销烟台地区、潍坊地区、济宁地区，设立地专级烟台市、潍坊市、济宁市。1985年，撤销泰安地区，设立地专级泰安市。1987年，威海升为地级市。1989年，日照升为地级市。1992年，惠民地区更名为滨州地区，莱芜升为地级市。1994年，撤销临沂地区、德州地区，设立地级临沂市、德州市。1997年，撤销聊城地区，设立地级聊城市。2000年，撤销滨州地区、菏泽地区，设立地级滨州市、菏泽市。2018年12月，撤销地级莱芜市，将其所辖区域划归济南市管辖，设立济南市莱芜区和钢城区。

二、山东省地域文化区系

行政区划与自然地理界线相结合，山东省全省可分为鲁

西、鲁北、鲁东和鲁中南，其中，鲁西以黄河为界一分为二，黄河以北德州、聊城两市为鲁西北；黄河以南，东平湖、南四湖以西的菏泽市与济宁市西部为鲁西南；小清河以北为鲁北，包括滨州市和东营市。潍河与沭河以东为鲁东，包括胶东和鲁东南两部分；胶莱河以东为胶东半岛，沭河以东为鲁东南。小清河以南、鲁西、鲁东之间统称鲁中南，其中，南四湖以东，包括枣庄市和临沂市南部区域为鲁南。综合自然与文化资源区域分布，山东现辖区域大致可划分为鲁东半岛地区，即山东半岛，鲁中南地区，即泰沂山地区，鲁西平原进一步可划分为鲁西南地区（包含部分衔接的低山丘陵及山前倾斜地区域）和鲁西北地区。

综合地理环境与区域文化发展的历史考察，山东地域文化可大致分为四大区域：鲁中南地区素为山东腹地，历来是山东省的政治、经济、文化中心。胶东地区山东半岛三面临海，伸入渤海、黄海间，与中国东北地区和韩国联系紧密。鲁西南地区位于山东西南部，苏鲁豫皖四省交界，历史文化底蕴深厚，是中华文明发祥地之一，济宁有孔孟之乡、运河之都美誉。鲁西北毗邻京津，南接黄河，西依太行，东临渤海，京杭大运河贯穿南北。齐鲁文化在其历史发展中的诸多成就与特色，都与四大区域在不同时期的特殊贡献密不可分。潍淄和汶泗两流域，是齐鲁文化的发祥地和核心区。以山东半岛的文化为例，在齐鲁文化形成发展过程中，齐文化的海洋文化特色，经济上的鱼盐之利、工商文化特色，都与半岛密不可分。齐鲁文化中的方士文化以及早期道教的形成和金元时期全真道的兴起与发展，都离不开半岛文化的贡献。又如鲁西一带，中华早期文明发展史上，为夏、商时期夷、夏民族文化的交汇融合之地，这里与曲阜一带都是先商文化的中心活动区域，多有商代早期在此建都的记载，历史资源十分丰富。沂沭流域的沂蒙一带是《诗经》中所称的"大东"地区，汉代以后，成为人才辈出的文化高地，六朝时期南迁的世族文化影响了整个中国文化的进程。在相当长的历史时期内，琅琊都是全国的名郡之一。明清大运河开通以后，鲁西南、鲁西北两岸地区更一度成为商贸发达、经济繁盛之地。

1. 鲁中南地区

鲁中南地区位于黄河下游，在鲁西北冲积平原和鲁中山区的交接带上，基本涵盖了济南市、淄博市、泰安市、临沂市、潍坊市。鲁中南地区是东夷文化的源头，齐鲁文化中齐文化的发祥地。鲁中南地区多山地丘陵，泰山、徂徕山、鲁山、沂山、蒙山等名山分布其中，由远古的山岳崇拜演变形成了以古代帝王封禅和宗教活动为主题的泰山封禅文化。鲁中南地区作为春秋战国时期齐国的腹心之地，北濒大海，南依泰沂山脉，既有林果矿产之饶，又有鱼盐农牧之利，如《战国策》所称，"齐带山海，膏壤千里"。淄博的临淄古城为齐国都城，商业发达，人才荟萃。工商业自春秋战国以来即号称发达，商品经济活跃，人民思想开放通达，形成了重视工商、实用与尚武的文化传统，如司马迁在《史记·货殖列传》所云，齐地"人民多文彩布帛鱼盐""其俗宽缓阔达，而足智，好议论""其士多好经术，矜功名"。

鲁中南地区建筑文化兼具主流建筑文化的正统性、多元文化交融的复合性和因地制宜的地域性。首先鲁中南地区地处山东省的地理中心，历史上临淄、青州、济南先后成为鲁中南地区乃至整个山东的中心城市，明太祖洪武九年（1376年）改山东行中书省为承宣布政使司，济南始为山东首府，成为山东地区的政治中心城市，形成了严格按照等级规制的济南珍珠泉巡抚院署大堂、济南府学文庙等代表性的礼制建筑。济南、青州也是佛教传播的重镇，泰山是道教名山，济南长清灵岩寺、道教宫观泰山碧霞祠均为宗教文化圣地。元代以降，伊斯兰教在山东传播，济南清真南大寺、青州清真寺见证了伊斯兰教建筑的中国化与本土化。南北交融是鲁中南地区建筑文化的重要特色，私家园林济南万竹园、潍坊十笏园集南北园林风格特征于一身，济南的泉水聚落则兼具北方民居的朴实和江南民居的灵秀。

2. 胶东半岛地区

胶东半岛地区处于山东省最东端，广义上涵盖了烟台、威海、青岛、日照等地。北临渤海与辽东半岛隔海相望，东、南临黄海与朝鲜半岛、日本列岛遥遥相对，西与鲁中南区相接。本区主要包括鲁东半岛低山丘陵和胶莱平原两个亚区，海拔多在500米以下。从齐地自古有之的万物有灵信仰、仙道文化再到对蓬莱三山和长生不老传说的追求，原始信仰体系在胶东地区有着深厚的生长土壤，胶东地区是道教文化的中心，独特的文化传统与自然环境孕育滋养了道教文化，孕育了昆嵛山、崂山等道教名山。

海洋文化的浸染和南北文化的交融是该区域地域文化的主要特征，该区黄、渤海环绕，海岸长而曲，港湾众多，岛内山峦起伏，峰高林深，不仅在生产方式上形成山海结合的特点，渔、林、牧业发达，乡土民俗中海洋文化特色鲜明，海仙传说盛行，表现对大海的敬畏崇拜，妈祖、龙王崇拜兴盛，形成了烟台、青岛等地的龙王庙、天后宫建筑类型。胶东沿海地区是明清时期海防体系的重要组成部分，形成了以山东烟台的蓬莱水城、青岛的雄崖所城为代表的防卫聚落。明代大批南方氏族迁入胶东地区，胶东传统民居呈现出南北交融的鲜明特征，在布局形式、建筑材料和立面造型等方面与闽粤民宅有诸多相似之处。胶东沿海民居的海洋特征更加明显，为了适应丘陵地形和海洋性气候，形成了独具特色的沿海海草房聚落布局和乡土地域民居，充分表现了胶东传统民居的文化多样性。

3. 鲁西南地区

鲁西南地区与苏、皖、豫三省接壤，位于山东省西南部的黄河冲积平原上。鲁西南地形以开阔的大平原为主，只在梁山和嘉祥境内分别有200米左右的山头和小片丘陵。鲁西南地区地势北高南低、东高西低，东部和东南部为低山丘陵地区，中西部为平原洼地，南部微山湖是我国北方最大的天然湖泊。

鲁西南地区是中华文明的发祥地之一，历史悠久，文化底蕴深厚。鲁西南地区是儒家的发祥地，以曲阜的孔庙、颜庙、邹城的孟庙和嘉祥的曾庙为代表的儒家先贤祠庙，作为儒家建筑遗产中重要的组成部分，是中国传统主流文化和意识形态的建筑载体和历史见证，具有重要的历史价值和文化价值。其中，孔庙是中国现存规模仅次于故宫的古建筑群，堪称中国古代大型祠庙建筑的典范。运河文化史鲁西南地区建筑文化的重要地域特色，济宁地处京杭大运河中段，作为"运河之都"，治河机构云集，有"72衙门"之称。明清两代，随着大运河水运畅通和商业经济的迅速发展，运河沿岸城市都发展成为富庶之地。官僚士夫和富商大贾纷纷建造府第园林，明清两代济宁有几十处府第园林，深得江南园林的精髓，是江南文化沿大运河向北传播的重要见证。始建于明天顺年间，济宁顺河东大寺坐落在济宁运河西岸，江南物资通过大运河向北输入的同时，东南地区的文化因子也必然随之北上而来，起源于北宋福建莆田沿海地区的妈祖信仰传入鲁西地区，充分显示了鲁西南建筑文化的多元与包容。

4. 鲁西北地区

鲁西北地区与江苏、安徽、河南、河北四省相邻，涵盖东营、滨州、德州、聊城四市。本区主要由黄河泛滥冲积而成，地势平坦，大致呈西南向东北缓缓倾斜，属华北大平原的组成部分。鲁西地接中原，自古以来是兵家争夺之地。在文化上具有齐鲁文化与中原文化交汇融合的特点。鲁西北境内运河沿岸的城镇随着大运河的兴旺而繁荣，如聊城，清乾隆、道光时期，聊城的商业达到鼎盛，成为运河沿岸的九大商埠之一，素有"江北都会"的美誉，临清借水运之便利发展成为明清时期全国最大的商业城市之一。运河贯通后，运河沿线城镇聚落形成了南北兼容的风格特征，如临清钞关片区的汪家大院、德州竹竿巷的张氏民居等，外观风貌既有北方建筑的大气又不失南方建筑的细节。除了运河文化，鲁西北民居也受到了黄河流域文化的显著影响，分布广泛的生土房，且在营造过程中的打夯技术、囤顶等做法都带有黄河流域山西、陕西地域民居的特征。

第四节　历史文脉沿革

山东传统建筑文脉的历史沿革大致可以划分为古代、近代、现当代三个历史时期。古代时期是山东传统建筑文化发源和形成的时期，从历史与文化来看，以先秦齐、鲁两国文化所奠定的文化特质、文化精神、文化传统，数千年间其精魂始终传承不变。山东是儒家文化的发源地和传承地，自古以来儒家学说深入人心，儒家文化已经成为正统的意识形态和主流文化。山东佛、道文化遗存丰富，加之运河文化交流与移民文化，构成了山东文化的传统内核和文化之根。

近代时期是传统建筑文化与西方建筑文化碰撞与交融的时期。这一时期的山东建筑历史不仅是山东近代历史的见证，同时也成为山东地域文化传统的重要组成部分。1840年鸦片战争爆发后，伴随着西方势力的渗透入侵，西方建筑体系大举输入，从城市布局、街道肌理到建筑功能、技术和建筑风格，均被打上深刻的异域文化烙印，如济南商埠区开埠后与府城并置"一城双核"布局、德占青岛形成的"红瓦绿树黄墙"风貌、威海的英国租占时期建筑风貌等，同时也成为山东城市历史风貌和历史文脉不可或缺的组成部分，近代时期也是传统建筑文化转型与发展的重要时期，从教会主导的"中国式"建筑到南京国民政府倡导的"中国固有形式"，开启了在现代功能、技术基础上探索传统建筑文化现代化转化的实践，成为20世纪传统建筑文化传承与复兴潮流的先导。

现当代时期是山东传统建筑文化传承与发展的新的历史时期。从1949年中华人民共和国成立到20世纪70年代末改革开放新时期，传统建筑文化传承潮流形成了延绵不断的历史文脉，在山东这片古老的土地上留下了鲜明的建筑文化足迹，从传统建筑形式的继承到传统文化内涵的发掘，从古城风貌保护到历史文脉的延续，山东历经传统文化的多元化建筑实践，在全国范围内产生了重要影响，对这些建筑作品进行认真的梳理和总结，无论对于今天山东的城市建设还是当前的建筑创作，都具有重要的理论价值和现实意义。

一、齐鲁文化渊源

夏商时期，山东境内的方国至少有150余个，而方国多以氏族为纽带，就疆域变迁而言，周封齐、鲁，开启了山东从方国林立到以齐、鲁两大诸侯国为主体的疆域演进历程。就文化发展而言，虽然胶东沿海的方国还保持着原始东夷文化特色，总体而言已进入了由东夷文化到齐鲁文化的形成、确立、发展的阶段。据《左传》等史籍记载，直到西周末年，山东地区的古国仍有55国之多。后世以"齐鲁之邦"指称的山东，在疆域范围上，春秋时已基本成形。自西周至战国的800余年间，在从邦国林立的东夷旧地到以齐、鲁为主体疆域的演变过程中，山东文化的主体——齐鲁文化也随之形成、发展和确立。山东世称"齐鲁"，不仅是地域空间的契合，更是文化精神主导与传承的结晶。

鲁起黄帝，处内陆，尚王道，重农业，尊周礼，尊尊亲亲，终成儒家学派的摇篮。鲁学尚一统，笃信师说，严守古义，尊崇传统；鲁人重礼义，尚道德；鲁俗重俭约，淳朴拘谨；鲁重祖先崇拜，疑鬼神而重农事；鲁地礼乐文化兴盛，"弦歌之音不衰"；鲁都依周礼规划，为礼乐之都，这一点可从曲阜鲁故城考古发掘资料得以验证。齐起炎帝，地滨海，多鱼盐之利，尚霸道；齐重工商贸易，各业并举；齐重道学而尚多元，齐重自然崇拜，信海神而多方士，齐地黄老、方士之学盛行；齐学重兼容，百家并存，通达权变，趋时求宜；齐人尚功利，重才智；齐俗尚奢侈，阔达放任；齐都不断扩建，尽显霸业，为工商之城，可从齐故城临淄的考古发掘资料得以彰显。

二、儒学文化影响

齐鲁文化的融合，成就了孔子思想的博大精深，崇孔尊儒亦始于大一统的汉代，儒家经学，历经战国、秦汉而代代传授，在齐鲁之地形成丰厚的社会根柢和文化积淀。儒家思想体系的核心是礼制治国和道德教化。孔子的"礼"是指按纲常名教化的政治、社会秩序，"礼"是与"德政"相结合的。在《为政》中说："道之以政，齐之以刑，民免而无耻；道之以德，齐之以礼，有耻且格。"即主张礼治德化与政令刑罚相辅而行。仁：如《论语》中的"克己复礼为仁""仁者爱人"。"仁"既是孔子修己治人的根本原理，又是孔子实践道德的最高原理。孔子主张，人与自然，人际关系，国之道要走不极端的尚中、贵和的"中庸之道"。主张人伦与天道的合一，"人伦者，天理也"，天人感应，强调人与自然的和谐。孔子坚决主张国家要实行"仁民""爱物""富之教之"的德政，使社会与文化得到发展。孔子认为文明的最高成就在于造就理想人格、创立理想社会，"内圣外王"以达到"天下为公""大同世界"之境界。

西汉初年，孔子所创立的儒家学说受到董仲舒的推崇和汉武帝的重视，成为治国化民的主导思想，儒家学说始为正统，影响了其后中国社会两千多年的发展。此外，历史上中国与朝鲜、韩国、日本的文化交流，以山东半岛为主要往来通道和大陆桥，为儒学在东亚的传播，特别是公元7世纪以后，为朝鲜、日本兴起尊孔崇圣之风，形成东亚儒家文化圈，作出了特殊贡献。综合来看，以孔、孟思想为主体，强调仁爱礼乐教化的儒学文化，以山东的"三孔""四孟"等儒家礼制建筑为标志物，以遍布全国乃至东北亚、东南亚地区的各级文庙、学宫为建筑空间载体，在维护国家大一统、增强民族凝聚力、推动中华文明发展与传播的过程中，发挥了无可比拟的文化影响力。

三、宗教文化传播

山东地处中国东部沿海，海岸线曲折绵长，京杭大运河纵穿鲁西，交通运输便利，人员来往密集，得天独厚的自然地理条件与物阜民丰的经济社会基础，使得佛教、道教、伊斯兰教以及民间宗教信仰在这片土地得到充分发展。佛教在山东的发展形成了济南、青州等一系列佛教中心，道教在山东传播以崂山、泰山等道教名山为中心，伊斯兰教则通过

穆斯林商人经商聚居在山东地区传播，形成了丰富多彩的宗教建筑文化。另一方面，宗教文化作为山东传统文化的重要组成部分，经历了长期的传承、发展、演变已经与中国传统文化相互融合，宗教建筑也呈现出本土化的地域性特征。

1. 佛教文化

佛教在山东地区的传播肇始于东汉末年。南北朝时期是山东佛教发展的一个鼎盛时期，这一时期山东佛教的传播以泰山为中心，主要集中在西北部的清河（今山东临清）、东阿（今山东阳谷东北），中部的泰山、济南、临淄、青州，南部的任城（今山东微山西北）、金乡（今山东嘉祥南）、高平（今山东邹城西南）、东莞（今山东沂水）和东部的牢山（今山东崂山）等地区，石刻造像、刻经等活动兴盛一时。迄今山东境内发现的佛教造像和石刻，南北朝时期的作品占据了很大比例。隋唐时期佛教达到了全盛，兴建寺庙、刻石造像、造塔等活动遍及山东各地，佛教信仰和佛教文化渗透到大众之中，佛教活动以济南、泰山、青州为中心，遍及鲁中南、鲁西南、鲁西北及胶东半岛，齐州地区的神通寺和灵岩寺就是其中的代表。从五代起，山东佛教经历宋金元时期战乱，其发展受到了很大影响。明初以后佛教又开始复兴。清代以后，由于西方基督宗教和各种民间宗教的冲击，面对急剧的社会变革，佛教在山东的影响日渐衰微。

2. 道教文化

山东道教的产生溯源于先秦、两汉时期山东地域的方仙道、黄老道和太平道等宗教组织，结合远古流传下来的巫术文化，在齐地形成了道教文化。方仙道在齐威王、齐宣王时期，不但有燕人宋毋忌、正伯侨、充尚、羡门高等方士，而且发展演变为具有代表性的方术。方仙道在燕、齐、赵、魏等曾经产生过很大影响，并成为秦汉时期重要的原始宗教组织。由方士们发展演化的服食、"养形炼性"等长生不死之术与道教的修炼术有着直接的关系。山东道教的发展与统治者

的政策支持密切相关。隋文帝、隋炀帝均对山东道教予以支持。唐代时以道教为国教，山东道教斋醮祭祀、宫观建设、道教科仪、经戒法箓传授、道教文学艺术、道籍整理等方面均得到较快发展。宋太祖赵匡胤任命崂山道士刘若拙掌管全国道教事务，在崂山修建著名的三宫——太平宫、太清宫和上清宫，与沂山东岳庙等道场，形成了"东崂山、西沂山"两大道教活动中心。宋真宗举行了东封泰山、西祀汾阴、尊崇圣祖、广建道观等一系列以尊崇道教为主要内容的"东封西祀"活动。宋徽宗时期，不仅设置道官、道职、道学等，还授予道官诸多特权，甚至出现道士强行改寺为观的现象。金代，山东全真道和太一教屡受皇室器重。元朝时期帝王基本上都与道教有着很深的交往，秉承"兼容并包"的道教管理政策，推动了道教的发展。明清时期山东泰山、沂山、博山、崂山、昆嵛山等地的道观林立，该时期道教通过向社会渗透以拓展自身的发展空间，保持了相对繁荣。

3. 伊斯兰教

元代时期，伊斯兰教在山东地区得到了初步的发展。济南清真南大寺始建于元代元贞元年（1295年），明、清时期，随着穆斯林商人通过鲁中大道和京杭大运河，不断进入山东地区，伊斯兰教在山东得到进一步传播。许多沿河城镇如济宁、临清、聊城、德州等地，兴建了一批规模较大的清真寺，如济宁顺河东大寺和西大寺分别兴建于明洪武年间和清顺治十三年（1656年）。在孔孟文化的浸润下，山东的伊斯兰教无论从宗教礼仪、宗教文化和宗教建筑等多方面都呈现出显著的中国化、地域性特征。

四、多元文化交流与融合

1. 运河文化

京杭大运河始建于春秋时期，明、清两代，大运河南北全线贯通，大运河自江淮北上，由台儿庄入鲁，穿鲁西平原而过，由德州入直隶，大运河山东段由南向北依次经过德州、

聊城、泰安、济宁和枣庄5市，全长近千里。大运河漕运在促进中国南北文化交流中发挥了不可或缺的作用，也直接促进了山东运河沿岸地域的商业文化和聚落的形成发展，出现了一批具有运河文化特征的繁荣的城镇聚落，延续至清朝后期。如济宁有"运河之都"之称，元、明、清时期全国水运最高衙门——河道总督署就设在济宁府。临清地处会通河咽喉，随着运河通航，元时商业就发展迅速。山东运河商业的发展也吸引了中、外很多民族地区的人来此经商居住，运河沿岸的商业城市，多有被称为色目人的外籍商人定居，他们也成为元统治下的中国人。域外人以信仰伊斯兰教为多，这是运河沿岸多有伊斯兰清真寺的缘故。大运河所流经的鲁西南和鲁西北地区形成了一条独具特色的运河文化带，积聚了大量的、不同类型的文化遗产。清后期，随着国运日下、漕运逐渐废置和外国侵略者的入侵，山东地区的运河商业文化的发展渐趋停滞，其政治、经济、文化地位迅速跌落。

2. 海上交通

山东地区便利的交通为不同地域之间的文化的传播、交流与融合创造了广阔的平台。自古以来，山东即为中原内陆与中国东北、朝鲜半岛和日本列岛陆上、海上交通的必经之地。山东半岛有数千里的海岸线和优良的天然港湾，早在战国时期，胶东的琅琊古港就是对外贸易的重要港口。隋、唐时期，登州、莱州就是重要的海运码头和物资转运口岸。北宋起在密州设立市舶司。尤其是清康熙中期海禁开放后，山东沿海贸易发展迅速，海上贸易在促进南北文化交流中发挥了重要的作用，使得胶东半岛地区的衙署建筑、宗教建筑、民居建筑带有南北交融的特征。元、明、清时期，发端于北宋时期福建地区的海神文化和妈祖崇拜在山东东部沿海兴盛。到清后期，妈祖信仰已成为胶东民间普遍的文化现象，沿海主要航海码头，重要港口，甚至较大的渔村都建有天后宫。

3. 移民与文化融合

魏晋南北朝时期随着南北地域人民的迁移，山东出现

了南北不同民族、地域文化的融合。山东地区先后被后赵（羯）、前燕（鲜卑）、前秦（氐）、后燕（鲜卑）和南燕（鲜卑）等少数民族政权占据，东晋也一度占据山东东南部，继刘宋之后，北魏、东魏、北齐、北周也先后占据山东，少数民族政权在山东的统治、战乱流入的辽东和河北一带少数民族与山东滞留士族的交融，使山东文化呈现出了多元融汇的景象。明朝初期和中期，由于元末的战争和争夺王权的战争造成了山东人口的减少，为补充人口的不足，曾大规模地从山西和河北等地移民填充，这在一定程度上促进了山东与别的地区间文化的交融和发展。明永乐年间，菲律宾苏禄王访华病死于归国途中，朱棣敕建的德州苏禄王墓，成为中国与东南亚地区交流的历史见证。明朝时期，山东东部沿海地区是海疆防御体系的重要组成部分，明廷曾派出生于山东登州地区的抗倭名将戚继光在山东沿海率军民修筑海防、抗击倭寇，沿海军事工程的修筑持续至清末。海防卫所的戍守驻屯等人口流动带来的南方地域文化，成为明清时期胶东地区南北文化交融的重要动因。

五、近现代传统建筑传承历史沿革

1840年鸦片战争爆发拉开了中国近代历史的序幕。1856年，英、法两国挑起第二次鸦片战争。1858年，中英、中法签订《天津条约》，允许外国公使进驻北京，开辟牛庄（后改营口）、登州（后改烟台）、台湾（后选定台南）、淡水、潮州（后改汕头）、琼州、汉口、九江、南京、镇江为通商口岸。山东近代城市转型的契机首先来自列强势力的强行楔入，集中体现在列强以武力为后盾开辟的租界区、租借地与铁路附属地城市。面对日益深重的民族危机，以19世纪60年代开始的洋务运动为开端，中国社会内部出现了推动现代化变革的动力。1904年胶济铁路通车后，山东巡抚周馥会同北洋大臣直隶总督袁世凯奏请清廷，将济南、周村、潍县三地开辟为"华洋公共通商之埠"，进入20世纪，在中国官方与民族资本主导下，山东城市的近代化步伐大大加快。

教堂是中国近代建筑历史中出现最早的西方建筑类型，基督宗教在山东的传播可以追溯到明嘉靖年间，即有耶稣会士利玛窦到过济宁的记载。清康熙五十九年（1720年），清廷全面禁教，天主教活动转入地下。1830年代以来，基督教开始派遣传教士在山东传教活动。天主教和基督教主要是在鸦片战争后迅速传播的。1840年鸦片战争爆发后，中国逐渐沦为半殖民地半封建社会，在不平等条约和帝国主义列强武力庇护下，基督宗教获得自由传教权力。从第二次鸦片战争结束到20世纪初，在山东传教的各国新教差会达到20余个，其中美国北长老会、英国浸礼会、美国浸信会三个差会宣教区域面积最大、传教历史最悠久、影响力最强。1900年义和团运动后，在华教会当局把教育事业视为传教活动的重要手段，大力兴办教育事业，传教点不仅遍布城市，还深入农村。这些差会不仅在传教地点建设教堂，还建设教会学校和教会医院等，形成了教会和西方建筑师主导下的中国传统建筑文化复兴的"中国式"建筑，代表性建筑有芝加哥帕金斯事务所设计的济南齐鲁大学建筑群。

立基传统文化的建筑实践，是20世纪中国建筑文化的重要脉络，形成了20世纪二三十年代的"中国固有形式"，20世纪五六十年代的"社会主义内容、民族形式"和20世纪八九十年代三次高潮，构成了贯穿20世纪中国近、现代建筑历史的重要脉络。

1. "中国固有形式"时期：20世纪20~40年代

在南京国民政府官方的大力倡导下，以第一代中国建筑师为创作主体，以南京中山陵设计竞赛和建设为开端，形成传统建筑文化复兴浪潮，其开创的多种经典模式，如以"宫殿式"大屋顶来表现民族风格和局部略施传统构件和纹样装饰的"现代化的中国建筑"，为中华人民共和国成立后的"民族形式"建筑所继承。在"中国固有形式"潮流影响下，青岛水族馆、济南红万字会母院等建筑，以"宫殿式"大屋顶体现民族形式。

2. "民族形式"时期：20世纪50～60年代

1949年中华人民共和国成立后，在"社会主义内容、民族形式"口号下，20世纪五六十年代传统建筑文化复兴浪潮再度兴起，与20世纪二三十年代的"中国固有形式"运动相比，尽管传统复兴背后的官方意识形态截然不同，但是，"民族形式"继承了前者的两种经典模式，即以"宫殿式"大屋顶表现民族形式和采用平屋顶略加传统构件、纹样装饰的"现代化的中国建筑"。济南作为山东省的政治、经济和文化中心城市，也是20世纪五六十年代"民族形式"建筑的重镇，诞生了一批采用"宫殿式"大屋顶的"民族形式"建筑，代表性建筑有山东师范大学大文化楼、老山东剧院等。

3. 改革开放新时期：20世纪80～90年代

进入改革开放新时期，政治环境宽松，思想束缚解脱，经济高速增长，立基中国传统的建筑创作进入了多元化时期，形成了第三次传统建筑文化复兴浪潮。建筑师对传统建筑文化的理解，开始超越大屋顶形式表象，走向历史文脉的保护与传承和深层文化内涵的阐释与演绎。鲁国故城曲阜作为一座有着三千余年悠久历史的文化古城，是我国古代伟大的思想家、教育家、儒家学派创始人孔子的故乡，被西方人士誉为"东方耶路撒冷"。改革开放以来，戴念慈、吴良镛、关肇邺三位当代建筑大师和诸多优秀建筑师，立足曲阜源远流长的历史文脉和博大精深的儒学思想，留下了一批建筑文化精品。其中戴念慈的毗邻曲阜孔庙、孔府的阙里宾舍、吴良镛基于礼制精神诠释与演绎的曲阜孔子研究院，关肇邺对陋巷坊重构与移植的曲阜师范大学图书馆，成为当代立基传统文化建筑创作的里程碑式作品。

4. 进入21世纪：新理念、新探索、新突破

改革开放打开国门，经济建设热潮带动了空前的城乡建设大潮，催生了建筑创作的空前繁荣。国内建筑设计市场日益开放，中国建筑结束了长期与国际建筑潮流相隔绝的局面，进入了一个全球化、国际化的新时期。国外当代建筑思潮流派不断涌入，从技术手段、设计模式、设计理念到设计手法，给中国当代建筑以巨大的冲击。进入21世纪，山东当代传统文化的建筑实践进入一个全新的探索实践期，绿色环境理念、场所精神理念、技术创新理念和遗产保护理念等渗透到山东传统建筑文化传承的设计实践中，在基于地形地貌气候的场所与在地性表达，历史文脉的现代阐释与演绎，传统建筑技艺的现代技术建构等方面，建筑师不断进行新的探索和新的突破，产生了一批代表性作品，如山东省广播电视中心、山东省美术馆、山东大学青岛校区博物馆等，为这一时期立足地域的建筑创新做出了富有特色的诠释。另一方面，建筑遗产保护与更新也进入了当代建筑师的创作视野，在历史街区、传统聚落、产业遗产的传承与再生等诸多领域进行了宝贵的探索。

第五节　山东传统建筑特征解析

梁思成指出，"建筑之规模、形体、工程、艺术之嬗递演变，乃其民族特殊文化兴衰潮汐之映影；……今日治古史者，常赖其建筑之遗迹或记载以测其文化，其故因此。盖建筑活动与民族文化之动向实相牵连，互为因果者也。"[①]山东是中国传统社会的正统思想——儒家思想的发祥地，山东地区深受儒家文化的浸润。儒家思想强调长幼有序、尊卑分明，主张以礼制教化维系社会秩序的稳定，在传统价值观的引导下，山东传统官式建筑在建筑形制上遵循典章制度，在建筑布局、方位、尺度、材料和装饰上讲究方正规矩、等级分明，体现出重文崇礼、等级有序的正统性和礼制规范性。另一方面，齐鲁文化的形成是融合了我国早期齐地东夷、姜炎

---

① 梁思成. 中国建筑史：梁思成文集（三）[M]. 北京：中国建筑工业出版社，1985.

和商、周等多个民族的文化，是民族文化的多元复合体；就地域文化而言，齐鲁文化是由海洋文化形成的渔商文化与河谷文化演变的农耕文化的多元复合体，融合了滨海文化与内陆文化、南方乃至黄河流域文化的特征；从宗教文化而言，则是融合了佛教文化、道教文化乃至伊斯兰教文化的多元复合体。齐鲁文化的这种多元复合特征，造就了其极其丰富的历史文化内涵。多变的地形地貌、丰富的地域文脉，造就了形态各异、谱系丰富的传统聚落和乡土民居，在聚落选址、院落布局和单体形态乃至细部装饰等方面，呈现出鲜明的地形地貌特色和就地取材特点。总而言之，齐鲁建筑文化既有中国传统官式建筑文化传承的正统与经典性，也有多元文化交融的复合与包容性，同时也有地域乡土建筑的丰富与多样性。

一、儒家文化影响一脉相承

齐鲁文化是中华传统文化的重要组成部分。傅斯年在《夷夏东西说》中说："自春秋至王莽时，最上层的文化只有一个重心，这一个重心便是齐鲁。"如果说山东文化是一个区域清晰的空间文化概念，是从金元以来才有确指的一个区域文化范畴，那么齐鲁文化则是一个区域界限模糊而文化内涵清晰的概念，即指以先秦齐、鲁两国文化所奠定的文化特质、文化精神、文化传统的内核，这是山东文化传统之内核，也是后代传承不息的文化之根。齐鲁旧邦的地域所在为齐鲁文化之表，文化精神传承则为其里，崇德、重教、尊礼，沐其风、浴其俗，形成了山东的文化传统和地域文化精神。

梁思成在《中国建筑史》绪论中指出："古之政治尚典章制度，至儒教兴盛，尤重礼仪。故先秦两汉传记所载建筑，率重其名称方位，部署规制，鲜涉殿堂之结构……足以证明政治、宗法、风俗、礼仪、风水等中国传统思想之寄托于建筑平面之上……"建筑等级制度是制约中国古代建筑形态的至关重要的因素，从城市、建筑群、建筑单体到装饰

细部，从建筑布局方位到建筑尺度，形成了严密的等级规定性。

在中国传统社会，建筑不仅具有实用物质功能，同时还具有礼制符号的功能。儒家文化对齐鲁建筑文化的深刻影响，可以用"正"和"序"两个词来概括。所谓"正"是指，建筑被纳入社会伦理和礼制文化的范畴，成为人伦纲常、宗法制度等社会文化的载体。从城池到建筑，从衙署、坛庙到各类宗教建筑，建筑形制均遵从严格的社会礼制和等级规范：从城池的尺度、建筑群布局、方位到建筑单体形制乃至建筑细部的花饰纹样，均被纳入典章完备的等级秩序体系，追求美与善的统一、美与伦理的统一。对于民居建筑，从城市府邸、庄园宅邸到乡土民居，尊卑之礼、长幼之序、男女之别、内外之分等宗法伦理思想，对于聚落整体形态、建筑群体布局、建筑单体乃至细部装饰，都具有决定性的作用。正如《黄帝宅经》所云，"夫宅者，乃是阴阳之枢纽，人伦之轨模。"所谓"序"是指，建筑群体布局遵循"前堂后室""居中为尊"的方位形制，具体而言"北屋为尊，两厢次之，倒座为宾，杂屋为附"，院落的正房、厢房、门楼、倒座等单体建筑，在尺度大小、用材规格、装饰繁简包括屋面脊饰、门窗制式等方面形成了鲜明的等级差异，充分体现了儒家文化尊卑有序、主次有分、内外有别的礼制内涵，同时在统一中产生了微妙变化，形成了尺度合宜、雅致朴素、细致丰富的整体建筑风貌。

二、开放包容　南北交融荟萃

齐鲁文化既有坚持不懈的传承性，也有很强的开放性，体现了和而不同的开放精神，这种开放精神也导致了齐鲁建筑文化的包容性。交通条件对于文化的发展与交流有着极为重要的作用，齐鲁地域自古就交通发达，就陆路而言，从龙山文化开始，山东地域就有一条横贯鲁中山地北麓的东西大道，现今由济南东至荣成，两侧文化遗存众多。就水路而言，齐鲁地域有漫长的海岸线，海上交通十分便利；内河交通有

黄河、汶水、淄水，更有京杭大运河流经山东沟通南北，在促进南北文化交流中发挥了不可或缺的作用。明永乐年间，迁都北京，胶东海疆成为抗击倭寇的重要海防门户。明廷在胶东沿海设置了大量的营、卫、所、寨等军事机构，迁入了大量兵将和家眷，后又有大批内地移民迁入。

频繁的文化交流与文化传播，为齐鲁地域建筑的多元交融提供了有利的条件与基础。伴随着儒、释、道三家合流发展以及伊斯兰教的本土化，山东的佛教、伊斯兰教建筑形成了典型的本土化、地域化特征。其中，佛教建筑从以佛塔为中心塔院式布局转向中国传统的中轴线布局、主次分明的院落式布局。又如佛塔是受到印度较大影响的一种建筑类型，兴建于隋代的历城神通寺四门塔是中国现存最古老的石塔，成为中国单层塔的典型范例。伊斯兰教建筑在传入中国之初也与中国传统建筑布局存在较大差异，经过与中国传统文化长期的融合之后到了明清时期已经被完全汉化，山东地区的伊斯兰教建筑的形制，继承了中国地区伊斯兰教建筑的特点，同时也体现了山东伊斯兰教建筑特有的地域性。除了宗教建筑的本土化，山东的传统民居装饰中，也处处体现出多元文化的融合，如胶东地区传统民居在空间布局上体现出儒家思想中"礼"的思想，建筑布局围绕尊卑有序的等级制度进行房屋布置。在胶东传统民居，儒家精神的勤俭持家、读书明志、教化伦理、修身铭志为题材的匾额楹联，与建筑装饰中随处可见代表道家文化的符号、图案、神话的装饰题材，如暗八仙、太极八卦之类的祈福迎祥、驱邪禳灾道家图案，相映成趣、相得益彰。不同地域文化的交融也是山东传统建筑文化的多元融合特征的重要表现，济南万竹园、聊城光岳楼、潍坊十笏园，大运河临清钞关等建筑充分体现了南北交融的特点，而聊城的山陕会馆、烟台的福建会馆则保持了原籍建筑的风貌特征。

三、传统民居建筑丰富多样

中国传统建筑文化可以分为官式建筑文化和地域性建筑

文化两大体系，前者反映了封建礼制文化的秩序统一性，后者则体现了地域文化的丰富多样性。民居建筑作为人们接触和使用最直接的建筑类型，齐鲁先民在创造古代灿烂文明的同时，也形成了丰厚的传统住宅建筑文化积淀。从6000年前大汶口文化时期的半地穴住宅、龙山文化时期的地面土坯建筑，到战国时期齐国都城临淄大规模的宫殿、住宅群，从兴建于明代兖州鲁王府、济南德王府、青州衡王府、曲阜孔府、邹城孟府等王公府邸，到牟氏庄园、魏氏庄园等地方豪绅的庄园宅邸，再到全省各地丰富多样的乡间民居，山东传统住宅建筑在自然因素、社会文化因素的错综影响下，形成了丰富多样的民居建筑谱系。

因不同地域环境造成了自然环境条件的差异和空间上的区隔，在不同的地域历史、社会文化、风土人情等人文因素的作用下，先民们顺应地形地貌，结合气候条件，因地制宜，就地取材，运用朴素的建造技术，各个地理文化区域的民居建筑在聚落形态、院落布局、结构构造和细部装饰等方面形成了鲜明的地域特色。其中，鲁中地区民居包括有泰沂山区形态各异的石头屋、瓦房，淄博、博山一带深受陶瓷业缘影响的缸砖瓦房，泉城济南的泉水民居；胶东地区民居包括了胶东海草房、丘陵石头房、胶莱平原民居和近丘平坦区域的"哈瓦屋"，亦包括以蓬莱、黄县（现龙口县）、掖县的品质绝佳的深宅大屋，以致民谚有云"上有天堂下有苏杭，到了苏杭，不如蓬黄"之语；鲁西沿黄地区的夯土民居、土坯房；鲁西平原的夯土囤顶房等，这些民居及其间的民间祠庙风貌独特、形态各异，地域特色显著。山东地域传统民居整体风格质朴厚重，屋面因地域不同，多为布瓦、石片、苇箔覆土囤顶或茅草屋面，屋面脊饰造型多古朴、浑厚；南方文化通过运河向北传播，山东运河区域的街巷格局与南方形态特征相似，街巷体系受运河走势影响，形态灵动多变，在宅院民居中，南北方建筑风格的交融体现得更加明显，而鲁西沿黄平原地区的夯土囤顶房则浑厚朴实，深受山西、陕西一带黄河流域文化的影响。

文化自信是一个国家、一个民族发展中最基本、最深沉、最持久的力量。齐鲁文化作为中华优秀传统文化的重要组成部分，已经成为全人类共享的精神文明成果。越是民族的，就越是世界的。今天，中国正处于全球化进程和现代化转型发展进程中，发掘和保护面临消失的地域建筑文化精华，推动城乡建设的可持续发展，成为摆在建筑工作者面前的重要课题与挑战。"欲知大道，必先知史。"一切历史都是当代史，对历史的每一次回顾，都意味着对历史的重新开启。通过对齐鲁文化区域内建筑历史肇源、流变、规制、意匠的探究，运用科学方法整理齐鲁建筑文化遗产，发掘地域文化精神特质，实现传统建筑文化守正创新与现代转化，对于推动地域性建筑创作与建筑理论创新，促进山东当代建筑文化的多元化发展，必将产生不可估量的积极作用。

上篇：山东传统建筑解析

第二章　鲁中南地区建筑特征解析

　　鲁中南，即山东的中南部，东临胶莱河，西北临黄河，主要包括济南、泰安、淄博、潍坊、枣庄、临沂、日照的大部分地区，东营、滨州黄河东南部地区和济宁东北部地区。这里是山东的屋脊，集中了全省3/4以上的山地和丘陵，主要有泰山、鲁山、沂山、蒙山、徂徕山等；多山的地貌孕育了丰富的泉水资源，众多河流形成了许多河谷冲积平原。这里还是东夷文化、齐文化、泰山文化的故乡和发源地，三种文化内涵丰富、特征鲜明，后来经过相互融合发展，成为齐鲁文化重要的组成部分，对中华传统文化的形成和发展作出了突出贡献。

　　独特的地理环境、自然资源和文化传统，孕育出具有地域特色的建筑形式和建筑文化。无论是聚落的选址还是建筑的营建，无论是衙署、坛庙还是民居、园林等具体建筑类型，都体现了鲁中南地区劳动人民顺应自然、因地制宜的生存智慧和重文崇礼、等级有序的文化传统。

第一节　形成背景

一、自然环境因素

（一）地区范围

鲁中南地区目前没有一个明确的地理划分范围。1949年《山东政府公报》曾对鲁中南行政区所辖范围有明确记载："鲁中南行政区辖7个专区，1个专属市：泰山专区、沂蒙专区、尼山专区、台枣专区、滨海专区、泰西专区、新海连专区、济宁市。"[①]至今，山东省行政区划经历多次沿革，原鲁中南行政区范围也有改变，现包括：黄河以南的济南（2019年莱芜并入济南）、泰安、淄博、枣庄、临沂、日照的大部分地区；由于本书是按照地理特征及方位划分地区范围的，因此潍坊除高密、诸城之外，胶莱河以西的大部分地区也一起并入鲁中南地区。

（二）地形地貌

鲁中南地区主要由山地、丘陵和局部的冲积型平原组成，全省3/4以上的山地以近圆形集中于此。鲁中南地区可分为南、中、北三部分。中部中低山区主要由泰、鲁、沂山地及蒙山、徂徕山及其周围的低山和丘陵组成。该区是全省地势最高、山地分布最集中的地区，平均海拔高度近800米，构成山东的屋脊。南部丘陵河谷平原位于鲁中山区的南侧，主要由泰、鲁、沂山地及蒙、徂山地的延伸部分构成的山地丘陵和山前河谷平原两大地貌类型组成，地势起伏相对缓和，海拔高度一般在100～300米之间[②]。北部洪积、冲积平原区位于鲁中山区的东北侧，主要由弥河、丹河、白浪河和潍河的长期冲积而形成，地势低缓，其中临近莱州湾的地区沿海滩涂广阔，海拔在5米以下。

（三）气候特征

由于鲁中南地区与海洋有一定距离，形成了夏热冬冷、四季分明的温带大陆性季风气候。冬季为极地或极地变形大陆气团所左右，不断受来自西伯利亚干冷气团的侵袭，盛行东北、西北和北风，造成了冬季干冷、天气晴朗、降水稀少的天气。夏季受热带、副热带海洋气团所控制，盛行东南、西南和南风，形成了夏季湿热、雨量集中、多雷暴的天气。春、秋两季是冬、夏两季的过渡季节，风向多变。由于风随季节变化显著，形成了冬冷夏热明显、四季雨量不均的气候特点。该区域的年降水量一般在700～900毫米之间，降水量由东南向西北递减，且降水主要集中在6～8月。因受山地丘陵地貌的影响，鲁中南的降水量要大于其他相同气候类型的地区，是山东省水资源最丰富的区域，其特点是地表水资源中部山区多于南、北部平原，地下水资源则更集中于南部平原。丰富的水资源与富石灰岩山区，促进了区域范围内地下水的天然汇聚与出露，形成了局部泉水丰盈的自然环境，其中济南古城内就有趵突泉、黑虎泉、珍珠泉、五龙潭四大泉群，市区外还有白泉泉群、百脉泉群、玉河泉群、洪范池泉群、涌泉泉群等。其他比较著名的泉群有博山神头泉群、秋谷泉群、珠龙泉群、泗水泉林泉群、沂南铜井泉群等。[③]

二、历史文化因素

因鲁中南所在地域内存在着泰山、徂徕山、鲁山、沂山、蒙山等山地和众多丘陵，相对独立的地理地貌环境，相近的气候和相似的生态条件，对远古人类的生存和文化的孕育具有一定的促进和制约作用。这里是我国东夷文化萌生的源头，后来与来自中原地区的夏商文明交融后，进一步发展成为我国自成体系的文化序列之一的"海岱文化"，成为中华民族古文化的重要发祥地之一。此外，鲁中南地区还是齐文化的

① 山东省人民政府. 山东省行政区划. 山东省人民政府公报[N]. 1949.
② 王有邦. 山东地理[M]. 济南：山东省地图出版社，2000.
③ 山东省历史地图集编纂委员会. 山东省历史地图集（自然分册）[M]. 济南：山东省地图出版社，2009.

发祥地，今天淄博的临淄故城最早就是西周齐国的都城，当时商业发达，人才荟萃，形成了重视工商、实用及尚武的文化传统，并一直延续到战国末期，后来通过秦汉的统一融入了中国文化的大传统之中。除此之外，由于地理位置和海拔的特殊性，围绕泰山产生了古代帝王封禅和宗教信仰活动为主题的泰山文化。以上三种文化，最早都起源于鲁中南地区，最终相互融合发展，成为齐鲁文化重要的组成部分。

（一）东夷文化

"夷"的名称，最早产生于夏代，后来成为夏、商、周三代中原地区居民对以山东地区为中心的东方各氏族部落的称谓。《礼记·王制》就有"东方曰夷"的称谓，夏称之为"九夷"，商称之为"夷"或"夷方"，到了周以后开始称为"东夷"，这里的氏族部落被统称为东夷族，所创造的不同阶段的史前文化也统称为东夷文化。据已出土的相关考古发掘证实，鲁中南地区的泰沂山地和沂沭河流域是山东史前文化的主要发源地。特别是在泰沂山脉中段，几乎出土了迄今为止所能发现的最早的沂源猿人化石及后来的古人类旧石器遗址。此后在长达几十万年的漫长进化过程中，山东地区的古人类世代繁衍生息，逐步由地势较高的山岭地带迁徙到更为开阔的低山、丘陵、谷地与河湖平原地区。已出土的此时期的古人类遗址沿沂河、沭河两岸平原和低山丘陵谷地呈组群状态布局，一直延伸到苏北地区。大约距今1万年，山东各地区原始部族进入了更高级的阶段，并以磨制石器和使用陶器为主要标志，步入了稳定的农业定居生活的新石器时代。大量的考古发现和史料记载表明，在文字记载、城市发展、冶炼金属、制造工具等诸多判断文明水平的要素方面，东夷文化都走在了前列。

山东地区东夷文化的新石器考古学文化形态非常完整，最早可以追溯至后李文化（距今约8500～7500年，因发现于山东临淄李官庄村而得名），其后历经北辛文化（距今约7500～6200年，因发现于山东滕州北辛村而得名）、大汶口文化（距今约6200～4600年，因发现于山东泰安大汶口镇而得名），至龙山文化（距今约4600～4000年，因发现于山东章丘龙山镇而得名）发展到繁荣的顶峰。考古资料也显示，随后的东夷岳石文化（距今约4000～3500年，因发现于山东平度东岳石村而得名）进入早期青铜时代，与中原文明碰撞接触并开始加强交流。至周公东征，齐、鲁分封，东夷文化在本土作为主体文化逐渐与齐鲁文化相融合，从而成为齐鲁文化的重要源头，同时对儒家思想也产生了重要的影响。

关于史前东夷族群的文化贡献，至少可以包括：弓箭发明、冶铁技术、文字雏形、陶器制作、玉器加工、城邦建筑、鸟和太阳崇拜、"仁"的思想、"乐"的文化、社会制度形态，等等。诸多专家学者的研究成果充分证明，东夷文化是东夷族群独立创造、与其他地区不同、具有独立系统与独特风格、文明程度发达的中国地域文化和中华早期文明形式，在某些领域长期居于领先地位。中国先秦史学会名誉会长李学勤先生指出："东夷文化是中华民族优秀传统文化的重要组成部分，与齐文化、鲁文化共同构成了山东地区独具特色的区域历史文化，在中国古代文明研究中，占有极其重要的地位，研究中国古代文明进程，必须给予高度的关注和全面的重视。"[①]

（二）齐文化

早在夏商时期，山东正处在众多原始方国并存的时代。当时鲁中南地区就存在一个古齐国，只是国域面积不大，实力也并不是很强。姜太公因辅助周文王、周武王灭商兴周，被封于齐。公元前1045年，姜太公击退了莱人的进攻，建立了齐国，定都营丘（今临淄）。姜太公在政治上以法治国，推行尊贤尚功的政策，选拔吸收大批当地东夷人才加入统治阶层。在文化上推行"因其俗、简其礼"的开明政策，在尊重当地居民的文化习俗基础上，用周礼予以简化改造。在经济上倡导"农、工、商"并举，"通商工之业，便渔盐之利"发展经济。在军事上则通过对周边东夷方国的战争实施征讨吞并，扩张齐国的疆域。这样齐国由一个偏僻荒凉、地薄民寡

---

① 王志东. 填补东夷历史文化研究的空白[N]. 社会科学报，2019：27-28.

的小国、穷国，逐步发展成为一个雄居于东方、地广民富的大国、富国。同时，齐国上下也初步形成了开放务实、重视工商、崇武尚兵的文化传统，并且一直延续到战国末期，最终一同融入发展成为极具地域特色的齐鲁文化。

西周时期，姜小白登上君位，他就是历史上有名的齐桓公。桓公不记前仇，拜管仲为相。管仲继承发展了太公思想，辅佐齐桓公，在经济上进行了一系列改革。农业上，按照实际田亩数量和土地肥瘠的不同，征收不等额的租税。工商业上，铸造钱币，实行盐铁专卖，对来齐国贸易的客商不征税。外交上，管仲打着"尊王攘夷"的旗号，联合各国诸侯，共同抵御戎、狄等少数民族对中原诸侯国及周王朝的入侵，使齐国成为春秋时代的第一个霸主。战国时期，齐威王即位，他政策开明，继续改革，整顿吏治，重用人才，任命淳于髡、邹忌、田忌、孙膑等一大批贤臣名将，使齐国国富兵强，成为东方强国之一。齐威王的继任者齐宣王礼贤重士，广开言路，在国都临淄扩建了稷下学宫，提供优厚的物质待遇，广招天下贤士议政讲学，鼓励他们著书立说，展开学术争鸣，使临淄成为当时的学术文化中心。

到这个时期，齐文化的发展达到了顶峰，无论是军事、学术还是科技、文艺等，齐国的水平和活跃度都是其他诸侯国所望尘莫及的。军事理论著作有《孙子兵法》《司马法》《六韬》《孙膑兵法》著作；有最早的行政百科全书《管子》；有最早的短篇小说集《晏子春秋》；有最早的天文学著作《甘石星经》；有最早的大学和社会科学院——稷下学宫；有最早的足球——蹴鞠等。更让人不可思议的是，齐国还涌现出许多具有创造力的名家，产生了诸多具有开拓性的思想学说，如阴阳五行学说的大家邹衍创立了"五德终始说"和"大九州说"；稷下黄老学派创立了以"道法合一"为基本特征的黄老之学；孟子、荀子将齐文化与旧儒学融合，形成了新的儒学等。以上这些都极大地丰富了齐文化的内涵，显示出明显的开放性、多元性和智慧性的特点。

齐文化是中国优秀的传统地域文化之一，别具一格，特色鲜明。齐文化存在的时间，一般认为是从公元前1045年姜太公封齐建国开始，至公元前221年田齐被秦所灭结束。但从文化渊源的角度，齐文化的时间可上溯至距今8000多年的东夷文化时期；从文化影响的角度，可下延至西汉武帝董仲舒"罢黜百家，独尊儒术"时止。齐文化存在的空间，主要以春秋后期时的齐国疆域为主要范围，包括今天的鲁中、鲁北及山东半岛地区。从文化模式的角度观照，在地理环境上，齐文化是半岛濒海型文化（非完全海洋文化）；在经济结构上，齐文化是农工商一体化的复合式经济文化（非完全的工商经济文化）；在政治思想领域内，齐文化是以忠君爱民相统一、礼法结合、义利并重为特色的兼容式政治文化（非纯爱民、法制文化）；从文化发展的角度审视，齐文化又显现出与其他先秦地域文化迥乎不同的变革性、开放性、多元性、务实性和智慧性。[①]

客观地说，齐文化是我国传统文化的主要源头之一。随着秦吞并六国，大一统的中央政权成为历史主流，博大精深的齐文化也与其他地域的优秀文化碰撞交流，百川汇聚，并通过潜移默化的方式融进了中华传统文化汪洋大海之中，成为中国传统文化不可或缺的重要组成部分。

（三）泰山文化

泰山之称最早见于《诗经》，"泰"意为极大、通畅、安宁。泰山位于山东省中部，横亘于济南、泰安、淄博三市之间，东西长约200公里，南北宽约50公里，方圆426平方公里，大约形成于25亿年的太古代，是我国最古老的地层之一。其主峰玉皇顶海拔约1533米，为山东省最高点。五岳之首的泰山东临大海，西靠黄河，层峦叠嶂，巍峨高耸，犹如一位气势磅礴的巨人，屹立于齐鲁大地之上（图2-1-1），几千年来一直是东方政治、经济、文化的重点区域。

泰山文化最早源于东夷文化，最初是对泰山山体的自然崇拜。因泰山位于神州大地的东方，山体雄伟高大，主峰拔地而起，形如通天一柱，与其周边的平原和丘陵地貌形成了

---

① 宣兆琦，张玉书. 齐文化研究的现状与发展趋势[J]. 管子学刊. 2005（01）：22-26.

图2-1-1　泰山雄姿（来源：董鑫田 摄）

巨大的反差。登临其上，可观日出东方，远眺山川平原，感受云雨变幻，因而被古人视为"直通帝座"的天堂，成为东夷人原始敬畏自然、与天对话的神山[1]。相传东夷人领袖太昊、少昊、蚩尤和华夏联盟领袖尧、舜、禹等都曾巡游、封禅泰山，告祭天地，彰显本族正宗，增强族群凝聚力。

公元前221年，秦始皇扫平六国，建立中国历史上第一个中央集权的统一国家。为歌功颂德，向世人彰显君权神授，公元前219年，秦始皇东巡，征求齐、鲁儒生意见后，按照"五德终始"理论，自定礼制，整修山道，在岱顶举办了中国历史上第一次泰山封禅大典。丞相李斯撰写颂德碑文，宣扬始皇一统天下"亲巡远黎，登兹泰山，周览东极"的丰功伟

绩（《史记》）。

秦始皇泰山封禅，在中国历史上具有十分重要的文化意义。第一，秦始皇的封禅活动将原始简朴的泰山封禅说改造成政教合一的受命就职典礼，扩大了封禅的社会影响，提高了封禅大典的神圣性。第二，封禅泰山整合了战国末期各国的神邸祭祀，使秦王朝的宗教完成了由多神崇拜（如秦的四帝祭祀）向一神崇拜的转变，有利于全国思想的统一。第三，秦始皇的封禅活动拉开了齐鲁文化进军华夏继而独霸天下的序幕。如果说，五德终始理论为秦始皇认识齐鲁文化打开了一扇窗口，秦始皇的泰山封禅活动则架起了一座齐鲁文化通向全国的桥梁。此后秦始皇多次巡游，流连往返于齐鲁大地，初步品尝了齐鲁文化的博大精深，客观上扩大了齐鲁文化的影响，促进了齐鲁文化向华夏大地的传播和渗透，从某种意义上可以说为齐鲁文化统治汉代思想文化界打开了通道。

此后，雄才大略、文治武功的汉武帝刘彻开疆拓土，击溃匈奴，开创了西汉王朝最鼎盛繁荣的时期。汉武帝好大喜功，曾先后8次封禅泰山，首次明确提出了封禅泰山必须具备三个条件：第一，必须扫平宇内，一统天下；第二，必须天下太平，长治久安；第三，必须不断有吉祥的天象出现。此后汉光武帝、唐高宗、唐玄宗、宋真宗先后举行封禅大典，使独具一格的泰山封禅活动得以贯穿中国历史一千多年，形成了千古独步的封禅文化。同时泰山成为帝王封禅祭拜天地、祈福苍生、一统天下、国泰民安的国之首山和神山。[2]

远古时代的山岳崇拜和独特的帝王封禅，孕育了泰山丰厚多元的宗教信仰。泰山是道教圣地之一，东汉时，泰山神即被纳入道教神祇系列，《道藏经》称东岳大帝是执掌人间赏罚和生死的泰山之神。道教在宗教化过程中，一直在试图提升自己的文化，一面极力与各种妖道妖术划清界限，一面迎合皇权正统的神祇信仰和祭祀仪式。泰山自古道观较多，明《岱史》收录大庙22处，清《泰山志》收录主要道观达80余处，民国时泰山道教式微。现存较为完好的有岱庙、王母池、

① 陈伟军. 泰山文化概论[M]. 济南：山东出版社，2012.
② 王书军. 博客文章——泰山文化专题[OL]. http://blog.sina.com.cn/tswsj.

碧霞祠、玉皇庙等处。

泰山同时也是佛教圣地之一。东汉末年以来，外来的僧人渐多，译出不少佛经。为了和汉代兴起的"泰山治鬼"之说相结合，不少僧人在翻译佛经中，把"地狱"译成"泰山"。早在三国时期，吴国康僧会所译《六度集经》中，多处附会"泰山治鬼"之说。当时汉译佛经以意译为主，上述佛典中之"泰山"，不是传自印度或西域，而是译者把佛经和泰山民间信仰相糅合。泰山佛教唐代最盛，佛寺达50余所。明清后，随着佛教衰微，寺院大多废圮。今较为完整的仅存斗母宫、普照寺、灵岩寺3处。

此外，为纪念儒教鼻祖，泰山上下都建有文庙，主祭孔子、亚圣（颜回、子思、曾参、孟轲）及"十二贤人"。[①]

因为特殊的地理位置和雄伟的自然气势，造就了泰山独特的宗教文化和封禅文化。历代封建帝王和有识之士更是在精神文化层面上，将泰山视为"国之柱石"和"民族象征"，通过各种形式祈福"国家太平，人民安乐"并一直延续至今。可以这样说，泰山和泰山文化如同血脉一样，早已融入齐鲁传统文化及中国传统文化风骨之中。

第二节　聚落选址与格局

一、城市

（一）齐国故都——临淄故城

1. 历史沿革

齐临淄故城遗址最早可追溯到公元前11世纪姜太公吕尚被周武王分封齐国时所建立的都城"营丘"。六世齐胡公曾短暂迁都蒲姑城（今属滨州市博兴县城），公元前859年齐献公政变夺权，将国都重新迁回营丘，并在原有基础上加固扩建，因濒临淄水，更名为临淄，此后一直是齐国都所在地。公

元前221年秦始皇最后灭齐，改为齐郡郡治、临淄县治所在地；西汉初期、东汉时分封给诸侯王，为齐国都城；魏晋以后为县治所在地。

从西周开始建设到战国末期发展成熟，齐都临淄的城市营建活动大致可划分为三个阶段。第一个阶段是西周初期的草创阶段：自太公始建营丘古城到五世哀公期间，后虽有六世胡公短暂迁都蒲姑城，但齐献公政变成功后，又将国都重新迁回营丘并更名临淄。该阶段临淄城的建设主要是营丘肇建及在原有基础上的有限发展，城市规模很小。第二个阶段是西周末期到春秋时期的发展阶段：西周末期"国人暴动"，厉王外逃，后来的继任者宣王为"中兴周室，宣示王权"，派重臣仲山甫出使齐国，一是勘定齐国内乱，二是主持修筑都城，临淄城市规模得以大幅度拓展，形成"内城外郭"的格局。第三个阶段是战国时期的成熟阶段：公元前386年，田氏篡权，取代姜氏。田齐政权为了保障自身安全，摈弃原有宫城，而在大城西南角增筑新的宫城，加强内外的防御，最终形成小城联结大郭的"西城东郭"格局，并一直沿用至秦汉。[②]

现齐故城遗址位于淄博市临淄区齐都镇（旧临淄县城）西北，东临淄河，西依古系水，南望鲁山余脉牛山、稷山和愚山等，北为淄潍平原。1961年遗址成为国务院公布的第一批全国重点文物保护单位，1994年因齐国故都鲜明而独特的价值，临淄被国务院公布为"国家历史文化名城"。大量文献记载和考古资料表明，临淄故城作为"齐国故都，两汉王城"延续1000余年，在东汉以前一直是全国最大、最富庶的工商业都市之一，也是当时东方重要的政治、经济和文化中心，对齐鲁地区乃至中国东部的发展作出过巨大贡献。

2. 城市布局

（1）营建思想

学界普遍认为，齐都临淄的城市营建主要受理想的《周礼》营国思想和务实的《管子》营城理论的双重影响。

① 陈伟军. 泰山文化概论[M]. 济南：山东出版社，2012.
② 姚庆丰. 齐文化视域下临淄故城空间形态研究[D]. 济南：山东大学，2018.

齐都临淄始建于西周，是周天子分封诸侯而建的国都，必然受到周王朝礼制思想的影响。《周礼·考工记》对都城营建所应遵循的规模大小、道路格局、功能布局等方面做出明确的规定，在空间形态上则强调中轴对称、主次有序、方正规矩，体现了统治阶级理想的城市规划模式。临淄城在发展阶段（西周末期到春秋时期）所形成的纵横主要道路和"内城外郭"的空间格局基本上是遵循周礼而建的。

管仲是春秋时期辅佐齐桓公称霸的一代名相，而中国最早的行政百科全书——《管子》则是其治国思想的全面概括，是齐学的经典著作，反映了齐文化务实开放的一面。《管子·乘马》中强调城市建设要"因天材，就地利"，即都城营建要结合当地自然条件具体处理，"城郭不必中规矩，道路不必中准绳"，不必强求形式上规矩整齐，拘泥于固定的模式。实际上齐都临淄在成熟阶段（战国时期）所形成的城市规模、小城联结大郭的空间格局以及城郭不平整和主路不横通等特征就充分体现了《管子·乘马》营城的思想，是对《周礼·考工记》形制的突破和创新。

（2）选址

齐都临淄在城市选址上充分体现了古人尊重自然、利用自然的朴素意识。在区域层面，齐国位于山东半岛中部，北部和东部有汪洋大海，南有泰沂，西有太行庇佑，具有天然的地理优势，而齐都临淄"居中而建"，有大道连接各地，交通便利。在周边环境方面，齐都临淄南枕鲁山余脉，北望平原，东临淄河，西依系水，城市选址完全符合《管子·度地》中"择地形之肥饶者，乡山左右，经水若泽"的描述。同时临淄选址还充分符合《管子·乘马》中"凡立国都，非于大山之下，必于广川之上"的要求，这样做的好处就是"高毋近旱而水用足，下毋近水而沟防省。"临淄故城整个地势南高北低，东高西低，排水顺畅，无内涝之忧。东西两侧临河，既方便取水灌溉又是天然的沟防屏障。上述这些，无一不是管子"因天材，就地利"原则的体现。

从西周初期太公选址营丘到齐献公更名临淄，再到后来的仲山甫城齐、田齐新筑小城等，齐都临淄数次扩建，延用千年，原址一直未变，足以证明齐人在城市选址方面的科学

性和先进性，对现代城市的选址规划具有很大的借鉴和参考价值。

（3）功能分区与布局

从西周草创到战国成熟阶段，齐都临淄规模和功能发生了很大改变。规模上，从"方七里"的诸侯小城发展到"小城联结大郭"——面积超过15平方公里的齐王大城；功能上，从最初"卫君"的政治、军事为主的单一城市到"卫君"与"四民分业"并重，政治、经济、文化都十分发达的东方大都会。齐都临淄的改变和进步主要集中在春秋到战国时期，此时正逢中国奴隶社会逐步瓦解，封建社会初步形成，是一个新旧社会更替的大变革时期。以临淄故城为代表的中国古代城市发展到了一个重要节点，无论是城市规划理论的完善还是城市建设实践的发展，都深刻影响着后世城市空间形态演变的方向。

齐都临淄的城市轮廓呈小城联结大郭、相互咬合的"西城东郭"形态。新筑的小城位于原有大城的西南隅，内有田齐宫城和中央衙署，对内便于集中办公，对外利于抵御外敌和国人暴乱。小城位于城市的制高点，基本上呈南北长方形，南北长约2000米，东西宽约1500米，整个周长7275米，西墙曲折，大概与古系水走向有关。主体建筑"桓公台"位于小城西北角，南北长84米，高14米，周围另有大片建筑基址分布，为当时的宫殿遗址，整个宫殿基址面积几乎占了小城面积的一半。根据考古挖掘，宫殿东西两侧有铁器作坊遗址各1处，南侧有铸铜和铸币作坊遗址各1处，推测为官署性质的手工业作坊。

先筑的大城位于小城西北，城内主要为各类居住区、手工作坊、市场，另有部分离宫别墅和高级贵族的墓葬群等遗址。大城作为城郭，亦呈南北长方形，南北近4500米，东西约3500米，整个周长14158米。东墙紧靠淄河修筑而省去壕沟，故而多曲折。居住区按"士、农、工、商"分业而居；大城内有大量手工作坊分布，现发现炼铜遗址1处、铸币遗址1处、冶铁遗址和制骨遗址各4处。在大城南北中线东侧偏北设有2处市场，北为"国市"，南为"中市"，两市紧密相连，在大城城墙西侧、小城北垣外另设有"右市"。

居住区、手工作坊和市场是大城分布最广的功能区，临淄城当年人口稠密、手工业发达和商业繁荣的景象可窥一斑（图2-2-1）。

（4）道路交通

据十六国时期《齐记》记载，齐都临淄有城门13座。现已探明11座城门，其中小城设城门5座，东、西、北各设门1座，南设门2座；大城设城门6座，东、西各设门1座，南、北各设门2座。大小城城门宽度不等，多在10～14米，小城西门最宽，约20.5米。

城内已探明10条交通干道，呈东西、南北方向分布，平整规矩。其中小城内有干道3条，1条通向北门，1条通向南门，1条通向西门，干道宽度一般6～8米，最宽17米。大城内有干道7条，宽度为10～20米不等，道路大多与城门相通。中部南北与东西方向分别有2条干道呈"井"字形相交，构成大城的商业中心。其他道路则长短不一，缺少交叉。位于中部

的南北干道长4400余米，宽20米，中部东西干道长2000余米，宽17米，均为大城最重要的干道。

尽管齐都临淄干道纵横分布且有若干连接交叉，但尚未形成《周礼·考工记》中棋盘方格式布局，城中干道尽管平整规矩，但很少呈一条直线贯通两端城墙或城门，反而契合《管子·乘马》所记载的"道路不必中准绳"的规定。

（5）排水系统

在中国古代，如何防洪排涝始终是关乎城市安全的重大问题。早在2000多年以前，齐都临淄就结合原有自然地形地貌，打造出内外连接，相互贯通的两套科学完善的排水系统，堪称中国古代城市市政工程的杰作。

在城市外围，利用原有河流——淄河与古系水作为东、西城墙两侧的天然护城河和排洪沟，在南北城墙两侧人工开挖25～30米宽、3米深的护城壕，不仅在东西方向沟通淄河和古系水，还使得城墙外围形成环绕四周的水系。当雨季来临时，可迅速将城内外的洪水排泄到天然河流中；当旱季来临时，可将淄河、古系水河道中的水导入人工开挖的护城壕内，保障城市防卫安全和用水安全。

在城市内部，人工开挖3条沟渠，小城内宫殿区有1条长700米、宽20米、深3米的沟渠，将洪水和生活废水通过西城墙排水口排到古系水河道中。大城有2条排水沟渠，1条位于城东北部，将水通过东城墙排水口排到淄河之中；1条位于城西，南接小城北墙外护城河，北接大城北墙排水口排到护城河中。为增强排水效果，这条沟渠在大城西北部斜向分出另一条沟渠通向大城西墙，并设有排水口直通古系水河道中。

城内、城外两套系统集御敌、防洪、排污、取水于一体的完整严密的给水排水市政系统设计精巧，独具匠心，具有很高的科学价值和历史价值。

（二）天下泉城——济南古城

1. 历史沿革

济南因位于古济水之南而得名。古城南依泰山，北临黄河，位于鲁中南低山丘陵与鲁西北冲积平原的交接地带上，

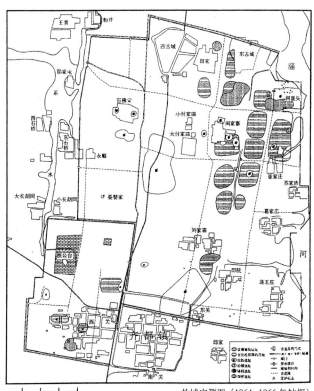

故城实测图（1964-1966年钻探）

图2-2-1　齐都临淄故城平面图（来源：《文物》1972年第5期附图）

自古是山东半岛联系中原与南北两京的交通要地，是国务院公布的国家历史文化名城之一。

济南古有"历下"之称，相传舜曾耕于历山（今千佛山）之下。春秋战国时期，济南地属齐国。《春秋》曾记载鲁桓公会齐侯于"泺"，趵突泉即为古泺水之源。西汉始置济南郡，郡治东平陵（今济南市章丘平陵城），此为"济南"一名之始。西晋永嘉末年，济南城毁于战乱，郡治由东平陵城迁至历城，济南开始建城设治，历城从此成为济南地区的政治中心。隋唐时期，济南改称齐州，治所仍在历城。宋徽宗政和六年（1116年），济南由州升府。金代济南属山东东路，并在城北开凿了小清河，直通大海，使府城济南成为重要的盐运集散地，对后世本地经济的发展产生了重大影响。元代，济南为路，直隶于中书省。明洪武九年（1376年），山东行省的最高行政机关由青州迁至济南，济南从此升为省会，成为山东地区的政治中心。清代，济南仍为山东省治。1904年胶济铁路修通，济南主动开埠，在古城西侧开辟商埠区。自此，济南形成古城与商埠区东西并置的格局，一直影响至今。

济南古城又称明府城，是指今护城河范围内所在的历史片区。古城城墙修建于明洪武四年（1371年），是在唐宋原有土筑城垣基础上内外甃以砖石而成，城周12里48丈（图2-2-2）。清咸丰庚申年（1861年），为防捻军北上，在府城外修筑土圩以为保护，清同治丁卯年（1867年）又改筑成石圩，周四十里，呈"内城外郭"环套形态。1950年，古城城墙被拆除（图2-2-3）。

2. 城市布局

（1）选址

济南古城自始建以来，已有1000多年的历史，虽历经朝代更替和城市规模的扩张，但城址从未有大的迁移。究其原因，主要与济南所处交通区位和自然环境有密切的关系。

在区域层面，济南位于山东西部，是古代齐国与鲁国的交汇之处，是中原到山东半岛的交通要道。明初济南成为山东省会，又成为沟通南北两京的并经之地，燕王朱棣发动靖难之役，从北京起兵挥师南下，曾围攻济南三个月。在周边环境层面，济南古城北邻古济水和小清河，南依泰山余脉千佛山等群山，登山北望，古城四周有谓之"齐烟九点"的卧牛山、华山、鹊山、标山、凤凰山、北马鞍山、粟山、匡山、药山9座独立山头散布。尤为难得的是，由于地质构造的原因，地下水在城区出露地表，形成众多天然涌泉和溢流水系，并在城北汇聚成湖，滋养着古城，济南因而在海内外享有"天下泉城"的美誉。

济南传统上是一个典型的山水城市，其整体风貌特色可概括为"山、泉、湖、河、城"五个字。济南古城的选址完

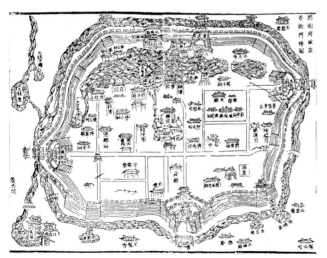

图2-2-2　清代济南府城图（来源：道光济南府志）

图2-2-3　1911年济南城区图（来源：济南市志）

全符合《管子》一书中所倡导的"凡立国都，非于广川之上，必于大山之下"的要义，显示出古人所具有的独到眼光和聪明智慧。当代两院院士吴良镛先生对此有很高的评价，认为济南古城的选址与唐长安、唐洛阳等著名的中国古代传统城市布局选址有异曲同工之妙。

（2）古城与泉水水系的关系

济南古城因水而建，与水相伴。城垣始于历城县城，初建规模很小，边长仅五六百步，约呈方形，位于泺水、历水之间，而泺水、历水的源头分别就是今天的趵突泉和舜泉。两条泉水水系在城西北外历水陂（今大明湖的西半部分）汇聚成湖，成为古城屏障。唐宋时期，济南成州成府，就地挖泥取土构筑城垣，使城市规模进一步扩大，将原城垣西北外的历水陂一带的湖泽之地围于城池之内。城垣北面，一直到现在黄河南岸一带的华不注山和鹊山，为地势低洼之地，曾有大片湖泊湿地，与古城水系相通相连，唐代的李白、宋代的曾巩都曾乘舟从济南出发，到鹊山湖游览，并留诗为证。金代在城北开挖小清河，使舟船便利入海，也使济南泉水和汛期洪水更好地排泄出去，从而导致鹊山湖水域面积缩小，成为藕塘与水田，不复烟波浩渺。明初城垣重修，内外包以砖石，同时开挖疏浚护城河，改变了传统的水道网络，使城外东南角的黑虎泉泉群、西南角的趵突泉泉群、西墙外侧的五龙潭泉群涌出的泉水大部分汇入护城河之中，常年不绝，成为保证护城河防卫水位的天然保障，堪称我国古代城市军事防御工程方面巧用自然的一个范例（图2-2-4）。①

在明府城内部，亦有众多泉水分布，其中最大的为珍珠泉泉群。该泉群位于古城中心的曲水亭街、芙蓉街、东更道街、院前街之间，有大小泉池二三十处。最大的珍珠泉泉池位于清巡抚衙门内，面积为1240平方米；其次是衙门西墙外侧的王府池子（因位于明朝德王府内而得名，又名濯缨

图2-2-4　济南护城河（来源：王汉阳 摄）

① 张建华. 农耕时代济南泉城聚落环境景观的溯考与思索[J]. 城市规划，2011（3）：15-20.

泉），面积有600多平方米；再次为更西边的芙蓉泉，泉池围方十丈余。众多泉水沿沟顺渠绕宅穿巷，最终汇入到大明湖之中。大明湖位于明府城北部，水位恒定，水面开阔，约占古城面积的1/3，通过北水门与城外相通，是城市蓄水防洪的天然水库，也是欣赏风景的绝佳之处，著名的"四面荷花三面柳，一城山色半城湖"便是对大明湖风景最好的写照（图2-2-5）。

（3）功能分区与布局

明洪武九年（1376年）济南开始成为山东省政治中心。明成化二年（1466年），明宪宗的二弟德王朱见潾改驻济南，在原济南公张荣府邸旧址基础上兴建德王府。德王府位于城市中轴线上，东到县西巷，西到芙蓉街，南到今泉城路，北到后宰门街，规模宏大，约占府城面积的1/3，而现在的珍珠泉和濯缨泉均为王府西苑的一部分。清乾隆《历城县志·故

藩》记载："德（王）府，（在）济南府治西，居会城中，占（城）三之一"。清朝初年，德王府改建为清巡抚衙门，将濯缨泉划在了巡抚大院以外。以巡抚衙门为中心，东西两侧分布有省、府、县三级官署及各种行政机构、仓廒、各类坛庙及宗教建筑上百座。由于城内泉水脉系复杂，受地下、地表自然水系的影响，街道和建筑并没有围绕中轴线作对称式布局。

根据泉水在城区内的分布，明清时期已初步形成了职能分区。西门作为城市对外水路交通的门户，为商业、手工业和水运码头聚集之地。城北部为大明湖风景游览区，中南部以官署和围绕官署的商业区为主，大量的民居院落则散布于其中。[①]

（4）道路交通

明府城修建之初只设4座城门：东为齐川门，西为泺源

图2-2-5 济南大明湖（来源：刘建军 摄）

① 王丽娜. 济南泉水环境空间形态与传统聚居模式演绎探讨[D]. 济南：山东建筑大学，2007.

门，南为历山门，北为汇波门。其中北门为水门，不作通行之用，东、西、南3门则分别修有瓮城，用作加强防守。清朝末年，城禁松弛，为方便百姓进出，又在城墙东南、东北、西南、西北4个方向另辟新门，分别是：巽利门、艮吉门、坤顺门和乾健门，但4门之上均未建城楼。

济南城门俗称"四门不对"，即东门偏北，西门偏南，南门居中，北门偏东，民间有聚财纳气的说法，实际上更多是出于古城自身特殊的自然条件考虑。由于明府城南面临山，每逢汛期，山上的雨水连同古城内涌出的泉水，多顺着地势由南向北流淌，为更加顺畅地排水，古城街道大多南北走向，东西方向街道则较短。因为古城中部有珍珠泉、王府池子等众多泉水，北部几乎全部被大明湖占据，古城外侧又有黑虎泉、趵突泉和五龙潭泉群的制约，明府城内没有贯穿南北方向的主街道，仅有的一条穿越东西方向

的主街道（由院东、院西、府西、府东及西门里大街5条街道组成）只有西门与其相对，故而形成了"四门不对"的自由格局。城内其他街巷也大多结合泉眼、泉池和泉水水系走势，曲折蜿蜒，形成自由变化、丰富有趣的道路系统。

由于泉多水多，明府城内许多街道的命名与之相关，例如趵突泉前街、趵突泉后街、黑虎泉街、曲水亭街、顺河街、芙蓉街、舜井街、马跑泉街、珍池街、东流水街、西河沿街、平泉胡同、涌泉胡同等（图2-2-6）。此外，古城内还有众多的石板桥，例如起凤桥、百花桥、来鹤桥、小板桥、鹊华桥、南丰桥、曾家桥等，这些大小不一的桥或连通各个街巷，或横跨水面，数量之多，在北方传统城市中是较为罕见的（图2-2-7）。

图2-2-6　涌泉胡同（来源：刘建军 摄）

图2-2-7　起凤桥上观泉水（来源：刘建军 摄）

二、乡镇

（一）人文荟萃——桓台新城镇

1. 历史沿革

新城镇位于鲁中地区淄博市桓台县西南部，距淄博市区25公里。新城镇作为桓台县古县城所在地，从元初到20世纪50年代，有着700多年的县治所历史。

春秋时期，新城一带是齐国的苑囿。齐桓公爱好游猎，常从临淄来此游观射猎，并建高台戏马，隶属高苑地，后为武强、长山二县地。元太祖九年（1214年），山东东路兵马副元帅邑人张贵，组织流民绕台掘土筑城，命名"新城"；元太祖二十二年（1228年）始割长山县东部、高苑南部、临淄县西部共同组成新县，新城正式成为治所。1914年1月，易名耏水县；同年4月，因境内古有齐桓公戏马台而改为桓台县，1950年4月县城迁出。新城镇历史悠久，名人辈出，文物古迹众多，古城内外有忠勤祠、王渔洋故居、四世宫保牌坊（图2-2-8）、齐桓公戏马台、耿家大院等合计12处国家、省、市级重点文物保护单位，因此新城镇于2004年10月被评选为"山东省历史文化名镇"，2008年10月被评选为"中国历史文化名镇"，成为山东省首个入选的国家级历史文化名镇。①

2. 城镇布局

（1）选址

新城镇处于今淄博市张店区、邹平县和高青县交界处，自古位置优越，交通便利。新城镇东接唐山镇，西连邹平县，东南靠周家乡，北依陈庄乡、田庄镇，镇域面积44.1平方公里。

新城镇古县城位于镇区偏西南隅，范围北至寿济路附北极台地块，南至老张田路四世宫保坊自然边界，西至张田路忠勤祠地块，东至镇政府西路（图2-2-9），包括了镇区的

图2-2-8　新城镇"四世宫保"牌坊（来源：董鑫田 摄）

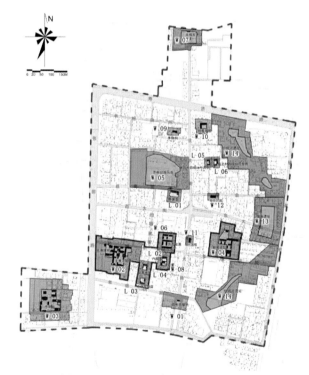

图2-2-9　新城镇保护范围规划图（来源：新城镇政府网站）

城东、城南、城西、城北4个行政村范围，占地面积近0.69平方公里，地势平坦，土地肥沃。

---

① 桓台县新城镇人民政府网站. 新城国家历史文化名镇保护规划公示. [EB/OL]. [2021-10-20].

（2）功能分区与布局

古城由居住、商业、行政服务等多种功能构成，且各职能分布较为集中。以南北大街和东西大街构成的"十"字轴线作为古城市民生活交往中心，不仅汇集了交通、商贸、集会等功能，还将古城划分为"由"字形四维布局。十字街往北一带分布了较大的几个庙宇，主要为古镇居民日常集会、朝觐以及举办节庆活动的场所。古城西北部分以公共服务功能为主，包括县衙驻地和考院、书院及祠堂。东北及南半城主要为居住功能，集中了王氏多处宅第以及耿氏、徐氏、刘氏、毕氏等名门望族的府邸。

（3）道路交通

古城曾辟有四门：东曰厚生，西曰正德，南曰永宁，北曰利用。中华人民共和国成立后城墙虽陆续坍塌拆除，但与四门正对的以东西大街和南北大街为主轴的"十"字街完整保留下来，构成至今的交通骨架，在当地城镇居民的日常交通中继续担当着重要角色。其他较小的街巷相互垂直，纵横交错，构成了古县城的小尺度方格网街的肌理格局。随着新城镇的发展，"十"字街已多次拓宽，南北走向的街道总宽约19米，其中车行道路宽约9米；东西走向的主街总宽约14米，其中车行道路宽约8.5米。

（4）民居建筑

新城镇因地处鲁中平原地区，合院民居平面布局相对规整，以北方常见的一、二层坡屋顶建筑为主体。古城内虽然传统建筑保留下来的较少，但新建民居仍在一定程度上延续传统建筑的样式，以三合院、四合院落居多。从单房到四合院再到多进院落组合，形成了具有宗族特色的街区和平直规整的建筑肌理。

现存民居宅院建筑多采用双坡硬山屋顶。20世纪80年代前的民宅多为砖石承重，墙体外敷当地褐黄色麻草土泥以保温，或基层铺5~6层青砖，上部为土坯墙体。瓦有正铺和反铺两种形式，也有混合铺设的形式，多见于年代更久远的建筑。部分做工细致的老宅，其屋脊还有镂空砖饰，檐角顶部缀立仙人、走兽，檐下有砖雕斗栱。院落入口处多为简朴的双坡顶棚门，木制门扇，涂有黑漆或赭红漆。20世纪80年代后新建的民宅，则大多为砖混结构，白色瓷砖贴面，房屋双坡顶，上覆红色波纹瓦。[①]

（二）龙山溯源——岱岳大汶口镇

1. 历史沿革

大汶口镇位于山东省泰安市岱岳区南部，处于著名的泰山与孔子故里曲阜之间。据史书记载，远古帝王多在泰山祭天，在大汶口镇驻地3公里的云亭山筑坛祭地。汉朝时期，为钜平县城所在地。大汶口之名始见于明朝，因地处柴汶河与大汶河汇流交叉口，古为渡口，故名大汶口。明隆庆时期，建成大汶口石桥，自此奠定其商业交通地位。明中后期至清中期是大汶口商业发展时期，逐渐形成山西街、会馆街等多条主街，清朝初年正式设镇，至今已有400年的历史。

大汶口镇是黄河下游地区新石器时代著名的大汶口文化的发祥地和命名地，因自然环境优越，交通便利，成为历史上著名的商贸重镇，留下大汶口古石桥（图2-2-10）、山西街村建筑群、山西会馆、卢氏祠堂碑刻、皇营遗址、文姜城遗址等众多文物古迹。2017年6月大汶口镇被评选为"山东

图2-2-10　大汶口镇古石桥（来源：董鑫田 摄）

① 王雁. 桓台县新城镇历史文化名镇保护研究[D]. 天津：天津大学，2015.

省历史文化名镇",2019年1月被评选为"中国历史文化名镇",是山东省入选的两个国家级名镇之一。

2. 城镇布局

（1）选址

大汶口镇位于泰安市正南方向,地处泰山南麓,大汶河自东向西穿境而过,镇域以平原地貌为主,土地肥沃,水源充沛。大汶口镇北与满庄镇为邻,南与宁阳县接壤,东接房村镇、西与马庄镇为邻,镇域总面积90.74平方公里,辖45个行政村,镇机关驻大汶口新城街,距离泰安市26.5公里。镇区核心保护区南邻大汶河,范围包括大汶口遗址、大汶口古石桥、山西街村建筑群,总面积0.98平方公里（图2-2-11）。

（2）功能分区与布局

古镇由商业、公共建筑和民居共同构成。由于历史上贸易活跃,古镇商业数量较多,主要沿街道布置,其中南门街（原名泰平街）因通向汶水明石桥,店铺最为密集,也是古镇最繁华的街道,山西街和其他街道也有部分商铺分布。

现存的公共建筑主要包括南门街西侧的山西会馆和南门街北端的火神庙（图2-2-12）。山西会馆陆续建于清雍正和乾隆年间,主要包括关帝庙和戏楼,是古镇保存至今规模最大的公共建筑。火神庙面向汶河,为镇水患所建,建于明崇祯年间,是村民们祈求风调雨顺、国泰民安的祭祀场所。历史上古镇内还有许多庙宇分布其中,如关帝庙、清真寺、玉皇庙、土地庙、北堂庙、北阁及三官庙、南阁及魁星楼、南堂观音庙等,这些建筑大多分布在古镇中部和东部。

民居建筑则广泛分布于古镇之中,南门街北段及东西两侧、山西街中段西侧,潘家胡同、卢家胡同多为大户人家,至今保留较好,且多为明清传统民居。

（3）道路交通

古镇所在的山西街村明朝初期就有城墙蜿蜒环绕,高大雄伟。为方便客商进出,设有8个城门,分别为东北门、正北门、西北门、正西门、正东门、东南门、正南门和西南门,并与城外道路相通,中华人民共和国成立后城墙逐渐拆除,现山西街村南仅存一段城墙和一个城门。

因临近河边,受地形影响,城内街巷呈折线状自由布局,形成纵横交错、主次分明的街道格局,古镇主要街道如下:

南门街——从大汶口镇西南门向北的一条主要街道,原名"泰平街";因山西会馆坐落于此街南首,相传乾隆皇帝出巡时也曾经过此街,故又名"会馆御街",此街是山西街村店铺最密集的商业街。

山西街——从大汶口镇正南门向北的一条主要街道,原名"通天街",直通泰安城;后因山西商人在此地经商落户,居住于此街两侧较多,故改名为"山西街"。

会馆西街——原称"会馆街",是东西横贯山西街村的主要街道,会馆西街为了与村中同样名为"会馆街"的胡同区

图2-2-11　大汶口镇核心区文化遗产分布图（来源:大汶口镇政府网站）

图2-2-12　大汶口镇火神庙（来源:王汉阳 摄）

分，故名"会馆西街"。

潘家胡同——东西横贯山西街村的主要街道，南门街以西称会馆西街，以东称潘家胡同，因曾居有潘氏大户而得名。

会馆街——南门街西侧传统民居中胡同的统称，由多条胡同共同组成，原称"前花园胡同""后花园胡同"等，后统一改名为"会馆街"。

沿河胡同——自大汶口镇西南门至东南门，是沿古城墙内侧的一条胡同。

邵家胡同——南门街南段、山西会馆东侧向东延伸的一条胡同，因曾有邵氏大户居住而得名。

太平街——山西街村传统民居西侧的一条主要街道。山西街村传统村落与新建成区之间以太平街相分割，新建成区基本都在太平街以西、会馆西街南北两侧。

车马古道——大汶河古石桥落成后，解决了车马过汶河的难题，但由于桥北首河堤坡度大，车马进入山西街村西南门较为困难，所以从桥头向西2米修建了一条坡度拉长的斜坡道路，明隆庆四年（1570年）铺成石板路，几百年的车马行走，石板路上留有深的车辙沟。

（4）特色建筑

山西会馆，是明、清时期山西晋商集资而建，是商谈聚会、招待晋商、兑换银票的场所。会馆坐落在大汶河古石桥北头路西，坐西朝东，南北长71米，东西宽32米，占地面积2283平方米。会馆分南北两院，北为山西街关帝庙（图2-2-13），南为戏楼院。关帝庙建筑面积38.7平方米，面阔三间，进深两间；抬梁式木构架，前出廊，有檐柱；筒瓦尖山硬山顶，木椽望砖基层，前檐出飞椽，后檐封护檐，砖石混筑墙体，墀头有砖雕。

山西街村有众多明清民居（图2-2-14，图2-2-15），现状保存完好的有26处，主要集中于中轴线会馆御道两侧，其格局保存较完整，整体风貌良好。这些民居均为北方传统合院式布局，多为不规则三合院、四合院，格局规整，序列有致。民居建造就地取材，利用河中的青石、竹叶岩砌筑，生土和石灰涂抹，屋架采用抬梁式结构，屋顶多为两坡硬山顶，坡度较大。具有代表性的民居主要有王家大院、刘家古楼、乔训成大院、杨富海故居、杨明山家、三合店等众多古建筑，是研究中国明清传统村落的"活化石"。[①]

图2-2-13 大汶口镇关帝庙（来源：王汉阳 摄）

图2-2-14 大汶口镇南门街11号民居（来源：王汉阳 摄）

① 泰安市岱岳区人民政府网站. 大汶口历史文化名镇保护规划征（草案）. [EB/OL]. [2021-10-20].

图2-2-15 大汶口镇潘家胡同2号民居（来源：王汉阳 摄）

三、村落

（一）齐鲁第一古村——章丘朱家峪村

1. 历史沿革

朱家峪原名城角峪，后改为富山峪，古村位于济南东部的章丘区所辖的官庄乡境内。明洪武初年人口大迁徙，朱氏家族的一支由河北枣强迁入此地，因朱系明代国姓，故更名为朱家峪。中华人民共和国成立，朱家峪村隶属于章丘市胡山人民公社管辖，1985年隶属于官庄乡政府管辖，2006年隶属于官庄镇政府管辖至今。20世纪70年代，由于村民人口增加，村庄结合改善对外交通条件的考虑，没有采取旧村原地改造增建的方式，而选择了易地扩建建新村的方式，许多村民在古圩子墙外的规划区域陆续新建农宅，现已形成一处与当地平原村落并无差别的新村。而部分村民仍坚持在古村居住，致使其环境得以维系，明清时期的村落空间格局和山村特色风貌完整地保留至今。因此成为首批国家级历史文化

名村并享有"齐鲁第一古村，江北聚落标本"的美誉。[1]

2. 村落布局

（1）选址

朱家峪古村落地处鲁中南山地丘陵区的西北边缘，整体聚落格局深受风水思想的影响，北临平原，东、西、南三面以山体为依托，将围合的谷地作为基址，整个村落就像坐在一把巨大的太师椅里，完全符合我国道家风水理念的选址。背山面水，左右围护的格局是风水最基本的原则之一。文峰山山峰与北侧双峰山山凹连线，形成贯穿老村的主轴线。此轴线与青龙山、白虎山山峰连线交点，为原中哨门遗址处，由此向南为明、清的村落聚集区。村前有池塘或河流婉转经过，为生产生活提供用水。在这种枕山、环水、面屏的环境条件下建造村落，使人能有一个冬暖夏凉、朝向良好、避风防洪、利于防御、环境优美的居住环境，既满足了古村落选址的风水要求，也体现了古村落选址的朴素生态观念。朱家峪作为典型的北方山地古村落，其选址讲究因借自然，使村落的布局形态与自然山水相契合，自然山水成为村落的重要组成部分。

（2）空间布局

朱家峪古村沿沟谷从北至南依次展开。古村占地约28公顷，从北寨墙牙门开始算起，南至文峰山下，长约2300米，东西山麓间最宽处约780米。村落最北端以礼门及城墙限定村落范围，一条南北向道路延伸到村内，再分成若干街巷编织交汇，形成若干公共节点。村落内部的公共和居住部分，以不同的建筑风格加以区分。内部布局注重主从关系，中央为主要建筑群，建筑沿巷道和轴线关系纵向延伸，形成线性布局。

村落坐南朝北，东、西、南三面环山，整体形态与山体紧密依存，村庄平面由山体围合而成，并被山体所限制。为此村落布局并没有像平原聚落那样呈棋盘方格式布局，而是顺着山势，沿着山麓边缘由低到高铺展开来。受地形起伏的影响，道路交通、公共空间、村落民居等均依山而建，高低错落，景观层次丰富，呈现出典型的山地特征（图2-2-16）。

① 张建华，张玺，刘建军. 朱家峪古村落环境特色之中的生态智慧与文化内涵[J]. 青岛理工大学学报，2014（1）：1-6.

图2-2-16　朱家峪村落总平面图（来源：张建华 绘）

古村在村头、村尾、水口、道路分岔或交汇处等地方设置礼门、文昌阁、朱氏家祠、古戏台、关帝庙、魁星楼等重要公共建筑，形成若干景观空间节点，点缀以古桥、古泉、古井、古树、磨盘等，通过村内道路串联起来，形成一个富有空间变化又密不可分的有机整体。

古村建筑因形就势，自然分布，依坡就坎，上下盘道，高低错落，体现出鲜明的山地聚落特点。一条冲沟从村子南端贯穿到北端，既作为排泄山洪的孔道，也是居民生活排放废水的沟渠；同时，冲沟内的流水不但丰富了村落的景观体系，还能调节聚落的微气候。村中散布着许多公共井泉，是居民用水的主要来源（图2-2-17）。

（3）道路空间

道路不仅是古村对外联系和物资运输的通道，还是朱家峪村民日常交通和景观组织的有效手段。胡山山顶海拔693.8米，为章丘第一高峰。山顶与中哨门形成的轴线确立了聚落主街部分走向，在此轴线两侧，文峰山与白虎山呈对称分布。村内的道路系统沿冲沟布置，曲折盘回，从村口处铺设南北向的石板干道串起整个村子，成为聚落的南北中轴线。干道至村中岔分为4条主路，其间以曲径小巷道相连抵达每家每户。朱家峪的道路系统分为两级：车行道路和人行步道。车行道路为村庄的主要通行道路，以入村嵌有两溜大青石板的3米宽的双轨古道为主要道路（图2-2-18），沿着村落整体南北延伸；至村内沿等高线岔分出的另一条车行道

图2-2-17　村内路边台地上的双井（来源：张建华 摄）

图2-2-18　村内青石双轨古道（来源：张建华 摄）

为辅助，两条车行道巧妙利用高差以"之"字路连接，或以下路上桥立交形式相互跨越（图2-2-19），共同构建了整个村庄的道路骨架体系。另一级道路就是古村内如枝脉般编织的步行便道。这些便道宽度在0.7～2米之间，窄的仅四五十厘米，或是一条串联十余户的小巷，或是仅仅联系三两户甚至独户的小石径，其最大的特点就是布局鲜受约束，多样灵活：有的从街巷上岔出斜径通向坡坎，有的搭几块石板跨越沟壕，有的拾阶而上错落有致，有的沿沟渠走向蜿蜒蛇形。这些步行便道随坡就坎，因形就势，串联起各家各户、古井、菜地、田野等。大小两级道路功能明晰，延伸交错，共同组成古村四通八达的道路网，充分体现出朱家峪村巧夺天工的独特设计和劳动人民与自然和谐相处的聪明智慧。

朱家峪村中的街巷不拘一格，长短不一，内部道路的排布通而不畅，标识性不强，这些特征都满足传统村落的防御性要求。朱家峪古道受当时生产力和经济状况的制约，只修建了贯穿南北的"单轨"和"双轨"两种道路：一条由朱氏家祠斜向东南，一条由关帝庙斜向西南。古道全由青石铺成，是村内的一级道路，单轨古道中间嵌有单条长青石板，双轨古道中间嵌有两条长青石板，除此之外，道路其他部分则由小一些的石块铺砌。双轨古道作为最重要的道路，始建于明

代，清朝时进行过重修。巷道空间通常都小于3米，其尺度反映了户与户之间的近邻关系，增强了邻里交往的可达性。村内道路随山势自然延伸起伏，连通重要公共建筑和公共空间，既适应了依山而建、因地制宜的环境特征，同时又构成了生动多样的古村道路系统。[1]

3. 文化蕴含

作为齐鲁第一古村，朱家峪一砖一瓦、一房一路，到处都蕴含着深厚的文化底蕴。几百年来，村中以儒家思想为核心的处世哲学，通过耕读文化、宗族文化、宗教文化等，全方位渗透到了这个明清传统村落物质和非物质事物的各方面之中，形成了古村独特的建筑文化。

朱家峪村素有重视后代文化素质教育的良好风尚，在封建社会制度环境中，始终遵循《朱子治家格言》中"耕读传家"的古训，并对山村产生了深刻的影响。据不完全统计，清代至中华人民共和国成立前朱家峪村先后开办的私塾多达17处。近代以来，外来新式教育之风盛行，古村随之于1915年开办"文峰小学"，1932年创建"女子学校"，1944年兴办规模更大的"山阴小学"（图2-2-20），这在鲁中南地区的村落中是极为少见的，由此可见朱家峪人对教育的重视程

图2-2-19　"康熙立交桥"（来源：张建华 摄）　　　　　图2-2-20　山阴小学（来源：张建华 摄）

① 刘甦，高宜生等. 山东古建筑[M]. 北京：中国建筑工业出版社，2015.

度。在为社会培养了大批优秀的人才的同时，也给后人留下了一笔丰厚直观的物质文化遗产。

村子最端头由清代为防御匪患修筑的圩子墙的北门——"礼门"而入，顺着历经沧桑的石铺双轨"义路"向南望去，远远看到的是一座古朴厚重的石造基座的二层建筑——建于清道光十八年（1838年）的"文昌阁"横跨于道路之上。山清水秀的田野之中一"阁"当道，形成了村落北部重要的景观节点。

"文昌阁"底层基座全部由大青石砌筑，南设石梯，可拾阶而上。二层阁楼坐北朝南，是一座造型古朴又不失精细的三开间硬山建筑。"义路"由下部石拱券门洞穿过，向南通到古村之中，再穿过古村，向南直达文峰山上的"魁星楼"，形成了一条纵贯南北、遥相呼应的山水人文轴线，折射出了村民文化立村、振国兴邦的心理祈盼。

村落中部有保存完好的被清末光绪皇帝钦命为"明经进士"并任候选训导的朱逢寅故居，人称"进士第"。故居建于清光绪十六年（1890年），最初包括7组院落，曾是古村规模最大的居住建筑，现对外开放的是位于村内主道东侧台地之上的两进宅院。沿"之"字形坡道可上到宅院门口，大门坐东面西，进门后正对一面影壁。宅院内部因地势高差分为高

低两个台院，分别对应主人的生活起居和私塾教学功能。上台院与主人居室正对的是一座两开间二层藏书楼（图2-2-21），这是古村原有为数不多的两座楼房之一，显示了主人对文化的尊重与敬仰。

20世纪40年代初步建成使用的山阴小学屹立于文昌阁东南，建筑形式颇有近代风韵，校门据说是效仿广州黄埔军校校门形式建造，门内有一条中央甬道贯穿前后，四进院落对称布局，空间秩序井然。房屋为青石立基，砖镶包角、白灰饰面的土坯墙体构造，配以玻璃门窗、小瓦屋面，形式典雅大方，为学生励志苦读创造了良好的学习环境与文化氛围。

聚落中以血缘关系为纽带的宗族文化通常对乡村和谐社会关系有重要影响。朱家峪除朱姓氏族以外，还有李、赵、马、张等姓氏居住。历史上村中建有多座家族祠堂，供家族祭祀与议事等公共活动之用。作为供奉本村第一大姓的朱氏家族先人的朱氏祠堂建于清光绪八年（1832年），至今尚整修保存完好。祠门上部，镶有与本族大儒朱熹相关的象征文运亨通的七星图案。祠门顶部的五个白色球体装饰，代表阴阳五行之中的金、木、水、火、土"五元相生"，寓意家族世代繁衍、人丁兴旺（图2-2-22）。家祠分内外两院，外院照壁中央镶有圆形"八方进宝"砖雕图饰，左拐穿一道院门进

图2-2-21　进士故居台院及二层藏书楼（来源：张建华 摄）

图2-2-22　朱氏祠堂入口大门（来源：张建华 摄）

入内院，正对记载着多次重修祠堂历史的影壁墙，内院主体是一栋三开间前出檐廊的两坡硬山建筑，东侧附设一间耳房。据记载内院原有名木4株，现存只剩百年桧柏一棵。"自奉必须俭约""居身务期质朴""器具质而洁，瓦缶胜金玉""勿营华屋，勿谋良田"同族儒学先哲朱熹的这些家训警言，对古村建筑整体布局和外观风貌产生了潜移默化的影响。全村古宅大都是就地取材、依势而建的单层两坡硬山建筑，尺度得体，古朴典雅，即使一些家境富裕的名门望族也遵循平实内敛的处世原则，不一味追求奢华，只是院落空间布局上更加巧妙，材料和装饰上更加讲究而已。包括进士第藏书楼在内，全村仅有的两处二层砖石小楼，面阔也都不过二三间。它们与那些体量不大的寺庙、宗祠等公共建筑一起，掩映在山谷葱郁之中，形成了古村和谐静谧、宛若天成的整体环境。

作为明清时期的传统村落，朱家峪村有文昌阁、魁星楼、关帝庙、土地庙、山神庙、鲁班庙等众多具有民间宗教信仰的庙宇，反映了村民对传统文化的高度认同心理。除前面提到的文昌阁与魁星楼之外，很多庙宇坐落在位置突出的景观节点之上，是古村落空间特色的重要组成部分。关帝庙位于古村道路交口，位置突出醒目，是一座约建于明代，复修于清嘉庆十三年（1808年）的石造小庙，坐北面南，结构依附于一民居院墙之上，尺度虽小但匠心独运，工艺精湛，楣石横贯，精雕双龙戏珠；左右石柱，细刻飞龙攀缘，具有较高的文物价值。在大量质朴淡雅的民居建筑群落之中，这种最能反映地方民间工艺水平的宗教建筑，有效地起到了烘托聚落文化氛围和妆点村落空间景观的多重作用。[①]

（二）泉水聚落——平阴书院村

1. 历史沿革

书院村位于洪范池镇驻地东南约1千米的天池山脚下，隶属济南市平阴县洪范池镇管辖。村子依泉而建，因书院而得名。北魏郦道元在《水经注》中有"天池山下有泉，名东流

泉"的记录，唐代在此兴建洪福寺，明嘉靖中丞刘隅在其原址上修建东流书院，《书院义学》中对此有明确记载。清代雍正年间黄氏宗族自济宁嘉祥黄垓搬迁至此，遂将村名定为书院村。

书院村现有居民110余户，总计400多人，属于一个中等规模的村庄。几百年来，该村的主要街巷布局和整体空间形态并没有产生大的变化，随着时代的变迁，仅在住宅外观形式上自然进行更新。至20世纪70年代，由于河渠的改道导致书院村沿西南山麓方向发展，后因村庄与外界连通主路的修筑，新建住宅又沿中央主路向西边发展，但东边围绕泉水而建的老村部分依然是村庄最具魅力的地方。

2. 村落布局

（1）选址

书院村位于天池山西麓山坳平原地带，村子东、南、北三个方向面山，西侧不远处有自南向北流淌的狼溪河，洪范池镇就在村子西北1公里处。

从聚落整体空间格局来看，书院村东倚天池山，水量丰沛的东流泉从村东头涌出，沿河渠向南呈弯月状穿过村子，再向西向北汇入村内人工开挖的天池湖，并有暗渠与狼溪河相通。天然泉水加人工改造，寓意村庄"滚滚财源""财用不竭"的风水格局。天池山东南方更远处有大崖山作为背景，与村落所在的山坳遥相呼应，整个村落东、南、北三个方向有山环抱，西侧有水环绕，背山面水的自然环境正符合我国道家的风水选址理念（图2-2-23）。

（2）空间布局

村落的空间布局与地形和泉水有着密不可分的关系。书院村最古老最核心的区域位于村西天池山下谷坳之中，房舍依托村东头的东流泉及圆弧状溢流水系按一定秩序向西平铺式发展，东流泉西北另有白沙泉，在某种程度上也起到限定空间的作用。东流泉作为主要水系，不仅为村民生活生产提供充沛优质的水源，还在一定程度上限定影响村落的建设边

① 张建华，张玺，刘建军. 朱家峪古村落环境特色之中的生态智慧与文化内涵[J]. 青岛理工大学学报，2014（1）：1-6.

界和生产空间布局。

　　由于地势西低东高，所以村内民宅尽可能占据东侧山坳处的缓坡地，而把有限宝贵的耕地留在村落西边并向西延伸到狼溪河东岸。为保证农田用水，在圆弧状河渠西南拐弯处设置水闸及水口，向西引水灌溉农田，最终汇入狼溪河。天池湖作为泉渠溢流水系的终点，不仅有农田蓄水和景观打造的作用，如今还被承包为鱼塘，成为水产养殖的好场所。天池湖鱼塘位于村落西北角，位置独立，周围建筑稀疏，呈现一种开敞的姿态（图2-2-24）。[①]

　　（3）道路空间

　　书院村作为典型的泉水聚落，其道路空间布局合理，层级分明，如实反映了聚落发展的状况，清晰记录了聚落拓展的轨迹。

　　书院村内的道路共分为三个层级。

　　一级道路为东西方向贯穿村子中央的主要街道——书院街。书院街东端始于东流泉源头所在的方形水池，西端为主街与通往洪范池镇村际公路的交口，是村内级别最高的道路，也是最宽的主街，是村民与游客进出村子的主要通道。书院街东西笔直，贯穿全村，方向感和透视感极强。全街长约440米，被跨圆弧形水渠上的单拱石桥划分为东西两段。东段为旧村原有主街，长约120米、宽4米，全部为长条青石板铺砌。西段为村庄因拓展而修的主街，长约320米、宽12米，为土石路面。在主街最东端与村际公路的交口处立有一块石碑，作为村庄主入口的标志；在单拱石桥西侧布置了一个翻开书本造型的现代雕塑，上面记录着书院村的历史，延续着村庄的共同记忆。

　　二级道路由两部分组成。一部分是从村庄西北角天池湖南岸开始的沿河渠道路，另一部分是从村庄西南口开始的新建民居组团内的主路。两条道路西端均与村庄西侧的村际公路相连，东端均指向东流泉源头水池附近，道路多处曲折，

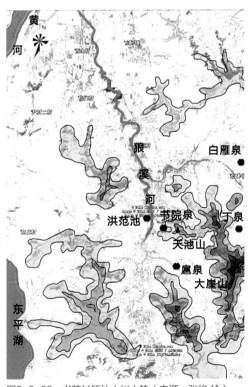

图2-2-23　书院村所处山川水势（来源：张烨 绘）

图2-2-24　书院村总平面图（来源：张烨 绘）

① 张烨. 基于生态适应性的传统聚落空间演进机制研究——以平阴县洪范池镇书院村为例[D]. 济南：山东建筑大学，2015：18-22.

并非呈一条直线。

北侧二级道路形成稍早，其走向与形态与村庄水系直接相关。这条道路西段稍宽，依托天池湖南岸堤坝而修，呈折线状；道路中段变窄，沿村舍和农田旁的引水河渠堤岸而修，蜿蜒曲折，由数段曲线连接而成；道路西段最窄，沿圆弧状水渠堤岸而修，两边均为村舍。南侧二级道路形成稍晚，其走向与形态与村庄新建居住组团直接相关，是新建居住组团与旧村部分联系的主要通道。为方便居民取水和通行，道路宽窄不一，沿村舍外墙折形东延，并与北侧二级道路在圆弧状水渠旁汇合，最终到达东流泉方形水池旁。

三级道路为农家宅院之间的巷弄。这些巷弄往往一端与一、二级道路连接，为的是出行方便；另一端与泉池、河渠相连，为的是取水方便。由于村落一、二级道路大致为东西走向，所以与之垂直相连的三级道路大多为南北走向。巷弄长度较短，大多联系三五户人家，巷弄宽度大多为2米左右，一般不超过3米（图2-2-25）。

（4）水系空间

书院村水系空间包括泉眼、泉池、溢流河渠、农田灌溉水渠和天池湖。因泉水涌量大，溢流河渠众多且设计巧妙，

其空间布局与村落形态结合紧密，浑然天成，因此书院村享有平阴"小江南"的称号。

书院村主要有两处泉眼，一处位于村东天池上脚下的书院泉，因涌量大而砌有8米见方的泉池，是村民生活生产的主要水源；一处位于东流泉西北不远处的白沙泉，因涌量小而砌有半米见方的泉井，但水质清冽甘甜，可供附近人家饮用。两处泉眼一头一尾，分别位于圆弧形水渠的两端，在空间上起到限定溢流水系的作用。

近年来，书院村对主要水系景观进行改造设计，从东流泉泉池"书院清泉"开始，沿圆弧形河渠南边的"素心桥"，到河渠西南方向引水灌溉农田的水口"古渠浣纱"，再到河渠西侧与村内主街交汇的"书院村口"，由此河渠向北流经"白沙泉"，再向西北流入到村内人工开挖的"天池湖"，最终通过暗渠汇入狼溪河。通过6个景观节点的提升改造，使得书院泉水系与小桥、主街等公共空间有机联系起来，进一步强化了村落丰富多变的景观体系（图2-2-26）。

为了科学合理地利用泉水，书院村采用生活水道和行洪水道相分离的形式，在村内4米宽圆弧形行洪河渠外侧又分出一条0.6米宽专供村民洗衣洗菜生活用水的水渠，分水

图2-2-25 书院村道路层级与入口（来源：张烨 绘）

图2-2-26 村落泉水水系分布图（来源：张烨 绘）

图2-2-27　村落水渠分流（来源：张烨 摄）

口设在地势较高的地方，在地势较低的地方就形成生活水道在上、行洪水道在下的两渠垂直分离但并行流淌的景致（图2-2-27），是当代村民巧于因借、趋利避害、聪明智慧的又一体现。

第三节　典型建筑分类与实例

一、衙署、坛庙

（一）珍珠泉畔——清巡抚院署

清巡抚院署位于济南古城中部、珍珠泉的东侧。大堂建于清康熙五年（1666年），由山东巡抚周有德拆青州明衡王府大殿木料建造。清巡抚院署如今在山东省人大办公大院的东侧，这里是济南老城的心脏地段和山东的权力中心。宋朝曾巩知齐州时于此建"名士轩"，金末元初山东行尚书省兼兵马都元帅张荣于此建府第，明英宗时这里是其次子德王的王府。此后，明朝德王府、清朝巡抚衙门、民国都督府、督办公署和省政府都曾选址在此，由此可知珍珠泉的地位非比寻常。

千百年来，珍珠泉历经沧桑。金末元初时期，济南境内出现了一股"自建武装"，其首领叫张荣。张荣后来与元朝统治者达成协议，继续留任山东地方官，担任山东行尚书省兼兵马都元帅。张荣后来被封为"济南公"，死后又被追封为"济南王"。张荣在任期间把珍珠泉围了起来，建成了自家园林，时称"张舍人园子"。据载，张荣死后，他的孙子、元大都督张宏任济南府行军万户管民总管，仍继续盘踞在此，将珍珠泉据为私有，并有新的建造，其中最有名的是巍巍壮观的"白云楼"。登白云楼远眺，全城景物历历在目；尤其是在雪后，凭栏寻望，晴光四野，景色绮丽，令人叹为观止，因此有了"济南八景"之一的"白云雪霁"。

到了明朝初年，囊括珍珠泉在内的张王府成为山东都指挥司。明天顺元年（1457年），英宗皇帝朱祁镇封其次子为德王，封地定在德州。因德州那里风大沙多，加之德王又羡慕济南的山水之胜，所以就改驻济南，把都指挥司迁走，在珍珠泉周边一带修建了德王府。当时德王府规模很大，"居全城中，占城三分之一"，府内建有正宫、西宫、东宫等，并以珍珠泉和元人遗留下来的濯缨湖为西苑，同时在院内开凿玉带河，据当时的记载描述，那时可在院内泛舟游湖，后来济南人一度称此处为"德藩故宫"。

明思宗崇祯十二年（1639年），清兵攻入济南城，最末一代德王朱由枢被掳走，德王府也被清军烧了个干净。

清康熙五年（1666年），山东巡抚周有德组织饥民"以工代赈"，在此修建巡抚衙门，也称抚院，系巡抚理政、审案和居住的地方。现在依然保存完好的巡抚院署大堂，名承运殿，便是当年拆青州明衡王府大殿中的木材所建，使得巡抚衙门建筑的形制保持原来的明式风格。当地老百姓从这个时候起将珍珠泉称"院里"，将抚院南门外的开阔地叫"院前"，将珍珠泉后面的街道称"院后"，其称呼至今也没有改变。

巡抚院署大堂面阔五间，进深16米，为悬山卷棚勾连搭，翘角飞檐，前为卷棚式，6根大红柱支撑着错落的云头斗拱。红柱之间为落地槅扇，檐角脊端皆饰吻兽。整个建筑金碧交辉、宏伟壮观。清巡抚院署大堂所在的珍珠泉院自明代起便是山东省的行政中心，在山东省内具有重要地位，现为山东省人大驻地（图2-3-1、图2-3-2）。

1937年12月，日军攻进济南，珍珠泉大院内建筑多被焚毁，巡抚院署大堂也遭受严重破坏。1951年对其重新整修，恢复原来面貌。1979年9月济南市革命委员会公布为济南市第一批重点文物保护单位，现为省级文物保护单位。[①]

（二）祭祀圣地——泰山岱庙

旧称"东岳庙"，俗称"岱庙"，位于泰山南麓，泰山市城区的东北部，是历代帝王举行封禅大典和祭祀泰山神的地方，也是中国历史上祭山建筑中规模最大，历史最久远，存留建筑最丰富，历代帝王亲祭最多的一座。岱庙创建于汉代，至唐时已殿阁辉煌。在宋真宗大举封禅时，又大加拓建，修建天贶殿等，更见规模。

岱庙风格布局采用帝王宫城的式样，整座建筑群坐北朝南，平面呈矩形，南北长406米，东西宽237米，周围庙墙环绕1500余米，庙内有各类古建筑150余间，占地总面积96222平方米（图2-3-3）。自泰安古城南门由南向北展开，北抵岱顶南天门的中轴线上，岱庙与泰山登山主路建筑群共同构成一个完整的建筑群体，布局壮阔严整，节奏宏伟而有致，在常青柏树和巍巍泰山的映衬下，黄瓦、朱甍，色调鲜明，璀璨夺目。

岱庙以其内部建筑对称严整的排列布局来展示儒家礼制

图2-3-1 清巡抚院署大堂（来源：王汉阳 摄）

① 刘甦，高宜生等. 山东古建筑[M]. 北京：中国建筑工业出版社，2015.

图2-3-2 清巡抚院署大堂前接卷棚（来源：王汉阳 摄）

图2-3-3 泰山岱庙鸟瞰（来源：视觉中国 授权）

观念，整个建筑群以一条南北方向的纵轴线为中心，均衡地向两边扩展。岱庙建筑群起始于遥参亭与岱庙正阳门中间的岱庙坊（图2-3-4），其后沿中轴线依次为正阳门（图2-3-5），正阳门两侧有掖门，东为仰高门，西为见大门。进正阳门稍后东侧为炳灵门，西侧为延禧门，中为配天门及配殿，东为灵侯殿，西为太尉殿。过配天门为仁安门，两侧有东、西神门，正殿为天贶殿，仁安门与天贶殿环以围廊，东、西两廊中部建有钟楼和鼓楼。后为正寝殿，两侧为东、西寝宫。

岱庙的北门为厚载门，寝宫与厚载门之间的院中，东有金阙，西有铁塔。由炳灵门可进入东路汉柏院和东御座，由延禧门可进入西路的唐槐院和道舍院。岱庙四周环以高大的围墙，四角均建有角楼，东、西两墙中部有东华门、西华门。

天贶殿作为岱庙主体建筑，创建于宋代，采用中国古代建筑最高规格营造，为中国古代三大宫殿式建筑之一（图2-3-6）。殿内大型壁画——泰山神启跸回銮图，是我国现存道教壁画的上乘之作，具有极高的历史和艺术价值。岱庙碑碣林立，现存自秦汉以来的历代碑碣石刻211通，素有"岱庙碑林"之称。岱庙内古木参天，有古树名木200余株，其中"汉柏""唐槐"最为著名。岱庙堪称泰山历史文化的缩影，具有重要的历史、艺术、科学价值。[1]

二、宗教建筑

（一）千年古刹——长清灵岩寺

灵岩寺位于泰山北麓长清县万德镇灵岩峪方山的南面（图2-3-7）。自晋代开始灵岩寺就有佛事活动，传说僧朗曾在此建寺。北魏太武帝太平真君七年（公元466年）灭法，佛事遂废，至孝明帝正光年间（公元520～公元525年）再兴。据唐天宝元年（公元742年）《灵岩寺碑颂并序》载，正光元年（公元520年）法定禅师来此游方山，爱其泉石，重建寺院。此后唐、宋、元、明各代均有发展，最盛时有僧侣500余人，殿宇50余座，规模十分宏大，直至清乾隆十四年

图2-3-4　岱庙坊（来源：王汉阳 摄）

图2-3-5　岱庙正阳门（来源：王汉阳 摄）

图2-3-6　岱庙天贶殿（来源：王汉阳 摄）

① 刘甦，高宜生等. 山东古建筑[M]. 北京：中国建筑工业出版社，2015.

（1749年），仍有殿宇36座，亭阁18座。唐代李吉甫编撰的《十道图》中，把灵岩寺与浙江的国清寺、南京的栖霞寺、湖北的玉泉寺并誉为"域内四绝"。

明代名士王士贞则说："灵岩是泰山背最幽胜处，游泰山而不至灵岩不成游也"。清乾隆皇帝在灵岩寺建有行宫，他巡视江南时曾8次驻跸灵岩。

现存寺区由殿阁、佛塔、墓塔林和方山之上的证盟功德龛等组成。建筑布局为坐北朝南，依山而建，沿山门内中轴线，依次为山门、天王殿、钟鼓楼、大雄宝殿（殿西有隋代的寺院山门遗址）、五花殿、千佛殿（其西北角是辟支塔）（图2-3-8）、般舟殿遗址、御书阁等。寺院西部为墓塔林。另外有各种碑刻题记，散存于山上窟龛和殿宇院壁，计有420余宗。内有唐李邕撰书《灵岩寺碑颂并序》及浮雕造像、经文，北宋蔡卞《圆通经》碑及金、元、明、清各朝代的铭记题刻等。现存建筑布局顺应山势，为典型的宋代以后成型的伽蓝七堂式。

从东晋到明清时期，历代对灵岩寺均有创建或者修缮，因此灵岩寺现存较多东晋至明清历代的石构建筑遗存和明清时代的建筑，灵岩胜境坊、崇兴桥、金刚殿、天王殿、大雄宝殿、千佛殿、御书阁、般舟殿遗址、辟支塔、祖师林及隋唐山门遗址等就是其中最具代表性的建筑遗存。

灵岩胜境坊：位于灵岩寺西的大道上。修建于清乾隆二十六年（1761年）。坊为石筑，4柱3间。通高6.1米，宽8.64米。额刻"灵岩胜境"四个字，为乾隆所题。方柱下施滚礅石，石下各施长方形石基台，柱上顶端立"望天吼"兽。

崇兴桥：又名通灵桥，俗称大石桥，位于灵岩胜境坊之东，为宋代灵岩寺净照禅师所建。明嘉靖十七年（1538年）临清姚刚氏等人重修，"桥长一十有三丈，阔二丈有五尺，深五丈，旁有栏，栏皆凿兽形"。桥东西向，为单孔石拱桥，桥面两侧设石栏，现大致保存了明代的样式。

金刚殿：为寺院的大门，也称山门，面阔三间，进深一间，前后廊式建筑。单檐硬山顶上施青瓦，柱础为鼓式，其上立木柱，柱上房架由三架梁、蜀柱、五架梁、爪柱、七架梁等组成。构造风格属清代建筑。门内东西两侧塑有护法金刚，俗称哼哈二将。

天王殿：又称二山门，系明末建筑。面阔三间，进深四间，单檐歇山顶，柱础为宝装覆莲式，是明代重建时沿用宋代的遗物。三架梁、五架梁、抱头梁用料都很大，柱头上坐斗硕大，为一斗三升斗栱，因殿内塑有"护法四大天王"而得名。

钟楼、鼓楼：在天王殿北，东为钟楼，西为鼓楼。平面呈方形，单檐歇山顶，上施小瓦，其每面的普拍枋上都有一斗三升带蚂蚱头斗栱，系清代建筑。铜钟重2500千克，为明正统六年（1441年）铸造。

大雄宝殿：在天王殿北，为宋代献殿。北宋崇宁、大观年间主持僧仁钦创建，是寺僧颂经礼佛的地方。明正德年间

图2-3-7　灵岩寺（来源：董鑫田 摄）

图2-3-8　灵岩寺辟支塔（来源：董鑫田 摄）

（1506～1521年）皇族德藩捐塑三大士像于其后，更名大雄宝殿。现建筑为清代重修遗构，面阔五间，进深六间，硬山顶，上覆青瓦，前出卷棚式外廊。上有乾隆为殿题写"卓锡名蓝"匾及"奇松尔日犹回向，诡石何心忽点头"楹联（图2-3-9）。

千佛殿：为寺院的主要殿堂。始建于唐贞观年间，宋代拓修，现主要为明代形制。建筑坐北朝南，面阔七间，通阔27.83米，进深四间，通深15.42米，建筑面积478平方米，占地面积667.2平方米，从自然地面起通高15.42米。殿内柱网布局为金厢斗底槽式，大木举架，彻上露明造。斗栱为六铺作重栱三下昂，里转六铺作重栱出三抄并计心造。单檐庑殿顶，举折平缓，上覆灰瓦和绿琉璃瓦。前檐8根石柱，柱础极为古朴，推测为唐宋时期遗物。殿正中石砌长方形须弥座，上置三尊大佛，中为毗卢遮那佛，藤胎髹漆，造于治平年间（1064～1067年）；东为药师佛，铜铸，铸于明成化十三年（1477年）；西为阿弥陀佛，铸于明嘉靖二十二年（1543年），铜铸。四周墙壁曾有数以千计的铜制和木制、高约30厘米的小佛，故名千佛殿。小佛仅存293尊，失存的现已补齐。殿之东、西、北三侧靠墙砌须弥座，上列40座高约150厘米的彩色泥塑罗汉坐像，多数塑于宋代，少数为明塑，是我国泥塑遗存中的艺术瑰宝（图2-3-10）。

御书阁：位于千佛殿东北方向的方丈院前。唐代主持僧为存放皇帝赐书而建。曾存有唐太宗李世民，宋太宗赵光义、真宗赵恒、仁宗赵祯等御书。金贞祐年间阁遭兵燹，御书尽毁，唯阁幸存。明万历中，寺僧塑大菩萨像于内，崇祯中改塑玉皇像。阁额为宋释仁钦篆书，明代重刊。现存御书阁为明末清初建筑，建于石券洞台基之上，面阔三间，进深二间，单檐硬山顶，上施绿琉璃瓦。

般舟殿遗址：位于千佛殿之后。遗址包含有初唐至清的建筑遗存，1995年发掘出土。殿基规模宏大，按叠压情况可以分为唐代、元代和明清三个建筑时期。从现存柱网的布局看，该殿面阔五间，进深三间，元代以后增建了殿前月台。台基上保留有四周残墙，殿内两侧及北侧砌有罗汉台，殿中置三尊佛像的佛台，地面布以硕大柱础，其中明间两方柱础细雕龙凤花纹，雕刻精湛，纹饰精美，保存完好。殿墙东、西、北三面埋有八棱石柱12根（图2-3-11）。

总之，从东晋至清末，在灵岩寺的屡次毁坏和兴修的过程中，留下了丰富的石构建筑、构件及明清建筑，为深入研究中国古代佛教文化及中国古代建筑、绘画、雕刻等所取得技术和艺术成就提供了大量实物佐证，特别是塔林中历代佛塔林立，对深化研究中国古代佛塔的发展和演变过程具有十分重要的意义。①

（二）道教宫观——泰山碧霞祠

碧霞祠位于泰山极顶南侧，初建于宋真宗大中祥符二

图2-3-9 灵岩寺大雄宝殿（来源：董鑫田 摄）

图2-3-10 灵岩寺千佛殿（来源：董鑫田 摄）

① 刘甦，高宜生等. 山东古建筑[M]. 北京：中国建筑工业出版社，2015.

图2-3-11　灵岩寺般舟殿遗址（来源：董鑫田 摄）

年（1009年）。据《泰山道里记》和《岱览》记载，唐代前泰山顶上女神早有玉女或元君的称号。宋真宗大中祥符元年（1008年）东封泰山时雕玉女像，凿龛供于玉女池旁。至宋元年间始建玉女祠，金改称昭真观，明洪武年间重修，号碧霞灵佑宫，成化、弘治、嘉靖年间拓建重修，正殿施铜

瓦，明万历四十三年（1615年）铸铜亭（当时称金阙，现存岱庙）。清顺治年间神门上增葺歌舞楼及石阁，清康熙年间因水冲庙毁而重修，清雍正八年（1730年）增建歌舞楼及东西神门阁。清乾隆三十五年（1770年）为防止高山风雨剥蚀及雷击，改正殿为铜顶，大殿盖瓦、鸱吻、檐铃等饰物皆铜铸，乾隆年间建御碑亭及钟鼓楼。清同治年间建香亭，清道光十五年（1835年）又重修。泰山碧霞祠是一座宏阔而完整的宫观，二进院布局，以照壁、火池、南神门、山门、香亭、大殿为中轴线，左右分别是东西神门、钟鼓楼、御碑亭、东西配殿等建筑。南北长76.4米，东西宽39米，总面积2971.8平方米。碧霞祠现存建筑保留了明代的规模及明代的铜铸构件，建筑风格多为清代中晚期的风格。碧霞元君的上庙，位于岱顶天街东首，北近大观峰（即唐摩崖），东靠驻跸亭，西傍振衣岗，南傍宝藏岭，是泰山最大的高山古建筑群，金碧辉煌，俨然天上宫阙（图2-3-12）。

主祀碧霞元君，道教尊称为"天仙圣母碧霞元君"，传说为东岳大帝之女。清张尔岐《蒿庵闲话》谓："元君者，汉

图2-3-12　泰山碧霞祠（来源：视觉中国 授权）

时仁圣帝前有石琢金童玉女，至五代殿坯像仆，童泐尽，女沦于池（泰山顶"玉女池"）。宋真宗东封还次御帐，涤手池内，一石人浮出水面，"出面涤之，玉女也。命有司建祠奉之，号为圣帝之女，封天仙玉女碧霞元君。"民间称"泰山娘娘"。相传为保护妇女、儿童之神。祠院中碧霞元君殿正中供奉碧霞元君鎏金大铜像，殿内悬有清雍正、乾隆御书"福绥海宇""赞化东皇"巨型匾额。道教素以泰山（古称岱山，又名岱宗）为"群山之祖，五岳之宗，天地之神，神灵之府"（《续道藏·搜神记》），故泰山碧霞祠之声望远播于海内外，香火极旺，朝山进香者络绎不绝，尤以每年春夏为最盛。"文化大革命"期间碧霞祠曾遭破坏，道众被遣散。粉碎"四人帮"后，政府贯彻宗教信仰自由政策，1985年秋，碧霞祠归还道教界管理，为全真道十方丛林。

碧霞元君祠现存的主要古建筑有照壁和火池、神门、山门、钟鼓楼、御碑亭、东西配殿、香亭、大殿、铜碑和"万岁楼"和"千斤鼎"等建筑。[①]

三、居住建筑

（一）伴泉而居——济南民居

济南作为中国历史文化名城，素以泉水而闻名海内外，自古就有"山水甲齐鲁，泉甲天下"的赞誉。一方水土养育一方人，趵突泉、黑虎泉、五龙潭、珍珠泉四大泉群及其溢流水系，不仅为济南古城提供了得天独厚的环境条件，还孕育出济南传统民居"家家泉水，户户垂杨"的特色风貌。众多的泉眼泉池如珍珠般散布于古城区域，溢出的泉水形成小溪水渠，绕房串院，曲折贯穿老城街区，汇聚到护城河和城北的大明湖之中，形成了点、线、面形态俱全的水生态系统。房屋院落、街巷道路顺应泉水水系而建，很多胡同平行于溪渠呈现出弯曲自由的形态，人们形象地称其为"镰把胡同""葫芦巷""辘护把子街"等。沿胡同街巷顺水而行，婉转曲折，丰富多变，颇有"柳暗花明又一村"的意境。曲水

亭街是泉城济南一条极具代表性的传统特色街道，两侧房舍黛瓦白墙，古香古色，颇有韵味（图2-3-13）。它北通大明湖，南接西更道街，全长300多米，从珍珠泉和王府池子流过来的泉水汇成河渠，潺潺北流，因曲曲折折故而得名"曲水"。曲水亭街尺度不宽，全部由青石铺就，其中一半被水渠所占，街随水走，水伴街行。街道中间是一行垂柳，柳条随风摇曳，妩媚动人，清澈的泉水中绿藻舞动，身姿婀娜。妇女蹲在水边石板上濯衣淘米洗菜，孩子拿着网子小桶捉鱼捞虾嬉戏，老人则坐在树荫房檐下下棋喝茶聊天。看着眼前静谧的景象，仿佛时光倒流，又犹如置身于江南水乡，令人难以忘怀。

由于南部山区多产青石，古城地下水位又高，因此城内街巷多用青石板铺地（图2-3-14）。大块青石铺砌在街巷中间，供路人和车马行走，小块青石则铺砌在街巷两边，高度比中间略低，便于雨雪天气时组织排水。就是在平日里，街巷地面也是异常洁净，青石缝中除茵茵小草之外，还不时有小股泉水汩汩流出，成为街巷中一道动人的风景。

风光旖旎的山水环境以及温暖湿润的局部小气候孕育出济南传统民居"潇洒似江南"的建筑风格。济南传统民居兼具北方民居的淳朴厚重与江南水乡的轻巧灵秀，具有南北交融的典型特征。

在院落布局上，济南保持了北方四合院民居布局形制，除少数规模较大的府宅之外，普通人家多数为一进或二进的院落，格局方正，尺度适宜。作为入户头脸的门楼极受济南人重视，也是民居的一大特色。它的形体稳重，造型大方又不失精美。门楼台阶为条石砌筑，门枕石、石柱础、石鼓等石构件穿插在一起，跑马板上多刻有精美的图案。门楼的屋脊用小青瓦叠砌，两端对称高高翘起，俗称蝎子尾，线条轻盈舒展，颇具江南民居的韵味（图2-3-15）。

影壁也是济南民居中极具装饰性的地方，大多凸出附建在厢房的山墙上，作为进入宅院的对景和过渡。影壁下部为须弥座墙基，中间为粉白墙体，上部为砖雕檐楣和高高翘起

① 刘甦、高宜生等. 山东古建筑[M]. 北京：中国建筑工业出版社，2015.

图2-3-13 济南曲水亭街民居（来源：刘建军 摄）

图2-3-14 济南后宰门街石板路（来源：刘建军 摄）

图2-3-15 济南鞭指巷状元府门楼 （来源：刘建军 摄）

的花脊，与门楼的蝎子尾相呼应。

由于古城南部多山，石材的大量使用也是济南民居的一大特点。石材多用在窗台以下部分，也有整个山墙都用石材砌筑。不同于北京四合院色彩的艳丽明快，济南民居主要以青砖、青瓦、白石为主，窗框则采用暗红色，入户大门则漆以黑色，建筑整体色彩素雅宁和，富有生活气息。

（二）石头房子——鲁中南山地民居

鲁中南地区地形以山地、丘陵为主，村落多依山而建，沿等高线布局。民居随坡就坎，高低错落，鳞次栉比，与地形紧密结合。建造选用石材、木材、草等地域性建筑材料，富有纯朴自然的美感。鲁中南地区民居多采用合院式布局，分布自由分散；山地起伏变化，造成院落形状、面积大小不一，院墙多不规整，但院落的封闭性依然很强。村舍多为一进独门独院，以三合院布局为多，少有四合院和倒座。三合院的布局多由北侧的正房、东西两侧的厢房和南侧的院墙组成。正房坐北朝南，三开间，一侧或挂有小耳屋。室内多无隔断，或隔出一间作为卧室。与胶东、鲁西北地区相比，鲁中南山区几乎没有睡炕的习惯，堂屋为开敞的起居空间，住户的起居、待客、吃饭都均在堂屋中，堂屋与左右两间一般不用实墙分隔，常用木板或秸秆席子作轻质隔断。

受自然条件限制，鲁中南山区民居的墙体做法有石墙和土墙两种，其中石墙最为多见，或块石错砌，或乱石干插，间有腰线以上用土坯或夯土、垛草泥垒筑。沂蒙山区巨石嶙峋，山石多为花岗岩和变质岩，当地民居善用河沟里的圆石头，未经加工即用来垒墙，不仅造价低而且具有装饰作用。沂蒙山区民居的屋顶做法，往往苫以麦草或山草（图2-3-16），有的房檐还压一溜片石，屋顶山尖压则以片石或石条作垂脊，当地称挡风稍，檐口则用薄石承托称挑檐板。充满原生气息的石头屋于巨石丛中若隐若现，山体、林木、石墙、石房融合在一起，流溢出粗犷质朴的风韵。

石板房是鲁南山区村民们特有的一种民居类型，主要集中在枣庄市山亭区群山深处的兴隆庄及其附近村落，这里北依翼云山，山上盛产石灰质页岩石。石板房沿山坡而建，高低错落，层次分明。村民们靠山吃山，就地取材，先开采出大块石料，再加工凿成较长较厚的条石和较小较薄的石板，前者用来砌筑院墙和屋墙，后者当作瓦片铺屋顶。石屋冬暖夏凉，防潮防火，但采光不佳。从高处看去，大小不一、层层叠叠的石板从屋檐到屋脊如鱼鳞般铺满整个屋面，在屋檐处石板梢伸出10余厘米，遮护部分檐下墙面，在屋脊最高处还经常水平铺一层石板，样式颇为特别（图2-3-17）。不仅房屋用石头，每户的院墙、鸡舍、牲口棚、桌凳、石碾、水缸、灶台等，均用石头制成。村内的道路也用小块的片石铺砌，夏天雨水顺缝隙渗流，行走其上咯咯作响，当地人称之

图2-3-16 临沂沂南县常山庄村民居屋顶（来源：赵鹏飞 摄）

图2-3-17 枣庄山亭兴隆庄村石板房（来源：视觉中国 授权）

为"响石路"。[①]

四、商业建筑

（一）商铺云集——周村大街

周村大街位于具有"天下第一村"美誉的周村，即今天的山东省淄博市周村区，是我国古代北方地区的一座商业重镇，享有"旱码头""金周村""丝绸之乡"的美誉。大街实际上是整个街坊的统称，重点保护区所在街坊南临棉花市街，北靠新建路，东接保安街，西至浊河，范围内还有丝市街、绸市街、银子市街、芙蓉街等商业街，占地总面积20.93公顷，现为省级文物保护单位。大街北面的顺河街民居建筑群、千佛阁古建筑群，南面的魁星阁古建筑群、燕翼堂建筑群等亦为省级文物保护单位，是周村历史人文集聚之地。

大街作为周村最大、最古老的一条商业街，始建于明永乐年间，是依托各种手工业、农副业基础上逐步发展起来的，明末清初就已经形成一定规模。由于周村一带农村一直有栽桑养蚕、缫丝织绸的风俗，因此大街就成了蚕丝和丝绸批发、销售的集散地。又经过100多年的发展，到了清道光年间，这里就成为山东乃至北方著名的商贸重镇，享有"天下第一村"的美誉。至清朝后期，章丘旧军孟氏"八大祥号"先后来到这里开店经商，就连山西、河北等外省富商巨贾也纷纷来到周村，大街成为北方绸布、茶叶、杂货、钱庄等聚集的商业贸易中心。清光绪三十年（1904年），德国修筑的胶济铁路通车在即，为获得经济上的主动权，山东巡抚周馥和直隶总督袁世凯合奏朝廷，在周村、潍县、济南自行开埠。于是商贸范围日益扩大，近到山东的济南、青岛，远至北京、天津、沈阳、上海、广州的商号，都与周村有密切的商业往来，大街的商业因此开始进入了全盛时期。谚云："大街不大，日进斗金"。当时大街的商号、作坊最多可达5000余家，每日货物交易量很大，成为名副其实的"旱码头"。

大街建筑在功能上主要采用前店后厂或前店后宅的形式，

即沿街为门头店铺，里面为存放货物的仓库或生产作坊，也有部分供人吃住的住宅。在空间组合上以北方常见的四合院形式为主，布局规矩方整，但由于寸土寸金的缘故，除少数院落为方形外，大多院落东西长，南北短，具有地方特色。

大街、丝市街、银子市街作为本街区内的主要道路，宽约5米，现状直线长度均在300米左右，次一级道路宽度一般2~3米，长度100~200米之间，还有部分1.5米左右宽的胡同。主要街巷高宽比一般在1：1左右，次要街巷高宽比更大（图2-3-18）。道路形式以"丁"字形为主，再加上长度约在200米，使得街巷在视觉上具有很强的围合感。

大街沿街店铺一般为两层，多为中国北方传统商业建筑形式，也有少数为西式或中西结合的样式。结构方面以砖石和木结构为主，传统建筑大多为硬山双坡屋顶，上覆小青瓦，建筑墙面也以青砖青石为主，木柱木梁木门窗漆成黑色或暗红色，整体外观朴素稳重。

由于山西、河北等北方省份客商在此开店较多，大街原有建筑多在砖墙立面上连续开尺度不大的竖条窗或拱券窗，整体显得较为敦实，北方民间风格浓郁。后来改造时为吸引顾客注意，门窗开洞较大，致使大街部分建筑失去原有韵味（图2-3-19）。

大街作为山东省规模最大、保护最为完整的传统历史商业街区，商铺众多，建筑风格多样，是周村历史发展的真实写照，因此被中国古建专家誉为"中国活着的古商业建筑博物馆群"，具有很高的历史价值和旅游价值。

五、园林

（一）百泉汇聚——济南大明湖

大明湖位于济南明府城的北部，与趵突泉、千佛山并称为济南的三大名胜。与一般城市中的湖泊不同，大明湖是由众多泉水汇聚而成，碧波荡漾，清澈明净，又因位于城市的

---

① 刘甦，高宜生等. 山东古建筑[M]. 北京：中国建筑工业出版社，2015.

图2-3-18　周村大街街巷尺度（来源：刘建军 摄）　　　图2-3-19　周村大街商铺（来源：刘建军 摄）

中心位置，名胜古迹众多，历代名人来此游览，留下诗词佳句，更增添了许多故事和历史底蕴，因此享有"泉城明珠"的美誉（图2-3-20）。

　　魏晋时期，济南城池规模不大，其西北方向有一片不大的水面，位置大致相当于今天大明湖水域的西部，郦道元在《水经注》称其为"历水陂"。"历水陂"东边与古大明湖相连，北边通过水道与莲子湖相通。唐元和十五年（公元870年），济南城池规模进一步扩大，将"历水陂"囊括在内，泉水积聚在郭城北墙下，淤漫成湖，经常造成洪涝灾害。宋代大明湖称西湖，水域面积达到最大。曾巩任齐州（今济南）

图2-3-20　夏日荷香大明湖（来源：刘建军 摄）

知州期间，大明湖东、北、西三面与城垣相接，正南面与百花洲、濯缨湖相连，西南的文庙、布政司署、东南的县学等地均与湖面衔接，水域面积约占府城面积一半。曾巩为解决水患，对大明湖进行综合整治，修建北水门水闸，调节水量，并挖渠、筑堤、修桥、建亭阁水榭，植树种花，使得大明湖成为济南城内最为出色的传统公共园林区，在中国古代园林史上占有重要地位。

金元时期曾堤以西的湖面始称大明湖，虽然此时湖边的公共园林区已逐渐衰败，但水域面积依然很大，约占内城面积的1/3，金代文学家元好问在《济南行记》中有详细记载："大明湖，其大占府城三分之一，秋荷方盛，红绿如绣，令人渺然有吴儿洲渚之想"（《遗山集》）。明代重修城墙，可能出于人口的压力，嘉靖年间大规模填湖造田成陆，导致"湖多为居民填塞治圃，夹芦为沼，小舟仅通曲巷"，明末城内湖面进一步缩减，仅占府城面积的1/10。清道光二十五年（1845年）竣稿的《乡园忆旧录》曾载："昔明湖周数十里，泺水、舜井皆流入湖，烟波弥漫，望华不注如浸水中。后泺水不入湖，舜井不流，惟濯缨泉、珍珠泉、朱砂泉入湖，仅周五六里。"可知大明湖水域面积仍然不大。

清末民时，大明湖被辟为一块块湖田，湖里阡陌交错，船只能沿水道曲折行进，已无水面开阔、烟波浩淼之势。作家老舍在其散文《大明湖之春》中有这样描述："一听到'大明湖'这三个字，便联想到春光明媚和湖光山水等等，而心中浮现出一幅美景来……'地'外留着几条沟，游艇沿沟而行，即是逛湖……东一块莲，西一块蒲，土坝挡住了水……只见高高低低的'庄稼'……所以，它既不大，又不明，也不湖。"

中华人民共和国成立后，湖田经过土改，全部收归政府所有，大明湖公园建设全面展开。去除湖田边界，重新疏浚筑堤，恢复大明湖原本开阔的水面。2007年为进一步提升泉城核心区特色风貌，大明湖公园经过规划拆迁，总面积由74公顷扩大到103.4公顷，并根据历史考证，恢复超然楼、秋柳园、

七桥风月、明湖居等名胜古迹，增设桥梁和仿古建筑，景观绿化也大为提升（图2-3-21），面积达到近代后最大。[①] "四面荷花三面柳，一城山色半城湖。"扩建提质后的大明湖重新恢复生机，成为济南城市最靓丽的一道风景。

（二）袖珍园林——潍坊十笏园

十笏园又称丁家花园，位于潍坊市潍城区胡家牌坊街49号，最早为明嘉靖年间刑部郎中胡邦佐的宅邸，后几经易主，至清光绪十一年（1885年）被潍县首富丁善宝花重金买下，遂重新设计修整，改建为私人花园，作为自己中年养病休息之所，1988年被国务院公布为第三批全国重点保护文物单位。

十笏园在东西两侧的院落建筑方面具有鲜明的北方民居特色，在中部堆山理水、廊舫亭楼造景方面则具有典型的江南特征，是集南北方园林风格于一身的典范。园主丁善宝虽为首富，但擅长诗词，尤喜与文人交往，崇尚中国传统天人合一思想。他在学习历代造园经验、参考山水诗画的基础上，广邀文人朋友，结合山东民居的特点，融入南方造园手法，兼收并蓄，开拓创新，打造出兼有南北方风格精巧玲珑的私家园林。

严格说起来，十笏园是丁氏建筑群的一部分。因其占地面积少，小巧精致，好似十块"笏板"一般大小，因此称之

图2-3-21 大明湖超然楼（来源：闫济 摄）

① 刘甦，高宜生等. 山东古建筑[M]. 北京：中国建筑工业出版社，2015.

为十笏园。丁善宝在其《十笏园记》中对此作了解释："以其小而易就也，署其名曰十笏园，亦以其小而名之也。"2006年经潍坊市文物局实际测量，十笏园占地总面积约为3536平方米，其中主院落面积为2652平方米，山水园林面积723平方米。[①] 十笏园平面呈长方形，南北较东西略长。全园一共由东、中、西三轴三跨院落组成，南北方向亦分三进院落，院落之间通过墙体分隔并设方、圆、宝瓶等异形门洞相互连通，总体布局规整严谨之间又疏密有致，三条轴线贯穿组织各个院落和园林空间，主次分明，错落有致，别有韵味（图2-3-22）。

西跨院主要为丁氏及子孙学习读书之所。从南到北轴线上主要建筑有"深柳读书堂""颂芬书屋"和"小书巢"，轴线西侧有"秋声馆""静如山房"等西厢房，是主人留客下榻之处，康有为携家眷路过潍县时，曾在此处小居三日。"深柳读书堂"作为西跨院最主要的建筑（图2-3-23），是丁家子孙的私塾学堂，可见丁氏对家庭教育的重视程度。这是一座

三开间前后出廊硬山顶的过厅，装饰讲究，堂名借用唐朝诗人刘慎虚《阙题》中的："闭门向山路，深柳读书堂"之句，表示园主人志趣在于读书，不好交往。堂前有一座空间开敞的院子，院中青砖铺地，植有茂密的花木，花木中间立一景石，荫影斑驳，幽静自然。过"深柳读书堂"，穿过小方院，西为厢房，正中北厅为"颂芬书屋"，是园主读书之处。穿过此厅进入最后一进小院，西仍设厢房，正中北厅原名"雪庵"，康有为游十笏园将其改名为"小书巢"。

东跨院为丁氏家眷居住之所。其中轴线上最重要的建筑是位居中部的"碧云斋"（图2-3-24），原是主人丁善宝与夫人的居室。这是一座六开间前出廊硬山顶的厅堂，正中悬挂清代潍县金石学家陈介祺手书"碧云斋"匾额，命名取自园东一棵参天梧桐，碧叶遮天，如同苍穹万里的天空，现厅堂内成为郑板桥书画作品展室，院内石碑，亦为板桥作品石刻。东跨院中轴线上的其他建筑，"碧云斋"之北为喜堂，之南现为文物商店。

中跨院为园林，是十笏园最重要最精华的部分。与江南常见的后院式或别院式园林不同，十笏园属于前园式园林，即园林位于整个园子的前部。园林的中心部分是一个水池，面积约占所在院落的1/2，东边为堆砌的假山，西边为长长的游廊，东西两边对水池成围合之势。水池南面为"十笏草堂"，水池中央为"四照亭"，北面为"砚香楼"，三者

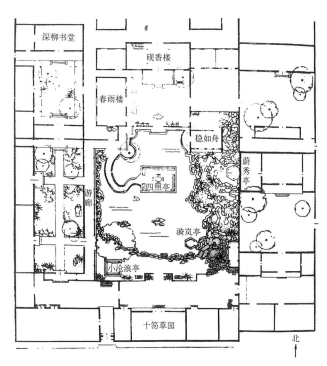

图2-3-22　十笏园平面图（来源：《中国古典园林》）

图2-3-23　十笏园深柳读书堂（来源：王汉阳 摄）

---

① 刘甦，高宜生等. 山东古建筑[M]. 北京：中国建筑工业出版社，2015.

共同形成跨院的中轴线。中轴线西侧自南到北依次为"小沧浪""游廊""春雨楼"等建筑，中轴线东侧自南到北依次为"漪岚亭""蔚秀亭""稳如舟"等点景建筑。"四照亭"位于水池中央偏北，四面环水，西有一小曲桥与长廊相连。"四照亭"是整个水景的构图中心和点睛建筑，虽曰为亭，实际是东西方向略长的三开间灰瓦卷棚重檐歇山顶水榭，亭中悬挂清末潍县籍状元曹鸿勋手书的"四照亭"匾额，是主人邀客赏景、以文会友之所（图2-3-25）。"十笏草堂"位于水池南岸，是中轴线最南端的一座三开间灰瓦硬山顶建筑，暗红色雕花格扇门（图2-3-26）。中央水池正北为砖砌镂空图案的云墙，中开一八角形门洞，上书"鸢飞鱼跃"（图2-3-27），自此可进入"砚香楼"和"春雨楼"为主的方形小院

（图2-3-28，图2-3-29）。小院中央，立一玲珑太湖石"镂云峰"。"砚香楼"作为中轴线上最重要的一座建筑，始建于明代，是园中最早的一批建筑，原为主人藏书弄墨之所，故名"砚香"。"砚香楼"是一座三开间二层高硬山顶建筑，首层入口前设有月台，二层南侧外出前廊，凭栏观望，园中美景一览无余。"砚香楼"与"四照亭"隔"镂云峰""鸢飞鱼跃"互为因借，互为对景，设计极为巧妙。

假山位于中央水池东岸，倚靠东跨院的西墙和房屋西山墙而建。假山南北长约30米，东西宽约15米，高近10米，体量颇大，参差错落，怪石嶙峋，山洞、瀑布、平桥、小径一应俱全，是园中的一大特色。假山最南端倚墙出一卷棚顶小亭，曰"落霞亭"，为1949年后增建，上悬潍县县令郑板桥

图2-3-24 十笏园碧云斋（来源：王汉阳 摄）

图2-3-25 十笏园四照亭（来源：王汉阳 摄）

图2-3-26 十笏园十笏草堂（来源：王汉阳 摄）

图2-3-27 十笏园鸢飞鱼跃（来源：王汉阳 摄）

手书"聊避风雨"匾额。"落霞亭"之北假山最高处建有一座小巧玲珑的六角攒尖小亭，名"蔚秀亭"。北侧山下水池边有一卷棚顶船形建筑，曰"稳如舟"，寓意一生平稳（图2-3-30）。水池东南岸边亦有一座六角攒尖小亭——"漪岚亭"，面积仅有2.3平方米，比通常的六角亭明显小一圈，可作为全园尺度缩小的"标尺"（图2-3-31）。视觉构图方面，"漪岚亭"居于一隅，成为整个水景中心建筑"四照亭"东侧的陪衬。

　　水池西岸有南北长向游廊，北端东折再北折，与"春雨楼"东侧檐廊连为一体。"春雨楼"命名借用宋代诗人陆游《临安春雨初霁》中的："小楼昨夜听春雨，深巷明朝卖杏花"

之句。此楼自坐西朝东，面向小方院，好似"砚香楼"的姊妹楼，是一座三开间二层高类庑殿式灰瓦建筑，一层入口处抱厦，二层立面中间开一个方窗，两边各开一个圆窗，古香古色。长廊南端东侧，即院子的西南角，有一个方形攒尖茅草顶小亭，名曰："小沧浪"。柱子取自原始木料，不经斧斫，柱顶端梁枋也极为简单，亭子中央设一圆形石桌，四周栏杆为座（图2-3-32）。"小沧浪"原始质朴，有乡野之风。游廊墙壁之上，嵌有丁善宝与友人撰写的《十笏园记》刻石各一方，还有郑板桥竹兰刻石五方，足见园主高雅之品位[1]。游廊西壁辟有二门，可达西跨院。游廊不仅连接中轴线上南北

图2-3-28　十笏园砚香楼（来源：王汉阳 摄）

图2-3-29　十笏园春雨楼（来源：王汉阳 摄）

图2-3-30　十笏园稳如舟（来源：王汉阳 摄）

图2-3-31　十笏园漪岚亭（来源：王汉阳 摄）

图2-3-32　十笏园小沧浪（来源：王汉阳 摄）

① 刘红丽. 精巧隽永、南北结合之园林典范——潍坊市十笏园园林艺术研究[J]. 绿色科技，2013（8）：10-14.

两个院子，还巧妙地分隔、连通中西两个跨院的景观，看似平常却经过推敲设计。

十笏园作为山东私家园林的典型代表，小巧玲珑，景色秀美，兼有南北方园林的风格；设计上更是独具匠心，处处体现了文人造园的深厚造诣。为了突破旧宅空间促狭的限制，园主从整体出发，精心布局，运用三条轴线将各个院落空间有机组织起来，通过堆山理水、巧于因借等传统园林处理手法，打造出紧凑而无拥挤之感、层次体验丰富的园林空间，尽显古人的无穷智慧。

第四节　传统建筑特征解析

由于鲁中南不同地域环境造成了自然环境条件的差异和空间上的区隔，在不同的地域历史、社会文化、风土人情等人文因素的作用下，先民们顺应地形地貌，结合气候条件，因地制宜，就地取材，运用朴素的建造技术，在聚落形态、院落布局、结构构造和细部装饰等方面形成了自身鲜明的地域特色。

一、依山就势，临水而居

地形地貌特征对传统地域居住建筑的聚落形态、选址和布局具有决定性的作用。自古以来，人们就在各种复杂的自然环境中进行着营建活动，地形地貌是民居建构必须面对的自然因素，一个地域突出的地形地貌特征潜移默化地影响人们对空间形态认知，各个地域形成的理想空间图式很大程度上也与当地自然地形地貌特征息息相关。

鲁中南地形复杂，平原、山地、丘陵等各种类型的地形地貌齐备。受相对封闭的地域环境和自给自足的经济环境的长期影响，鲁中南民居不论在聚落选址、聚居形态、院落布局还是建筑风貌等方面，无不体现出与自然地形地貌等因素之间的契合关系。如山地型村落形态"随坡就势，筑台为基"，顺应山形地势，通过挖填将山坡整理成不同高度的台地，然后在此基础上修建房子。民居院落也不像平原那般大小近似，排列整齐，而是顺应地形，灵活布局。道路更是顺坡就势、蜿蜒曲折，呈现高低错落、多姿多彩的山地聚落特征。

例如济南朱家峪古村就属于山地型村落。古村选址在东、西、南三面环山的沟口谷地之中，一条石砌的古道从村外一直延续到村内，沿溪谷而修，依山势而行，曲折蜿蜒，上下错落，由低到高贯穿整个村落，并在村内分出若干支岔通达各处。受地形起伏的影响，道路交通、公共空间、村落民居等均依山而建，呈现出典型的三维特征。

山地交通组织是古村的一大特点，古村有大小石桥30余座，或跨沟越坎连通道路，或泄洪减灾，或两者兼而有之。村中两座建于清康熙年间的单孔拱券立交石桥，距今已有300余年的历史。两桥相距10余米，夏季暴雨时，山洪可沿蜿蜒的山路从桥下而过，桥上则仍可供人通行；滔滔洪水过后，则上可行人，下行车马，互不干扰，十分方便。为防止洪水对道路的破坏，村内主要道路均就地取材，用山上的青石铺就，大雨时可顺利排水，平时用作人车交通，尽显古人因势利导，巧妙利用的聪明智慧。

朱家峪地形地势复杂，山地院落依坡就坎而建，院落大小不一、形状各异，各家各户的宅基地形状不似平原村落那样方整（图2-4-1）。在不规则的基地上营建宅院，当地人多是先根据基地条件修建主体建筑部分，剩下的边角用地就修建附属用房和院墙围合院落。正房、厢房、倒座等主体建筑皆中规中矩，外形方正，全部直角，转折院落和围墙则没有固定的平面形式，常有梯形或刀把形等不规则形状出现。民居建筑营建时多因地制宜灵活布局，从而形成平面上参差变化，高度上错落有致。朱家峪村进士第建筑群原本由7个院落组成，因宅基地形状不规则且地形存在较大高差，在平面上就根据高差划分为方形、梯形等不同形状的台院，并设置台阶连通各个院落。

中国传统建筑的组合是以"进"为基本单位，朱家峪的建筑也是依照"进"进行演化和繁衍。每进院落也是由正房、厢房等围合而成，但布局上不像北京四合院那样有着十分明确的轴线，房屋在开间和平面组合等方面的对称均不拘泥于细节，只是按照宅基所处的地形建立了相对明确但又不精确的轴线两侧建筑的呼应关系。院落的组合方面，纵深方向上宅院大都为两进，横向上则大多有侧院或杂院。因此，小规模的宅院多表现为前后两进院落，而规模较大者则在横向与纵向同时发展并最终形成规模较大的建筑群，此类宅院中的轴线关系也多因基址所处地形地势的变化而显得不甚明确。

再例如身处北方但又临水而居的济南民居。"家家泉水，户户垂杨"与"郭边万户皆临水"作为描绘济南居民生活的诗句，在另一方面也反映出济南泉多水多，风景优美的环境特征。据统计，仅明府城2.6平方公里的范围内就散布大小泉水100余处，大致可分为趵突泉、五龙潭、黑虎泉和珍珠泉四大泉群，因此济南享有"天下泉城"的美誉。这些泉水水质甘洌，形态各异，水量丰沛，其溢流水系成渠成河，最终汇流到护城河和城北大明湖之中，再入小清河奔流到海。百姓多选择在取水便利之处居住，如趵突泉西门、珍珠泉西北、大明湖东南岸等地，这些地段不仅交通便利，便于居民市井谋生，还有潺潺流淌的泉水绕房穿巷，因"水"制宜形成济南独特的居住模式（图2-4-2、图2-4-3）。

因区域内泉水和水系众多，济南明府城内的街巷并没有

图2-4-1 朱家峪村民居（来源：刘建军 摄）

图2-4-2 济南百花洲民居1（来源：王汉阳 摄）

图2-4-3 济南百花洲民居2（来源：王汉阳 摄）

按照中国传统街道的棋盘方格布局模式，而是根据泉水的位置与走向顺势而建，多呈现弯折自由、丰富多变的形态。泉水与街巷相伴而行，相互交织，形成一个个景观节点，不仅为居民的日常活动提供了公共场所，还营造出"柳暗花明"的空间意境（图2-4-4）。建筑组合上尽管仍采用传统合院式布局，但为了契合泉水和街巷走向，化整为零，朝向不一。例如，原新东亚饭店紧邻王府池子而建，它的一幢两层楼主体建筑原本可以按照常规的南北向布置，但为了争取更好的临水景观，而采用坐东朝西布局，使每个房间均能欣赏到泉池的美景（图2-4-5）。曲水亭街作为一条南北方向的街道，南接珍珠泉宾馆，北通百花洲和大明湖，街东与一条清澈的泉渠平行相临，为了争取最大的临水景观面，泉渠东侧的住户纷纷打破常规，将大门开在邻水一侧，并将西侧的厢房当作正房使用，充分体现出济南传统民居因"水"制宜、灵活多变的布局特征。

济南传统民居因水而娇，因水而媚。它在整体风格上既有北方建筑的朴实厚重，又具江南民居的灵秀细腻。济南传统民居采用的是双坡屋顶、拱形窗等局部建筑语汇；材质上则使用本地所产的白色石灰石、青砖青瓦；入户大门一般漆成黑色，影壁中部常用用石灰抹白，窗框则为暗红色，建筑整体色彩素雅宁和，富有生活气息。

作为入户门脸的门楼是济南民居建筑的一大特色和亮点。它的姿态稳重，造型大方又不失精美，整体高大完整。门楼台阶为条石砌筑，另有门枕石、石柱础、下马石、石鼓等构件相互咬合连接。门楼屋脊用小青瓦叠砌，两端翘起，形如蝎子尾，坡檐为滴水瓦当，檐下多层青砖叠涩出挑，另有墀头砖雕等作为细部装饰，与门楼整体的厚重形成鲜明对比，赋予济南民居独特的韵味。

二、重文崇礼，等级有序

鲁中南地区作为山东地理的核心区域，深受孔孟儒家文化的影响。孔子作为中国传统文化的奠基人和集大成者，一生致力于恢复西周的礼乐文化，主张建立一个尊卑有序同时又天人和谐的大同社会，其思想受到后世文人的尊崇并延续至今。礼乐文化如同基因一般，根植渗透到社会事物的各个层面，自然也影响到鲁中南地区各种类型的传统建筑。

以潍坊十笏园为例，园主丁善宝十分推崇古人"天人合一"的哲学思想，主张将文人诗词山水中的自然意境引入到园林之中，试图在有限的空间内营造出"源于自然并高于自然"的一壶天地。

图2-4-4　济南泉水与街巷（来源：刘建军 摄）

图2-4-5　济南原新东亚饭店主楼（来源：刘建军 摄）

十笏园是清代光绪年间翻修改建的私家园林，首先体现的是封建礼制中的"居中不偏""尊卑有序"的传统思想观念。全园由东、中、西三轴三跨院落共同组成，南北方向亦分三进院落。东跨院为丁氏家人起居之所，所有建筑沿跨院轴线呈中心对称布局，主人居室"碧云斋"最为重要，位于中间一进院落，显示出"居中为尊"的特殊地位。西跨院是丁氏子孙读书学习之所。由于西面临街，为屏蔽噪声，保证安全，在跨院西侧布置一排厢房。除去厢房部分，其他建筑和景观沿跨院轴线也呈中心对称布局。"深柳读书堂"作为丁家子孙的私塾学堂，位于第二进院落，是西跨院最重要的建筑，不仅内外部装饰最为讲究，院子也最为宽阔。与东西跨院相比，中间跨院尺度最为宽阔，景观最为精致，是整个园林的核心。前院作为景观的主要部分，布置了一个自由形态的中央水池，面积大约占到所在院落的一半。水池东边为错落堆砌的假山，西边为长长的游廊，两者共同簇拥着水池。为进一步形成中心焦点，在水池中央偏北的地方布置"四照亭"，此亭与水池南面的"十笏草堂"和北面的"砚香楼"遥相呼应，共同形成中跨院的轴线。尽管有高低错落的假山和形态自由水池平添了许多自然的气息，但十笏园的三条轴线始终贯穿统领各个院落，形成主次分明、尊卑有序、严密方正的空间意向。

潍县历史悠久，人文气息浓厚，仅清光绪年间就出了两位状元，数量占整个清代山东地区的1/3。园主丁善宝虽然是潍县首富，却十分喜爱与文人谈论诗词文章。为在园林中抒发情感，寄托个人心中理想，丁氏通过建筑中的匾额、楹联等形式，赋予园林以精神内涵，同时也起到深化景观主题的作用。"四照亭"处于池水中央，东可观亭，西可观廊，南可观十笏草堂，北可观砚香楼，正是匾额所题的"四照之地"。亭西侧为入口，两边柱子上各有一块楹联，上为清代书法家桂馥所书："清风明月本无价，近水远山皆有情"，体现出园主钟情山水，超脱飘逸的心境。"砚香楼"西侧的姊妹楼"春雨楼"的命名则借用宋代诗人陆游的"小楼昨夜听春雨，深巷明朝卖杏花"之句，让人产生无限遐想与万般感慨。游廊南端一座不太引人注目但具乡野之风的方形攒尖顶草

亭，上题"小沧浪"，取自"沧浪之水清兮，可以濯我缨。沧浪之水浊兮，可以濯我足"之句，表达了丁氏淡寡清新，处世泰然的品行。凡此种种，都充分体现了园主对中国传统文化的尊重与推崇，集中反映了文人对理想审美境界的向往和追求。

朱家峪作为一个"偏远"的小山村，同样也是如此。作为齐鲁第一传统古村，朱家峪村的一砖一瓦、每一栋古建筑都蕴含着中国传统重文崇礼、等级有序的传统思想，凝结着当地人质朴笃行的价值观和处世哲学，并通过儒道文化、宗族文化、耕读文化等，全方位渗透到了这个明清传统村落物质和非物质事物各方面之中。

儒道文化：朱家峪村聚落随山形走势自由发展，但在公共建筑如文昌阁、魁星楼、朱氏宗祠等的空间布局上却有明显的秩序感，且这些建筑多设于村内醒目的地方，充分体现了儒家思想中的等级秩序。同时，朱家峪人十分注重对子弟的教育，在村内兴办学校，修建了多座学堂，恰恰体现了儒家"知人伦、明礼让"和"学而优则仕"的思想。

朱家峪村从聚落选址到房屋建设，均是合理利用自然，顺应当地地理环境，而不是去刻意改造周围的环境。同时，建筑层次分明，色彩质朴也与环境结合得十分协调。这充分体现了道家思想讲究朴素自然的美学思想，切实反映了《道德经》中"顺自然也"的一贯主张。

宗法文化：作为明代移民的后裔，追忆祖先、延续香火就显得格外重要。以朱氏家祠等为代表的宗族祭祀建筑在村落中占据着重要位置，其背后的宗法制度更是强有力地维系着古代朱家峪的社会秩序，直至今天，朱氏后人仍在重大节庆日时集聚祠堂内举行各种仪式。这充分反映出以祖先崇拜为核心的宗法家族制成了朱家峪人生活的精神支点，而祠堂正是宗法文化的相应产物。

耕读文化：历史上朱家峪村各种力量自发兴办学校曾蔚然成风，村内现仍留存多座当年建立的校舍。教育事业的发达为人才辈出提供了直接途径，也使兴学崇教成为朱家峪村的优秀传统。由此可见，朱家峪人日常生活中"耕可致富"，又时刻不忘"读可荣身"的观念，耕读文化成了朱家峪人的

文化传统。[①]

三、就地取材，因地制宜

各地民居建筑之所以特色鲜明，与地域内包括建筑材料、建造工艺在内的乡土技术的传承和使用是密不可分的。作为"小传统"文化范畴的乡土技术是民间自发形成的，是千百年来当地居民适应本地域地理环境、世代相传劳动智慧的结晶。建筑材料作为房屋构成的物质基础和外在表现，作用十分突出。建筑材料在很大程度上不仅决定了房屋结构的类型和房屋构造的方法，还表现出与众不同的外貌特征。

鲁中南地区多样的地质地貌和丰富的自然物产为民居的建造提供了多种选择，当地人民经过长期摸索尝试，对各种材料性能了然于胸，他们因地制宜，就地取材，使用多种材料构筑房屋。一般说来，鲁中南民居经常使用的建筑材料可分为以下几种类型。

石：鲁中南地区地形地貌以山地丘陵为主，盛产各种石材，有建筑用石灰岩、页岩、白云岩、花岗岩、大理岩等，其中以济南、泰安、临沂三地出产的石材较为有名。鲁中南地区的居民们就地开采石料建房盖屋，不仅经济实用，还与周边自然环境相协调，形成了自己独特的建筑风格。

鲁中南地区石材的使用极为普遍，各地都有石头作为主要材料的房子，其中以枣庄市山亭区兴隆庄石板房最具特色。兴隆庄建于清乾隆年间，东临翼云湖，北依翼云山，山上盛产页岩石。附近村民大量开采页岩石，先开采出大块石料，再加工成40～60厘米长、20厘米左右厚的条石和20厘米左右长、2厘米左右厚的片状石板。前者用作砌筑院墙和屋墙，后者用作坡屋顶的瓦片。大小不一、层层叠叠的石板从低到高如鱼鳞般铺满整个屋面，在屋檐处板梢伸出10余厘米，遮挡部分檐下墙面，在屋脊最高处还经常水平铺一层石板，样式特别。不仅如此，兴隆庄农户家中鸡舍羊圈、石碾灶具、石桌石凳等也都使用石头，因此人们把兴隆庄称作"石头

部落"（图2-4-6）。

土：土作为常见的一种建筑材料，在中国各地的传统建筑中大量使用。土分布广泛，挖取方便，不需烧造，借助某些工具做一些简单的加工处理就可以用来建造房屋。虽然青砖、红砖是由人工制坯的黏土砖入窑煅烧而来，但制作和运输成本较高，仅在经济条件较好的城市和地方使用，因此使用相对较少。

鲁中南地区传统建筑中将土作为建材使用的主要有夯土版筑和土坯砖两种加工技术。因使用人手少，制作工艺相对简单，相比而言，后者应用更为广泛。土坯砖制作一般选用杂质少、颗粒细、黏性较大的黄土或褐土，掺入少量细沙、麦秸或麦壳，按一定的比例加水搅拌均匀后装入统一的木质方格模具里，用脚踩平或工具刮平后去除模具放在阳光下晾晒，硬化后即可使用。在实际建设中，土坯砖可单独砌墙，也可下面用青砖或条石砌筑，上面再砌土坯砖，并在表面用麦秸和泥抹平并用熟石灰饰面，朱家峪村中的民居建筑大多使用此法（图2-4-7）。此外，还有黏土砖包土坯墙等形式。用土坯砖建造的建筑冬暖夏凉，可调节室内湿度，因取材方便，经济实惠，所以在鲁中南地区被广泛使用。

木：由于鲁中南地处温带大陆性季风气候，夏季炎热多雨，山区丘陵植被比较茂盛，出产各种木材，常见的有杨树、柳树、榆树、槐树、梧桐、大果榆、侧柏等。近几十年各地林场引入落叶松、水杉、加拿大杨等优良树种并广泛种植。鲁中南地区传统建筑多采用抬梁式木构架体系，梁架搭在石砌或砖砌墙体上，由墙体或柱承受屋架重量。衙署、寺庙、坛庙、宫殿等重要建筑的木构架多采用油松、榆木等质地坚硬的树种用作建造材料，如济南珍珠泉宾馆内的清巡抚院署大堂、泰安岱庙天贶殿、济南府学文庙大成殿。普通老百姓的房屋多用柏木、榆木等作柱子梁架支撑，用杉木做椽子，用松木做门窗等。[②]

草：这里的草主要包括田野中自然生长的野草和人工种植的庄稼秸秆两大类。前者有黄草、白草、芦苇，后者有麦

① 张建华，张玺，刘建军. 朱家峪古村落环境特色之中的生态智慧与文化内涵[J]. 青岛理工大学学报，2014（1）：1-6.
② 商学伟. 在地建筑观引导下的地方建筑设计策略探析——以鲁中南地区为例[D]. 济南：山东建筑大学，2019.

图2-4-6　枣庄市山亭区兴隆庄石板房（来源：冯顺 摄）

图2-4-7　朱家峪村民居（来源：刘建军 摄）

秸、高粱秫秸等。

由于鲁中南地区山地较多，耕地较少，传统民居中大多使用各种茅草代替瓦片用在屋顶之上，不仅就地取材，物尽其用，还保护生态，节省建造费用。朱家峪村中的传统民居建筑中大量使用黄草和白草作为屋面。这两种草在当地山野中随处可见，相较而言，黄草的品质性能更好，使用年限更长，寿命可长达五六十年。这种草屋顶看似简单，实则工序复杂，技术要求颇高。首先要将采集的黄草晾干，按一定厚度均匀铺开，用草绳将其编起来，分扎捆绑；再用铡刀铡成1米左右的草捆，随后由一人用木叉将草捆抛到屋面上，再由屋面上的工匠将草捆展开，一层层均匀地铺在屋顶上，固定编织成厚实紧密的屋面。草屋顶全部铺完后，还经常在上面撒上石灰粉，浇上水，起到防虫、防腐、防燃的作用，延长草屋顶的使用年限。

在建造技术方面，鲁中南地区的传统建筑主要体现为干插墙的砌筑方式和木屋架的结构形式富有地域特色。

干插墙：由于鲁中南地区多山石树木，因此许多传统建筑采用石材墙体加木屋架承重的结构形式。特别是相对偏远贫瘠的山村，由于受经济条件制约，石材似乎便成为民居院墙和屋墙的不二选择，其构筑方式可分为干插与浆砌两种类型，其中干插墙的工艺砌筑方式非常有特点。

干插墙传统工艺做法以沂蒙山区最具代表性。不同于常见的石灰或水泥浆砌方式，干插是将取自当地山里的石灰岩石块通过错缝搭接的方式直接进行垒砌，石块之间不使用任何粘结剂。干插墙传统工艺做法对砌块的尺寸大小没有统一的要求，可大可小，可厚可薄，其坚固的诀窍在于工匠要根据每个石块的形状和大小，精心配搭，必要时使用锤子等工具进行简单加工，最后将各个石块错峰勾连，形成了一整面严丝合缝的墙体（图2-4-8）。

干插墙传统工艺做法费工费时，对技术要求很高。石墙一旦砌筑好后，肌理质感极强，也极为牢固，可历经百年风雨却仍然屹立。干插墙石头民居体现了沂蒙山劳动人民因地制宜的生存智慧和坚韧不拔的吃苦精神，希望能将这种极具特色的乡土工艺传承并发扬光大。

木屋架：鲁中南地区的传统建筑通常采用木构架作为屋面结构的支撑。木屋架主要由梁、檩条和椽子三种构件组成，构件之间通过榫卯或铆钉连接固定。

抬梁式木屋架是中国传统的建筑结构形式之一，但也存在材料用量大、构件尺寸大和工艺相对复杂等问题。在鲁中南地区，只有衙署、庙宇等类型的建筑和富裕人家的房屋才使用抬梁式木屋架结构。这种结构形式通常以房屋开间数为基本单元，一栋房屋有几个开间就设几架梁架。随着屋面的抬高，水平方向每架梁架逐层缩进，各层梁架之间垫短柱或木块，短柱或木块之上再架梁，如此叠架，直到屋脊（图2-4-9）。相邻屋架之间通过檩条进行横向连接，檩条之上再顺着屋面的坡度架椽，共同构成双坡顶三角形抬梁式木屋架结构。

图2-4-8　沂蒙山区干插墙（来源：赵鹏飞 摄）

图2-4-9　鲁中南地区某宅抬梁式屋架（来源：商学伟 摄）

　　由于抬梁式木屋架成本较高，鲁中南地区的某些等级或价值较低的房屋，如厢房、库房等，或家境不好的人家的房屋，还采用囤顶和平顶屋架的形式。囤顶屋架由上弦杆、下弦杆和短柱组成；平屋顶则"改坡为平"，由平梁、檩条和椽

子组成。这两种木屋架的构件和连接方式都做了简化，多采用短小的原木料，不仅节约了建房材料，还有效地降低了建造成本。[①]

---

①　商学伟. 在地建筑观引导下的地方建筑设计策略探析——以鲁中南地区为例[D]. 济南：山东建筑大学，2019.

第三章 胶东地区建筑特征解析

　　胶东位于山东半岛中东部，三面环海，丘陵起伏，西接山东内陆。该地区自秦时建置，明永乐迁都北京后，成为重要的海防门户。特殊的地理环境和区位孕育出鲜明的文化特征，并在发展中逐渐形成独特的人居环境。一方面，胶东半岛海岸线蜿蜒曲折，良港众多，孕育出区别于农耕文化的海洋文化与商业文化；另一方面，胶东地区深受儒道文化的浸润，既讲究等级分明、尊卑有序，又注重天人合一，尊重自然。

第一节　形成背景

一、自然环境因素

胶东地区位于山东省东部，古为东夷地区，指胶莱谷地及其以东具有相同语言、文化、风俗、习惯的半岛地区。胶东地区多为丘陵地带，起伏平缓，三面环海，西接山东内陆地区，隔黄海与韩国、日本相望，北临渤海海峡，地理优势十分明显，拥有优越的山海资源。

（一）多样的地形地貌

胶东地区中部地势较高，四周为平原，最高峰位于胶东南部的崂山。海岸曲折，连续的海湾形成天然良港。胶东传统聚落多选择滨海平原，平坦区域适合村落规模的发展，局部的丘陵地势有利于阻挡寒风，同时汇集水源，也符合传统风水理念的背山面水的选址格局。胶东的山地聚落由于地形制约，往往自由式布局，建筑朝向依势选择。胶东的渔村聚落多呈带状，根据地形岸线走势，灵活布局。由于山地聚落和渔村聚落往往自给自足，因此小型民居较多，视坡度灵活排布。平地聚落由于地势平坦，建筑布局多追求方正规则，正南北向居多。聚落中心设祠堂、庙宇，作公共活动空间。小型民居一般是三合院或四合院形式，规模较大的则为多进院和跨院，从而形成庄园，以黄县的丁氏庄园和栖霞的牟氏庄园为代表。

（二）丰富的山海资源

胶东地区位于黄海和渤海之间，靠近海岸的山地面积比例较大，形成山海一体化的特色。得益于独特的地理条件，胶东地区拥有优质的海洋、矿产和林木资源，许多民居就地取材。胶东地区的砂石含量很高，盛产花岗岩，坚固耐用，抗盐雾侵蚀、抗风化，主要用于砌筑墙体。除了起承重维护作用外，也用于装饰，即石雕，也是胶东地区传统营造中常

见的技艺。沿海地区所用石材多偏冷调，中部丘陵地区则多偏暖调。山海两岸有大量的杨木、松木，常用作屋顶的桁架。纹理漂亮、韧性较好的槐木常用于制作门窗。秸草是常见的屋面材料，除山草、冬天回潮的海草外，高粱秸、麦秸等都可以被当作屋顶覆盖物。其中，由于海草富含大量的盐分和胶质，晒干后防潮防蛀不易燃烧，保温性能好，被广泛使用，海草苫成的屋顶是胶东传统民居海草房的显著特征。

（三）适宜的地方气候

胶东地区属于温带季风气候，年降水量600～1200毫米。四季分明，夏季高温多雨，雨热同期，冬季寒冷干燥。因此要求传统民居既要通风隔热，又要保温防寒。为了满足良好的通风、采光和风水的要求，传统村落的朝向一般为东偏南，住宅往往沿街巷单侧布置。传统建筑布局常选择最佳朝向，主立面朝向街巷，形成有序整体。胶东沿海地区整体布局常背向海洋沿线形排布，平原、丘陵地区，村落集中式布局，居住建筑排列整齐，建筑之间的山墙和院落互相借用。胶东地区冬季寒冷干燥，对墙体的保温要求较高，石砌墙体的厚度一般为40～50厘米，为了美观和节材，外侧多用大块完整的石料，内侧多用碎石或中等大小的石块，中间的空隙用碎石和泥浆填充，最后泥浆抹面，而墙基一般选用质地坚硬的海岩石，体现了传统营造技艺的智慧。

二、历史文化因素

（一）悠久的地方历史

胶东地区是人类最早的海洋文化发源地之一，历史源远、底蕴深厚。最早可以追溯到新石器时代中期，在荣成发现的河口和北兰格遗址[①]。原始时期，仅要求房屋能够遮风挡雨，因此建筑形制多为木材骨架，海草覆盖屋顶的帐篷式民居。夏商时期，胶东是东夷人主要活动区域之一，又称莱国。他们发展农业、渔业，养蚕织布，建立起了海上丝绸之路。春

---

① 山东出版总社烟台分社. 烟台史话[M]. 济南：山东人民出版社，1983.

秋战国时期，齐国进一步发展海路，胶东北面的转附（今芝罘半岛）、南面的琅琊成为重要港口。到了秦汉时期，胶东地区的航海线路更加通达。虽然早在秦汉时期，中国传统民居就开始广泛使用砖瓦，但胶东地区却一直到近代才开始用瓦作为屋顶材料。主要是因为胶东地区的土壤主要成分是酸性岩石和贝壳残骸，黏性差、难烧制。所以今天看到的胶东地区的民居，屋顶不用瓦，砌墙不用砖是适应自然的结果。受到寒冷气候的影响，加之古法制盐消耗了大量的木材，胶东地区往往不采用木构架体系，以石材为主。隋唐时期，胶东仍是中原地区通往南方诸省的重要门户，大运河的开凿进一步促进了胶东的海路运输。明永乐年间，迁都北京，胶东海疆成为重要的海防门户。为了抗击倭寇，明政府在胶东沿海设置了大量的营、卫、所、寨等军事机构，迁入了大量兵将和家眷，在辖区内设置屯，为便于管理，建筑布局以网格状居多。后又有大批内地移民迁入胶东，加之明朝时建造技术不断的改进，建造了大量的传统新居，使得这时期胶东地区的人口规模和传统民居的建造数量都达到巅峰。许多南方氏族受到移民政策的影响迁入胶东地区，也带来了南方民居自然婉约的风格。受多元文化的影响，胶东传统民居表现出南北融合的建筑形式，在布局形式、建筑材料和立面造型等方面与闽粤民宅有着诸多相似之处。

（二）多元文化的交融

胶东地区深受儒家文化的浸润。儒家思想讲究长幼有序、尊卑分明。在这种传统价值观的引导下，院落空间、建筑装饰等方面都讲究等级分明，尊卑有序。儒家一贯强调天人合一，倡导人们尊重自然，保护自然。胶东的原住民和移民多选择土地肥沃、气候宜人的水源附近定居，逐渐发展为村落或城镇，沿山而建，顺山而上，占尽形势。就地采石，建造房屋，使人工与自然融洽共生。此外，胶东民居还受到道家思想的影响，风水堪舆之术得到了充分应用。从村落选址到建筑布局都会请风水先生来择址、相地。传统院落追求方正、

规整，重藏纳，忌露散。

胶东的海洋文化始终一脉相承，形成了不同于其他地区的特色和内涵。自旧石器时期以来，胶东海洋文化历经数代的传承发展，即使在元明清时代遭受打压，依然表现出旺盛的生命力。早在战国时期，胶东的琅琊古港就是对外贸易的重要港口。隋唐时期，登州、莱州都是重要的通商口岸。北宋起在密州设立市舶司。虽然在禁海绝市的政策下，海外贸易一度消寂，但"船只往来固自若也"[①]。胶东地区以海为生，近海依山的村落构成了胶东地区的主要聚落形式，建筑布局也充分考虑防风需求。由于胶东沿海盛产石头，其质地坚硬能抵抗海水的侵蚀，自然成了传统民居的主要材料。近代胶东沿海民居屋顶一般采用青瓦或机平瓦，石材的自然朴实和灰瓦的精细工艺交相辉映，以及海洋符号的建筑装饰和色彩，创造了胶东民居的独特之美。此外，由于胶东地区的民众多以打渔为生，信奉海神和龙王，当时在沿海港口岛上常能见到龙王庙和妈祖庙。随着渔业的败落，现在已经很难见到了。

第二节 传统城市与聚落

一、防卫聚落：明清海防体系

明朝洪武时期，明政府为维护海疆稳定在山东沿海成建制地设立了一批海防卫所，这些卫所构成了山东沿海地区防御性规划聚落的前身。就其聚落特点而言，具有多层次的纵深防御体系性、选址考究、满足军民生活需求等特点。

下面，以位于今山东烟台的蓬莱水城，以及山东青岛的雄崖所城为例来说明。

（一）蓬莱水城

蓬莱水城是在古登州港的基础上逐步由商港演化而来的

---

① 引自（清）尤淑孝修，李正元集：乾隆《即墨县志》，卷10，艺文，清乾隆二十九年（1764年）刻本.

军港，在明朝初期因倭寇侵扰设登州卫。其聚落选址和形态都体现了强烈的军事属性。

1. 聚落选址

首先，作为山东多层次的纵深海防体系的一环，蓬莱水城发挥着拱卫京师、衔接东北与西南各级防御要点的核心节点的重要作用，登州营、登州卫和备倭都司等军事衙署也都设于水城内。相较即墨、文登两营，水城直面大海，需要有一个"利用天险占据战略要冲"和"利用海陆交通汇集之地利"[①]的卫所以防御来自海上的威胁。因此，在整个海防体系中水城是作为登州营门户的军事要塞来规划的。

其次，蓬莱水城港址条件优越。交通区位上，丹崖山以北为渤海，与庙岛群岛成掎角之势，外海与内港相呼应，控扼渤海水道。经沙门岛往北，是古来有之的登州水道，可直达辽东半岛、天津直沽以及山东各港。自然条件上，丹崖山作为天然屏障可挡海上波涛并为水军提供隐蔽，同时具有天然瞭望台以及航海标志物的作用[②]（图3-2-1）。

最后，蓬莱水城具有良好的建城基础，登州港（水城前

身）在春秋战国时期就已成为重要的出海港。隋、唐时期，海上商贸进一步扩张，出于对海外贸易的保护，登州港也渐渐地成为具有军事、贸易双重功能的港口。北宋时期，由于宋、辽对峙，北宋庆历二年（1042年）在此设"刀鱼巡检"抵御契丹，并设营扎寨，故名"刀鱼寨"。明初在此设备倭城，《山东通志》卷六云："新海口即旧屯刀鱼战棹之所，国朝洪武九年知州周斌奏设登州卫，置海船，运辽东军需，指挥使谢观以河口窄浅，奏议挑深，缭以土城，北切水门以抵海涛，南设关禁以讥往来"[③]。综上，在明初之前登州港就已具备军事防御的功能，明初备倭城是在刀鱼寨的基础上夯城围港的产物。

2. 聚落形态

（1）"依山海-水绕城-城围港"的布局形式

蓬莱水城西北靠田横山，北依渤海，在渤海与水城之间为深入海中的丹崖山，东南方是需要守卫的登州府城。营建之初，水城是在刀鱼寨沙堤围子的基础上夯筑土城墙，将小海包围成为内港。因为四周地形不规则以及狭长的小海，水

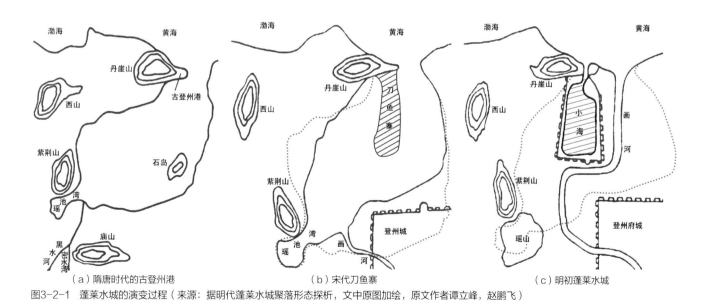

图3-2-1　蓬莱水城的演变过程（来源：据明代蓬莱水城聚落形态探析，文中原图加绘，原文作者谭立峰，赵鹏飞）

（a）隋唐时代的古登州港　　　　　　　　（b）宋代刀鱼寨　　　　　　　　（c）明初蓬莱水城

① 谭立峰，赵鹏飞. 明代蓬莱水城聚落形态探析[J]. 建筑学报，2012（S1）：77-81.
② 谭立峰. 山东传统堡寨式聚落研究[D]. 天津：天津大学，2004.
③ 引自陆裁等. 山东通. 卷6. 嘉靖十二年（1633）刻本. 四库全书存目丛书（史部第188册）. 济南：齐鲁书社. 1996：323.

城的形态呈现出"因地制宜、城廓不中规矩"的特征，具体表现为"依山海—水绕城—城围港"（图3-2-2）。

"依山海"指水城在防御上依靠山海，同时城墙依地形而建造。

"水绕城"指出于加强自身防御的目的，水城有开挖围绕城墙的护城河。

"城围港"指水城的核心是小海，水城建筑围绕小海紧密布局。

（2）多种功能的有机结合

蓬莱水城具有多种功能，首先作为古登州商港，其具有贸易以及交通的属性；其次，在向军港演化的过程中，水城的军事以及生产生活功能得以完善；此外，因古老的神话传说，蓬莱水城还具备宗教功能。

这些功能在水城中分隔明确却又有机联系，整体空间布局合理，如蓬莱阁等宗教建筑位于西北角丹崖山顶，为全城地势最高处；军事防御设施分布于水门口与城墙沿线，抵御外敌；居住建筑位于南侧，联系府城；备倭都司府位于东侧，统御全局；校场与军事补给建筑位于备倭都司府之间，便于操练。正是不同功能之间的相互影响、互促共进，才有了多姿多彩的蓬莱水城（图3-2-3）。

（二）雄崖所城

与蓬莱水城是在刀鱼寨基础上改建而来不同的是，雄崖所城是明代因海防需求修建的"新城"（图3-2-4）。

雄崖所城聚落的选择充分考虑了军事需求和当地的聚落生活需求。宏观上，所城位于胶东半岛南部，属即墨营统辖，主要任务是与区域内其他卫所配合防御来自黄海的海上威胁；中观上，丁字湾是五龙河通向黄海的出海口，是一处易守难攻的天然屏障，雄崖所城位于丁字湾南岸，可与位于丁字湾北岸的大山所相配合以达到控扼丁字湾的目的；微观上，雄崖所城西依玉皇山和柘条山，可大大减小来自西边陆地的威胁，从而将主要精力放在海上（图3-2-5）。

图3-2-2　蓬莱水城俯瞰（来源：烟建集团有限公司 提供）

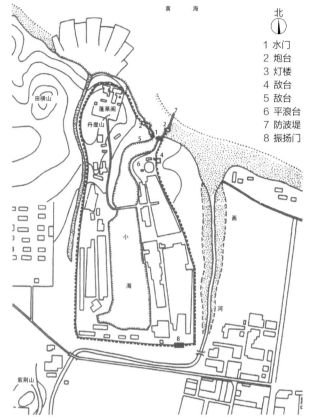

黄　海

北

1　水门
2　炮台
3　灯楼
4　敌台
5　敌台
6　平浪台
7　防波堤
8　振扬门

图3-2-3　明中期以来的蓬莱水城（来源：尹泽凯《明代海防聚落体系研究》）

1. 聚落院落的组合方式与空间特点

胶东半岛地区所城聚落的院落平面分为一合院、二合院、三合院、四合院等几种类型，如处于烟台地区的奇山所城，其院落以清代传统四合院为主，大户型有三进四合院、复合型四合院等[①]；而雄崖所城院落多为三合院与二合院[②]（图3-2-6）。

由于街坊的形状各不相同，所以胶东地区海防聚落院落的排列方式有纵向串联、横向并联以及横向竖向组合等多种。纵向串联型是两个以上的院落南北竖向串联，于外部东西一侧有走廊；横向并联型是两个以上院落进行东西横向排列，走廊位于院落之间；横向竖向组合型是横向与竖向巷组合的形式。院落之间相对独立，面向走廊都有各自的出入口。

所城因海防而建，所以院落空间为了适应军事需求而作了调整。与传统院落空间相比，所城院落尺度较小，不设耳房与抄手游廊，空间上仅满足基本的生活需要。但独立性和私密性更强，从城外到院落需要经过城墙、曲折的街巷以及至少两重门。

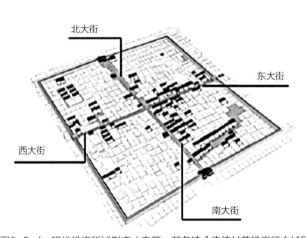

北大街

东大街

西大街

南大街

图3-2-4　明代雄崖所城形态（来源：郭冬琦《传统村落雄崖所古城民居保护与更新研究》）

大山所

雄崖所

丁字湾

图3-2-5　雄崖所区位示意（来源：徐敏 绘）

① 孙倩倩. 山东沿海卫所研究[D]. 济南：山东建筑大学，2013.
② 郭冬琦. 传统村落雄崖所古城民居保护与更新研究[D]. 青岛：青岛理工大学，2015.

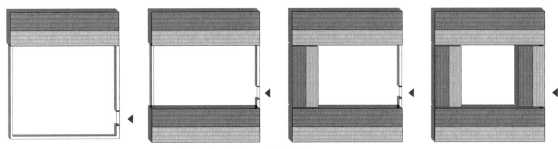

图3-2-6　一合院、二合院、三合院、四合院示意图（来源：闻宏利 绘）

2. 民居制式与风格

（1）建筑材料选择

受限于建设时的条件，所城的建筑材料的选取以砖、木、石为主，即就地取材，便宜且容易获得（图3-2-7），如石头可做石墙、石券；砖可砌城墙、可做砖雕；木可做木雕。

（2）民居形制

所城内的院落一般南向或东向临街开门，当有院落组合时也可西向开门，民居平面本身与传统民居并无明显区别。

所城民居的山墙立面分为台基、下碱、上身、山尖四部分，台基起到防潮防水的作用；下碱在台基上用花岗石进行砌筑；上身采用石料砌筑，与下碱通过墙腰带与板垛区分；

图3-2-7　雄崖所故城内旧居（来源：青岛文物局《青岛明清海防遗存调查研究》）

山尖分为饶钹式、尖山式、圆山式三种，屋面采用瓦片或草覆盖（图3-2-8）。

（3）建筑细部装饰

所城民居的装饰可分为砖雕、石雕和木雕。其中，砖雕一般用于建筑立面的细部装饰，多使用平雕的手法，并配用吉祥图案与文字表达人们对美好生活的向往；石雕朴素大气，点缀于大门两侧，有极佳的装饰效果；木雕则较为少见，一般用于屋面梁架、花窗及建筑内部装饰（图3-2-9）。

二、乡土文化聚落：东楮岛

东楮岛村位于荣成市石岛管理区宁津街道最东端，地理位置三面环海，海岸线长10公里，面积约为0.6平方公里，地势东高西低，拥有400多年的历史，是胶东地区最具代表性的海草房渔村。该村落历史文化悠久，其人居环境拥有海洋特性，海洋渔业的发展使得居民建立适宜性的住所，使东楮岛拥有独特的生产生活方式与民风习俗。同时，其人文环境也融合了中国传统的农耕文化以及独特的工匠精神。

由于独一无二的胶东沿海地理环境，东褚岛沿海岸线都是沙质土壤，并不适用于生活和农作物的种植，所以村民沿着海岸建造海草房，在村落周边种植耕地，在海湾处形成渔业工作区（图3-2-10）。东楮岛地势东高西低，旧居民区地势较低，受台风等恶劣天气影响，引起的海水倒灌，给渔民带来损失，以及大部分村民不满足传统海草房的居住条件，后期在旧村东侧建造现代别墅区，形成新村，在东楮岛村入口处建造休闲广场与招待所，形成目前的村落布局（图3-2-11）。

东楮岛村三面环海，树木成林，海产丰富，为制作海草房民居提供了必要的自然条件和丰富资源，是胶东地区最具代表性的海草房渔村。海草房古民居的墙体是青色或灰色，

图3-2-8　雄崖所民居山墙（来源：徐敏 摄）

图3-2-9　雄崖所民居上的装饰（来源：徐敏 摄）

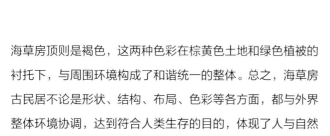

图3-2-10　东楮岛早期村落布局（来源：郝占鹏 绘）

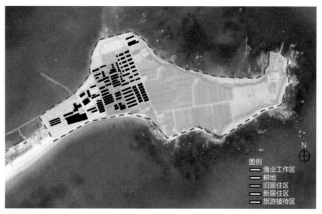

图3-2-11　东楮岛目前村落布局（来源：郝占鹏 绘）

海草房顶则是褐色，这两种色彩在棕黄色土地和绿色植被的衬托下，与周围环境构成了和谐统一的整体。总之，海草房古民居不论是形状、结构、布局、色彩等各方面，都与外界整体环境协调，达到符合人类生存的目的，体现了人与自然的和谐之美。

特殊的自然地理条件和文化影响也影响着东楮岛的民居特征。在东楮岛村的院落空间结构里，多以二合院、三合院为主，正房前或建厢房，或建院墙，形成独门独院。大门一般开在东南向，正房进深约4～4.5米，一般分为三至五个房间。正房的中间处开门，门洞宽约900毫米。一进门的明间，两边靠东西墙均是灶台。厢房比正房略窄，宽约3～3.3米，构造简单，一般作仓储之用。西南角落为储藏和茅厕，辅助用房均做成平屋顶，顶上可以用来晾晒粮食，院内设露天楼梯，上下十分方便。

第三节　典型建筑类型与实例

胶东半岛地处中国华北平原的东北部的沿海地区，山东省东部。半岛海岸线曲折，岛屿罗列，沿海良港遍布。随着海上贸易的发展，元、明、清时期发端于北宋福建莆田的妈祖崇拜随着漕运以及海运北上，在山东东部沿海地区兴盛，并融入胶东地区，形成独特的海洋文化。此外，山东作为儒家文化的发源地，儒家思想对人们的生活和思想观念也产生了不可忽视的影响。在海洋文化和儒家文化的影响下，胶东地区发展出了丰富多彩的公共建筑类型。其中，天后宫和祠堂建筑就是这两种文化的典型代表。天后宫是妈祖信仰的载体，也是海洋文化的产物。而祠堂作为儒家礼制的产物，是崇孝敬祖的场所，是民间建筑的瑰宝。这些建筑大多建筑宏丽、工艺精美，集建筑、雕刻、绘画、书法、文学于一体，承载体现了深厚的历史积淀和悠远的传统风俗。

一、庙宇——天后宫

（一）概况

妈祖信仰起源于福建莆田，随着漕运线路传至山东及以北地区，在补给、辗转的地方以点状向四周传播，并修建了妈祖庙。山东地区的妈祖庙，主要是沿东线和西线分布，是受到山东境内的海运与河运情况所影响。据史料记载，山东地区的妈祖庙共有三十多处，主要分布在沿海各州县，部分延运河分布，随漕运线路的延伸进入山东内部。但由于种种原因，多数庙宇已经被毁，现存妈祖庙多分布在沿海一带，青岛天后宫、金口天后宫为其中的代表（表3-3-1）。

胶东地区现存天后宫统计表　　　　表 3-3-1

编号	名　称	创建年代	地　址	资料来源
1	日照天后宫	不详	两城镇	光绪《日照县志》、乾隆《沂水府志》、康熙《青州府志》
2	即墨金口天后宫	清乾隆	即墨县金口村	同治《即墨县志》
3	青岛天后宫	明成化	青岛市太平路	同治《即墨县志》
4	烟台天后宫	清光绪	烟台北大街	民国《福山县志》
5	大庙	清嘉庆	新世界附近	民国《福山县志》
6	石岛天后宫	清乾隆	荣成市石岛镇	光绪《增修登州府志》
7	成山头天后宫	不详	荣成市成山镇	道光《荣成县志》
8	蓬莱阁天后宫	宋宣和	蓬莱阁天后宫	光绪《增修登州府志》、光绪《蓬莱县志》
9	庙岛天后宫	元至元	长岛县庙岛	嘉庆《长山县志》

（二）选址与院落布局

1. 选址特点

妈祖庙在山东分布并不算广泛，而且多是局限在海运、河运航线的沿岸及附近。由于古代航海条件的不发达，海上航运只能局限在沿海州县附近的有限海域，海上航行与陆地必须不断接触，保持密切联系，以便及时避风、泊船、给养等，因此妈祖信仰得以通过这种接触和联系，在航海过程中传播到各地。妈祖庙尽量接近水面，一方面使海神妈祖近距离的观海护航，另一方面方便船员祭拜妈祖，祈求平安。

靠近大海的天后宫并非随意建造，而是选址在避风泊船的港湾，虽然天后宫都是靠近大海，但其与海相关联的形式不同。从山东各个天后宫的选址情况来看，并没有定制要求天后宫必须面向大海，而是沿袭北方建筑特点，坐北朝南，与大海形成或背向或平行的格局。其中，青岛天后宫坐北朝南，面向大海，而金口天后宫则背对大海。

2. 院落布局

山东地区天后宫的基本构成元素有：大门、钟鼓楼、戏台、（前殿）、山门、正殿、寝殿、厢房等几个部分组成，但各个天后宫根据自身建造条件不同，建筑单体也有所区别。

大门：大门是人和物进出、迎来送往、举行仪式、布置

节日庆典的重要地方，也是天后宫地位和身份的象征。天后宫的院落用院墙全封闭，院落的出入口为大门，有的于后院开出入口，称为后门。

天后宫的大门一般设置在院落中轴线上，有的与戏台合为一体，如青岛天后宫戏台位于大门之上；有的在戏台两侧开门，如烟台天后行宫；有的偏于中轴线一侧开门，如石岛天后宫。

钟鼓楼：钟鼓楼具有礼仪、报警、报时的功能，对称建于山门两侧，左钟楼右鼓楼。早晨时先击钟，然后击鼓应和，晚上则先击鼓，然后撞钟应和，所以称之为"晨钟暮鼓"。虽然到了明清时期，钟鼓楼已经失去了其本来的用途和现实意义，但其作为一种建筑形制得以保存。

山东天后宫的钟鼓楼有的建于第一重院落中，对称分布于大门两侧，有的则并入两厢，处于院落两角。

戏台：戏台的功能是娱乐妈祖祭拜妈祖，故其设置为面向正殿。戏台是天后宫的一个重要部分，也是山东天后宫中最突出于当地其他寺庙建筑的特征。

前殿：前殿位于正殿之前，处于戏台与山门之间。在山东天后宫中，只有蓬莱阁天后宫中设置有前殿，其建筑形制与等级比正殿稍次，内供奉妈祖的随从，有保驾护航的作用。过前殿是二进院落，此院进深很小，绿树婆娑、阴胜于阳，局促异常，然后是山门（又称垂花门）。

山门：山门是天后宫内部的一道门，起到分隔院落空间的

作用，人们通常称之为山门。山门之前是公共的开敞空间，人们聚会、观戏等均在于此。山门之后是主神妈祖所在的院落，此院相对较小，是半私密性空间，也是动与静的一次分隔。山门的建筑形制与天后宫整体建筑一致，装饰手法也类似。

正殿：正殿是天后宫中的主殿，也是院落建筑的中心，位于院落的中轴线上，其进深和开间比院落中其他建筑的进深和开间都大。设计中为了进一步突出其显要的位置，在立面处理上采取了相应的建筑手法，用尺度的加大来实现突出和强调的目的，在建筑立面高度上占绝对优势。正殿门前的台基最高，与院落形成的高差最大，其室内地坪较之于院落中的其他建筑都高，正殿的这种处理手法，是为了突现地位的尊贵。

寝殿：寝殿位于正殿后面，是妈祖休息的地方，有较强的私密性。寝殿一般是建筑群整个序列的终点。建筑一般是两层，其高度略低于大殿。

（三）青岛天后宫

1. 历史沿革

青岛天后宫位于青岛市太平路19号，是山东省级重点文物保护单位。始建于明成化三年（1467年），为青岛市区现存最早的庙宇建筑，是青岛当地妈祖文化的体现。

"先有天后宫，后有青岛市"，青岛妈祖文化起源于宋代，到元明时随着海上漕运的繁荣，妈祖信仰在青岛地区得到进一步发展。明代万历年间即墨县将青岛村开辟为海上贸易港口，称"青岛口"。口岸的开辟大大促进了南北的物质和文化交流，随着航海事业的发展，青岛地区"愈为商贾荟萃船舶辐辏之所"，所以明成化三年（1467年）在此建立了天后宫。天后宫初建时由三间圣母殿及财神龙王两配殿构成，随着时间的演进，天后宫的信仰民众越来越多，其社会地位也越来越高。清雍正四年（1726年），雍正皇帝御笔亲书"神昭海表"匾额，分别赐予福建湄洲妈祖庙和青岛天后宫。雍正十一年（1733年），新的天后宫大殿建成，青岛地方官以天后宫"春秋致祭"为定制，天后宫逐步发展成为青岛民众举行重大集会和活动的场所。

1897年德国强占胶州湾，划定青岛区供欧人居住，天后宫被列入拆除计划，经青岛民众的强烈反对，天后宫得以保留。1936年青岛商民集资对天后宫进行大规模扩建和整修，后又重建戏楼，将戏台由室外移至屋内，前后与茶楼结合为一体。"文化大革命"期间，天后宫受到严重破坏。1982年，天后宫被列为青岛市市级保护单位。1996年，遵照文物"修旧如初"的原则，青岛市政府拨巨款将其重新修复，并开辟为青岛市民俗博物馆。1997年，天后宫对外开放（图3-3-1）。

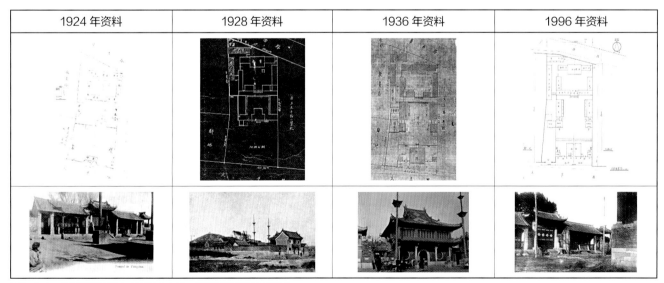

1924 年资料	1928 年资料	1936 年资料	1996 年资料

图3-3-1 青岛天后宫历史变迁图（来源：青岛城建档案馆 提供）

2．平面布局

（1）院落布局

青岛天后宫现占地面积近 4000 平方米，建筑面积 1500 平方米，为二进庭院。其有正殿、配殿、前后两厢、戏楼、钟鼓楼及附属建筑共计殿宇16栋80余间，分别为天后圣母殿、龙王殿、督财府，供奉天后、龙王、文武财神等诸神像，是一处典型的具有民族风格的古建筑群。门内立两块石碑，记载了清同治四年（1865年）和清同治十三年（1874年）重修天后宫的情景。

建筑群整体坐北朝南，二进院落，中轴线上自南向北依次为戏楼、二进山门、天后宫及龙王府、督财府二配殿（图3-3-2）。戏楼为重檐歇山顶，上覆琉璃瓦。除戏楼外，其他建筑物均为清水墙、小青瓦，且经苏式彩绘点染，雕梁画栋，金碧辉煌（图3-3-3）。

目前，天后宫已辟为青岛市民俗博物馆，成为集妈祖文化、海洋文化和民俗文化于一体的人文圣地。天后宫整体仍保持原有格局，使用功能略有改变，但基本功能可分为前院、后院及工作人员使用的后勤区域（图3-3-4）。

（2）天后宫建筑平面

天后殿为正殿，左右两配殿分别为督财府与龙王府。其中天后殿面阔三间，进深两间，前出廊，前出凸字形月台（图3-3-5）。督财府与龙王府相同，面阔三间，通阔8.22米；进深两间，通深4.7米，建筑面积32平方米，明间前设月台，石砌阶条，两步石砌垂带踏垛；梢间设有槛墙。台基

1　西侧院太平门
2　桅杆
3　西侧院门
4　东侧院门
5　鼓楼
6　戏楼
7　钟楼
8　专卖店
9　药王殿
10　送子娘娘殿
11　前院西配殿
12　前院东配殿
13　西穿堂殿
14　牌楼
15　东穿堂殿
16　管理用房
17　后院西配殿
18　后院东配殿
19　督财府
20　天后殿
21　龙王府
22　方丈室

图3-3-2　青岛天后宫总平面图（来源：周婉莹 绘）

图3-3-3　青岛天后宫戏楼及彩画（上：天后宫戏楼；下：天后宫彩画）（来源：韩玉 摄）

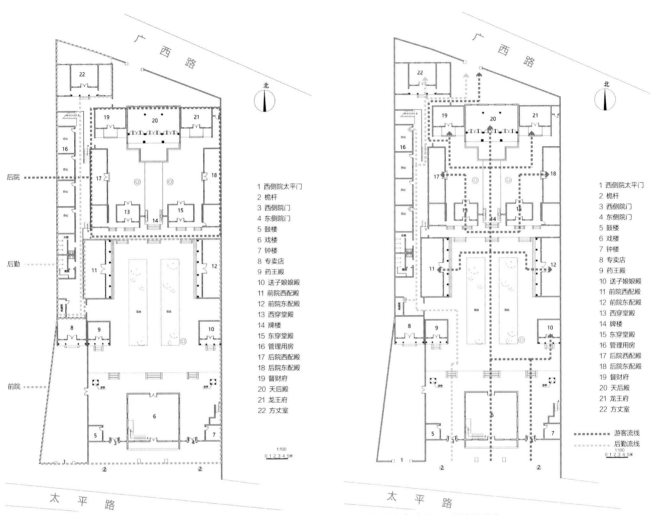

图3-3-4　青岛天后宫功能及流线分析（左：青岛天后宫功能分析；右：青岛天后宫流线分析）（来源：周婉莹 绘）

1　西侧院太平门
2　桅杆
3　西侧院门
4　东侧院门
5　鼓楼
6　戏楼
7　钟楼
8　专卖店
9　药王殿
10　送子娘娘殿
11　前院西配殿
12　前院东配殿
13　西穿堂殿
14　牌楼
15　东穿堂殿
16　管理用房
17　后院西配殿
18　后院东配殿
19　督财府
20　天后殿
21　龙王府
22　方丈室

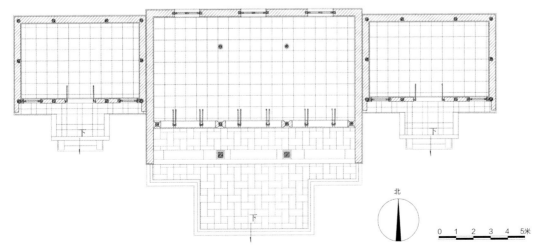

图3-3-5　青岛天后宫大殿平面图（来源：周婉莹 绘）

为方整石砌筑。月台前有两步石垂带踏跺。石活包砌台明。地面均为方砖地面，大门前部台基、月台地面石活铺装。

天后宫大门门廊地面采用西洋地砖，共306块，图案设计为通过四块砖拼接，形成完整花朵图案的方式（图3-3-6）。这种西洋风格的装饰物反映了清末外国文化入侵对中国建筑形象的影响[1]。

3. 建筑立面

从现状图片可以看出，天后宫正殿为庑殿顶，前出檐，青瓦屋面，两端有吻兽（图3-3-7）；东西两配殿略低，五檩无廊大式尖山式硬山顶，青筒瓦屋面，正脊为花瓦脊，两端有吻兽，无升起；垂脊为铃铛排山脊，有垂兽、跑兽。墙体采用青砖砌筑，下碱混合砂剁斧石砌筑，上身清水墙（图3-3-8）。

（四）金口天后宫

1. 历史沿革

金口天后宫位于即墨市东北端黄海丁字湾畔的金口镇金口村，迄今已有二百三十年的历史。

金口开埠于明朝天启年间，至清乾隆年间，金口港已臻初盛，并出现了通四海、达三江的繁华景象，南北方的文化事业得到广泛交流，南北巨商大贾和善男信女们捐资建造了金口天后宫及金口马神庙、关帝庙、龙王庙、胡三太爷庙等古建筑群体。金口天后宫在布局上分为"行宫"和"寝宫"两大主体建筑，行宫在前，寝宫在后，其间配以诸多附属建筑，将两座高大的宫殿融为一体，两宫的模式一样，都是青砖绿瓦，雕梁画栋，四角飞檐，前后出厦，宫内宽约12米，长约30米，高约10米。两宫加上后面的议事厅，共占地18.4亩。

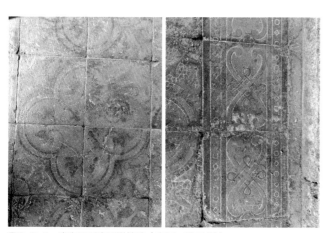

图3-3-6　青岛天后宫西洋地砖（来源：韩玉 摄）

图3-3-7　青岛天后宫正殿（图片来源：韩玉 摄）

图3-3-8　青岛龙王殿立面（来源：韩玉 摄）

---

① 周双林，张瑞芳，李艳红，马行华. 西式建筑地砖病害及保护建议——以青岛天后宫地砖为例[J]. 古建园林技术，2020（4）：87-90.

"文化大革命"中，天后宫惨遭横扫，现仅存行宫及东西配殿为原建筑物（图3-3-9）。

2. 平面形制

金口天后宫，其正殿面阔三间共14.5米，进深四间共10.8米，是北方地区三间殿加单面副阶的形式，表现出山东地方面阔大于进深平面的一般形式特点。前出月台，大殿两侧附有东西配殿，东为火神阁，西为财神殿。东西配殿均为两层，整体高度低于大殿（图3-3-10）。

3. 构架形制特征

即墨金口天后宫大殿山面是八柱落地直接承檩，穿斗式构架，明间采用四金柱搭接五踩抬梁式构架，其结构也是穿斗式与抬梁式的混合样式。大殿构架采用穿斗式，是明显区别于山东地区建筑抬梁式的做法，其配殿采用了抬梁式构架则是山东地方做法，但其月梁造型是南方特有的（图3-3-11）。

金口天后宫大殿梁栿没有采用山东地区的常用直梁，而是采用扁作月梁式，在明间梁架上使用矩形且琴面明显的月梁，梁肩的弧度较大，其梁项为半月形弧线雕刻，梁垫尺度较大，近于1/4圆，上布浪花状物雕刻，并用金色描边。随梁枋也做成月梁的形式，雕刻花纹也一致，只是尺度不同，显示了统一和谐的特点。其东侧配殿火神阁，形制及装饰等级卑微，但其梁栿也是月梁造，明显受到南方样式的影响。

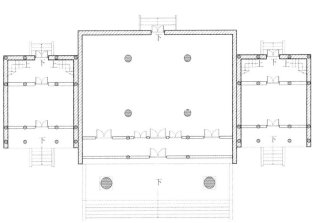

图3-3-9　金口天后宫现状（来源：赵素菊 摄）

图3-3-11　金口天后宫构架（上：穿斗式构架；下：月梁）（来源：赵素菊 摄）

图3-3-10　金口天后宫配殿平面图（来源：韩玉 绘）

4. 屋顶样式与挑檐特征

金口天后宫大殿采用硬山顶，屋脊起翘，形成一平缓曲线，正脊是镂空花屋脊，脊的中间砌筑带孔花砖，既减少了风的阻力，又能减轻屋盖重量；宫脊上用小瓦构筑成一朵莲花，两边构筑成"风调雨顺"四个大字。正脊正中间安一个葫芦，葫芦下面有一椭圆形镜状物，"宝葫芦"是佛教建筑的传统，象征镇压火魔，以示家宅安宁，事事如意（图3-3-12）。这和最初金口天后宫由佛教主持是相符合的。正脊两边各安一个龙头形的装饰，所不同的是这两条龙不是面首相对地咬住屋脊，而是以龙尾相对，龙首向外，张着大嘴，仰望天空，似乎时刻在警惕着什么。"龙吻兽"传说中可避火灾，象征吉祥安定，消灭灾祸，并含有主持正义、剪除邪恶之意，同时也是古建筑上的一种装饰品。据《唐会要》记载："汉柏梁殿灾后，越巫言海中有鱼虫，尾似鸥，激浪即降雨，遂作其像于屋上以厌火祥。"

二、祠堂

（一）所城里张氏祠堂

1. 概况

烟台市所城里，《明史》中记载，明洪武三十一年（1398年），为加强海防军事建设，防止海上倭寇侵扰，朱元璋准奏批建宁海卫"奇山守御千户所"，这就是烟台城市最早的发祥地。城内建有兵营区、操场区、粮仓区和指挥区。

1664年，清康熙皇帝下旨废除"奇山守御千户所"，自此官兵解甲归田，转为居民，多从事渔农工商。所城里从军事上的城堡变成了一个居民生活区，遂又有"奇山所""所城里""所城"之称。张、刘两大姓千户后裔大兴土木，建造民宅，人口逐渐增多，也不断有外地人口流入，奇山社内人口随之向外扩张。随着历史的变迁、城市的发展，到1950年时，所城里城墙已所剩无几，政府将其全部拆除，所城里已不能再被称为严格意义上的"城"了。

2. 张氏祠堂与所城里的空间关系

所城里总平面近似成规则的正方形，背靠青山，面朝芝罘湾，气势壮观。城中有两条主要的"十"字相交的街道。东西街为所城里大街，通向东西城门保德门和宣化门，南北街为里街，通向城门朝宗门和福禄门，东西街宽度略大于南北街。所城里四周筑有城墙，城墙之上可行军驰马。四门之上均筑有二层阁楼，一层是指挥所，二层是瞭望台。

张氏宗祠，为奇山守御千户所正千户张氏家族的祠堂，位于所城里西北角，始建于明朝宣德六年（1431年），门前以石板铺街，故名石板街，1933年更名为时彦街（图3-3-13）。

图3-3-12　金口天后宫大殿屋顶（来源：赵素菊 摄）　　　　图3-3-13　所城里总平面图（来源：张继冉 绘）

3. 张氏祠堂建筑群特征

张氏宗祠因张氏千户官品为正三品，所以其建造的祠堂无论从规模、总体布局、建筑规制，还是从用料和细节装饰上都突显其不同于民间祠堂的特点。

（1）建筑群规模较大

张氏宗祠建筑群为三进四合院形式，中轴对称。总占地面积约1000平方米，建筑面积约500平方米，院落南北总长55.7米，东西宽度为17米，大门前有一个高为9.27米的旗杆。

倒座建筑，硬山式屋面，五架抬梁式，檩条下有随檩枋，五开间，明间有飞椽，两侧次间和稍间无飞椽。明间金檩下安装大门。明间的屋脊高度比两侧的次间、稍间屋脊高度高出0.5米，使倒座屋脊在外观上形成高低错落的三部分，不同于民间的祠堂建筑。

第一进院落为东西方向较长的扁长形院落，照壁正对着大门，两侧墙上开圆形门洞通向第二进院落。

第二进院落呈南北方向较长的纵长方形。

正房五开间，总面宽15.86米，进深8.99米，建筑面积142.58平方米。五架抬梁带前后廊式，前檐墙设在前金檩下，形成前廊空间，后金檩下有四根柱子落在室内，后檐墙中部开有通往第三进院落的门。硬山式铃铛排山脊屋面，有举折，有飞椽，为整个建筑群中地位最高的建筑物。

两侧的东西厢房各有6间，长度达到了17米，进深较短，为4.06米，前檐墙全部为格栅门窗，窗台高0.7米，硬山式建筑，三架抬梁式，屋面无举折。

第三进院落的形状接近于方形，正房为五开间，进深小于第二进正房的进深，三架梁屋面，无举折，硬山屋面。东西厢房均为三开间（图3-3-14）。

（2）建筑单体用料考究，装饰精美

张氏宗祠内的建筑单体，无论是正房还是倒座和厢房，梁架和柱子的用料均较粗大。正房五架梁的直径达到了0.5米，檩条的直径为0.33米。

正房空间宽敞明亮、用料粗大、梁架结构清晰，显示出明代官式建筑的特征（图3-3-15）。

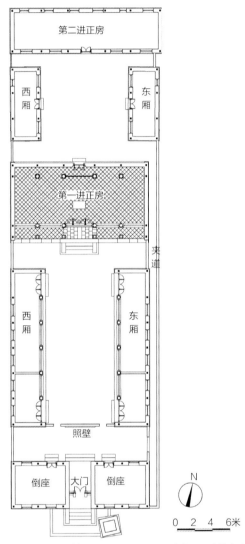

图3-3-14　所城里张氏宗祠总平面图（来源：张继冉 绘）

图3-3-15　正房屋架图（来源：温亚斌 摄）

正房基座的阶条石长达5米。室外台阶为三个踏步，每个踏步均用长为3米的整块石头砌筑，两侧有垂带石。

倒座和二进正房的屋脊上均雕刻有脊兽，雕刻线条精细，栩栩如生。二进正房前后檐廊处的抱头梁均做成装饰精美的月梁形式。

（3）主次分明、功能明确

祠堂建筑群为三进四合院，进入大门之后为第一进院子，主要为前导空间。倒座内放置一些桌椅板凳，为族人提供一个商议和休息的场所。

进入第二进院子，正房就位于第二进院落的最北端，这里是最主要的祭祀空间，是张氏宗祠建筑群中最重要的建

筑物。

第三进院落为后勤服务空间，院落呈17米见方的正方形，尺度宜人，更富有烟火气息。按照胶东的民俗，祭祀需要摆供一些做成仙桃形状的大馒头、猪头、果品等，这些供品的准备工作就在第三进院落里进行。两侧的厢房内的梁架用料都趋向于自然取材，雕琢较少，更说明了第三进院落的辅助功能。

除了串联三进院落的中轴线之外，在院落的东侧还有一宽度仅为0.84米的夹道空间，作为族人日常维护祠堂或者穿行到第三进院落的路线（图3-3-16～图3-3-21）。

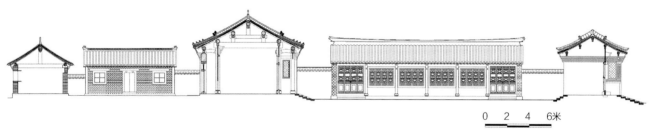

图3-3-16　张氏宗祠总剖面图（来源：张继冉 绘）

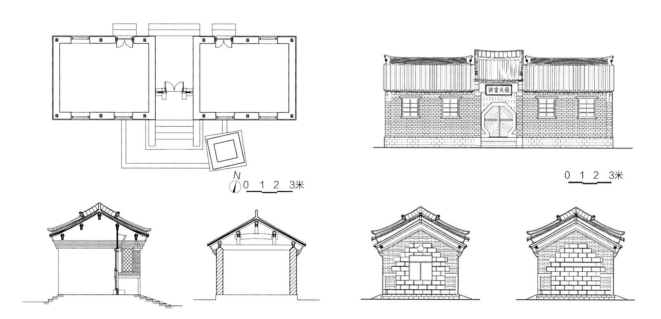

图3-3-17　张氏宗祠大门平面图、剖面图、倒座剖面图（上：张氏宗祠大门平面图；左下：大门剖面图；右下：倒座剖面图）（来源：张继冉 绘）

图3-3-18　张氏宗祠大门立面图、倒座现状图及复原图（上：张氏宗祠大门立面图；左下：倒座现状图；右下：倒座复原图）（来源：张继冉 绘）

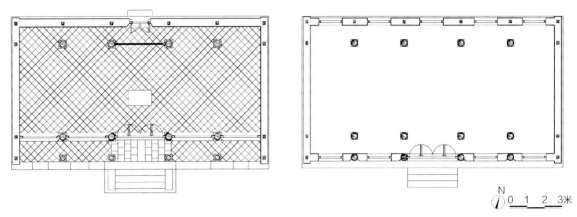

图3-3-19　张氏宗祠第一进正房复原平面图及现状平面图（左：第一进正房复原平面图；右：第一进正房现状平面图）（来源：张继冉 绘）

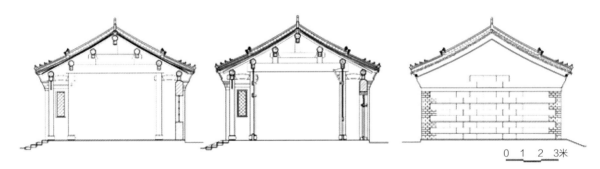

图3-3-20　张氏宗祠正房剖面现状图、剖面复原图及立面现状图（左：张氏宗祠正房剖面现状图；中：剖面复原图；右：立面现状图）（来源：张继冉 绘）

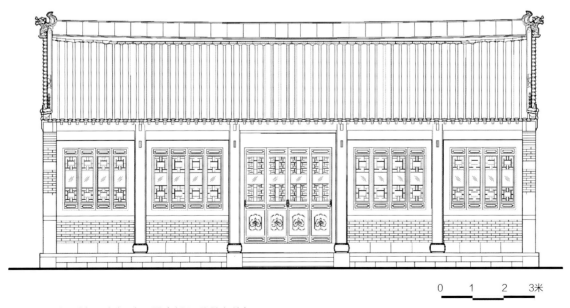

图3-3-21　张氏宗祠正房立面复原图（来源：张继冉 绘）

（4）小结

张氏宗祠三进院落，东西厢房6间，东侧有一夹道。正房建筑梁架形式为抬梁式屋架带前后廊式，屋面有举折，檐口有飞椽，硬山铃铛排山脊屋面。木材和石材均用料考究，建筑细部富有精美的装饰。

张氏宗祠的建筑群规模较大，主要建筑等级较高，与民间祠堂建筑特点不同，彰显出祠堂主人显赫的社会地位，是研究胶东地区民居建筑和祠堂建筑以及所城里历史的一份宝贵的建筑遗产。

（二）上庄于氏祠堂（烟台牟平）

1. 概况

上庄村位于山东省烟台市牟平区姜格庄镇的西部，地势为北高南低、西高东低，为温带海洋性气候。北面有北登脚石山（位于上庄村正北）和西北山（位于上庄村西北）作为屏障，村子中部有上庄河自西向东蜿蜒穿过。

上庄村于氏始祖于得名在明朝弘治戊申（1488年）出生后一直定居在这里，其后裔在这里繁衍生息，成为上庄村的大姓氏。现有村民900户左右，人口大概有2370人。

2. 村落与祠堂的空间关系

上庄村形状呈不规则的长条形，东西长约2公里，南北宽约1公里。村中有三条近于平行的街道自西向东穿过，从北向南依次为后阳街、八甲街、前街，其中八甲街的宽度最宽，与前街并行的有一条河——上庄河，是村中主要的水系。上庄村从明朝弘治年间开始发展，随着人丁兴盛，民居院落大都沿上庄河两岸呈东西向带状扩展。

于氏祠堂位于村中主要街道八甲街的西部，地势较高，而且祠堂正房的高度也高于周围民居，八甲街宽度为5.6米，于氏祠堂为了强调其重要的地位，其院落后退道路8.3米，形成一东、西向与院落同宽（16.31米），南北进深为8.3米的一处空间，为举行祭祖仪式时的前导空间（图3-3-22）。

据老人回忆，这里原有一棵老柏树，其树冠之粗需三四个人才能合抱过来，可惜现已不存。在院落院门两边对称的位置，还存在有两个1米见方的石头基座，基座中部为四方形的锥台，锥台中心为直径为0.28米的圆形孔洞，用以固定旗杆。两个旗杆的功能主要用于界定祠堂院落的前导空间，现旗杆已不存，石头基座位置被挪动，闲置在院门两侧。

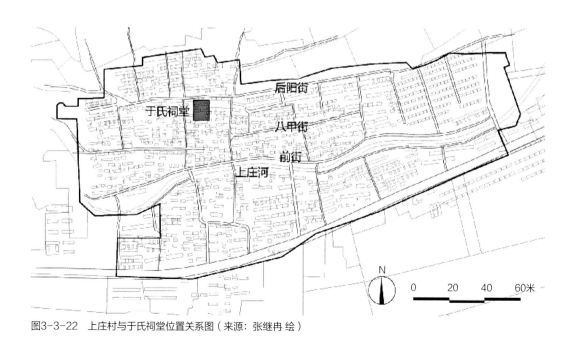

图3-3-22　上庄村与于氏祠堂位置关系图（来源：张继冉 绘）

3. 祠堂建筑特征

于氏祠堂由院门、东西厢房和正房组成一进三合院式的建筑群，总占地面积366.16平方米，建筑面积186.5平方米。

（1）充分体现胶东民居特色

于氏祠堂位于上庄村的西北部，且位于地势较高的地方，符合民间家庙位于村西的风俗，在村中有着比较特殊的地位。

在胶东民居建造过程中，有偏阴和偏阳之说，民居建筑一般偏阳，祭祀建筑如土地庙等一般偏阴。于氏祠堂院落坐北面南，中轴对称式布局，建筑轴线北偏西4°。

祠堂院落中原有两棵柏树，位于正房左右两侧，现只存东面的一棵，推测其树龄应该在三四百年以上。如今，在原来西面那棵老柏树的位置上，又长出来一颗新的小柏树，象征于氏家族代代相传、后继有人。

因为祠堂建筑院落是全族人祭祀祖先、商讨议事的地方，属于村落中的公共建筑，所以其建筑形制高于周围的民居建筑，主要表现在建筑群的四栋建筑均为两坡硬山式屋面形式、正脊两端都有脊兽、垂脊上都有垂兽、两侧山墙上都做成铃铛排山勾滴。山墙面均为大块不规则毛石砌筑的硬心墙面，

周围为青砖砌筑，都有墀头、盘头，博缝砖为方形。

正房的梁架形式为胶东民居常见的五架梁加前后廊形式，室内在后檐柱位置有四根柱子落地，其中当心间两侧的柱子直径最大，为0.3米，其余两根柱子直径为0.23米。其余的柱子都嵌在墙体中，属于中国传统的"墙倒屋不塌"的形式。祠堂的正房后檐墙外有一进深大约1.17米的窄长条形空间，用以保护正房的后墙。这也是在胶东民居中常用的保护后檐墙的方式（图3-3-23～图3-3-25）。

图3-3-23　正房内部的梁架结构（来源：温亚斌 摄）

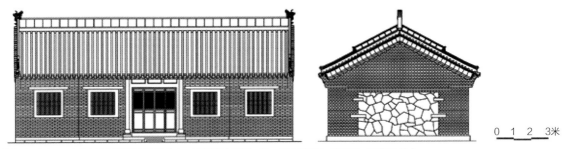

图3-3-24　正房南立面图及侧立面图（左：正房南立面图；右：侧立面图）（来源：侯荣婧 绘）

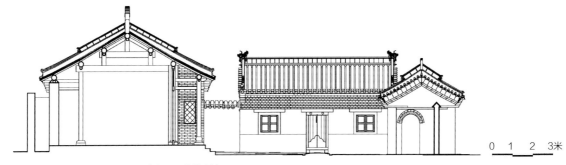

图3-3-25　于氏祠堂总剖面图（来源：常慧 绘）

（2）充分显示了民居建造的智慧性

在祠堂院落中轴线的两侧即为东、西厢房，对称布置在轴线两侧。厢房的功能是储存物品和族人停留休息，所以其建筑形制的等级都要低于正房：相向而立，分别都为三开间，门开在中间一间，两侧为对称的窗户，无前檐廊。

厢房的特色在于：从外观看其屋顶形式为硬山两坡顶，但内部梁架结构为四架卷棚顶，四根檩条下有随檩枋，檩条上为木椽，顶部为弯椽形成卷棚的梁架形式。这种屋顶形式与内部梁架结构不一致的形式在胶东地区也是不多见的，表明了人们在建造祠堂时不拘泥于规制而灵活创造的智慧性（图3-3-26、图3-3-27）。

（3）祠堂的仪式路线与非议式路线设计区分明确

于氏祠堂在设计建造之初就严格考虑了其主要功能要体现祭祖这一重大礼仪制度的要求，又充分考虑了日常的维护和族内活动的需求，所以其总体布局功能明确、等级分明、流线清晰。

主要仪式功能空间安排在中轴线上，从南到北依次为：祠堂入口前导空间→院门空间→方形庭院→正房门前的凹形空间→正房祭拜空间。

非仪式功能空间安排在轴线两侧，包括东西厢房内部的空间、正房前檐墙与厢房山墙之间的小天井以及厢房山墙与围墙之间的辅助空间（图3-3-28）。

图3-3-26 西厢房内部的梁架结构（来源：温亚斌 摄）

图3-3-27 西厢房立面（来源：温亚斌 摄）

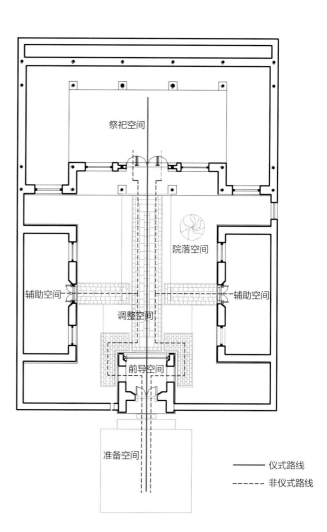

图3-3-28 祠堂仪式路线与非仪式路线分析图（来源：温亚斌 绘）

院门位于中轴线上，形制相当于民居中的垂花门（仪门），平面形式为方形，四面各有门。在中轴线上有前后两道门，大门门扇位于前金檩下面，为双扇串带木板门，门包框两侧有青石抱鼓石；屏门位于后檐檩下，原来安装有四扇屏门，门扇现已不存，只存有抱框和挂落部分。在中轴线两侧的东西两侧墙体中各开有一高2.025米高、宽0.8米的砖发券门洞，与轴线上的前后两道门共同形成祠堂院落的入口空间。

正房五开间，中间三开间的前檐墙后退轴线1.37米，形成传统民居中的锁形平面，增加了举行祭祀仪式的空间序列。中间的一间安装了四扇隔扇门，中间两扇向内对开，两侧的两扇单独向内开启。

在正房明间的最中位置，也就是在院落中轴线的位置上，排列着先祖的画像，画像前陈设一长长的案几和一张八仙桌，上面布满了供奉祖先的贡品。从这里就可看出，祖先的神位占据了整个院落中最重要的位置。举行祭祀仪式时，村民自中间的门扇进入，向前对着祖宗神位跪拜祈祷，然后起身、向左即向西，围着中心区域、顺时针绕行，然后由正房的右侧即东侧绕出，完成祭拜仪式。

（4）小结

于氏祠堂虽然位于民间，由村民自发建造，但其充分体现了胶东民居建造过程中的聪明才智，其非常明确的仪式路线和非仪式路线的设计，在胶东民居祠堂建造中也是不多见的，充分体现了人们对于祖先的敬重心理以及对美好生活的向往，并且把这种美好的祝福和愿望体现在建筑中。

第四节　传统民居

一、牟氏庄园

（一）概况

牟氏庄园，俗称"牟二黑子地主庄园"，是晚清胶东大地主牟墨林及其家族的建筑群，是胶东地区典型的封建地主庄园，坐落于山东省栖霞市北部的古镇都村。1977年列为第一批省级重点文物保护单位。1988年列为国家第三批文物保护单位。随着历史的发展，周围的建筑或被拆除或进行了改建，仅留下现在核心部分的六组院落。

（二）聚落特征

1. 选址与布局

牟氏庄园选址地势东高西低、北高南低，背靠凤凰山顶，面朝文水河，庄园建造初期将文水河道改成月牙形，形成背山面水、聚水藏风的风水宝地。庄园聚落呈现以居住为核心、副产业环绕排布的格局。牟氏庄园以南，文水河以北的地区大都是牟家的副业区，包括场院、油坊、粉房、花园、花房、石匠铺和木匠铺等。牟氏庄园以西地区大部分是佃户区。以水为界围合整个聚落，副产业围合居住院落，院落外设高墙和群厢房围合，层层包围，发散增长，具有封建地主庄园封闭性和防御性的特征（图3-4-1）。

2. 现存院落格局

牟氏庄园现存三组六纵院落，为日新堂、西忠来、东忠来、南忠来、宝善堂和师古堂。日新堂始建于清雍正十三年（1735年），西忠来始建于18世纪末。1860年牟默林从牟愿手中买入庄园后，用近40年的时间，逐步又为其四个儿子扩建了三处宅院，即后来的宝善堂、西忠来、南忠来。1911年在南忠来东面增建师古堂，后历时五年建成，1908年在西忠来旁增建东忠来，后于1935年修建完成，至此六组院落形成。牟氏庄园建造过程体现了乡土聚落以血缘为纽带的生长方式，即以日新堂为核心，向外生长，各个院落纵向轴线并列排布（图3-4-2）。

牟氏庄园的院落布局十分有特色，在一进进的纵向院落外套群厢，构成院中院的居住单元，庄园整体分为三个院中院单元。东北侧单元从西向东为日新堂、西忠来和东忠来，西北侧单元为宝善堂，西南侧单元从西向东为南忠来和师古堂。六个纵向院落皆坐北朝南，院落内正房遵循"居中为尊"思想，沿院落中轴线依次排布。六纵院落中日新堂、东忠来、

图3-4-1　牟氏庄园鸟瞰（来源：烟台大学测绘资料）

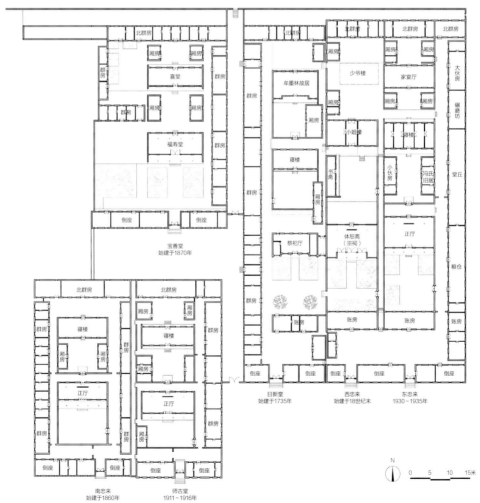

图3-4-2　牟氏庄园总平面图（来源：周垚霖 绘）

西忠来有五进院落。以东忠来为例，其正房从南到北依次为账房、客房、客厅、寝楼、小楼、后群房。正房布局符合中国传统建筑"前堂后寝"的布局。正房前后皆开门，此为"穿堂门儿一线开"，突破了北方农村"房门不得前后开"的老规矩。

3. 排水

牟氏庄园共有400多间房，面对庞大的建筑群落，其排水系统亦值得借鉴。庄园东北侧日新堂、西忠来和东忠来组群的排水系统保存较好，是庄园排水系统的代表。整个排水系统分为两类，一为沟渠系统，每进院落沿后檐墙向东西两侧甬道排水，再沿甬道旁南北向排水沟流向北侧排水。二为

"雨水花园"系统，每组第二进院落的客厅或祭厅前皆留出方形空地种植花草植被，这里也是一纵院落中最大的庭院，一方面丰富院落景观，另一方面作为天然的雨水收集地，可称为中国古代的"雨水花园"系统。

（三）建筑院落

1. 院落分析

牟氏庄园院落形式丰富，每纵院落由一合院、二合院、三合院和四合院纵向连接组合，不同形式的合院体现了自身的性质和使用功能，以日新堂、西忠来和东忠来的典型合院为例，来阐述其性质和功能（表3-4-1）。

牟氏庄园院落类型表（表中图片来源：烟台大学测绘资料）　　　　表3-4-1

院落类型	平面示意	特点	院落类型	平面示意	特点
一合院	 西忠来第二进院落	牟氏庄园中的一合院多为每组院落的祭祀厅（客厅）；院落内只有一个正房，其余三面皆为矮墙，无服务性厢房，突显主体建筑的重要性，院落空间具有礼仪性	三合院	 东忠来第三进院落	牟氏庄园中的三合院，多出现在每组院落的倒数第二进院落；院落内一正房和两厢房，正房正对垂花门，厢房功能为服务用房或妻妾居住；三合院为胶东地区典型的生活院落布局
二合院	 日新堂第三进院落	牟氏庄园中的二合院多出现在日新堂；院落内为一正房和一厢房，厢房多为晚辈和妻妾使用；二合院相较一合院其空间开始转向生活化	四合院	 东忠来第五进院落	牟氏庄园中的四合院，多出现在每组院落的最后一进院落；南北两正房夹东西两厢房，正房为妻妾和子女居住；高大正房围合出高度私密的生活空间

2．典型建筑——小姐楼

牟氏庄园小姐楼为西忠来第三进院落正房，共三层，一层为抬高的地基，内设地窖，寝楼为两层。为突显其主人地位，在寝楼门上设装饰性门楼（图3-4-3）。小姐楼最有特色的做法当属烟囱和炕洞，皆被设置在墙外。山墙挑石设烟囱利于防火和屋面防漏，外设炕洞可避免室内产生烟雾，同时将服务流线外置，从而保证了室内的私密性。

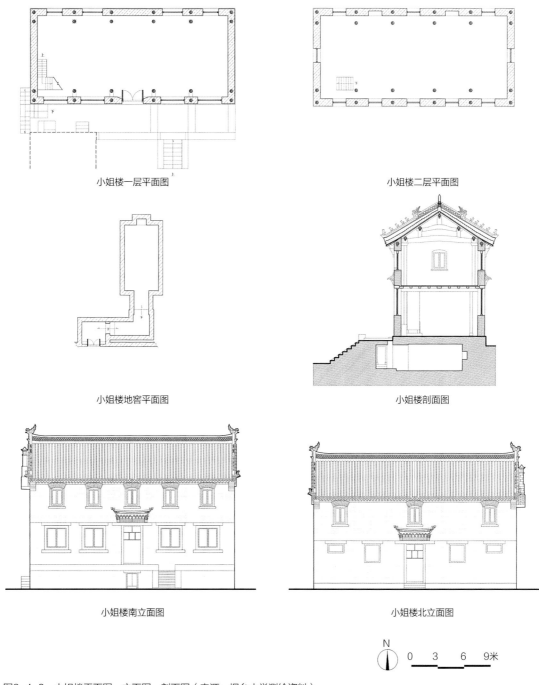

小姐楼一层平面图　　　　　　　　　　小姐楼二层平面图

小姐楼地窖平面图　　　　　　　　　　小姐楼剖面图

小姐楼南立面图　　　　　　　　　　小姐楼北立面图

N
0　3　6　9米

图3-4-3　小姐楼平面图、立面图、剖面图（来源：烟台大学测绘资料）

3. 典型建筑——书斋

西忠来书斋为庄园唯一的二层硬山单坡建筑，虽然属于院落中的厢房，但在院落空间中书斋被设计成自院门进入后的视线焦点。书斋一层低矮，用作藏书，二层是牟家的私塾，设外廊面向院落和垂花门，景观视野俱佳，反映了庄园主人对读书教育的重视。院落入口的垂花门设在书斋对面，书斋以单坡屋顶提高屋脊高度，强化了建筑的正面形象，两层高的书斋与三层高的小姐楼通过台基联系，形成整体连续、体量逐渐增大建筑组合体，建筑与院落空间考虑视线关系，均衡得当（图3-4-4）。

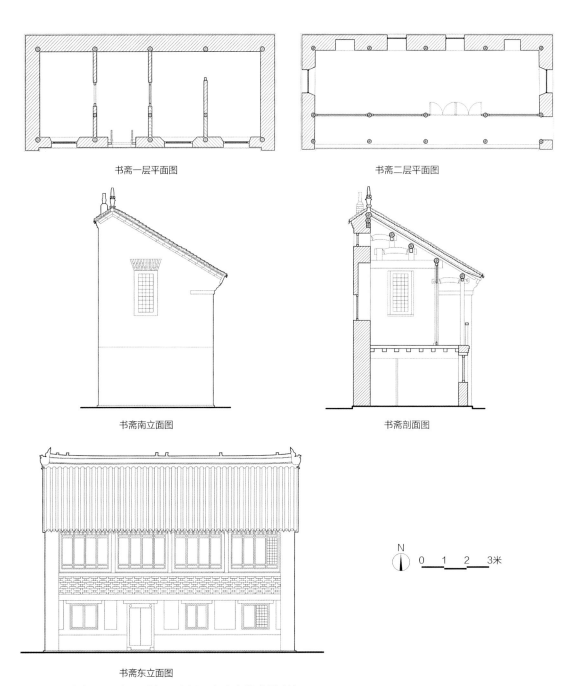

书斋一层平面图

书斋二层平面图

书斋南立面图

书斋剖面图

书斋东立面图

图3-4-4　书斋平面、立面、剖面图（来源：烟台大学测绘资料）

4. 典型建筑——群厢

作为封建地主庄园，牟氏建筑群内有大量的库房储存粮食，主要位于东侧群厢，群厢房举架高敞，总面阔约80米，布置有2间账房、4间伙房、4间磨坊、18间粮仓等。因功能需要群厢在檐下的构造做法有区别。磨坊和粮仓的前檐墙头以砖砌丁字形洞口利于粮仓的通风。牟氏庄园建筑的木屋架常见弯梁，尤其东侧群厢的五架梁均采用弯木，跨中向屋脊方向凸起，符合木梁受力原理，可以抵消木梁承载后向下的变形，此为牟氏庄园的建筑特色（图3-4-5）。

5. 典型建筑——垂花门

西忠来垂花门的檐下用长拱来代替挑檐砖，略带汉代建筑的古意，轻巧柔美的线条，使整个垂花门与屋檐衔接处更加灵动，区别于一般的村落门楼做法，体现了地方匠作的技艺（图3-4-6）。

二、胶东海草房

海草房是胶东半岛地区特有的传统民居（图3-4-7）。其院落形制与北方其他传统民居类似：分为一合院、二合院、三合院和四合院，四合院比较少见。

其中二合院、三合院最为普遍。院落出入口有东向、西向、北向、东南向四种方式。院落各幢房屋分离布置，紧凑灵活，呈长方形。整个海草房古民居的选址、布局、建筑等各个方面都蕴含着秩序之美，所有的建筑都是坐北朝南，整齐地排列在村间小路的两旁，这体现了传统民居建筑的整体秩序之美。

海草房因其特有的屋面材料——海草而得名。海草是一种约三到五毫米宽的海生植物（图3-4-8），适宜生长在河流入海口附近的海域，冬季随海潮涌到岸边，人们将其收集起来，晒干用作屋面材料，经风吹日晒逐渐变白、变灰，最终成为褐色。因海草中含有大量的卤和胶质，用它粘成厚厚的房顶，可以持久耐腐、防漏吸潮、保温隔热。

海草房结构分为两种：内外墙承重和外墙梁架承重。海草房屋面层次从上至下依次为海草、麦秆、黄土、苇箔、檩条。内外墙承重是将檩条直接搭在内外墙上以承载屋面重量。外墙梁架承重是檩条搭载梁上、梁搁置在外墙上以承载屋面重量（图3-4-9）。

海草房外墙多选用当地花岗岩石砌墙，厚约500毫米，大致分为两种形式，一种是在外侧用宽约300毫米的块石砌

图3-4-5 牟氏庄园厢房梁架（来源：周垚霖 摄）

图3-4-6 牟氏庄园门楼（来源：周垚霖 摄）

图3-4-7 海草房（来源：郝占鹏 摄）

筑，内侧为宽约200毫米的碎石砌筑，内侧表面再抹20毫米厚白灰；另一种是在外侧用石砖砌筑，内侧用碎石砌筑，内侧表面再抹20毫米厚白灰（图3-4-10）。

内墙宽约400毫米，一般底部为粗糙块石，上部为宽约

400毫米的土坯砖。

海草房的外墙立面石材组合形式大致分为两种：一种是将整个外墙全部采用青石砖砌筑；另一种是在外墙下部采用块石，外墙上部采用青石砖砌筑（图3-4-11）。

图3-4-8　海草（来源：郝占鹏 摄）

图3-4-9　海草房梁架结构（来源：郝占鹏 摄）

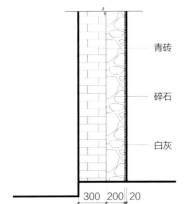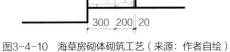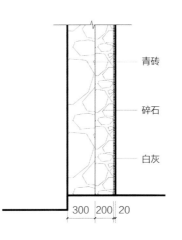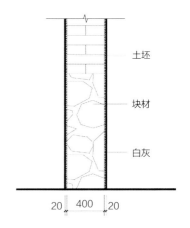

图3-4-10　海草房砌体砌筑工艺（来源：作者自绘）

图3-4-11　海草房外立面石材组合（来源：郝占鹏 摄）

海草房屋面构造层次由下至上为苇箔、黄土、麦秸、海草（厚度一般为50~150厘米）。海草房屋面的制作工序大致分为五个步骤："第一步是准备工作。扎脚手架、理草、铡草、润草。第二步是做檐头。这是苫好房顶的基础，需要精心操作。即把小捆的贝草放在檐墙上，铺出二寸厚，出墙二寸，上要平，沿要齐，草要顺。在此基础上再向外出二寸，铺贝草形成檐角，再用海草铺面，以此做三层，叫'三层檐'。第三步是苫房坡。这是能否苫好房顶的重要环节，其面积大，还要整齐划一、内实外软，刹紧实称，保持整个屋顶的均匀

走势一铺到顶。第四步是封顶。这是保证屋顶牢固、不漏、美观的关键。苫时要一层贝草一层海草，需要拔起1~2米高的屋顶。收顶时是用海草沫子堆集拢尖，再用草泥压住，使海草的胶质与草泥粘合在一起，达到能防风、防雨的目的。第五步是淋水拍平、剪檐。这是最后一道工序，把苫好的屋顶淋水，再从上到下用拍板梳理顺海草，拍平房坡，把房檐海草剪齐"[1]（图3-4-12）。

由于近几十年来海水养殖业的发展，海草数量越来越少，给海草房的维护修缮带来困难，导致海草房数量越来越少。

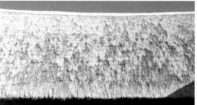

图3-4-12　海草房屋面（来源：郝占鹏 摄）

第五节　传统营造技艺及其特征解析

一、儒道文化下的整体风貌

山东是儒家文化的起源地，儒家思想熏陶着世世代代的山东人，对他们的生活方式和思想观念等产生了不可忽视的影响。胶东地区也是道教的发源地，王重阳曾到登州（今蓬莱）和宁海（今烟台牟平区）潜心修道，收徒讲学，并创立了全真教，道教思想也潜移默化地影响着胶东的思维和生活方式，体现在传统建筑中。胶东地区的传统民居在空间布局上体现出儒家思想中"礼"的思想，建筑布局沿袭了"前堂后殿"的多进庭院布局形式，同时围绕尊卑有序的等级制度进行房屋布置。在这种观念的制约下，院落的平面布局被明确划分，正房一般用来供奉祖宗或者神灵牌位，北屋为长辈居所，子女住两边的厢房，倒座为宾客住所，附属的房间则

作为他用。这种尊卑等级思想在胶东庄园院落中表现得十分突出，主要体现在平面布局和空间尺度上（图3-5-1）。

胶东地区的传统聚落体现出自然之道的选址布局，大多在阳坡、临海、地势相对平缓的地方就势而建，建筑布局顺应自然，负阴抱阳。有的村落居民比较多，所建房屋密度大，开间多，但是受自然山体和海岸线的限制，用地比较紧张，于是选择紧凑型的房屋空间，并且邻里之间的道路也相对狭窄，村中街道尺寸狭小。胶东居民正是借了自然之景并与自然融为一体，在村落建设上尊重自然选择紧凑的布局，形成了独特的村落风貌，体现出自然之美。胶东地区很多传统村落都是这种布局形式，例如位于烟台养马岛的杨家庄、马埠崖、孙家疃，都选择背山临海而建，顺应自然地势走向，自西至东布置。融合山、海独特自然之景的做法正是道教文化中"自然美"的体现（图3-5-2）。

在胶东传统民居的建筑装饰中随处可见代表道家文化的符

① 刘彩云. 胶东地区海草房营造技艺的发掘与保护研究[D]. 北京：北京服装学院，2017.

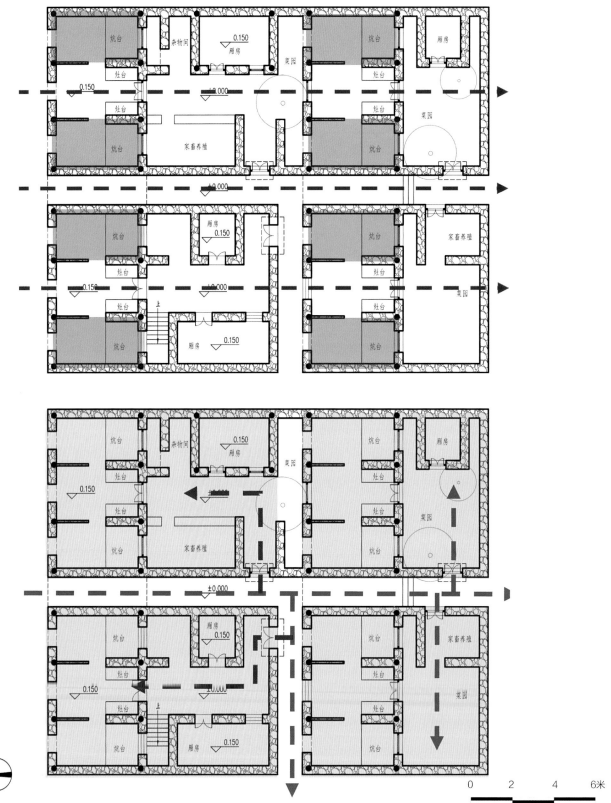

图3-5-1　儒道文化对胶东建筑礼制的影响（来源：顾洁 绘）

图3-5-2　养马岛传统负阴抱阳的空间形式（来源：刘馨蕖 绘）

号、图案、神话的装饰题材。例如暗八仙、太极八卦之类的图案，刘海戏金蟾等神话，这些具有浓厚道家风格的装饰题材一方面丰富了胶东民居的装饰类型，另一方面寓示了平安长寿、欢乐吉祥。此外，胶东传统民居中弘扬儒家思想的装饰题材也很常见。这些装饰题材以抽象的或具体的形式出现在瓦当、墀头、窗、门簪、墙柱、屋脊、神龛各处。例如以孝为题材的麒麟送子、龙凤呈祥等图案，以忠为题材的苏武牧羊图案，以节义为题材的梅兰竹菊图案，以和为题材的组合图案。代表儒家思想的耕织、读书的题材也很普遍，常常以楹联和匾牌的形式作为装饰，这些弘扬儒家思想的装饰题材受到住宅主人的喜爱，既寄托了胶东商人对经商事业的追求又是他们好儒的体现，体现了主人的生活观念和人生理想。

二、海洋文化下的滋养繁衍

胶东半岛的居民临海而居，从春秋战国时期的齐地开始，大海就为胶东居民提供了丰富的渔业资源，带来了便捷的交通和繁荣的海上贸易。然而，大海同时也会给人们带来灾难，以往的人们无法预测和抵抗大海带来的灾难，长久以来人们对大海存在着崇拜与畏惧的双重心理，这促使了胶东别具一格的"海洋文化"的形成和发展，并影响着人们的生活习俗、宗教信仰和审美观念等[①]。胶东沿海村落依海而建，因海风多雨气候的影响，在建设房屋时往往会考虑防风和防水因素。为了抵制海风的侵袭，民居建筑与传统民居的正南正北的布局有所不同，院落布局形式相对自由，一般将房屋山墙的一侧对着海边布置，并且有的会采用高高的围墙抵抗海风的侵袭。此外受海岸线和丘陵地形的影响，房屋的密度相对较大，道路较为狭窄，院落空间布局较小，房屋的开间和进深也相对较小。例如在 2012 年入选中国传统村落名录的荣成市东楮岛村（图3-5-3），该村三面环海，村中民居布局就很少采用正南正北的朝向。

胶东沿海地带房屋的建筑材料与其他地区不同，沿海民居的海洋特征更加明显，特别是沿海的海草房民居，屋顶材料采用海带草，当地居民在夏末秋初的时候从海里捞取出海

---

① 万晶，隋杰礼. 海商文化在胶东传统民居建筑装饰中的体现[J]. 烟台大学学报：自然科学与工程版，2019，32（2）：7.

图3-5-3　海洋文化对空间风格的影响（来源：刘馨蕖 绘）

带草，晒干之后的海带草柔韧具有弹性，是胶东沿海居民常用的一种天然材料，用其覆盖在屋顶上，保温隔热性能也很好。此外胶东民居一般就地取材、因地制宜，但是沿海的人们也会利用海运的便利来运输建筑材料，例如养马岛民居建造房屋时就会从荣成石岛通过海运来石材等。

三、耕读与商官的家族聚居

耕读源自于中国传统农耕文明，建立在一定的经济基础和传统文化认知的基础上。胶东富庶大户以农耕和经商起家，发达后往往会在家乡置办土地，建造房屋，其中不乏一些财力雄厚的家族，鼎盛时期甚至富可敌国。鲁商近官，胶东家族聚居建筑往往是具有商官的双重气质，典型的有丁氏故宅。

清末民初，胶东的商业得到了很大的发展，这一时期，胶东的村落建设发展很快，特别是胶东沿海地带，从第一批中国传统村落名录来看，胶东地区入选的传统村落很多都有商业贸易的历史背景。正是胶东商人的崛起，带动了胶东地区的商业发展，并且给当地人们的生活带来了巨大的改变，胶东沿海一带的村落也在这一时期有了前所未有的发展。例如招远的高家庄子村，村民们很多在外经商，特别是徐氏家族在北京、济南、青岛等地都有商铺，在外挣钱后他们大多选择回乡建设宅院，修建祠堂，村里房屋多达 3760 余间，该村也被称为"招远小北京"；招远的徐家村，著名的"龙口粉丝"就是来自该村落；还有招远孟格庄村，大涝洼村，即墨金口镇凤凰村等，这些村落的先人大多有在外经商的背景，当时很多小孩都被送到北京、青岛等地学习经商，在外发达后则回家置地建宅，因此村落的建设达到了高峰时期，得到了前所未有的发展。

对于财力雄厚、资产众多的胶东富贾而言，在建造房屋时还必须考虑到家人、财产的安全。因此，安全防御功能对建筑的布局产生了极大的影响，特别是大型的庄园建筑群。防御思想主要体现在三个方面：一是砌筑围墙和河道防御外患；二是增加院落纵深，层层深院加强核心居住的私密性；三是设立甬道，分流交通。胶东家族聚居无论官、商、农，都把读书做官作为家训。重视读书，将读书、入仕、经商结合起来，相辅相成。在经济发达时期更是建立私塾鼓励家中子孙读书入仕，如牟氏庄园设立读书斋，丁氏故宅崇俭堂内设立书院，丁氏故宅中楹联多以读书济世为主题，体现出胶东家族重视读书、为官为贾的兴家之道。

第四章　鲁西南地区建筑文化特征

　　鲁西南地区位于山东省西南部的平原地区，主要包括济宁、枣庄、菏泽三市。鲁西南地区是中国西汉后被奉为国家正统思想——儒家文化思想的发祥地，传统文化氛围浓郁而醇厚，使得这一区域的传统建筑的整体布局明确表现出"礼乐相成"的建筑文化倾向。儒家学派创始人孔子强调维护社会等级秩序的安定和谐，主张以礼制教化维系社会道德的稳定，公共建筑具有典型附儒而行的建筑特色和宏伟高大的风格与特点，同时也融入了黄河带来的多元地域文化，形成了独特的建筑风格特征。

第一节　形成背景

一、自然环境因素

鲁西南位于山东省西南部的平原地区，由黄河泛滥冲积而成，主要包括济宁、枣庄、菏泽三市。北依黄河，东临鲁中南山地，大部分地区地势平坦甚至低洼，平原占地区面积的90%以上，其他为山地、丘陵、洼地、湖泊和河流等。鲁西南是山东省淡水储备比较丰富的地区，境内河流众多，湖泊密布。山地多集中在济宁市和枣庄市境内，以低山残丘为主，从东向西，地形由山地、丘陵发展到平原地带，自然地理条件有着较为明显的变化，地理环境是乡村传统民居发展的物质基础，很大程度影响着传统聚落的形态。

鲁西南地区属于温带半湿润大陆性季风气候区，四季分明，寒暑适宜，光温同步，雨热同季，春季干燥多风，夏季炎热多雨，秋季晴和气爽，冬季寒冷少雪。年平均温度在13~14℃，降水量在500~700毫米。从地区的气候来看，雨水光照较好，适合农作物的自然耕种，因此形成了以农耕为主的传统居住聚落形式。

鲁西南系属于南部暖温带落叶阔叶林区，植被类型以落叶阔叶纯林、针叶混交林和针叶林为主。在院内种植巧树、石梅树等果树较多，杨树、梧桐、槐树在行道树的种植中较多采用，因地势平坦、土地肥沃，树木繁多，农民便就地取土烧砖制瓦，伐树做梁当檩，建造起砖木结构的民居，屋顶用泥铺平以后再加上瓦，墙壁用沙灰、石灰来涂抹平整，因此形成了很多木构架体系的民居建筑。

自然环境是人类赖以生存和发展的背景与舞台，与人们形影相随，共时共存。受自给自足的自然经济的长期制约，鲁西南地区的平原和南部的丘陵地区无论在聚落选址还是院落布局等方面，均体现出适应自然地形地貌因素的影响。如平原地区的传统民居，以四合院式民居为主。但并不简单套用传统四合院模式，而是根据地形地貌条件因地制宜，灵活变通；而南部丘陵地区的村落形态则"筑台为基，随坡就势"，通过挖填将山坡整理成不同高度的台地。民居院落顺应地形，灵活布局，道路蜿蜒曲折，形成层层叠叠、多姿多彩的山地聚落特征。

二、历史文化因素

历史上的鲁西南地区是中华文明的发祥地之一，历史悠久，文化底蕴深厚。早在7300年前，人类就在今济宁、枣庄一代繁衍生息，这里创造了灿烂的"北辛文化"，是迄今为止黄淮地区考古发现最古老的文化，也是东夷文化的源头之一。新石器时代龙山文化遗址，在今菏泽境内也有所发现；古史中称誉的唐尧、虞舜、大禹在这里留下了较多的遗迹。济宁一带夏商时为古仍国，周为任国（仍、任二字在古代音同字异），从秦至五代一直为任城或亢父县，五代后周时期，以水道名其地为济州，任城开始为济州管辖；元代开始大运河纵贯其全境，元至元八年（1271年），升济州为济宁府，治任城，后又改济宁州为济宁路；明清两代沿用济宁一名，只是改路为府或改府为州。

鲁西南地区是中国儒家文化的发祥地。儒家文化强调仁、义、礼、智、信、忠、孝、廉。儒家文化的理念已经深入人心，成为指导人们崇尚和平、追求自强、实现自我和社会和谐的重要思想。进一步发掘儒家文化，对于现今时代有着重要意义。儒家文化的核心是仁爱，它的特点是重精神，轻物质；重道德，轻技能；重理论，轻实践。

在儒家思想成为封建社会的统治思想以后，历代帝王为了表示对其开创者的尊崇，不断给孔子加封增谥。汉平帝始封孔子为"褒成宣尼公"，到元武宗时已升为"大成至圣文宣王"，至清初更被推崇为"万世师表"。孔子的嫡裔在汉高祖时被封为"奉祀君"，至宋代改封为世袭"衍圣公"，两千年来，倍受当政者的隆崇和优待。在封爵赠谥的同时，历代封建王朝对孔子的尊崇，还以种种物化形态表现出来，经长期积累，在孔子故里形成了一批极其珍贵的历史文化遗存。公元前479年孔子逝世后，起初是以宅为庙，"藏孔子衣冠琴车书"。至汉高祖十二年（公元前195年）刘邦过鲁"以太牢祀孔子"，汉桓帝永寿二年（公元156年）改变了宅庙的性质，使之成为官设的庙堂。后代帝王绵延相继，不断营饰修缮。尤其是明正德年间，为了加强对孔庙的保护，将距今址以东4公里处的曲阜县城移至孔庙所在地，以城卫庙，使整个曲阜县城成了孔庙的外围建筑。至清末民初，孔庙终于被营造成一个世界罕见的具有特殊文化意义的庞大建筑群。

三、社会经济因素

明清两代，大运河南北全线贯通，自江淮北上，由台儿庄入山东，穿鲁西平原而过，由德州入直隶，全长近千里。山东运河区域即是指大运河在山东境内流经的州县以及辐射州县，大体包括今枣庄、济宁、聊城三市及德州市的德城、陵县、武城、夏津、平原，菏泽东部的单县、巨野、郓城、泰安市的东平等近40个县市。土地面积约占全省的25%，涵盖了鲁西平原的绝大部分。运河文化是运河流经地区的区域文化，是在特定的社会历史条件下，"人们在长期社会实践中创造的物质和精神财富的总和，是中华民族文化大系中的南北地域跨度大、时间积累长、内容丰富多彩的区域文化"[①]，同时也是运河流域不同文化区在多领域、广角度、深层次的交流融合，是一种网带状区域的文化集合体。运河文化具有两个最重要的特性：一个是空间性，是指运河的地理环境，也就是具有凝聚性、开放性且相对稳定的自然地理环境和人文地理环境；另一个是时间性，是指2000多年来大运河所流经特定地理区域内的历史文化的逐步演进和积淀。大运河所流经的鲁西南和鲁西北地区形成了一条独具特色的运河文化带，积聚了大量的、不同类型的文化遗产。运河文化遗产是在具体的时空范围内，以流动的运河为载体所形成丰富多样的物质与非物质文化遗产，它特色鲜明，具有较强的地域特性，是人类发展过程中物质文化和精神文化的历史积淀。作为物质文化遗产的重要组成部分，大运河沿岸建筑遗存深深烙下运河的痕迹，加之大运河所经地区自然环境与社会环境各不相同，各河段都有显明特点，这些运河建筑遗存丰富的地域文化多样性和历史文化内涵。

大运河的南北畅通，将山东与南北各地区联系在一起，带动了鲁西一带的全面发展，形成了交通便捷、商业繁荣的景象，使这一区域的社会发展水平明显高于周边地区。优越的经济环境和地理位置，吸引了全国各地的商人商帮来此经营，商业贸易的繁荣在山东运河聚落形成和发展过程中起到了重要的促进作用。山东运河区域商业贸易氛围的浓厚，使弃农经商的人大量增加，这种商品经济的发展和人口结构变化，带动了农业产业结构的变化。在山东运河区域，粮食、棉花、梨枣等农产品大量进入市场，引起农业生产结构变化，传统的麦豆种植面积缩小，而棉花、果树、烟草、花生等经济作物种植面积扩大，自给自足的自然经济结构逐渐被打破，商品生产在社会经济中的比重逐渐增加。与此同时，明中期以后的山东运河区域，经商已经成为各阶层趋之若鹜的潮流，重本轻末的传统观念被"不贱商贾"的新观念所替代。"君子弃义而逐利""逐末者多衣冠之族"[②]已经成为十分普遍的现象。随着运河交通的畅达和商品贸易的兴盛，经济结构和社会结构的逐步变化，也是鲁西地区运河聚落形成和发展的重要原因。

第二节　聚落选址与格局

一、城市

（一）礼制典范——曲阜古城

曲阜古城位于山东省中南部的洙水和泗水之间，西南依靠沂山脉，西南和北面围绕着洙水河，南临小沂河，因城中

---

① 李泉. 中国运河文化的形成及其演进[J]. 东岳论丛，2008（05）：57.
② 万历《东昌府志》卷二《地理志·风俗》。转引自：王云. 山东运河区域社会变迁[M]. 北京：人民出版社，2006.

有曲阜山而得其名。曲阜古城，指周代和西汉的鲁故都遗址，位于曲阜城区和东、北核心。"曲阜"称号的由来始见于《礼记·尔雅》，据汉书记载"鲁城东有阜，委曲长七八里，故名曲阜"。从建城初始至今，城址经历过多次变迁，仍然坐落在鲁国古城内。城市的规划发展自殷商开始至明清共有五座城池在曲阜建设，分别为殷商原始轮廓、西周鲁国都城、汉代鲁城、宋代仙源县城和明清曲阜县城。其中鲁国都城最大，建城时间最长，除殷商原始轮廓未有详细发掘论证外，其余四城虽然历经几千年的朝代更替，城池基本在同一地点上。

曲阜现存四座古城址：周代鲁国都城址，沿用至西汉中期；其二为西汉晚期所建的城址，沿用至北宋初期，位于鲁故城的西南部；其三为宋真宗大中祥符年间所建的城址，沿用至明初，位于鲁故城之东；其四为明嘉靖年间所建的城址，沿用至今，位于鲁故城和西汉晚期所建城址的西南部。

曲阜鲁故城是一座著名的西周时期的城市，它基本上按照《周礼·考工记》所记载的规划形制进行规划建设，是中国早期都城规划布局基本形制的典型代表。其布局特点是宫城位于郭城之中，形成小城与大城内外环套的格局。小城为宫城，大城可看作郭城，鲁故城占地约10平方公里。都城平面呈不规则的长方形，东西最宽处3.7公里，南北最长处2.7公里左右。四面城垣，鲁故城垣11771米，城垣四周都有城壕或利用洙水为城壕。城门11座，多与城内大道相通。中贯轴线"左祖右社，面朝后市"，结构严谨，遵循了周礼的有关建筑布局和规划形制。经过长期的发展，至春秋时期城市建设已经具有相当的规模。其方七里余，旁三门，大都有交通干道相连（图4-2-1）。

城市以宫城为中心，筑其制高点，并以20米宽的大道贯穿南北，连接两观台基址，至三公里外舞雩台，构成了宫殿—城门—两观—祭坛为主的明显的南北中轴线，城内纵横各5条干道与城门相通，并设有东西排水渠道。城内分布着作坊区、墓葬区、居住区级宫殿建筑群。墓葬区和作坊区避开了城市主导风向，设在城市西北部，南部则为一片开阔地带。居住区分布在宫殿周围，殷民居西，周人居东。用地功能十分明确，科学的规划布局与城市建设在当时堪称典范。

图4-2-1　曲阜鲁故城（来源：刘天翼 摄）

目前的明故城位于鲁故城、汉故城的西南方。于明正德七年（1512年）移城卫庙而建。其城市布局形成了以孔庙孔府为中心，九进院落的宏伟宫殿建筑群贯穿孔庙南北1300米的中轴线的布局。这种布局模式构成了高低起伏、错落的城市轮廓线和空间序列，但是将整个曲阜古城的格局约定在轴线中则基本上隔断了城市中东西部的交通联系，使城内四门不能直通。孔府的主要建筑大约占去整个城内一半面积以上，民居则坐落在古城的四墙角处。为了保卫孔庙孔府而修建的明城墙，可以视为孔氏家族的第二道围墙。孔子墓地则位于城北3里处，规模占地2平方公里，这种排布形成了前庙后林，对位严格的城市布局，其本身体现出阶级的局限性和其城市布局的特殊性。曲阜独特的城市布局是显著的个性特征所在，也是构成城市特色的基本因素。

曲阜明故城：世界文化遗产，世界三大圣城之一，国家AAAAA级旅游景区，国家风景名胜区，全国重点文物保护单位，中国三大古建筑群之一。

曲阜明故城位于山东省济宁曲阜市静轩西路，是以曲阜的孔庙、孔府、孔林为旅游依托。

孔庙，建于公元前478年，后不断扩建，是占地327公顷的古建筑群。孔庙是中国现存规模仅次于故宫的古建筑群，堪称中国古代大型祠庙建筑的典范，是中国三大古建筑群之一，在世界建筑史上占有重要地位，有我国第二碑林之称。

孔府，也称"衍圣公府"，建于宋代，是孔子嫡系子孙居住之地，西与孔庙毗邻，占地约16公顷。明嘉靖年间改建后，成为我国仅次于北京故宫的贵族府第，号称"天下第一家"。

孔林，又称"至圣林"，是孔子及其后裔的墓地，有坟冢10万余座，占地3000余亩。它是我国规模最大、持续年代最长、保存最完整的氏族墓葬群和人工园林，是一处古老的人造园林，也是一座天然植物园。

"孔庙、孔府、孔林"，既是中国古代推崇儒家思想的象征和标志，也是研究中国历史、文化、艺术的重要实物。

1. 孔府

孔府，本名衍圣公府，位于曲阜城中孔庙东侧，是孔子嫡氏孙居住的府第。衍圣公是北宋至和二年（1055年）宋仁宗赐给孔子46代孙孔宗愿的封号，这一封号子孙相继，整整承袭了32代，历时880年。衍圣公是中国封建社会享有特权的大贵族，宋代时相当于八品官，元代提升为三品，明初是一品文官，后又"班列文官之首"，清代还特许在紫禁城骑马，在御道上行走。孔府占地240亩，共有厅、堂、楼、房463间。九进庭院，三路布局：东路即东学，建一贯堂、慕恩堂、孔氏家庙及作坊等；西路即西学，有红萼轩、忠恕堂、安怀堂及花厅等；孔府的主体部分在中路，前为官衙，有三堂六厅，后为内宅，有前上房、前后堂楼、配楼、后六间等，最后为花园（图4-2-2）。

图4-2-2 孔府内部（来源：徐雅冰 摄）

2. 孔庙

孔庙是我国历代封建王朝祭祀春秋时期思想家、政治家、教育家孔子的庙宇，位于曲阜城中央。它是一组具有东方建筑特色、规模宏大、气势雄伟的古代建筑群。孔庙始于孔子死后的第二年（公元前478年）。弟子们将其生前"故所居堂"立为庙，"岁时奉祀"。当时只有"庙屋三间"，内藏孔子生前所用的"衣、冠、琴、车、书"。其后，历代王朝不断加以扩建。东汉永兴元年（公元153年），桓帝令修孔庙，并派孔和为守庙官，"立碑于庙"。魏黄初二年（公元221年），文帝曹丕又下诏在鲁郡"修起旧庙"，但当时孔庙的规模并不甚大。西晋末年"庙貌荒残"。东魏兴和元年（公元539年）修缮孔庙，"雕塑圣容，旁立十子"，为孔庙有塑像之始。唐初除了在国都的最高学府国子监修建"周公、孔子庙各一所"外，皇帝又下诏"州、县皆立孔子庙"。唐代修庙5次，北宋修了7次。最大的一次是宋真宗天禧二年（1018年），"扩大旧制……凡增广殿堂廊庑316间"。金代修了4次，元代修了6次，明代重修、重建共达21次之多。最大的一次是明孝宗弘治十二年（1499年），当时孔庙遭雷击，大成殿等主要建筑120余楹"化为灰烬"。皇帝朱祐樘下令重修，历时5年，耗银15.2万两。

到了清朝，孔庙又修建了14次。最大的一次是清雍正二年（1724年），当时孔庙又毁于雷火。清世宗胤禛除亲到太庙祭孔外，又"发帑金令大臣等督工监修，凡殿庑制度规模，以至祭器仪物，皆令绘图呈览，亲为指授"。为加快工程进度，还调集了12个府、州、县令督修，共用了6年时间。历史上，孔庙先后共大修15次，中修31次，小修数百次，终于形成了这样的宏大规模。如今的孔庙的规模是明、清两代完成的。建筑仿皇宫之制，共分九进庭院，贯穿在一条南北中轴线上，左右作对称排列。整个建筑群包括五殿、一阁、一坛、两庑、两堂、17座碑亭，共466间，分别建于金、元、明、清和民国时期。孔庙占地约200亩，南北长达1公里多。四周围以高墙，配以门坊、角楼。黄瓦红垣，雕梁画栋，碑碣如林，古木参天。宋朝吕蒙正有文赞道："缭垣云矗，飞檐翼张。重门呀其洞开，层阙郁其特起。"这一具有东方建筑特色的庞大建筑群，面积之广大，气魄之宏伟，时间之久远，保持之完整，被古建筑学家称为世界建筑史上"唯一的孤例"。它凝聚着历代万千劳动者的血汗，是我国劳动人民智慧的结晶（图4-2-3）。

3. 孔林

孔林本称至圣林，是孔子及其家族的墓地。孔子死后，弟子们把他葬于鲁城北泗水之上，那时还是"墓而不坟"（无高土隆起）。到了秦汉时期，虽将坟高筑，但仍只有少量的墓地和几家守林人，后来随着孔子地位的日益提高，孔林的规模越来越大。东汉桓帝永寿三年（公元157年），鲁相韩勒修孔墓，在墓前造神门一间，在东南又造斋宿一间，以吴初等若干户供孔墓洒扫，当时的孔林"地不过一顷"，到南北朝高齐时，才植树600株（图4-2-4）。

宋代宣和年间，又在孔子墓前修造石仪。进入元文宗至顺二年（1331年），孔思凯主修了林墙，构筑了林门。明洪武十年（1684年）将孔林扩为3000亩的规模。清雍正八年（1730年），大修孔林，耗帑银25300两重修了各种门坊，并派专官守卫。据统计，自汉以来，历代对孔林重修、增修过13次，增植树株5次，扩充林地3次。整个孔林周围垣墙长达7.25公里，墙高3米多，厚约5米，总面积为2平方公里，比曲阜城要大得多。孔林作为一处氏族墓地，2000多年来葬埋从未间断。在这里既可考春秋之葬、证秦汉之墓，又可研究我国历代政治、经济、文化的发展和丧葬风俗的演变。1961年国务院公布为第一批全国重点文物保护单位。

"墓古千年在，林深五月寒"，孔林内现已有树10万多株。相传孔子死后，"弟子各以四方奇木来植，故多异树，鲁人世世代代无能名者"，时至今日孔林内的一些树株人们仍叫不出它们的名字。其中柏、桧、柞、榆、槐、楷、朴、枫、杨、柳、檀雒离、女贞、五味、樱花等各类大树，盘根错节，枝繁叶茂；野菊、半夏、柴胡、太子参、灵芝等数百种植物，也依时争荣。孔林不愧是一座天然的植物园。"断碑深树里，无路可寻看"。在万木掩映的孔林中，碑石如林，石仪成群，除一批著名的汉碑移入孔庙外，林内尚有李东阳、严嵩、翁方钢、何绍基、康有为等明清书法名家亲笔题写的墓碑。因此，孔林又称得上是名副其实的碑林。

曲阜明故城墙位于曲阜市区，是为护卫孔庙而建的城垣式建筑。始建于明正德八年（1513年）。1978年被拆除，只部分保留了南门、北门和东南、东北两个城角。2002年3月明故城墙开始恢复工程，2004年9月26日孔子文化节前全部竣工。明故城墙全长5339米，底宽8米，上宽4.5米，高9米，有五座城门：南门仰圣门、北门廷恩门、东门秉礼门、西门宗鲁门、东南门崇信门。恢复的城墙与过去的城墙有所不同，里面采取了中空式，利用空间建成博物馆城，有中外酒器博物馆、毛泽东像章博物馆、汉画像石博物馆、中国票证博物馆、中外钱币博物馆、孔府老照片博物馆、圣贤雕塑

图4-2-3 孔庙（来源：刘天翼 摄）

图4-2-4 曲阜孔林（来源：刘天翼 摄）

陈列馆、明故城墙规划展示馆、中国状元文化博物馆、孔孟之乡民俗博物馆、曲阜文玩城等；城墙顶部建成中华民族传统文化教育长廊；城墙外是长达6公里的环城水系公园，形成一条休闲观光旅游带；城墙内为石板马道，形成一条民俗旅游线。

（二）运河之都——济宁

历史上济宁城邑屡有变迁，秦汉时的亢父城在明清济宁城南五十里；唐至宋时的城址在元代开挖的济州运河南岸，由于此时济宁故城地势低洼，极易被水浸潦，不利仓储，故元初就在运河北岸，距故城南门2里许的高亢之地修建了新城。新城建立后，故城就成了南关，也称南城。新城初为土筑，明洪武三年（1370年）济宁卫左卫指挥使狄崇重建时改为砖城，"高三丈八尺，顶阔二丈，基宽四丈，周九里三十步，四面各二里九十七步，五分女墙"。明后期又修筑四座敌台，每座敌台设三层、共一百多炮眼，并扩大护城河的宽度和深度。这个城址沿用至清，即是今天济宁的老城区所在。

元时的济宁也是一个军事重镇，"济宁州，洸泗二水萦抱，东北瞳里诸山盘绕，西南地形高亢，关津险阻……自会通河开，为南北转输要地。闭则为锁轮，开则为通关"。[①]明初，政府构筑大量军事设施，并派重兵守城，今在济宁一地就设任城卫和济宁左右两卫，共驻军一万六千余人。清代，济宁又设城守营、河标左、中、右三营以及运河营共五个营，另外还有军队编制以外的义勇、团练等。除此之外，济宁的政治地位在大运河沿岸的城市（除北京、天津外）中也属最高，元、明、清三代均把治运最高行政机关设在济宁。

此外，还有朝廷派驻的巡漕使院、抚按察院、布政司行台、按察司行台、治水行台等机构，再加上省道府州县的行政机构或由其派驻的机构，元、明、清三代驻济宁的各级各类治运司运以及行政监察机构比比皆是，不可胜记。因而，济宁故有"运河之都"之称，依此可见历代王朝对济宁军事

地位的重视程度。

明永乐年间，大运河经过疏浚后重新开通，济宁"南控徐沛，北接汶泗"，凭借有利的地理位置，成为南北漕船、货船泊货的重要码头和商业繁华的城市。至明中期，济宁商业已经十分繁华，济宁城南门之外的运河南岸、东岸成为新兴的商埠区，全国各地商贾云集于此。为保护经济活动，在商埠区之外修筑新的城墙，将商埠区纳入城市的范围，使城市规模大大扩展。明天启二年（1622年），开始修建外廓，清后屡次整修，使其周长达32里，共开18座城门。外廓所包括的商埠区面积比老城区面积扩大了十多倍，城市布局也分成了老城的政治社区和外廓的商业社区两大部分：老城的街道宽阔笔直，官署林立；外廓的商业街巷沿运河两岸分布，并有大道直通运河码头，便于南北各地货物进入城镇市场，也使本地货物的对外输出转运更为便捷。

作为中国传统的政治中心城市，济宁的行政和军事控制范围仅仅限于鲁西南其管辖的数县之内，但它的经济辐射力则达于山东大部地区以及运河南北与山东相邻的几个省份。商业的繁荣使城市的性质由单一的政治军事中心城市过渡为政治经济中心城市，而且其经济功能远远超过了政治军事功能。

济宁运河运输业兴盛繁荣达600多年。清代后期，运河河道淤积日益严重，清同治以后，漕粮运输改为以海运为主。清光绪三十一年（1905年），淮安漕运总督部院因无漕粮可运而撤销，大运河漕运遂告终止，济宁因此失去了发展的动力。后来战争连绵，每况愈下，至中华人民共和国成立前，济宁的城市基础设施极为落后，城市主要干道以条石铺成，最繁华的大街只有7米多宽，次要街道全是土路，多为1~3米宽。城区住宅贫富差距很大，很多贫民住在简陋的破屋棚舍中，街道缺乏专人管理，脏乱差局面严重。1947年7月，国民党为固守济宁，放火焚烧了小闸口至革桥口沿运河北岸的七里长街，济宁大半个手工商业区、居民区变成了一

---

① 潘守廉修，袁绍昂，唐炯纂.（民国）《济宁直隶州续志》卷一《形胜》（据民国16年铅印本影印）. 转引自：中国地方志集成·山东府县志辑77[M]. 南京：凤凰出版社，2004.

片废墟。另外，老运河上多处桥梁被毁，多处工、商、手工业破产或停工，集市冷清，经济衰微。从1949年至1964年这十几年时间，在济宁政府的领导下，以工代赈，重建桥梁，整修路面，清理运河，街区面貌得到改善，城市建设逐渐起步。1965年至1977年，由于社会动荡，城市建设历尽曲折，许多单位各自为政，乱拆乱建，城市基础设施遭到极大破坏。党的十一届三中全会以来，济宁进入新的发展时期。1978年修订了《济宁市城市总体规划》之后，城市住宅建设飞速发展，破烂的灰棚瓦舍被一栋栋宿舍大楼所代替，竹竿巷周边也经历了"大拆大建"，传统的街区风貌在这个时期受到较大破坏。近年来，随着政府对历史街区保护意识的提高，济宁市不断进行整体规划布局，如编制旅游规划、遗产保护和管理规划等，竹竿巷历史文化街区的面貌得到一定的改善（图4-2-5、图4-2-6）。梳理济宁城区的变迁发现，随城市发展而来的城市建设深刻影响城市街区的面貌。若街区建设缺少长远、科学的规划，街区的历史延续性必然遭到破坏，后续的街区治理工作必然伴随着反复的修补。目前很多对竹竿巷历史文化街区研究和整治，都缺乏针对街区历史变迁的梳理，或在一定程度上忽视了居民生活诉求，更关注物质空间，导致街区原有特色保护不足、新的建设缺乏对文脉的延续、街区缺少自身活力等问题。

二、乡镇

（一）鲁南巨镇——台儿庄

台儿庄，唐代时称台家庄，因台姓立村而称。明初，台儿庄为兖州府峄县之辖村，万历朝，大运河因避黄河泛滥第四次改道，从微山湖向东蜿蜒曲折，过韩庄流经台儿庄后，穿过广袤的鲁南大地而汇入江苏的中运河，全长八十余里，是大运河中唯一完全东西流向的一段。它是山东运河（德州—台儿庄）的终点，也是中运河（淮阴—台儿庄）段的起点。地理位置的优越使台儿庄逐渐成为水旱码头和商业重镇，"台儿庄为峄巨镇，商贾辐辏，富于县数倍""跨漕渠为南北孔道，商旅所萃，居民饶给，村镇之大，甲于一邑，俗称天下第一庄"。[①]台儿庄现为枣庄市辖区，位于山东和江苏两省交界处，是山东的南大门，同时也是江苏的北屏障，元后一直为兵家必争、商家必夺之要地。近现代以来，各路军阀常派兵驻守，1938年3月台儿庄大战的爆发，使其成为中国

图4-2-5　济宁市竹竿巷航拍图1（来源：徐雅冰 摄）

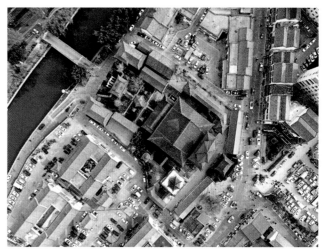

图4-2-6　济宁市竹竿巷航拍图2（来源：徐雅冰 摄）

① [清]王振录，周凤鸣修，[清]王宝田纂，光绪《峄县志》卷十六《大事纪》（据清光绪三十年刻本影印）. 转引自：中国地方志集成·山东府县志辑09[M]. 南京：凤凰出版社，2004.

抗日战争史乃至世界反法西斯战争史上的一代名城，被誉为"中华民族扬威不屈之地"。

台儿庄的城池，最早应为元代始建的土圩。明代并未筑正式的城墙，明万历年间，台儿庄建船闸，并设闸官署，后又设巡检司，领韩庄至邳县的运河河务。清顺治四年（1647年），台儿庄筑土城，土城南傍运河，东西长5里，南北宽3里，护城河宽10米，深2米，首尾与运河衔接相通。后因战乱，土城渐破，又于清咸丰七年（1857年）改筑砖城，设城门六座，严整坚厚，易守难攻。台儿庄水量丰沛，城内地势低洼，分布着众多大小不一的池塘（当地称"汪"），众多的明沟暗渠把这些池塘串联在一起，与运河相连，构建了纵横交织的水系、水网，形成以河代路、以船代步的水城风貌。台儿庄的城市空间格局以运河为界，可以分为两部分，运河以北的城内为传统商埠街区和运输码头，这里街巷众多，商铺林立，如和顺、永兴、同仁、恒济、中和、德和等商号店铺多达百余家，另外还有会宾楼、同庆园、聚奎园、李恒山饭馆等汉回饭店四十多家。沿岸主要码头有骆家码头、王公码头、郁家码头、当典码头等十余处，距各街巷仅有数十米之遥，货物运输极为方便。运河以南的城外则是完全不同的景观风貌，这里有茅茨土阶的乡土村落，是经营河运的船夫、纤夫以及搬运人员生活和居住空间。草屋茅舍、土墙草顶的建筑形态古拙清幽，与参天古树一起集散在运河岸边，形成了独具特色的田园风光，与运河对岸的重楼叠院、青瓦灰脊的商业建筑群相映成趣，形成鲜明对比。

台儿庄水运交通便捷，除紧靠大运河外，附近还有承水、茅茨河等河流经过。台儿庄所属的峄县距运河四十余里，承水经此流至台儿庄进入运河，因而台儿庄成为峄县与运河联系的最佳通道。清中期，由于台儿庄商业的兴盛，使其成为峄县和南北物资交流的枢纽和重要的中转集散市场，南方的竹木、丝绸、稻米、茶叶等由台儿庄运往峄县，而本地的煤炭、杂粮、果品等也由台儿庄贩往南方，这时的台儿庄已是峄县第一大镇，其经济发展水平远远超过了峄县城（图4-2-7~图4-2-9）。

图4-2-7　台儿庄航拍（来源：新华网）

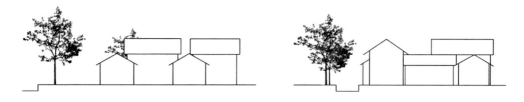

图4-2-8   台儿庄民居街区节点剖面图，该剖面图位于南侧民居院落附近（来源：徐雅冰 绘）

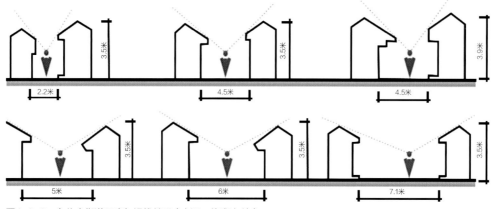

图4-2-9   台儿庄街道尺度与视线关系（来源：徐雅冰 绘）

（二）水上人家——南阳

南阳古镇始建于战国时期，乃齐国南部边陲的"南阳邑"，为楚、鲁兵家必争之地。宋元时有鱼台县"南阳乡"之称。元至顺二年（1331年），在会通河上建南阳闸，以闸为地名，名气大振。明隆庆六年（1567年），南阳新河通航，南阳镇遂为南北漕船、商船必驻之地，成为大运河沿岸的重要商埠，为运河"四大名镇"之一（另三镇为夏镇、扬州、镇江）。清初，南阳镇经常处于河水的不断侵袭和威胁之中，迫使不断抬高地势，以免遭沉没。后黄河夺泗泛滥，洪水泻入南阳湖，南阳镇终于在昭阳湖、独山湖和南阳湖的衔接处区域，四面环水地存留在运河两侧岸堤上，形成东西长3500米，南北宽500米的主岛和众多的自然小岛，以宽阔的运河河面作为通衢，以舟船为车，呈现出独特的自然景观。

南阳新河开通前，大运河过徐州入沛县流经谷亭，谷亭南距沛县、北距济宁各90里，为漕运往来要地，这里建有谷亭闸，设河桥水驿、谷亭递运所，是鱼台县进入运河的重要通道。南阳新河开通以后，运河过徐州入台儿庄，经昭阳湖东岸至南阳，原设于谷亭的管河机构均移至南阳。清时又在此设守备、主簿专管运河防务、监运税收，管理运河船闸、护送漕粮。镇内分东西、南北两条主街，还有牌坊、井子、西鱼市等小街和东、西、南、北四处商埠码头。主街两侧为石垒台阶，街道均以青石板铺砌，街边商肆林立，有"晴天不见日，雨天不漏水"的说法，造就了空前的繁荣，有山西商人经营的当铺、粮行，有江南商人经营的杂货店、绸布庄和竹器店，还有当地人开办的客栈酒楼。镇中街巷很窄，曲折蜿蜒，但均与沿河主街相连，形成"丰"字形格局。民居院落以四合院、三合院为主，面积大小不一，有的为顺应地形并不规整，房屋多系青石砖瓦和木质结构。

南阳镇曾经吸引云集了当时全国各地的商贾名门，同时也成为县级城市和运河联系的纽带。附近的鱼台、金乡二县的物产可由柳林河至南阳而转入运河，南方运抵南阳的白米、纸张、丝绸、竹木、杂货等亦可转运至二县，甚至运河以东邹县的货物也可通过白马河入运至南阳销售，南阳镇成了水上运输和商品交易的重要交汇点（图4-2-10、图4-2-11）。

图4-2-10　南阳新河卫星图（来源：徐雅冰博士论文）

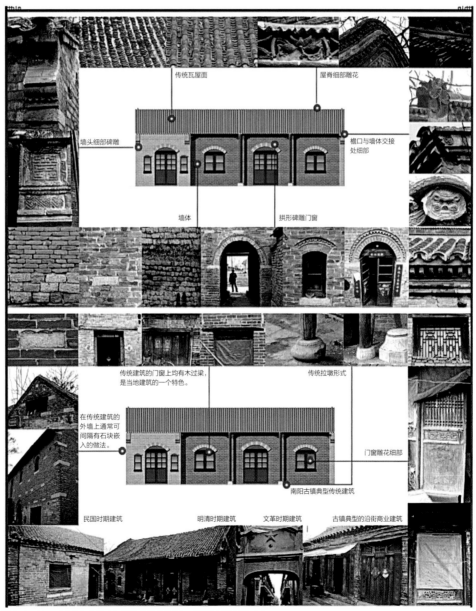

图4-2-11　南阳镇建筑立面保护图（来源：徐雅冰博士论文）

三、村落

（一）围井而居——邹城石墙镇东深井村

邹城石墙镇东深井村，始建于明洪武年间，原名东山堡子，旧村址位于现村东1里处，后迁于现村址。村中郑姓居多，另有刘、张、陈、李、徐等姓氏。清光绪年间，村民在村中挖一水井，故村名为东井。后又区别于西井和南井最后取村名为东深井。据考，清同治九年（1870年）郑家开了一座酒坊，因水源不足、水质较差，又于清光绪二年（1876年）掘井一口，深五丈三尺，井深穿透岩层于泉脉之上，清水汩汩，透明甘冽。该泉水酿的酒浓郁醇香，日产500斤。遂将酒坊定名为"永福泉"，特立"永福泉"碑。其规模日大，方圆几十里内颇负盛名，远销原滕县、沛县、鱼台等地。

东深井村散落几处由合院组成的具有典型明、清时期建筑风格的传统民居群。每个院落大门多为单檐起脊，有的设有倒座。东、西厢房各三间，有的为重梁结构，有的带一间阁楼，阁楼多滚脊挂吻。主房均坐北朝南，面阔三间，青砖砌墙，灰瓦覆顶。营造法式不一，或为单檐起脊硬山式，或为二层楼式等建筑样式。虽历年久远，有的房屋已损坏，但基本都保持着原有的间梁结构和风貌。民居建筑造型古朴，结构严谨，布局合理，目前虽无文字记载，但该建筑群落处处显示着明、清时期的营造风格，颇具有开发及研究价值，为以后保护利用当地文物、自然、人文景观，开发旅游资源提供了翔实资料。该村已经入选第五批中国传统村落（图4-2-12）。

图4-2-12　邹城石墙镇东深井村（来源：徐雅冰 摄）

（二）石头村寨——巨野县核桃园镇前王庄村

巨野县核桃园镇前王庄村，为始建于明初的传统村落，由王氏家族从山西洪洞县迁居此地逐步发展而成。前王庄村的整体环境、传统建筑、历史文脉、民俗民风保存较完整。现存房屋100多幢且大部分保存完好，古建筑全部由石头砌成，做工考究，功能完善，被称为"石头寨"。有的为单层平顶，有的则是两层楼房，虽经几百年的沧桑，仍完整地保持着原有的建筑格局。古村落的这些建筑砌石接缝紧密，线条层次匀称、美观大方，具有较高的历史、艺术、科学研究价值。这些传统建筑现在被列为巨野县第三批保护文物。解放战争时期，刘邓大军曾驻扎于此，并作为战时医院，村里上了年纪的老人还记得当年全民拥军助抗战的情景，这段经历更为这个小山村增添了爱国主义色彩。

该村已经被列为山东省第一批省级传统村落（图4-2-13、图4-2-14）。

图4-2-13　巨野县核桃园镇前王庄村（来源：徐雅冰 摄）

图4-2-14　巨野核桃园镇前王庄村（来源：徐雅冰 摄）

第三节　典型建筑类型与实例

一、先贤祠庙建筑

儒家先贤祠庙作为儒家建筑遗产中重要的组成部分，以其独特的历史价值和文化价值成为中国传统文化的重要价值载体，具有珍贵的物质和非物质文化。以"孔子""孟子""颜子""曾子"的本庙为研究对象，从祭祀文化、建筑特征两方面进行系统的研究，并在研究的基础上，以价值探讨切入，落地特征解析（表4-3-1）。

先贤祠庙概况汇总表　　　　表 4-3-1

	孔庙（曲阜）	颜庙（曲阜）	孟庙（邹城）	曾庙（嘉祥）
地理位置	济宁曲阜南马道西街17号	济宁曲阜城北门内，陋巷街北首	山东济宁邹城亚圣府街44号	济宁嘉祥县武山村西，南武山之阳
文物等级	1961年第一批全国重点文物保护单位	第五批全国重点文物保护单位	第三批全国重点文物保护单位	第六批全国重点文物保护单位
占地面积（平方米）	140000	22890	24000	29808
院落布局	九进院	五进院	五进院	三进院

（来源：根据资料整理自制）

（一）曲阜孔庙

曲阜孔庙位于山东省曲阜市南门内，是规模最大、时代最早的庙宇。最早的孔庙是由孔子故宅改造而成。现在曲阜孔庙的建筑群规模是明、清两代完成的，位于曲阜市城内中心鼓楼西侧300米处，目前占地14万平方米，南北长达1公里多。曲阜孔庙有院落九进，建筑仿皇宫之制，贯穿在一条南北中轴线上，左右作对称排列。整个建筑群四周围以高墙，配以门坊、角楼，其中著名建筑有大成殿、杏坛、奎文阁等。全部格局包括五殿、一阁、一坛、两庑、两堂、17座碑亭，共466间，分别建于金、元、明、清和民国时期。整个庙宇黄瓦重檐，碑碣如林，庄严肃穆，布局严谨，雄伟壮观，气

势恢宏，其特色是建筑时间最久远、面积最宏大、保存最完整、气魄之雄伟，东方建筑特色最突出，被古建筑学家称为世界建筑史上"孤例"。孔庙是第一批全国重点文物保护单位。1994年被联合国教科文组织列为"世界文化遗产"。

整个曲阜孔庙的建筑群纵长630米，横宽140米，以南北为中轴，以中轴线贯穿，左右对称，布局严谨，共有九进院落，前有权星门、圣时门、弘道门、大中门、同文门、奎文阁、十三御碑亭，从大成门起建筑分成几路，中路为大成门、杏坛、大成殿、寝殿、圣迹殿及两庑，分别是祭祀孔子以及先儒、先贤的场所。东路为崇圣门、诗礼堂、故井、鲁壁、崇圣词、家庙等，多是祭祀孔子上五代祖先的地方；西路为启圣门、金丝堂、启圣王殿、寝殿等建筑，是祭祀孔子父母的地方。全庙共有五殿、一祠、一阁、一坛、两堂、一七碑亭、五十三门坊，共计有殿庑四百六十六间，分别建于金、元、明、清及民国时期。内存历代碑刻1172通，古树名木1250株。孔庙内最为著名的建筑是大成殿、奎文阁、寝殿和杏坛。

大成殿（图4-3-1）是孔庙的正殿，也是孔庙的核心，原名文宣王殿、宣圣殿，是孔子及儒家14位重要人物的神位所在和举行祭孔仪式的场所，为中国三大古殿之一。曲阜孔庙大成殿为全庙最高建筑，面阔九间，54米，进深五间，34米，坐落在2.1米高的殿基上。曲阜孔庙大成殿为重檐歇山顶，前檐明间带骑楼，屋面覆盖小青瓦。正脊、垂脊、戗脊均用黄色花瓦垒砌。正脊两端微向上翘，无装饰，前檐两戗

图4-3-1　孔庙大成殿（来源：济宁市规划展览馆提供）

脊安鱼形兽，垂脊安化生怪兽，戗脊头安鱼形兽。屋檐下的斗栱和彩画均用冷色调的青绿色。前有回廊、月台，四周绕以青石雕栏，雕栏有莲花纹饰。大殿的屋顶是微微下凹的曲线，显得十分柔和，而屋檐的相交处突然翘得很高，使得具有强烈东方个性的飞檐翘角在这座大殿上得以充分体现，给人以动静交替、虚实相济的建筑艺术美感。

大成殿脊高13米，上盖九脊单檐，面阔五间共13米，进深三间九檩12米。前有回廊、月台，四周绕以青石雕栏。雕栏的莲花纹饰，雕刻正中为主建筑大成殿。殿东、西两厢为东庑、西庑，是供奉先贤、先儒的地方。大成殿四周廊檐柱均为石制，以重层宝装覆莲花为柱础。前檐下的10根龙柱尤为壮观。石柱均为深浮雕，雕刻玲珑剔透，刀法刚劲，波涌百绕，蟠龙升腾，上下对翔，造型优美生动，姿态栩栩如生，为中国罕见的石刻艺术珍品。殿后檐及两山则是18根八棱水磨石柱，也以云龙纹饰。大成殿九脊重檐，黄瓦覆顶，整座建筑雕梁画栋，八斗藻井饰以金龙和玺彩图，双重飞檐正中竖匾，上刻清雍正皇帝御书"大成殿"三个贴金大字。

奎文阁原来是收藏御赐书籍的地方，以藏书丰富、建筑独特而驰名，是中国古代著名的藏书楼。奎文阁创建于宋初，名藏书楼，金明昌二至六年（1191~1195年）重建，改名为奎文阁。阁高24.35米、宽30.10米、深17.62米。面阔七间，进深五间，黄瓦歇山顶，三重飞檐、四重斗栱。奎文阁的楼上光线充足，四面门窗，窗外四周有回廊，廊外雕有扶手栏杆。楼下既是穿堂，又是祭孔前习仪之所。楼东西两侧各有一组院落式建筑，是祭孔前主祭、陪祭人员斋戒住宿之处。

现存杏坛，为明代隆庆时期遗构，坐落于大成殿院内，是一座方亭，高12.05米，宽7.37米。四周12根八棱方柱之中围着4根楠木圆柱，屋顶十字脊，四面悬山，黄瓦朱栏，雕梁画栋，彩绘金色盘龙，飞檐双重半栱，坛前置有精雕石刻香炉。

曲阜孔庙空间的组织和殿堂的规格、装饰特色和建造形制堪称精品，是古建筑艺术的代表，更是千百年封建社会尊崇儒学的见证。曲阜孔庙建筑物与自然景观的融合，室内与室外的衬托都体现着儒家对"天人合一"这一观念的追求。

曲阜孔庙建筑沿南北走向的中轴线呈东西对称分布，以大成殿为主体，四周建筑向内聚拢，达到和谐统一的整体布局。这种先整体后局部的设计手法，符合以和谐为重的儒家思想。孔庙中植物的栽种也别具匠心，如种植四季常青的树木，营造出一个和谐的生态环境，象征儒学的青春常驻、经久不衰。柏树是孔庙中最常用的树种。子曰："岁寒，然后知松柏之后凋也。"赞美其不畏严寒、不屈不挠、坚持真理的人格力量。孔庙杏坛四周还种植杏树，杏花又名及第花，不仅有幸福的文化寓意，还是具有文运的吉祥植物。曲阜孔庙布局恰当地运用了传统的院落组合和环境烘托的手法，追求人、建筑和自然环境的有机统一。

二、寺庙建筑

（一）汶上宝相寺

山东汶上宝相寺，始建于北魏，唐时名为昭空寺，是我国最早的佛教寺院之一，坐落于山东省汶上县城西北。据《汶上县志》记载："宝相寺在县治之东，始号昭空寺，宋咸平五年改今名。"北魏时期，宝相寺占地规模较大，约25亩（约1.67公顷）。唐太和年间，曾铸一大钟。大中祥符元年（1008年），宋真宗禅封泰山，归途经曲阜、过中都时，御敕昭空寺为宝相寺，并驻跸宝相寺。寺内太子灵踪塔保存较好，而且于其地宫中发掘出了金棺、银椁、佛牙、舍利、跪拜式捧真身菩萨等141件佛教圣物，使其在佛教界具有举足轻重的地位。

汶上宝相寺原有古建筑大部分已毁于抗日战争和解放战争时期，"文化大革命"时期又对遗留的石构建筑及构件有所破坏。目前的汶上宝相寺景区占地600余亩，寺内现存建筑多为20世纪90年代后所复建，由南至北依次为大门、照壁、苦海普渡、天王殿、大雄宝殿、僧舍、地宫、碑亭、太子灵踪塔、世纪广场、琉璃涅槃透彻佛、十二大弟子像等。大雄宝殿也称大殿，是整座寺院的核心建筑，也是僧众朝暮集中修持的地方，大雄宝殿主尊是佛教创始人释迦牟尼佛。大殿占地面积2560平方米，建筑面积1703平方米。大殿围栏用三尺白汉白玉材质，精雕宝相花、如意和缠枝纹等图案。大殿内供奉的全堂佛像包括释迦牟尼佛、摩诃迦叶尊者、阿难尊者、文殊普贤菩萨、十八罗汉及海岛观音群像等。供奉殿占地500平方米，为歇山式建筑，是为纪念佛牙舍利面世，专门为供奉释迦牟尼佛和佛牙真身舍利而建造的殿堂。殿中所供奉的释迦牟尼佛佛像为檀木贴金大佛，周边的十八罗汉彩绘塑像是用青石雕刻而成。殿前两副楹联是由当代高僧昌定大和尚所题写的。太子灵踪塔（图4-3-2）建于北宋熙宁六年至政和二年（1073~1112年），前后三十余年。是由皇帝赐紫高僧知柔大师亲自监造，仿照京师皇家开宝寺灵感塔建造的一座典型的"佛牙舍利塔"。佛塔上半部七层具有"圭形"窗牖等特征，佛塔为八角砖塔，楼阁式、仿木斗栱结构。塔高为41.75米，底座直径为10米，共13层。塔身东、西、南、北均有券形佛龛，龛内原供奉佛像。北面一层是登塔正门，有螺旋式台阶达于塔顶。五层以上四面辟洞门。塔内设螺旋阶梯直达顶层。塔宫面积80平方米，塔宫深处供奉释迦牟尼真身佛牙。

经过历史上的破坏，宝相寺所遗留的古建筑不多，多数建筑为中华人民共和国成立后重建，尤其是20世纪90年代后所建。太子灵踪塔及文殊般若碑保存较完整，建筑本身对研究齐魏及宋代佛教建筑、雕刻、书法及文化具有十分重要的意义，再者，太子灵踪塔地宫出土的大量佛家遗物及文殊般

若碑所反映的书法演变过程，真实反映了早期佛教及书法演变的历史，具有独一无二的历史价值。

（二）济宁顺河东大寺

济宁顺河东大寺坐落在济宁运河西岸，始建于明天顺年间，占地约14亩，东部正门三间，面向运河，门前正中有石坊一座，大门两侧置八字墙，构成庄重、气魄的前庭。石坊上的梁枋均有用卷草、花卉、云水图案组成的精美雕刻、朝天柱头雕成小亭式，尤以扶柱石上的狮子、麒麟等动物石雕，刻工精丽，造型生动，这对于不喜用动物等具象性图案的伊斯兰教建筑装饰来说是个突破，整座石坊本身就是一件雕刻艺术佳品。大门前檐二根石柱上有高浮雕云龙图案，颇似曲阜孔庙大成殿盘龙柱，在伊斯兰教建筑中运用盘龙柱仅此寺独具。门两侧的八字墙壁面全用六角形磨砖砌筑，壁心及四岔角用绿色琉璃云龙图案，流光泛彩，更添大门的华丽气氛。二门为三间重檐、形似楼阁式建筑，前后出挑，垂莲柱、华板及屋脊均有精致的雕饰，屋角起翘较大，造型特异，轻巧秀美。大门之西沿中轴线又布置礼拜大殿、邦克楼、望月楼及牌楼门（图4-3-3），礼拜殿规模很大，平面呈十字形纵深布局，前卷棚面阔五间，礼拜大殿面阔七间，进深15檁，彻上露明造，高大轩敞，这样恢宏的殿堂在中国传统建筑中也极少见。后窑殿面阔三间，因有圣龛，为突出其神圣地

图4-3-2 宝相寺太子灵踪塔（来源：赵鹏飞 摄）

图4-3-3 济宁顺河东大寺（来源：赵鹏飞 摄）

位，周加回廊，高起三层，顶部用六角形攒尖顶，突兀整座大殿之上，形成了丰富多姿的屋顶造型，巍峨壮观。大殿前庭空间不太宏阔，但由于在前面安排了四重不同形制的门坊，步步深入，使得窄长的空间显得深奥，院内植古榆老槐，翠荫蔽地，门坊建筑隐约可见，更觉得空间层次变化无穷，增添大殿恢宏气势。大殿之西为邦克楼、望月楼及牌楼门，因来寺朝拜的穆斯林有许多人从后门进寺，因此对后门区域也精心布局。西向后门与望月楼合在一处，三间二层，门前又有牌楼式栅门，二根前檐柱亦为石制，与东大门檐柱做法相近，采用高浮雕盘花柱式，两侧八字墙亦运用绿琉璃图案装点，自后街望出，单层的木牌楼，二层的望月楼，三层的后窑殿，造型各异，层层高起，组成重重叠叠的建筑组群，既有主从关系，又有形制上的变化，气势轩昂壮丽，艺术构思非常巧妙。

（三）妈祖庙

妈祖信仰起源于北宋福建莆田沿海地区，是一种典型的海洋信仰文化。相传，妈祖姓林名默，原是当地一名普通妇女，死后乡人感其生前为民治病，海上救人的恩德，立庙祠之，从此开始了对妈祖的崇拜信仰。由于人们认为妈祖有保护海船安全航行的神威，这位民间信仰的神女深受历代朝庭的重视。从宋到清的历朝对妈祖一再褒扬诰封，而且封号越

来越显赫，神格也随之不断升高，与此相适应，妈祖信仰也得到了广泛传播。一般来说，这位神女在民间多被称为"妈祖"，在官方的文献记载中被称为"天妃"或"天后"，其庙宇也就称为"天妃宫"或"天后宫"。

妈祖信仰传入山东有两条路线，第一条是海路，山东半岛有数千里的海岸线和优良的天然港湾，从元朝起山东沿海的密州、胶州、登州就是重要的海运码头和物资转运口岸。尤其是清康熙中期海禁开放后，山东沿海贸易发展迅速，随着闽广船舶的大规模到来，山东沿海与东南沿海的联系加强，福建一带的妈祖信仰也随之传播到山东。到清后期，妈祖信仰已成为胶东民间普遍的文化现象，"沿海主要航海码头，重要港口，甚至较大的渔村都建有天后宫"。第二条就是河路，即主要以闽籍士商为载体沿运河传播的路线。江南物资通过大运河向北输入的同时，东南地区的文化因子也必然随之北上而来，妈祖信仰传入鲁西地区就是情理之中的事情了。宋代的杭州艮山的顺济圣妃庙和镇江的灵惠妃庙是运河沿岸创建最早的妈祖庙，元代时，运河沿线已经建有多座妈祖庙，其中在鲁西北的德州和鲁西南的济宁各有一座。明永乐十三年（1415年）后，海运几乎停止，海神妈祖也悄然演变成为"河运守护神"，明、清两代山东运河区域又相继创建多处妈祖庙（表4-3-2），妈祖已经成为运河沿线民众比较普遍的信仰崇拜。

鲁西地区妈祖庙建筑统计表　　　　表4-3-2

编号	名　称	创建年代	地　址
1	天妃庙	元	德州南回营西
2	天妃阁	元	济宁城北关
3	显惠庙	明弘治	张秋
4	天妃庙	明嘉靖	曹县
5	天妃庙	明万历	临清
6	天后宫	清乾隆	济宁天井闸河北
7	天后宫	清乾隆	长山县周村
8	天后宫	清光绪	巨野城隍庙东北

续表

编号	名 称	创建年代	地 址
9	天后宫	清道光	德州北厂运河东
10	福建会馆	清道光	济宁城内
11	天后宫	清咸丰	峄县东南六十里台庄闸西
12	天后宫	清光绪	昌邑
13	天后宫	清光绪	德州城内大营东街
14	天后宫	不详	高密
15	天妃宫	不详	茌平城北三十里

（来源：根据史志资料整理）

图4-3-4　台儿庄天后宫（来源：赵鹏飞 摄）

鲁西地区的妈祖庙（图4-3-4）既有官府所修建，又有民间所自发捐建。表4-3-2中的张秋显惠庙和济宁天井闸天后宫均为官府所建和祭祀，而德州的天妃庙和济宁城北关的天妃阁以及福建会馆的修建，完全是民间信众的自发行为。如明嘉靖三十四年（1555年）德州天妃庙已经年久失修"栋宇垣壁复圮坏"，于是德州邑人共同捐资维修，"图增置而侈大之。已而，施者云委良材、坚甓，用罔弗备，工役遂举。正殿仍四楹，两庑仍各六楹，夹仪门创二庑殿，东偏益一宅，与西偏神室相直。门廊寝室倍壮于旧，庙貌鼎新，观者肃然

起敬焉"。来自社会上层和下层共同的文化心理认同，使这种来自南神北上的民间信仰在鲁西一带扎根落户，融入当地的社会文化之中。

三、衙署建筑

济宁素有"七十二衙门"之说，清代仅总督河道衙门在济宁设置的从属机构就有运河道署、运河同知厅、管河通判署和泉河通判署等；河标中军副将署在济宁下属的军事机构有运河兵备道署、运河标营署、运河营守备署、卫署等；此外，还有中央政府派驻的抚按察院、巡漕使院、按察司行台、布政司行台、治水行台等机构。再加上省、道、府、州、县的各级行政机构或由其派驻的机构，元、明、清三代驻济宁的各类各级治运司运以及行政监察机构数量庞大（可考证的清代治运机构遗址见表4-3-3）。许多街道直接以衙署名称命名，沿用至今，如察院街、院前街、院门口街、院后街、厅西街、州后街、道门口街、县前街、考院街、馆驿街、卫监街、小校场街、马驿桥、鼓手营街、御米仓街、临清卫胡同等。

清驻济宁治运机构一览表　　　　　　　　　　　　表4-3-3

衙署名称	位置	最高长官（品级）	职能
总督河院署	门口街西北	总督（正二品）	治运司运的最高行政机构
河标中军副将署	东门里大街路北	中军副将（从二品）	掌运河营务，制山东、直隶、河南各道
布政司行台	河院署衙西	布政使（从二品）	奉敕行事，代管河道
左营参将署	北门里大街路东	中军参将（正三品）	防卫河道及漕运
按察司行台	州治东	按察使（正三品）	负责刑狱诉讼，监察官员
运河兵备道署	河院署衙南邻	道台（正四品）	掌管山东运河的疏浚堤防
运河营守备署	城西北，州后街路北	运河营守备（正五品）	防卫河道和码头
运河同知厅	今厅门口街	同知（从五品）	辅佐知州治理运河的事务
管河州判署	河院署南	州判官（从七品）	为州一级政府协调河运事务
泉河通判署	运河同知厅北	通判（正六品）	专司泉河闸务
济宁卫署	城东门内，今察院街	守备（正五品）	驻防
临清卫署	双井街南	守备（正五品）	驻防
工部分司	南城打绳巷南	主事（正六品）	提调各府、州、县管泉官员
巡漕使院	今草桥以东	巡漕使（不详）	巡视漕河
治水行台	今济安桥路东	不详	中央驻地方的治水机构

（来源：根据史志资料整理）

（一）总督河院署衙

总督河院署衙（图4-3-5）原为元代都水太监驻节济宁处的旧址。"明永乐九年工部尚书宋礼建衙署为总督河道都御史署，明弘治年间尚书陈某、明隆庆御史翁大立重修"。[1]入清后又多次重修，最后形成规模，是元、明、清三朝治运司运的最高行政机构，为正二品朝廷命官的衙署。明、清两代治运名臣宋礼、陈瑄、张国维、朱之锡、靳辅、张鹏翮、林则徐等均曾在此任职。

整组建筑群占地5公顷，建筑面积达1万余平方米，规模宏大，布局严谨，气势威严。大门三开间，两侧各有吹鼓亭一座；左、右为东西二坊，东坊额曰"砥柱中原"，内曰"底定"，西坊额曰"转漕上国"，内曰"平成"。大门前正对一座

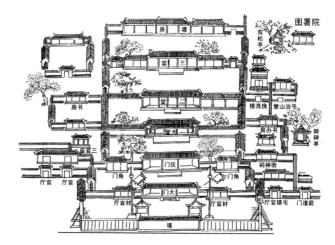

图4-3-5　明、清时期驻济宁总督河院署示意图（来源：山东省济宁市政协文史资料委员《济宁运河文化研究》）

① [清]徐宗幹修，[清]许瀚纂，道光《济宁直隶州志》《建置三》，清咸丰九年刻本影印. 转引自：中国地方志集成·山东府县志辑77[M]. 南京：凤凰出版社，2004.

宽约20余米、高约6米的照壁。大门内为仪门，之后为大堂，五开间，有"保障北流""尊闻集思"等匾额，其左为明代总督河道翁大立题写的"四思堂"，内存题名碑，碑阴刻纪念周公、孔子等的铭文。二门内有二堂，额曰"禹思堂"，亦为五开间，左、右各设橡房、茶房。后设三门，内有三堂，其后为内宅。左为"帝咨楼"，为明崇祯年间工部右侍郎刘荣嗣所建，清代第一任河道总督杨方兴改称"雅歌楼"，后又称"挽洗楼"。又东后为"百乐圃"，清乾隆四十二年（1777年），总河姚立德改额曰"平治山堂"。署西为射圃，射圃原属州学，被清康熙初年总河卢崇峻圈入署内。各堂室均有楹联。

（二）运河兵备道署

运河兵备道署（图4-3-6）全称"山东通省运河兵备道署"，是掌管运河的疏浚堤防的衙门，位于河院署衙南邻、道门口西北隅。署衙左、右为东、西辕门，大门、仪门之后为大堂，大堂前有抱厦，大堂额上有匾，为清康熙四十四年（1705年）御书"布泽安流"，又有清乾隆年间总河姚立德题额曰"鉴民如水"，大堂左为客厅，右为书办房，又东为书轩，后为署眷内宅。堂两侧为皂隶、门房。仪门两侧有角门，东为寅宾馆，西为衙神祠。

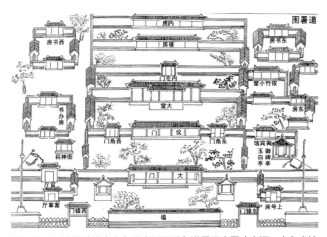

图4-3-6　清代驻济宁山东通省运河兵备道署示意图（来源：山东省济宁市政协文史资料委员《济宁运河文化研究》）

四、书院建筑

由于是儒家文化的发祥地，鲁西南地区书院建筑众多，虽然这些书院建筑规模大小有别，但是主要功能基本一致：讲学、祭祀和藏书。因此，书院中的讲堂、祭祀和藏书楼成为建筑群的主体，同时书院还建有学子起居生活的斋舍以及为祭祀服务的更衣、神厨、神庙等，另外有的书院正门前还设有牌坊、神道。这些建筑元素共同构成书院的空间布局，若按功能划分，可以划分为引导区、教学区、祭祀区、藏书区和生活区五大部分。

（1）以正门为视觉端点的引导区

书院建筑的引导区主要由正门和其前的牌坊、华表等构筑物所围合限定，它以正门为视觉端点，形成有组织序列的入口空间，使建筑内外空间的过渡具有丰富的层次感和空间的渐进感，这种空间处理手法在祭祀性为主的书院建筑中经常出现。

（2）以讲堂为中心的教学区

书院为人们提供"读书之处"，以"择师教子孙为急务"，具有"辅翼学校""补学校之不逮"的功能。在中国古代社会中，它起到普及教育、传播知识的作用，是推广儒家思想和文化观念的重要途径。讲学育人是书院重要职能之一，讲堂即是实现这个教育目标的空间场所。作为教学中心，讲堂位于主轴线上，以突出其核心地位，形制一般三至五开间，正中设长方形讲坛，方便教师作指点性讲授并针对学生的疑问进行答疑解惑。讲堂的建筑形制常为半开敞式，面对庭院的一面开敞，以增加活动空间。

（3）以祭祠为中心的祭祀区

祭祀是我国古代书院活动的重要组成部分，"凡治人之道，莫急于礼，礼有五经莫重于祭"，书院祭祀活动是为了祭奠先师圣贤，从感情上培养对先贤们德业的景仰与尊崇，以达劝诫勉励、见贤思齐之目的。祭祀的育化功能十分明显，士子们在祭祀先贤名儒的过程中，精神可以得到洗礼与升华，从这种意义上讲，祭祠可以看作是更高层次的讲堂。大部分书院的祭祠置于讲堂之后的中轴线上，根据祭祀对象不同分别冠以大成殿、文昌阁或魁星楼之名。

（4）以藏书楼为中心的藏书区

藏书是书院的一项重要事业，书院藏书量的多少，往往是其号召力的重要标志。藏书楼是书院中收藏图书和校编经籍的建筑，往往是书院单体建筑中少有甚至是唯一的阁楼式建筑。藏书楼体形高耸美观，所以在书院建筑布局中，多将其放置在中轴线上，位于讲堂之后，起到"压轴"的作用，以突出其显要地位和标志性功能。

（5）以斋舍为主的生活区

斋舍是书院提供士子住宿的场所，古代的书院教育讲求"讲于堂，习于斋"，因此斋舍既是士子生活起居的场所，同时也是读书专研的地方。斋舍一般沿书院中轴线两边分布，为东西朝向，采光较差，居住条件并不理想。另外，在斋舍区里还布置库房等一些附属设施。

（一）洙泗书院

洙泗书院原名先圣讲堂，元时易名洙泗书院，位于曲阜城东北4公里处。相传孔子周游列国自卫返鲁后，在此地聚徒讲学，整理编辑古代典籍。曹魏时，"诸弟子房舍并井瓮犹存"，至金时成为独立的院落，元初已毁塌殆尽，成为一片废墟。元至元四年（1338年），孔子第五十五代孙、曲阜县尹孔克钦出资于讲坛旧址实施重建，因其"泗水经其北，洙水带其南"，故改称洙泗书院。元代重建后的书院有门、堂、殿、庑等建筑，并设山长一名。明初时由于战乱书院损毁严重，后于明嘉靖三年（1524年）重修大门并维修书院。清代的顺治、康熙、雍正、乾隆年间相继修葺，"庙制大成殿五间祀先圣，四配十二哲，东西庑各三间，前为讲堂，又前为书院门三间，四周缭以垣，有石碑曰洙泗书院"。[①]

书院建筑（图4-3-7）坐北朝南，南北长136米，东西宽99米，前有神道，大门前设有牌坊（图4-3-8）。建筑群分为东、西、中三部分，东区有更衣厅，西区前有礼器库，后有神疱、神厨等皆已倾废，仅存两庑；中区前后两进庭院，大门后即为讲堂三间（图4-3-9），单檐灰瓦悬山顶，五檩抬梁式构架，明间前、后石础为元代遗存，讲堂后为大成殿五间（图4-3-10），七檩前后廊式木架结构，另外书院还存有大量元明、清各代碑刻。

图4-3-7　洙泗书院大门（来源：赵鹏飞 摄）

图4-3-8　洙泗书院牌坊（来源：赵鹏飞 摄）

① [清]潘相纂修，乾隆《曲阜县志》（据清乾隆三十九年刻本影印）. 转引自：中国地方志集成，山东府县志辑73[M]. 南京：凤凰出版社，2004.

图4-3-9　讲堂（来源：赵鹏飞 摄）

图4-3-10　大成殿（来源：赵鹏飞 摄）

（二）尼山书院

尼山书院位于尼山东麓，"周太祖显德年间，兖州赵某以尼山为孔子发祥之地始创庙祀"，[①]而成为祭祀孔子的场所。宋庆历三年（1043年），此处即庙为学，置祭田，立学舍，成为教授生徒之所，后祀庙毁于战乱，元至顺三年（1332年），五十四代衍圣公孔思晦上奏"用林庙管勾简实理言请复尼山祠庙""元至元二年（1336年），以中书左丞王懋德言置尼山书院"。[②]次年，对尼山祠庙扩建重修，又仿国子监之制建学宫，至此，始称尼山书院。

尼山书院共有五进院落，正门为牌坊，名棂星门（图4-3-11），二门名大成门。现存殿堂五十余间，主体建筑为院落中心的大成殿（图4-3-12），殿前有两庑各五间，殿之东、西两侧各有披门，过披门有寝殿、两庑各三间，东、西两侧门连接跨院（图4-3-13）。东院前为讲堂（图4-3-14），后为土地祠，西院东侧连接毓圣侯祠，西侧为启圣王殿和寝殿，系供奉孔子父母的处所。书院内外有元、明、清以及民国时期的石碑十余幢，是了解书院历史沿革的重要资料。

图4-3-11　尼山书院（来源：尹新 摄）

图4-3-12　大成殿（来源：尹新 摄）

---

① [清]孔继汾. 阙里文献考[M]. 上海：上海古籍出版社，2006.
② 同上。

图4-3-13 院舍（来源：尹新 摄）

图4-3-14 讲堂（来源：尹新 摄）

五、民居建筑

（一）生土民居

鲁西南地区的生土民居以枣庄市台儿庄区兴隆村的茅草土屋为集中代表。兴隆村位于台儿庄古运河南岸，与台儿庄古城隔河相望，村中现存茅草土屋近100栋，大多建造于20世纪五六十年代以前，沿古运河呈带状分布。经调研发现，很多茅草土屋由于年久失修已经闲置废弃，或部分已被翻新为砖瓦房，失去生土建筑的基本特征，而保存较好的则以其石基、土墙、草顶的形态特征，与古运河一起构成了独具特色的田野风光（图4-3-15）。

1. 院落布局

兴隆村茅草土屋多为北方传统的合院形式，整体按照运河走势呈带状分布，进村道路基本与运河呈垂直形态，导致院落布局并不严格遵循正南北朝向，院落形式以条式和一进合院为主。以一进合院为例，正房位于院落纵向，两侧或一侧为厢房，厢房较正房稍矮并与正房保持一定距离。进院大门多为新修，亦有以房屋为入口，进院土屋多数为两开间（图4-3-16）或三开间，中间一间为大门、过道，院内东南角为厨房，西北角为厕所。正房门前西侧放置石磨，院内一般无水井，多设压水井，西侧为出水沟。院外西南角布置猪圈，院内外多植果木绿化。

图4-3-15 兴隆村茅草土屋1（来源：赵鹏飞 摄）

图4-3-16 兴隆村茅草土屋2（来源：赵鹏飞 摄）

2. 平面、立面特征

兴隆村茅草土屋正房（图4-3-17）坐北朝南，为一明两暗三开间，中间堂屋为明间，两侧为卧室，每间开间3.5米左右，正房中央开双扇板门。有的正房平面功能随着居住人群的单一而有所变化，即呈现为东房卧室，中间堂屋，西房为厨房，有时兼作储存用。

正房屋顶采用檩条承重、悬山搁檩、稻草覆顶的形式，整个屋顶由土墙和木屋架承重，外立面不设柱，间与间之间采用土墙或木屋架分隔。土墙相对较厚，多在0.5米左右。整个建筑对外不开窗，所有窗户都对院内开，而在两墙顶部开设"风眼"，以利通风，形状有方形、十字形和圆形（图4-3-18）。

图4-3-17　兴隆村茅草土屋3（来源：赵鹏飞 摄）

图4-3-18　兴隆村茅草土屋
（来源：赵鹏飞 摄）

3. 建造方式及材料

（1）墙基

由于土墙自身强度不高，易吸水软化，故墙体的防水防潮是生土建筑需要重点解决的问题。为防止雨水溅湿墙体和地面潮气的上涌，室外墙面勒角以下部分往往以石材作为台基，亦有石基上砌砖墙，再上为土墙的做法。

（2）墙体

生土建筑的墙体建造方式因地域性而不同。茅草土屋的墙体主要采用土筑的做法。当地称"掼墙"，具体做法如下：首先，在土质较好的平地或农田中开挖一个直径约2米、深约0.6米的圆潭，将土捣松，泼上水浸透，面上撒上稻草秸。隔天调和潭内泥土的干湿度，采用人工赤脚下潭踩踏，待土产生足够黏度并无块状物时就可以掼墙。掼墙要求掼得准、掼得实，要成片成条，要掼得直，转弯抹角要严丝合缝。另外，为使泥墙牢固，则用稻草绳在周围拉上几圈，墙掼好后，略为收干，用铲子铲平，最后用稻草刷蘸水将泥墙刷光。室内用石灰水粉刷，以达到整洁、美观的效果。

（3）屋顶

茅草屋面把承重、防水、保温、隔热四项功能整合为一体。为有效防水，山墙砌筑坡度较陡，其上直接搁置檩条，在檩条上密排高粱秸把子，再在上面抹泥找平后，铺设稻草或者谷草，最后在正脊两侧用压杆木压住草尾或以厚泥压住，整个屋顶脊部厚，檐部薄。

（二）店铺民居

1. 布局形式

鲁西地区的传统街巷多以商业经营为主，经营模式是以家庭式的零售和手工作坊为主，因而形成"前店后宅（坊）"的合院布局。这一建筑特征在临近运河的传统店铺民居建筑中得到清晰的表现，经营之初的商户，主要资金都要投入商业活动之中，因此这时商户对于店铺的建筑要求并不高。经营一般商品的店铺不需要特殊的场所，只需将沿街的合院式住宅或作坊经过建筑改造，向着街道设置窗门，就可成为一间简单的店铺。一些经营规模较小的商行或加工作坊，并不实行雇工制，而是依靠家人或族人合力经营，他们的居住空间设在店铺之后离开街巷的一定位置，店铺则位于居所和商业街巷两者之间，因此形成了"前店后宅"的建筑模式。另外一种情况，商户同时从事商品的制作和销售，店铺兼设作坊，这就是"前店后坊"的格局（图4-3-19）。明、清时期的鲁西南运河区域经济发达，流动人口多，很多外地商客初来此地并不携带家眷，所以刚开始经营的商业建筑中无需过多设置居住空间，平面格局多为"前店后坊"制，设在店铺之后的作坊往往面积较大。随着商业进一步发展，经营规模的扩充，出现了一些大型的店铺商行，这时的商业建筑的功能更加复杂和细化，店铺依旧设在前面，处理对外交易，其后为加工作坊和办公场所，再后才为居住空间，形成了"前店后宅、前店后坊；店坊合一，店宅合一"的建筑形式。

临街而市的商业建筑，多由民居改建，从根本上说是脱胎于民居建筑的。两种建筑功能和性质不同，居住要求私密、安静，居所能够起到防范和蔽护的作用，而商业是一种开放性的世俗活动，建筑形式要求开敞、外向，以便更多地招徕顾客。临街而市的店铺民居，既是经营场所，同时也是生活场所。将木排门拆下，便形成了通透的窗口，使内外空间联系在一起。不需要特别的宣传，人们在街巷行进中就能够直接看到店铺内摆放的货品，并对商品的形状、色彩、质感等基本特征一目了然，如果是经营的饮食行业，还可以加上嗅觉和味觉的吸引。店铺向街巷开敞，对于顾客来说，一旦发现需要的商品，注意力马上会被吸引，就可以进入店铺挑选和交易。另外，有一些商家或将货物摆放在门口，或将店内商品陈列于店铺之前，并结合表演、叫卖等宣传手段，来扩大店铺的影响力。顾客与商品直接见面，而购买活动也可以在室外进行，这对于那些并无固定购买目标的行人也是一种潜在吸引。临街而市，顾客所占据的是街巷空间，人们观看、挑选、参与、购买等一系列活动无需在室内进行，这样既方便商品销售，又节省了店铺面积。与此同时，在街巷中经营居住的商户们的活动空间从室内延续到室外的街巷空间，对场所的领域感建立在整个街区的基础之上而不仅仅只是建筑内部，每个人都是社会生活的参与者。白天店铺营业时外向开敞，呈现虚的特性，晚上打烊门板闭紧之后又使街道恢复了宁静的状态，这种虚与实的交替轮换，相间共生，也给商业街巷空间增添了许多趣味与变化（图4-3-20）。

（三）园林府邸

明、清两代，鲁西南地区随着大运河水运畅通和商业经济的迅速发展，运河沿岸城市都发展成为富庶之地。一些官僚士夫和富商大贾为了追求优裕的生活环境，纷纷建造府第园林，论及园林数量之多，造园水平之高，则以号称"小苏州"的济宁为突出代表。根据清道光《济宁直隶州志》记载，济宁在明、清两代均有几十处的府第园林，它们千姿百态，

图4-3-19　店铺后面的作坊（来源：赵鹏飞 摄）

图4-3-20　济宁竹竿巷（来源：济宁市规划局 提供）

棋布于运河之滨，深得江南园林的精髓，是江南文化沿大运河向北传播的重要见证，同时也折射出鲁西南地区深厚的文化内涵。

1. 历史沿革

明代大运河的漕运发达，济宁的城市面貌繁荣兴盛，这一时期府第园林多为当时官宦士夫所建的别墅，数量相当可观，"园亭第宅凡六十有一"，有籍可考的园林共35处（表4-3-4）。明代济宁的园林特色追求师法天然、雅致疏朗，具有浓郁的诗情画意和文人气息。园名则取"闲""隐""雅""拙"之义，或直接以姓氏命名。园内设有厅堂、书房、居住庭院等，实际上已经成为庭院民居的扩大和延伸，使之既具有城市中的优厚物质生活，又有幽静雅致的山林景色。

清代是大运河漕运的鼎盛时期，济宁的商业氛围也在清中期达到了高潮。这一时期济宁城区的府第园林数量较之明代有了明显增加，有据可考的有47处（表4-3-5）。园林主

济宁明代园林统计表　　　表4-3-4

编号	名称	区位	编号	名称	区位
1	集玉园	城东北隅	19	洸园	城北郭洸河岸边
2	闲园	集玉园以东	20	王园	牛市北
3	大隐园	闲园以南	21	黎园	城北三里
4	拙园	大隐园以东	22	承云草堂	相里铺
5	宾旸园	东门内	23	淇园	相里铺以北
6	芜园	城隍庙之后	24	张园	宾旸门以东
7	西园	城西北泮宫之后	25	避尘园	城东马驿桥以南
8	王园	儒学之前	26	不窥园	临避尘园
9	说剑园	州治西北	27	临溪草堂	洸河、泗河之间
10	槐隐园	州治之后	28	王园	演武场之后
11	因园	州城东南	29	仙园	西邻东城墙
12	潘园	因园以东	30	刘园	林家桥以北
13	竹园	因园东北	31	白园	状元墓下
14	文园	城南隅	32	仲蔚园	城西二里
15	宾仙馆	铁塔寺以东	33	于园	城西关
16	宋园	文园北半里	34	赵园	城南郊
17	雅集园	城南门以西	35	竹圃	城南八里
18	抱瓮园	颐真宫之后	—	—	—

（来源：根据史志资料整理自制）

济宁清代中期园林统计表　　　表4-3-5

编号	名称	区位	编号	名称	区位
1	集玉园	城东北隅	25	董园	城东马驿桥以南
2	大隐园	闲园以南	26	于园	城西关
3	拙园	大隐园以东	27	白园	状元墓下
4	宾旸园	东门内	28	陈园	正对西门
5	芜园	城隍庙之后	39	李园	状元墓以西
6	西园	城西北泮宫之后	30	汪园	太和桥南的府河东岸
7	王园	儒学之前	31	徐园	太和桥泉沟
8	周园	州治西北	32	李园	城南八里
9	元隐园	州治之后	33	怡怡园	城西南天津府街西首
10	文园	城南隅	34	伴村园	城南关外塘子街路东
11	张园	铁塔寺之前	35	黄园	八里庙
12	宾仙馆	铁塔寺以东	36	凤渚别业	相里铺
13	柳待堂	铁塔寺以南	37	藏园	南井集
14	孙园	城南门以西	38	意园	塘子街路南
15	李园	颐真宫之后	39	嘉树堂	浣笔泉南
16	洸园	城北郭洸河岸边	40	也园	城北红庙
17	黎园	城北三里	41	茞园	城北郭八里
18	承云草堂	相里铺	42	北潘园	北门西濠之上
19	朱园	相里铺以北	43	宋张氏亭园	城北
20	王园	演武场之后	44	朱园	州前街
21	仙园	西邻东城墙	45	杨翰林宅	城东南隅
22	刘园	林家桥以北	46	百岁里	西胡之南
23	刘园	五里营	47	徐中丞旧宅	马场湖之南
24	杨园	后班村	—	—	—

（来源：根据史志资料整理自制）

人由以官僚士夫为主向因运河而发迹的富商大贾为主逐渐过渡，园林风格缺少了创造性，更多地拘泥于形式和技巧，同时附庸风雅、人工雕饰的元素也大大增加。明代的济宁园林大都保留至清中叶，但也有十几处或荒废或易手，园林名称也随之改变，多以姓氏命名，人文气息减少。如颐真宫后的抱瓮园改为李园，州治西北的说剑园改为周园，浣笔泉附近的不窥园改为董园，等等。

另外和明代园林所不同，在济宁清代园林中，园林和府邸结合更加紧密，世俗生活成为功能主角。前为府邸，可供园主日常起居生活，也可宴请亲朋、招待客商；后面的花园则设书屋花房、假山凉亭、小溪曲桥，可坐览山水、抒发情怀，又可诵诗读书、弈棋会友。

清末大运河漕运衰落，而且这时期时局动荡，战乱频繁，济宁的府邸园林屡有废弃，也有新增的园林，数量在20处左右，有据可考的12处（表4-3-6）。新增的园林多为因运河而富的商人所建，且大都位于纵穿古城的运河的两岸。造园手法因袭清中叶的造园风格，规模大小各异，大都在北方四合院建筑的基础上，借鉴江南典型的造园手法，空间开合，小中见大，引水叠石，莳花栽木，打造幽雅怡人的环境。

2. 荩园考略

荩园的前身原为清中叶济宁著名的文人画家戴鉴的私人别墅，名曰"椒花村居"，后改称"荩园"。济宁地方志对其进行了记载，"荩园，在城北八里戴家庄，郎中李澍别墅，子孙守之四世，光绪时，亭轩花木犹擅一时之盛"[①]。清光绪五年（1879年），天主教传入济宁。光绪十三年（1887年），荩园卖给德国天主教圣言会传教士安治太和福若瑟，荩园作为教会立足之地，一开始并未进行大规模改动建设。光绪十三年（1887年），巨野教案后，安治太和福若瑟利用清廷的赔款进行征地建设，先后建有教堂、神甫楼、医院、学校、宿舍楼等欧式建筑，拥有房舍1000余间，土地200余亩，此时荩园亦称戴庄教堂。1908年，福若瑟病逝于园中一座中式花厅，为了纪念他，在门两侧墙上分别嵌有中、德文的志石。

作为德国天主教圣言会总部的所在地，戴庄教堂在历次战争中得以保存下来。济宁解放后，外籍神职人员先后回国，戴庄教堂及荩园收归国有，这里曾作为济北县人民政府、山东省精神病康复医院等驻所。荩园目前保留下来的部分基本保持了清末民初时期的空间格局：东北角水池虽被填没，但方池及台榭、桥亭风貌依旧。两座假山的山形并未改变，只是叠石局部有所松动脱落，假山北峰上的方亭为重建，南峰六角亭被毁但基址犹存。荩园平面上为东宅西园的整体格局（图4-3-21），占地约6000平方米，现遗存有园门、方池、台榭、厅室、桥亭、假山。园中北侧林木茂盛，植有大量树龄在百年以上的松木、桧柏、银杏、糠椴、菩提、榔榆等古树名木。

宅院部分现保留花厅和厅堂基址各一处。厅堂为五开间，基址进深宽大，基础为青砖砌筑，边铺条石，应是荩园的接待客人的主要厅堂。花厅三间，设有外廊，尺度较小巧，应为园中书房。厅堂和花厅南侧空间开阔，为园林的入口空间，北侧虽为一新建的三合院落，但从其对应于厅堂和花厅的布局来看，可推断园林的宅院部分是由主院和附院两部分组成。

		济宁清末民初园林统计表			表 4-3-6
编号	名称	区位	编号	名称	区位
1	契园	城东南关牌坊街	7	意园	塘子街路南
2	郑均庄	州城以南	8	也园	城北红庙
3	怡怡园	城西南天津府街西首	9	溷园	黄家街路北
4	伴村园	城南关外塘子街路东	10	四勤公所花园	南门大街路西
5	汪园	太和桥南府河河东岸	11	夏宅花园	黄家街路南
6	荩园	城北郭八里	12	吕家宅院	财神阁街路北

（来源：根据史志资料整理）

---

① [清]徐宗幹修，[清]许瀚纂，道光《济宁直隶州续志》卷九《名胜·园亭》（据清道光二十一年刻，清咸丰九年刻本影印），转引自：中国地方志集成，山东府县志辑77[M]. 南京：凤凰出版社，2004.

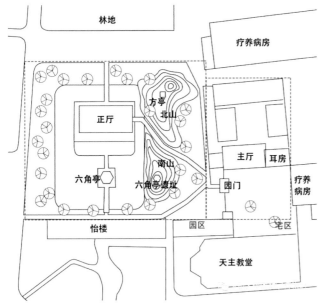

图4-3-21　莨园总平面图（来源：尹新 绘）

　　园林东面有一道砖砌漏空花墙将宅园分为两部分，墙中偏北开月亮门，镶有石匾额，上刻篆书"游目骋怀"（图4-3-22）。园门上覆歇山屋顶，檐角翘起，由内外各两方柱支撑，园墙镂空部分几乎占据了整面墙体，通透轻灵。园内布局紧凑，颇具皇家园林风貌。月亮门通向东部的假山和西部的方池，南、北假山总长约50米，分南、北两峰，北峰为主峰，上建方亭（图4-3-23），南峰为次峰，最高处筑有六角亭，现存基址1米见方，十分小巧。两峰层次分明，间辟小

径，可至西部方池台榭。假山山石嶙峋，峰岭坡麓皆以土为芯，外砌青砖，再外包湖石，假山路径盘旋，奇花异草，古木森森。古树以糠椴为主，还有银杏、黄连、桧柏、青檀、菩提、榔榆、古槐等十余种，树龄大都在200年以上，极富山林野趣。南峰西侧山腰一棵青檀，干枝向西俯身方池之上，给人以古朴之美，北峰上临方池亦有一株古槐，繁茂蓊郁，遮云蔽日。西部方池占地4亩，深5米。池中东北部有高台一座，青砖砌筑，20米见方，离水面高度3米，东、南、北三面各有石栏小桥与池岸相连，台上筑五楹水榭一座。东桥呈长拱形，桥面与水榭回廊地面相平，北桥为圆拱石砌，桥面与城台相齐，两桥皆短，数步越桥即到水榭廊下。南面小桥颇长，约15米，桥中段设小台，4米见方，上建凉亭，六角攒尖，小巧精致，为典型南方园林式建筑。凉亭翼然水上，离水面仅约1米，木质结构、斗拱飞檐、古朴典雅（图4-3-24）。过亭，升三层台阶可至水榭，水榭面阔五间、进深一间，歇山式，红柱擎檐，南北开门、四面设窗，回廊相绕（图4-3-25）。

　　方池的西岸应为莨园西界；南岸现为一栋青砖砌成的近代建筑，可欣赏方池台榭景致，推测为莨园旧筑基址；北部空地，历史上应有建筑院落，但是由于无相关记载，已很难考证。

图4-3-22　漏空花墙（来源：赵鹏飞 摄）

图4-3-23　方亭（来源：赵鹏飞 摄）

图4-3-24　茛园凉亭（来源：赵鹏飞 摄）

图4-3-25　茛元过亭（来源：赵鹏飞 摄）

（四）水上船居

京杭大运河在微山湖"肚腹"中行进，不仅使微山湖有了贯通南北、开放阔达的心性，还让其具备了"日日新，又日新"的青春活力。在这种环境的孕育下，一个可以北上黄河、南下长江的船帮慢慢地壮大起来。船帮成员的舞台和家园，就是这湖上的连家船。白日放眼湖面，烟波浩渺之中，一只只渔船像满湖绽开的荷叶，在水面上浮动。到了晚上，到处漂泊的渔船开始聚在一起，泊在河湾里或是庄台旁，大小高低不一的船连在一起，渔民形象地称其为"连家船"。

昔日漂泊的水居部落旧时微山湖人以船为家、靠船谋生，结成"四大船帮"。"帮"是渔民在湖上捕鱼的一种生产组织形式，是民间的职业行会组织。不同的帮，意味着不同的职业，有不同的职能、特点和技巧。船帮组成了独特的水上渔村，形成了独特的湖上生活习俗（图4-3-26）。

清代文人郝质干曾描绘过船帮的生活情景："到了晚上，到处漂泊的渔船开始聚在一起，泊在河湾里或是庄台旁，大小高低不一的船连在一起，渔民形象地称为连家船。舳舻相接，倦憩波上……群集如市。其中有执□者，有炊饼者，有补网者，有呕咏吹箫者、呼卢者，为叶子戏者。灯火一片，照耀水湄，如列星然。"清代著名诗人赵执信也曾在《微山湖舟中作》一诗中写道船帮和楼船："林光村远近，楼影帆交

图4-3-26　连家船水上渔村（来源：赵鹏飞 摄）

加。疑是桃花源，参差出人家。"

当然，这一切已成为过去，随着生活日渐富裕，现在渔民的连家船比过去体面又威风。尽管如此，从船的大小仍能看出差距。泊在河湾边上的渔船里住着的是生活条件稍差的渔民，他们依然过着早出晚归的生活。河湾中间体形较大的水泥船，则长期泊在那里。如去湖里捕鱼或外出办事，大船旁有专用的小船，划着它可以去想去的地方（图4-3-27）。

连家船展示着微山湖的风姿，也哺育了湖区生活。在连家船较为集中的地方，政府建造的校船便停在旁边，这种水上小学随连家船而动，渔民住到哪里，它就跟到哪里。

湖里惊人的变化改变了渔民的生活，连家船已不是昔日的模样，木头小船早换成了水泥船和钢板船，船里像陆地一样的房子被隔成了单间。在靠近船舱的地方，盖起了一座座阁楼，供做饭、休息、娱乐欢聚。阁楼顶上摆满了来自大江南北的花草，一眼望去像一座座水中"花园"。平日里若不生产装货，船舱用木板盖上，便成了庭院。

近年来，为适应生产的需要，渔民将几十条水泥船连在一起，用一拖头带着组成拖队，把微山湖里生产的"黑金"沿着京杭大运河运往江南，再把江南的竹器、白沙、大米运回江北。一条条拖队，像一条条游弋的巨龙（图4-3-28）。

图4-3-27　泊在岸边的连家船（来源：赵鹏飞 摄）

图4-3-28　水泥船拖队（来源：赵鹏飞 摄）

第四节　建筑传统与风格特征

一、礼乐相成的整体布局

鲁西南地区是中国西汉后被奉为国家正统思想——儒家文化思想的发祥地，传统文化氛围浓郁而醇厚，使得这一区域的传统建筑的整体布局明确表现出"礼乐相成"的建筑文化倾向。儒家学派创始人孔子强调维护社会等级秩序的安定和谐，主张以礼制教化维系社会道德的稳定，对中国传统建筑文化产生了巨大的影响。正如《黄帝宅经》中说，"夫宅者，阴阳之枢纽，人伦之规规模。非夫博物明贤，未能悟斯道也"。受儒家文化的影响，建筑被纳入等级秩序、人伦道德的轨道，传统住宅建筑文化中包含了严密的等级制度、丰富的礼制内容。在"尊卑有序"的礼法制度下，包括建筑在内的生活资料除了具有满足人使用需要的物质功能外，还具有标示不同人等社会地位的精神功能。"人伦"是指中国古代社会所注重的"君臣、父子、兄弟、朋友、夫妇"五伦，"人伦之轨模"，要求建筑布局以人伦关系为准则，主要体现为"尊卑有序""男女有别""内外有分"的宗法伦理秩序。这些因素构成了影响建筑形态的基本社会文化力量，对于建筑群体布局具有决定性的作用。

中国古人在社会生活中逐渐形成了一整套建筑等级秩序，对包括建筑的体量、方位、色彩、装饰、材料、工艺乃至特殊地位的象征性构件的使用，进行了严格的系统控制，以达到"辩等示威"的作用，这样系统的控制就是"礼"的基本内容之一。孔子言谈中体现出对建筑等级制度的严格要求。《礼记·哀公问》记载，孔子曾明确强调"宫室得其度"："以之居处有礼，故乡幼辨也；以之闺门之内有礼，故三族和也；以之朝廷有礼，故官爵序也。"唐代孔颖达解释"宫室得其度者"为："'度'谓制度，高下、大小，得其依礼之度数。""邦君树塞门，管氏亦树塞门；邦君为两君之好，有反坫，管氏亦有反坫。管氏而知礼，孰不知礼？"（《论语·八佾第三》）体现了孔子对"僭越"礼制的批判。

按照儒家思想，礼是约束人外在的行为规范，乐则是对人的内心情感进行陶冶和培养。《孝经·广要道》引孔子语："移风易俗，莫善于乐；安上治民，莫善于礼。"荀子也说："乐合同，礼别异。礼乐之统，管乎人心矣。"即两贵不能相事，两贱不能相使，社会应由礼来划分等级，又需要以乐来沟通彼此的感情和思想；以乐配礼，礼才易于为人所遵守，同时感情必须受礼的节制，要合于礼、止于礼。与此同时，孔子更注意到了礼乐的区别，《礼记·乐记》中曰："乐者天地之和也，礼者天地之序也，和故百物皆化，序故群物皆别"。李泽厚更精辟地指出："'乐'与礼不同在于，它是通过群体情感上的交流、协同、和谐，以取得上述效果。从而，它不是外在的强制，而是内在的引导；它不是与自然性、感性相对峙或敌对，不是从外面来主宰、约束感性、自然性的理性、社会性，而是就在感性、自然性中来建立起理性、社会性。从而，以'自然的人化'角度来看，'乐'比'礼'更为直接和关键。'乐'是作为通过陶冶性情、塑造情感以建立内在人性，来与'礼'协同一致地达到维系社会的和谐秩序。"

书院建筑的整体布局是鲁西南地区遵照儒家"礼乐相成"思想观的集中体现。元朝以后，洙泗书院和尼山书院均以祭祀为主，只有少量讲学活动，其轴线明确、左右对称、规矩方整的平面布局，是社会群体意识的集中体现，反映了儒家"礼乐相成"的思想观。

首先，书院中的建筑单体体现了"礼"的思想。建筑群布局整齐划一，严格按照礼仪规范来布置和建造。北宋理学家程颐认为："礼只是一个序"，书院正是把主要建筑对称地布置在中轴线上，通过轴线的导向和层次序列，来区别尊卑、主次、内外，从而达到"序"的目的。洙泗书院建筑群以讲堂为中心，中轴对称，布局严整。轴线上依次排列牌坊、大门、讲堂、祭殿，形成纵向空间序列，随着空间序列的深入，建筑体量和高度逐渐增大，相应的建筑等级和地位也随之提高，这即是"礼"制的体现。另外，一些礼制建筑内涵深邃，具有寓意性和象征性，如尼山书院的棂星门，棂星即灵星，又名天田星。西汉时，高祖为了祈求风调雨顺，祭天时首先要祭祀灵星。北宋时期，宋仁宗在祭天地时曾设置灵星门，因门形为窗棂，故演变为棂星门。棂星门置于尼山书院之前，表示用和祭天一样的礼仪来敬奉孔子，强调了"礼"之精神。

其次，书院中的院落组合体现了"乐"的精神。在我国传统建筑中，建筑空间的整体和谐是最高的伦理准则和美学境界。建筑为礼，院落为乐，"礼"是根据建筑的尊卑等级组织空间序列，以达到"序"的目的，那么"乐"则是通过不同形态的院落组合，来实现"和"的理想。尼山书院以大成殿作为中心进行整体布局，遵从和谐美的规律，利用院落组织建筑空间、分隔空间、渗透空间，创造出一个完整而富于变化的空间序列，来突出大成殿的主体地位，从而强调了书院以祭祀为主要活动的建筑主旨。书院周围墙垣周布，井然有序，形成一种序中有和、和中有序、和序统一的整体，正是"礼乐相成"的具体表现。

二、附儒而行的建筑特色

中国传统文化历史悠久，源远流长。历史上，任何一种外来文化融入中国社会时，必须在保持自身特征的同时与传统文化有机结合，并以低调的姿态做出适当的让步，否则会被强大的传统主流文化彻底同化而逐渐消亡。例如伊斯兰教在中国的传播和发展就遵循着这样的规律：固守其文化特质的同时尊重中国传统文化，力求与当地整体的文化氛围相协调。作为伊斯兰教的文化载体，中国内地的清真寺建筑明显体现出被中国传统建筑文化所地域性异化的特征。

清真寺建筑的装饰艺术特色严格受伊斯兰教教义的影响，在艺术创造上原本严禁一切具体的人物和动物纹样。因为伊斯兰教严格主张"认一"论的思想观点，严禁各种形式的偶像崇拜，反对把人神化，更反对把神人格化。这一观点是伊斯兰教与其他宗教最大的不同之处，也是清真寺的建筑特色必须遵循的原则。因此，伊斯兰装饰纹样一般以几何纹样、植物纹样和文字装饰纹样为主，纹样组织具有"满""平""匀"的装饰特点。

明、清时期回族在中国社会的境遇有所改变，当时朝廷对回族等信仰伊斯兰教的民族实行歧视政策，穆斯林的社会、政治、经济地位较元时大大下降。一些穆斯林学者，在保持自己宗教信仰和风俗习惯本质不变的情况下，大胆创造，"以儒解回"，与中国的主流文化不断相融相通，完成了它在中国的本土化的历史进程，从而形成独树一帜的中国伊斯兰教。正是在这样的背景下，具有以礼拜大殿为核心的四合院的整体布局，以传统木构架为主的内部结构体系，以起脊式大屋顶为外部形象空间造型的中国传统建筑特征的清真寺建筑逐步成熟。在建筑细部处理方面，这时期的清真寺也一反简洁朴素的原则，按照中国传统寺殿建筑制度进行装饰，使用雕饰彩画将礼拜大殿内布置得富丽堂皇，为了迎合当地习俗，突破了伊斯兰教建筑一般不用动物作装饰的传统，有的礼拜大殿屋脊上甚至蹲踞着各种吻兽。

鲁西南一带是中国西汉后被奉为国家正统思想的儒家文化思想的发祥地，传统文化氛围浓郁而醇厚，使得这一区域的清真寺建筑明确表现出"附儒而行"的建筑文化倾向。仍以济宁顺河东大寺为例，从建筑整体来看，大寺为中国传统的合院式布局，大殿位置与运河平行，处于建筑群中轴线的终端，成为人们视觉的中心聚焦点。各座单体建筑均为中国传统式样，元代清真寺经常采用的阿拉伯建筑的穹窿、尖拱等造型已然不在，只在局部布置阿拉伯风格的亭楼。在建筑装饰方面，大量的是中国传统的吉祥动物的雕塑和图案：大门做龙柱，望月楼做凤柱，照壁上刻龙，石坊上雕麒麟、狮子等吉祥兽，建筑屋顶饰以龙脊、吻兽。东大寺建筑群为典型的中国传统宫殿、寺庙的样式和布局，建筑风格和形式颇似孔庙建筑，反映出外来建筑文化被悠久的中国建筑文化所地域性异化的必然规律。

三、多元文化的风格构成

梁思成曾指出："建筑之规模、形体、工程、艺术之嬗递演变，乃其民族特殊文化兴衰潮汐之映影；一国一族之建筑适反鉴其物质精神，继往开来及面貌。今日之治古史者，常赖其建筑之遗迹或记载以测其文化，其故在此。"中国幅员辽阔，不同地理区域产生了不同的地域文化。[①] 山东地处我国中东部，地域文化为齐鲁文化，其西北有燕赵文化、三晋文化、中州文化，东南有两淮文化、荆楚文化、徽州文化、吴越文化，这些文化区在鲁西南地区汇集传播，形成多元文化的聚集区，尤以台儿庄为突出代表。

历史上的台儿庄商业繁华，作为曾经的运河重镇，保留了大量的能体现多元文化价值的建筑遗存。随着台儿庄商贸的兴盛，全国各地的商帮如徽商、晋商、闽商等纷纷前来行商坐贾，在这里经商贸易，来自家乡的建筑艺术也随之带来，于是，逐渐出现了具有徽派、晋派、闽南、岭南等风格特点的建筑。复建后的台儿庄运河古城，以其风格各异的传统建筑、流动空灵的水巷汪渠、亲切宜人的空间环境以及独具特色的民间艺术，真实重现了当年运河古城的繁荣景象，成为一座具有较高综合价值和整体价值的历史文化名城（图4-4-1）。

台儿庄地处南北方过渡地带，又位于大运河中段，素有"水旱码头"之称，人流、物流、信息流的涌动和交汇，带来了文化的融合，也使台儿庄成为一座秉承传统、多元交融的文化名城。古城内建筑风格多样，既吸纳了北方建筑的厚重大气，又具有南方建筑的轻柔灵动，形成了刚柔相济、雄秀兼备的建筑特色（图4-4-2）。同时由于中国第一家股份制企业——中兴公司修建的商办铁路途径台儿庄，优越的地理、交通条件吸引了大批外国人的到此经商居住，西方文化的输入也使古城风貌具有中西合璧的特点。复建后的台儿庄古城外在形式古老而质朴，展现了明清时期运河古城的独特风貌和历史沧桑。同时古城的内容现代而时尚，文化旅游产业繁荣发展，再现了运河古城"商贾迤逦、一河渔火、十里歌声、夜不罢市"的繁荣景象。

鲁西南地区贯通南北，兼收并蓄，以其博大的包容性和

---

① 《中国地域文化丛书》中把地域文化划分为二十四个文化区：燕赵文化、关东文化、三晋文化、中州文化、齐鲁文化、两淮文化、八桂文化、西域文化、草原文化、三秦文化、陇右文化、陈楚文化、荆楚文化、徽州文化、吴越文化、江西文化、岭南文化、巴蜀文化、八闽文化、台湾文化、琼州文化、滇云文化、青藏文化、黔贵文化。

图4-4-1　水巷（来源：赵鹏飞 摄）

图4-4-2　晋商大院（来源：赵鹏飞 摄）

统一性、广阔的扩散性和开放性，强大的凝聚力和向心力，不断减少地域文化的差异而呈现共同的文化特征，从而使各种地域文化融合为多元一体的大一统文化，同时也使鲁西南地区成为人才荟萃之地，文风昌盛之区。

第五章　鲁西北地区建筑特征解析

　　鲁西北地区位于山东省西北部的平原地带，由黄河泛滥冲积而成，其地势平坦，土地肥沃，有着悠久的历史与灿烂的文化。冀、鲁、豫三省交界于此，大运河纵贯南北，黄河横贯东西，为鲁西北地区带来了不同地域间的文化交融，地理交通位置十分优越。明、清时期京杭大运河的兴盛，形成了临清、德州等重要的运河码头城镇，沿运河、黄河地带形成的城镇村落布局灵活，公共建筑与民居建筑不但具有典型的北方平原地区建筑舒展高大的风格与特点，同时也融入了运河及黄河带来的多元地域文化，形成了独特的建筑风格特征。

第一节　形成背景

一、自然环境因素

鲁西北位于山东省西北部的平原地区，由黄河泛滥冲积而成，其范围包括山东省内黄河以北大部分地区，主要涵盖聊城、德州、滨州三个城市，以及济南商河县、济阳县和东营利津县、河口区等地。鲁西北地区南面黄河，北靠冀中南地区，东临渤海，京杭大运河贯穿南北，地理交通位置十分优越。

鲁西北平原是黄淮海平原的一部分，史上黄河曾多次改道经过该地区，地形由黄河泛滥堆积物构成，整体地势平坦，地面坡降平缓。地势大致呈西南高，东北低，沙岗、沙丘、波状沙地交错分布。土质较为疏松，适合开垦农田。由于大部分地区地势平坦，所以村落结构比较整齐，交通方便，民居多按照传统的坐北朝南方向依水而建。由于地理环境所致，砖石、木材等材料相对匮乏，故该地区建造房屋的主要材料以黄土为主。鲁西北地区多为沙土、盐碱地，民居建筑也因此形成了独特的防碱、防灾害的措施。明清时期京杭大运河的兴盛，形成了临清、德州等重要的运河码头城镇，促进了南北文化的交流，使该地区建筑在具有典型北方建筑特点的基础上，同时融入部分南方建筑元素，形成鲁西北地区独有的建筑风格特点。

鲁西北地区属于温带季风性气候，年降水量仅500~600毫米。春秋干旱多风，光照充足，太阳辐射强，夏季高温多雨，冬天寒冷有雪、霜冻，具有典型的北方气候特点，这要求民居建筑应具有既保温又隔热，既通风又防风沙的特点。由于气候环境相似，沿用了黄河中上游的生土民居建筑形式，具有保温隔热的性能，又能给室内营造舒适的微环境气候。鲁西北地区物产资源极为丰富，植被主要以北温带针、阔叶树种为主，包括刺槐、榆树、杨树、柳树、杏树等，其中榆木为主要建筑材料。鲁西北地区传统民居中多选用榆木和杨木做房屋的梁和檩条，杨木和梧桐木易于加工常用于制作小木作和家具。鲁西北地区没有山地，石材匮乏，在这种资源环境下，民居大多为砖木结构和土草木结构的房屋，其中聊城、德州部分地区适合烧砖，比如临清产的贡砖就很出名。

鲁西北地区村落布局形式以平原型的梳式布局为主，为了调节局部气候，村落前常有河流或池塘；村落西北则种植层层树木，以抵挡冬季凌厉的西北风。这一带地域开阔，耕地面积、宅基地面积也较大，因此民居院落尺度较大，形成了舒朗、高大的建筑特点。

二、历史文化因素

（一）历史因素

鲁西北地区历史悠久、文化灿烂。早在原始社会就有先民在此繁衍生息、从事农业生产。境内发现了距今约六七千年的100余座龙山文化遗址，它们是迄今为止全国发现的最具典型性的龙山文化遗址。夏商时期，鲁西北西部曾是商部落的活动中心，也是商王朝统治的中心区域之一，通过盟国奄国、薄姑国等对鲁西北东部的东夷人进行统治；西周时，鲁西北区域地属于齐、鲁；及至公元前221年被秦国吞并，首次实现中国统一；隋朝时，鲁西北地区主要属于河北道；及至隋炀帝时，为促进南北经济及文化交流，开通了京杭大运河。自南向北流经鲁西北地区，极大地促进了鲁西北的经济发展；明朝时，鲁西北地区属于山东布政使司，即后来的山东省，1421年，永乐皇帝迁都北京以后，京杭大运河沿线的主要城镇如德州、聊城等地由于漕运的发展而逐渐繁荣起来。

（二）儒家文化

儒家文化发源于鲁西南地区，从山东省曲阜市散播开来，自汉代以后，便成为影响并统治中国政治形态的主导文化，并持续两千余年之久，是封建社会传统政治建构与运行的理论基础。同时，儒家文化作为一种社会文化，也渗透于封建社会时期的中国世俗生活的方方面面，并影响着人们的思维模式与行为方式。鲁西北地区的营造习俗和建筑形制也深受其思想文化的影响。鲁西北民居建筑中表现出的礼制、内向性、尚祖制等特点，体现了儒家文化"礼、仁"的核心思想，建筑形制遵循"守中""对称""平衡"等规律，院落布局内外分明、尊卑有序，体现了儒家文化强调的"中庸之道"。鲁西北民间传统建筑强调等级划分及宗族意识，同样与儒家思想所提倡的"以血缘为纽带，以道德为本位"的思想相互呼应。

（三）运河文化

京杭大运河始建于春秋时期，距今已有2500多年的历史，是世界上最古老的运河之一。大运河的开凿最初是出于军事目的，但至隋朝时期，经历了魏晋南北朝400多年的混乱局面，天下实现统一，为了加强南北方之间经济往来与政治文化交流，隋王朝将大运河南北贯通，自此，京杭大运河成为历朝历代南北漕运的主要干线。

京杭大运河由台儿庄进入山东境内，一路北上穿过鲁西平原，由德州向北出山东进入直隶，其流经区域包括今枣庄、济宁、聊城等地市，几乎涵盖整个鲁西北地区。运河漕运的繁荣与运河文化的产生对于鲁西北地区的经济文化发展起到了至关重要的作用。

京杭大运河通航两千多年以来，在其流经范围内进行了多领域、广角度、深层次的地域文化融合，形成了特有的运河文化。大运河由南向北，将两淮地区、荆楚地区、齐鲁地区以及燕赵地区等地理区域串联起来，这些不同的地域文化通过大运河兼收并蓄，融会贯通，形成了一条独特的多元一体的大一统运河文化带。因大运河漕运的逐渐繁盛，山东境内运河沿岸的城镇，如临清、张秋、聊城、德州等，都随着大运河的繁荣而繁荣，经济得到了快速发展，逐步成为经济发达的运河码头城市。由于运河发展带来的多次大规模的民族迁徙，使得外来百姓顺运河而移，逐运河而居，这些城市的人口迅速增长，居民生产模式逐步由农耕为主转为商业为主。生产模式以及人口结构的改变，给运河沿线区域的聚居模式、院落布局以及建筑形制等方面带来了巨大的冲击。大量迁居鲁西北地区的安徽、江苏等地的南方商人在当地建造宅邸时，融入了自己家乡的建筑风格与元素，使鲁西北地区沿运河沿岸的城镇形成了兼具南北民居风格的建筑形式。

（四）黄河文化

黄河流域是中华文明的核心发源地，是促成中华民族多元一体最重要的自然因素。黄河文化是产生发展于黄河流域的一种地域性文化。黄河流域处于四季分明的温带气候中纬度地区，先后跨越了青藏高原、黄土高原、北部草原的河套地区、中下游平原和滨海地区，绵长的地理跨度以及复杂的自然和人文环境，使得这一区域带形成了一种内容极其丰富的文化特征。鲁西北地区处于黄河流域的下游区域。黄河自东平县流入山东，一路向东北流经菏泽、济宁、泰安、聊城、济南、德州、滨州、淄博，最后在东营市入海口汇入渤海。历史上的黄河下游几次改道，给流经区域的文明发展带来了巨大的影响。明永乐年间，因黄河中游地区战乱，饥荒四起，民不聊生，大量人口沿黄河而下迁居至山东省鲁西北地区，同时也将黄河中游山陕地区的文化特征带入鲁西北地区，使得鲁西北传统民居在结构体系、院落布局以及建筑材料等方面，都在一定程度上融合了陕西、山西等西北地区建筑的特点。

三、社会经济因素

汉朝时，随着社会生产力的提高，鲁西北地区农业开始发展，粮食沿黄河西溯供应关中，有着"膏壤千里"的美誉；至隋朝开通京杭大运河后，鲁西北地区因运河漕运的快速发展而繁荣起来，逐渐成为中国经济的重要组成部分，明清时期，运河及大小清河从鲁西北地区穿过，使该地区成为全国南北交通要道，沿线城市的手工业及商业逐渐发展起来，南北往来客船络绎不绝，商贸云集。同时，各州府县之间驿路发达便利，加强了鲁西北地区与各地之间的联系，推动了鲁西北地区如聊城、德州等地的经济繁荣。

自19世纪起，漕粮改道、河运停止后，往来运河周边的商船大为减少，运河沿线的城市作为中转贸易市场的作用逐渐削弱，手工业商铺数量明显减少，空间分布也由高度集中转为分散于各街市。同时，南北海运的兴起，津浦铁路通车，内河运输的重要性大为下降，政府对运河沿线的整治力度也大为减弱，运河日益淤浅，河床"为沿河居民纳租垦种，向之南北孔道，悉变为膏腴良田"，外资外商纷纷撤离，鲁西北地区的经济也随之衰落。

第二节　聚落选址与格局[①]

一、城市

（一）江北都会——聊城

聊城，历史悠久，春秋时齐于此设聊国，聊城为聊国都邑。秦汉至两晋，聊城一直为县制城邑，魏时为平原郡治所，隋唐至宋为博州治所。元至元十三年（1276年），改州为路，原博州易名东昌路，自此，聊城始称东昌。到明、清，路改府，聊城易称东昌府至今。

聊城的古城区城市格局可以分为两部分：西部的东昌老城区和东部的运河商贸区（图5-2-1）。聊城在宋前并未筑城，至宋熙宁三年（1070年），始筑土城。明洪武五年（1372年），为了防御元朝残余军事势力的侵袭，东昌卫守御指挥使陈镛主持将土城改为砖城，后又数次维修加固，"城周七里有奇，高三丈五尺，厚三丈，池阔三丈，深二丈，四门，东曰春熙，西曰清远，南曰正德，北曰宣威。设城楼二十七

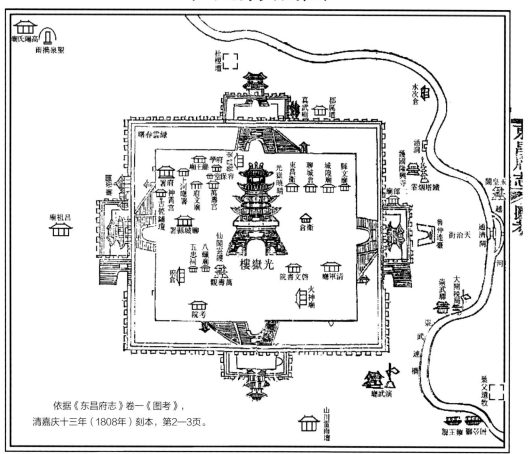

图5-2-1　东昌府城图（来源：范景华、耿振军据清嘉庆《东昌府志》考证绘制）

① 本章第二、三、四节内容主要参考：赵鹏飞，谭立峰大运河线性物质文化遗产：山东运河传统建筑[M]. 北京：中国建筑工业出版社，2019.

座。……附城为廓，廓外各为水门，设吊桥，环以护城堤，延亘二十里，以御水涨，全城绮之，而且全部甃以砖石"[1]。砖城按方城"十"字街形式布局，以光岳楼为中心向四周辐射，形成东、西、南、北四条大街，并向外延伸，依次有东、西、南、北"四口""四门"和"四关"。城区街巷垂直交汇，经纬分明，形成棋盘方格网状的路网框架，城中民居多为北方传统三合院、四合院的建筑形制。

明初的聊城是一座政治军事重镇，洪武时城中设东昌卫，衙署规模宽广宏大，在山东衙署建筑中首屈一指。城中心的光岳楼为全城的制高点，可"严更漏而窥敌望远"（图5-2-2）。明永乐年后，随着运河的畅通，聊城的经济功能开始得到发展。聊城东关，紧靠运河，是随漕运兴盛发展起来的商贸区，这一带街巷走势与老城区截然不同，街巷多依河而建，

随坡就势，大小街衢皆与运河码头、堤岸相通，形成鱼骨状布局形式。街巷名称亦与运河及其商业紧密联系，如顺河街、馆驿街、米市街、越河街等。聊城的日渐繁荣，加之运河咽喉的独特地理位置和繁忙的漕运，带动了周围市镇的发展，并形成了规模可观的村镇聚落，"由东关溯河而上，李海务、周家店居人陈橡其中，逐时营殖"[2]（图5-2-3）。

到了清乾隆、道光时期，聊城的商业达到鼎盛，不仅成为运河沿岸的九大商埠之一，享有"江北第一都会"的美誉，而且成为全国各地商品周转集散之地。四方商贾不断涌向这里，运河中南来北往的漕船络绎不绝，码头上待卸的商舶绵延数里。本地的物产经运河转运到四面八方，南北方的商品又经运河源源而至，再由聊城转运附近各地，聊城因此成为连接周围州县的商业中心城市。

图5-2-2 聊城光岳楼（来源：王汉阳 摄）

① [清]嵩山修，[清]谢香开，张熙先纂. 嘉庆《东昌府志》（据清嘉庆十三年刻本影印）//中国地方志集成·山东府县志辑87[M]. 南京：凤凰出版社，2004.
② [清]嵩山修，[清]谢香开，张熙先纂. 嘉庆《东昌府志》卷二《风俗》（据清嘉庆十三年刻本影印）//中国地方志集成·山东府县志辑87[M]. 南京：凤凰出版社，2004.

图5-2-3　聊城古城鸟瞰（来源：王汉阳 摄）

（二）漕运襟喉——临清

临清之名始见于后赵，一说因临清河（也称卫河）得名。元代之前的临清或置或废，几经迁徙，均未得到较大发展。大运河全面通畅后，由于临清位于汶河（即运河）与卫河交汇处（图5-2-4），为南北交通第一要津，成为"南北之襟喉，舟车之都会"[①]。经济日趋繁荣，四方物资集结于此，商贾纷至沓来，人口急速增长，集市繁荣，手工业发达，临清由鲁西北的一座偏僻小城一跃成为"富庶甲齐郡"的商贸中心。明朝中期，临清城已经发展为江北重要的区域性五大商埠之一，位居当时全国33个大城市之列，其关税居运河上七大钞关之首。

元开会通河之际，临清并未筑城。明景泰元年（1450

年），为了军事目的，在会通河与卫运河相交处的东北方的闲旷之地修建砖城，"筑城高三丈二尺，厚二丈四尺，围九里一百步，……城门有四：东曰威武，南曰永清，西曰广积，北曰镇定"[②]。城内居中偏西南为州署，州署西南为兵备道署，东为临清卫署，西及西南有馆府二，北有学署、都察院行台、布政司分守行台，西北粮仓及管理仓库的官署占了砖城的四分之一，文庙、万寿宫、东岳庙、城隍庙等错杂于官署之间。由于砖城规模较小，商业发展空间有限，所以急需扩充城市空间。明嘉靖二十一年（1542年），在砖城外跨河为城，依运河走势修建土城，砖土二城连为一体，延袤二十余里。土城设五新门，三水门，砖城的广积、永清二门遂成为内门。土城建成后成为商民经营和居住的地方，砖城则完

---

① [清]张度，[清]邓希曾修，[清]朱镜纂. 乾隆《临清州志》卷二《建置》（据清乾隆五十年刻本影印）//中国地方志集成·山东府县志辑94[M]. 南京：凤凰出版社，2004.

② 张自清修，张树梅，王贵笙纂. 民国《临清县志》卷二（据民国23年铅印本影印）//中国地方志集成·山东府县志辑95[M]. 南京：凤凰出版社，2004.

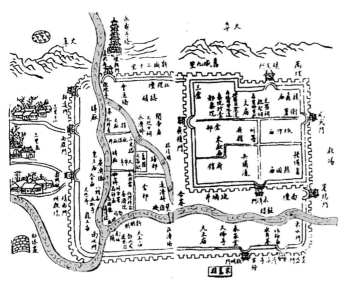

图5-2-4   临清州城图（来源：清康熙《临清州志》）

图5-2-5   临清市竹竿巷（来源：常玮 摄）

全成为政治中心与仓储重地，经济功能丧失殆尽，一些集市、商铺陆续迁入土城，砖城只余十几家粮铺经营。

土城建成后，卫运河自南水门流入，穿城西北继而北上，汶河自东水门入，至鳌头矶一分为二，并分别在南北两处流入卫运河：北支向西北流，在临清闸与卫运河合流北上，南支过鳌头矶后掉头南流，于板闸和卫运河交汇。这样就在汶河与卫运河之间形成了一块四面环水的开阔地带，称为中洲。以中洲为中心，三条水道又把土城分成形状、面积各不相同的东、西、南、北四个区域，它们和砖城一起形成了临清独特的城市格局。中洲紧靠运河，交通便捷，商民多集中在这一带从事经营活动，逐渐形成了一定规模的商业社区，成为临清商业最为繁盛的地方。其主街道纵贯南北，南起板闸，北通天桥，分为三段，南段为马市街，中段为碗市街，北段为锅市街，共长三里有余。南北走向的街道之间，又有许多东西走向的街巷，这些街巷均有道路通向运河上的码头、桥梁，形成了棋盘状的路网形态（图5-2-5）。

从临清的城市布局来看，行政区偏于东北一隅，其余各处多为商业市场和民居店铺，是典型的商业城市。临清商业的繁华程度不仅大大超过了和它建置平级的州城，而且与当时北方的省城、府城相比也毫不逊色。临清的繁荣得益于优越的地理位置和交通环境，分合于临清的三条水道北至京津、南达苏杭、西及中原，以这三条主干为端点，再与其他水陆交通相连接，形成了一张纵横交错的交通网。作为交通网的中心，临清藉水运之便利发展成为明、清时期全国最大的商业城市之一。

（三）九达天衢——德州

德州位于山东省最北部，与直隶交界，历史上这一区域很早就有城市存在。"汉为鬲，隋唐为长河县，宋为陵县，元为陵州，明清为德州"[①]。隋大业四年（公元608年），炀帝为用兵辽东所开的永济渠，即从德州附近经过。金、元两代，在御河西岸一带广建粮仓，作为储存漕粮的基地。金建"将陵仓"，元因金人之旧，改为"陵州仓"。元末，朱元璋以德州为军事要塞，北上伐元，继而夺取大都。明初对御河进行改造，将河道西移，称卫河，所以粮仓又改位于卫河东岸。由于德州位于水陆要冲，军事地位重要，明洪武九年（1376年），设德州正卫，洪武三十年（1397年），在卫河东岸军队驻地一带，以粮仓为基，修筑了周长十里的砖城，面积约

① 李树德修，董瑶林纂.《民国德县志》(据民国24年铅印本影印) // 中国地方志集成，山东府县志辑12 [M]. 南京：凤凰出版社，2004.

4800余亩，在城中又增建粮仓，储存大量粮食。其后，在长达四年的"靖难之役"中，德州一带成为燕王朱棣和建文帝两方交战的重要战场，仅德州一地就争夺了三年，足可见其地理位置的重要。这时德州的闻名并不是因为运河，而是由于其显要的军事地位，"控燕云而引徐淮，襟赵魏而带滇岳，神京籍为咽喉。"至朱棣登基后的永乐初年，德州依然是一座军事城市，为了加强军事管理，于永乐五年（1407年）增设德州左卫，德州正卫"治南街"，德州左卫"治北街"。此时城内居住者皆为军户，普通民众并不到这里落户安家，城中虽设有州一级的行政机构，亦并不负责管理地方事务，"事无大小皆指挥镇抚治之，州牧不与焉。"

明永乐大朝大运河的重新疏浚后，即废海运，德州（图5-2-6）成为水陆交通要道，冀、豫、鲁、苏、皖、湘、鄂、赣、浙九省的漕粮，都要通过德州到达京仓，因此德州称为"九达天衢"。交通的便利使人口流动迅速，带动了经济的发展，商民开始入城经营居住，城内出现了各种各样的街市，"南关为民市，为大市。小西关为军市，为小市。马角市南为马市，北为羊市，东为菜市，又东为柴市，西为锅市，又西为绸缎市……"[①]。街市在地理区位上也逐渐向城外运河

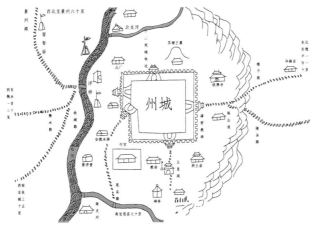

图5-2-6 德州州境全图（来源：摹自清乾隆《德州志》）

两岸靠拢，形成新的市场中心。"万历四十年（1612年），御河西徙，浮桥口立大小竹竿巷，每遇漕船带货发卖，遂成市廛"。[②]从此德州城开始繁华起来，经济功能逐渐替代了军事功能。到了清中期，德州卫的守城、治城、管河的各项权力已移交到德州地方政府，德州卫所只掌管"军屯钱粮及运船旗丁"。德州遂成为南北商贾往来、货物荟萃、贸易频繁，而且多种工商业并起的城市。

德州所处的有利地理位置，带动了周边区域商品经济的发展。明中期后，德州城的周围出现了很多市镇，"北有柘园镇，南有甜水镇，东乡有边临镇，王解、新安、东堂、东桥、王蛮等皆有市面，故皆称镇店焉"。这些市镇都是商贸化的城镇，形成了山东运河北端以德州为核心的聚落组群。

二、乡镇

（一）转运码头——七级、阿城

七级、阿城，是明清时期东昌府以南的两座典型的运河市镇，隶属阳谷县。由于七级、阿城分别是重要的粮食和食盐转运码头，故有"金七级、银阿城"之称。

七级古镇（图5-2-7），唐代称为毛镇，后因运河边建有七级石阶大码头，遂改今名。元代在此设闸，并有兵营驻守。大运河穿镇而过，将其分为东、西两部分，中间吊桥名为古渡，为两岸之关键。明、清两代东阿、莘县、阳谷等县均"于斯转漕"，镇中"有书院一，衙门二，仓廒三，乡塾二十有四，寺庙三十有六"[③]。明、清时的七级筑有圩墙，全镇有六门、四关、十四街，街又分六纵八横，形成棋盘式格局。在运河东岸的南北街为东顺河街，中部为商肆铺面，两端是商农杂处，北有运河闸署，中部的义和街设东阿仓廒；在运河西岸的南北街为西顺河街，商肆较少，农舍居多，北有莘县仓廒，最南端的太和街设阳谷县别署及仓廒。后来运

① [清]王道亨修，[清]张庆源纂. 乾隆《德州志》卷四《建置》（据清乾隆五十三年刻本影印）//中国地方志集成·山东府县志辑10[M]. 南京：凤凰出版社，2004.
② [清]王道亨修，[清]张庆源纂. 乾隆《德州志》卷一《沿革》（据清乾隆五十三年刻本影印）//中国地方志集成·山东府县志辑10[M]. 南京：凤凰出版社，2004.
③ [清]董政华修，[清]孔广海纂. 光绪《阳谷县志》（据民国31年铅印本影印）//中国地方志集成·山东府县志辑93[M]. 南京：凤凰出版社，2004.

图5-2-7 七级古镇现状图（来源：山东天地图）

河西渐，东顺河街南的商民为水运便利，移商肆至西面街，遂东西相错。七级陆上交通发达，方便漕粮转运，出镇东关即为七级与东阿县的运输大道，西关则可达安乐镇；南北二关外的大路通畅，分别延至阿城和聊城。明、清两代七级凭借水陆码头的有利位置成为"百货流通之所，四方交会之区"，镇中街市铺面相连，商业兴盛（图5-2-8）。

阿城古镇（图5-2-9），位于东距东阿、西距阳谷、北距聊城各50余里的运河东岸，地近汉东阿城遗址，现隶属山东省阳谷县。明、清时期，阿城镇处于东西陆路和南北水运的交通要津，从东海边运来的食盐多从这里进入运河转运南方，因而阿城成为重要的盐运码头，镇中曾有十三家盐园和东、西、南、北四座商人会馆。清中期以后，阿城不仅仍是盐业转运的重镇，而且因"粮艘辐辏，帆墙林拥，百货烂陈"，成为阳谷、寿张、东阿等周边县区的商业重镇。镇内设大小街巷三十一条，东西大街长近三里。粮市、牛马市、猪市、布市、鱼市、席市等云集一处，星罗棋布，鳞次栉比，市面极其繁荣。流动人口的增加和商品贸易的繁盛，促使市镇规模迅速扩大，各类住宅、驿站、会馆以及寺庙不断兴建。运司会馆是由居住在阿城的山西

图5-2-8 七级镇古街（来源：常玮 摄）

图5-2-9 阿城镇古镇现状图（来源：山东天地图）

盐商捐款修建起来的，也是大运河沿线仅存的一处与盐运有关的历史建筑群，俗称南会馆。运司会馆紧靠江北四大名寺之一的海会寺，这里每年春秋两季有两次庙会，"每会百货云集，买卖兴盛，演戏八天，十余日贸易不绝"[1]

---

① [清]董政华修，[清]孔广海纂. 光绪《阳谷县志》(据民国31年铅印本影印)//中国地方志集成·山东府县志辑93[M]. 南京：凤凰出版社，2004.

图5-2-10 阿城海会寺 （来源：常玮 摄）

（图5-2-10），负有鲁西盛会之名。不仅附近的农民商贩来此赶会，而且很多天津、济南、邯郸、营口、周村等地的客商也赶来贸易，由此阿城在鲁西一带的商贸中心的地位可见一斑。

（二）三邑之中——张秋

张秋镇位于会通河与大清河交汇处，五代时称张秋口，属阳谷县，宋时改属东阿县。金代曾一度称景德镇，后改复故名。由于地处阳谷、寿张、东阿交界之处，从元代开始即由三县分辖。明弘治六年（1493年），黄河决口，张秋镇惨遭淹没，都察院右副都御使刘大夏奉旨到张秋治河，工程告竣后赐张秋名为安平镇，入清后复改称张秋，一直沿称至今。

元初会通河开通后，尤其是明、清两代，张秋镇居济宁与临清两个运河商业城市之间，又有大清河通运，是南北及东西方向的交通枢纽，工商各业得到迅速发展，持续了数百

年的繁华昌盛。鼎盛时期运河沿岸风光，有"上有苏杭，下有临（清）张（秋）"之称。各地商客借通过张秋的运河和大清河的商路之便，纷纷将大批商品货物运抵这一名镇。"安平在东阿界中，枕阳谷、寿张之境，三邑之民夹河而室者以数千计，四方工商骈至而滞鹜其中......齐之鱼盐、鲁之枣栗、吴越之织文纂组、闽广之果布珠玑、奇珍异巧之物，秦之罽毲、晋之皮革、皆荟萃其间"[①]。大量济宁、临清的商人来到张秋，到泺口贩盐的商船也都通过大清河从张秋转入运河，"（张秋）北二百里而为清源（临清），而得其商贾之十二；南二百里而为任城（济宁），而得其贾之十五；东且三百里为泺口，而盐英之贾于东兖者十而出其六七"[②]。

张秋镇元代已建有镇城，后几经大水冲没，明中期张秋的经济已经十分繁荣，人口大增，又于明成化十八年（1482年）重建镇城，后再圮废。后都御史赵贤乃于明万历七年（1579年）扩建镇城（图5-2-11），"跨运河之上，周八

① [明]于慎行《安平镇新城记》转引自：王云. 山东运河区域社会变迁[M]. 北京：人民出版社，2006.
② 同上。

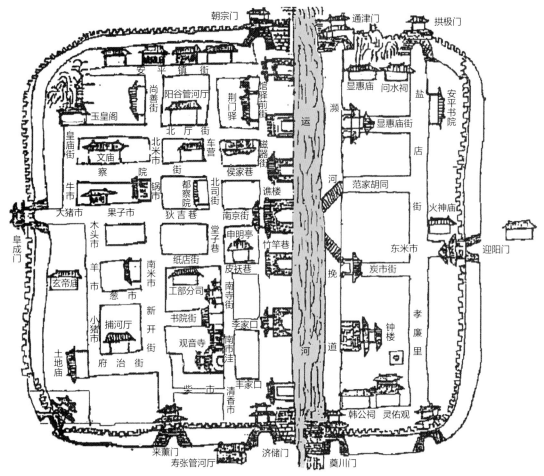

图5-2-11　张秋镇图（来源：董鉴泓. 中国城市建设史[M]. 北京：中国建筑工业出版社，2004.）

里……四门有楼，南北渡口设敌台四座，规划宏壮，为漕河重镇"①。张秋虽是一个镇级的聚落，但其规模尺度宏大，面积比一般县城，甚至比临近的泰安府城还要大。至清代，城有九门，城门外均为关厢街，素有"九门九关厢，七十二条街，八十二胡同"之说。其中主要街道多以商品名称命名，如米市街、糖市街、柴市街、果市街、竹竿巷等。各街"百货云屯，如花团锦簇。市肆皆楼房栉比，无不金碧辉煌。肩摩毂击，丰盈富利，有小苏州之称"②。镇上建有规模较大的山陕会馆和文庙、安平书院，以及专门刻印、经营书籍的保华书局，另有寺庙、观、祠40余处（图5-2-12）。

张秋镇商业繁华程度，较济宁、临清两座运河城市稍差，但是远远超过一般的县级城市。张秋"都三邑之中，缩毂南北，百货所居，埒似济宁而小"，"五方商贾辐辏并列肆河上，大较比临清而小"③。江南所产的丝绸、竹木、柑橘、稻米、干果、茶叶等，多在进行转运，由陆路销往陕西、山西以及本省各地。本地所产的阿胶、乌枣等土特产及手工制品，也由此装船，运往南方各省，张秋镇因此成为山东运河重要的码头以及货物集散地之一。

① [清]施天裔. 康熙《山东通志》卷四《城池》，转引自：中国阳谷新闻网.
② [清]董政华修，[清]孔广海纂. 光绪《阳谷县志》（据民国31年铅印本影印）//中国地方志集成·山东府县志辑93[M]. 南京：凤凰出版社，2004.
③ [清]董政华修，[清]孔广海纂. 光绪《阳谷县志》（据民国31年铅印本影印）//中国地方志集成·山东府县志辑93[M]. 南京：凤凰出版社，2004.

图5-2-12 张秋山陕会馆（来源：王汉阳 摄）

三、村落

（一）苏禄留裔——北营村

古苏禄国，其故地在今菲律宾共和国的苏禄群岛，包括苏禄岛、巴西兰岛和达维达维岛三个主岛以及若干小岛。明、清两代，中菲两国之间的经济和文化交流频繁，除了民间贸易外，两国都曾互派使节进行友好访问，发展成为友好邻邦。明永乐十五年（1417年），古苏禄国东王和西王、峒王率领眷属、侍从共300多人浮海朝贡，它们从福建泉州登岸，经应天府（今南京），历时两个多月抵达北京，得到了永乐皇帝的盛情款待和丰厚赏赐。在北京停留近1个月后，苏禄三王率众回国，成祖派专使护送，他们沿大运河南下，到达德州以北的安陵时，东王巴都葛叭答剌突患急症，在驿馆病逝。成祖深为痛悼，派礼部郎中陈世启，带祭文赶赴德州为其举行了隆重的葬礼，赐谥"恭定"。后东王长子图玛哈率众回归继位，王妃和二王子及侍从十余人留居德州守墓。他们逝世后，副葬于墓园东南隅。清雍正九年（1731年），经清廷批准，在此守墓的东王后代以温、安二姓入籍中国，成为中华民族大家庭中的一员。这些东王后裔"围墓而居"，人口不断增加，逐渐形成了异邦守陵村落——北营村。村中安姓、温姓为东王直系后裔，其他的马姓、夏姓则为王族仆人后裔。

北营村（图5-2-13）位于德州城北1公里处，紧邻古运河，总体布局以苏禄王墓为中心，向四周扩展，王墓陵道作为轴线，将村庄分成东、南、西、北四部分，各部分之间保持相对均衡。道路成方格网布局，以纵向为主，横向为辅，村落整体布局紧凑，四周界限明确，多以河道围绕（图5-2-14）。

图5-2-13 北营村鸟瞰（来源：赵鹏飞 摄）

图5-2-14　北营村街道（来源：赵鹏飞 摄）

北营村中具有历史价值的建筑主要有苏禄王陵、王妃陵、子陵和清真寺。苏禄王陵园（图5-2-15）现为国家重点文物保护单位，陵园庄严肃穆、巍峨壮观，墓高6米，直径17米，陵墓完全是中国式的丧葬规制，和明代礼制所规定的亲王陵墓规制大致相同。"庙在王墓前，永乐十六年（1418年）初建。正殿五楹，奉东王画像，东、西配殿各三楹，御制碑亭一座，仪门一间，大门一间，牌楼一座，翁仲马羊如其次。"王墓东南侧的御碑亭中，有永乐帝亲撰"御制苏禄王东王碑"的碑文。碑亭旁是东王妃和二子温哈喇、三子安都鲁的陵墓。

清真寺（图5-2-16）位于陵园西南，始建于明宣德年间，后几经重建，是一座坐西朝东的长方形院落。大门为三开间单檐歇山顶，厢房分列南北两侧为讲堂、浴房等。礼拜殿处于整个建筑群的中轴线上，中间起脊，成"人"字形，周围饰以矮墙，于殿下仰视只见殿墙不见殿脊，显得更加雄伟。礼拜殿东立面采用伊斯兰风格装饰，西立面屋顶部位则为四角攒尖顶。窑殿和邦克楼皆位于礼拜殿的顶部后方：窑殿单檐飞角，极富灵锐之气；邦克楼分列两侧，简朴而巍峨。整个礼拜殿虽然规模不大，但结构紧凑，简约质朴。

图5-2-15　苏禄王墓及正殿（来源：赵鹏飞 摄）

图5-2-16　清真寺大门及西南立面（来源：赵鹏飞 摄）

（二）砖窑重地——张庄村

在史学界有这样一个说法：北京城是"漂"来的，历史上京城皇族的"衣、食、住、行"大都是通过京杭大运河运至京城的。就"住"而言，明、清两代，北京皇宫各大殿和紫禁城城墙的用砖，以及明代修建的十三陵和清代修建的东、西陵等皇帝陵寝用砖，绝大部分是临清砖。临清的砖宫窑建于明永乐初年，清代延续使用，至清末才停烧[①]。临清砖官窑（图5-2-17）广泛分布在运河沿岸，从临清西南部的吊马桥到白塔窑，再到东北部的张家窑，最后延续到临清东南的河隈张庄，共30余公里。清朝康熙年间，客居临清的江南文士袁启旭赋诗，吟咏临清官窑规模之巨："秋槐月落银河晓，清渊土里飞枯草；劫灰助尽林泉空，官窑万垛青烟袅"。至今运河沿岸的许多村落仍以窑为名，如张窑、唐窑、白塔窑等。世代居住于此的农民大都为窑户后代，他们通过自己

的祖、父辈口口相传，对自己先祖所从事的砖窑业，仍保留有清晰的记忆。这些村落民居的房基和墙基中，都砌有数量不等的明、清时期烧制的青砖。这些砖均为检验后不合格的次品，砖体上均都有刻字，标注了生产年月、地点以及姓名，如"嘉靖十五年窑户罗风、匠人郑存仁"、"康熙十五年临清窑户畅道、作头郭守贵造"等。其中的窑户即官窑的管理者，相当于"总经理"，掌管着朝廷划给的土地等生产资料，组织窑场的管理和生产，但并不是窑场的所有者；作头则相当于"部门经理""项目经理"，是窑场生产的参加者和生产的直接组织者、指挥者；此外窑厂还必须具有一定技术水平的匠人和技术含量相对低、从事普通劳动的工人。官窑烧制的砖的规格为48厘米×24厘米×12厘米，重近50斤。因为临清地处黄河冲积平原，烧窑所用之土，是当地特有的"莲花土"，土质细腻，富含铁质，烧制的砖异常坚硬，成为明、清两代的"贡砖"。

河隈张庄村隶属于临清戴湾乡，据张庄古砖窑遗存1.5公里，运河故道在村前有弯曲（河隈是指大河弯曲的地方），因此得名。此村建于明朝，张姓立村，另有李姓、程姓等，其中程姓家族存有《程氏家谱》，家谱记载其先祖"程十爷"在明朝初期奉旨从安徽来到这里，专门烧造"贡砖"。张庄村整体形态为正方形，东西宽0.5公里，南北亦宽0.5公里，道路呈方格网状式，纵横交错，强调纵向为主、横向为次。村中民居基本为中华人民共和国成立后建造，并无太多特色，只是在局部保留有临清大院民居的遗风（图5-2-18）。

（三）地杰人灵——苫山村

苫山村位于东阿县以南，西距运河仅10余里，因临苫山而得名。苫山，属泰山余脉，峦峰叠嶂，风景秀丽，其山体层叠像一个苫盖，以此得名。又因山体西岩有峰突起状若卧羊，因此又叫羊山。在此地居住的先民将此山称之苫羊山，简称苫山。据明、清《东阿县志》和《兖州府志》记载，

图5-2-17　临清砖窑（来源：赵鹏飞摄）

① 严夫章. 明清修建紫禁城用的临清砖[J]. 故宫博物院院刊，1982（04）：94.

图5-2-18 张庄村民居（来源：赵鹏飞 摄）

2000多年前就有先民在此居住。里人李濠在《苫羊山志》中说："济、汶诸水互相环绕，山水汇而灵气呈，故其间多绣文纬武之儒，异才绝智之士。自是有忠孝焉，有仙释焉，事业文章之大，他乡末先焉。"

在这个聚落中，生活着一刘二李三个宗族，其中刘氏为当地土著，但"宋元寂寂无闻"，并无显赫之功。明中期之后，刘氏宗族的五世刘约和他的两个儿子刘田、刘隅考中进士，同朝为官，这使得刘氏宗族声望显赫，成为当地望族。两个李氏宗族均为明初从外地迁徙而来，虽无地缘优势，但通过自身宗族建设获取了在村落中的地位，其族人在明代也出现了两位进士。一个村落中考中五位进士，这在明代科举史上是极为罕见的，这也和当时山东运河区域文风馥郁、科举盛行的氛围息息相关（图5-2-19）。

苫山村至今仍保存着大量比较完整的历史风貌和传统文化遗迹，承载了丰厚的物质与非物质文化遗产，其历史遗存、乡土文化、自然以及人文景观，在历史、建筑、艺术、美学、社会文化等方面具有较高的研究价值。

明、清时期苫山村有"九十九座楼"之称，以言其楼房建设之多。现在全村尚保留传统民居近十座，均为鲁西囤顶民居的建筑形式，其中前苫山中街西头路南一胡同的李学诗故居保留较为完整（图5-2-20）。

李学诗故居为鲁西北传统屯顶民居的典型代表。院落为一进四合院，由正房、东西厢房围合而成。正房为一层建

图5-2-19 苫山村民居（来源：赵鹏飞 摄）

筑，面阔六间，通阔18米左右，东、西山墙外宽19米，进深为一间，通深4米左右，南、北檐墙外深约5米，建筑面积接近100平方米。南北檐墙承梁，东西山墙承檩，麻刀灰望砖囤顶屋面（现为砂石灰囤顶屋面），通高5米。青石墙基，青砖清水墙面，墙体为外砖内土坯结构，青砖外皮，土坯砖内皮。正房东、西各三间，前檐墙明间门扇均为传统板门，次间各有直棂窗，后檐墙明间各有一个拱券形窗洞，可平开窗。

东厢房为一层建筑，面阔三间，通阔约9米，南北山墙外宽10米左右，进深一间，通深4米，东、西檐墙外深5米左右，建筑面积51平方米。东、西檐墙承梁，南、北山墙承檩，麻刀灰望砖囤顶屋面（现为砂石灰囤顶屋面），檐口高3.9米，

图5-2-20　李学诗故居（来源：上图常玮 摄；下图张艳兵 摄）

通高4.4米。青石墙基，青砖清水墙面，墙体为外砖内土坯结构，青砖外皮，土坯砖内皮。前檐墙明间门扇为传统板门，次间各有直棂窗，后檐墙明间及北次间各有一个拱券形窗洞，可平开窗。

东厢房北侧为耳房。耳房为两层建筑，面阔两间，通阔约4.9米，南北山墙外宽6.7米，进深一间，通深3.9米，东西

檐墙外深5.1米，建筑面积69平方米。东、西檐墙承梁，南、北山墙承檩，麻刀灰望砖囤顶屋面（现为砂石灰囤顶屋面），檐口高5.4米，通高约6米。青石墙基，青砖清水墙面，墙体为外砖内土坯结构，青砖外皮，土坯砖内皮。前檐墙有拱券形门洞，门扇为传统板门，二层有圆形窗洞，后檐墙一层两个拱券形窗洞，北山墙一层一个拱券形窗洞，后檐墙及南、北檐墙二层均为方形窗洞，可平开窗。

西厢房建筑原为二层，抗日战争期间为避免日军用作炮楼而改建为一层，面阔两间，通阔5.4米，南北山墙外宽6.7米，进深一间，通深3.3米，东、西檐墙外深4.5米，建筑面积约30平方米。东西檐墙承梁，南北山墙承檩，麻刀灰望砖囤顶屋面（现为砂石灰囤顶屋面），檐口高5米左右，通高5.8米。青石墙基，青砖清水墙面，墙体为外砖内土坯结构，青砖外皮，土坯砖内皮。前檐门扇为传统板门，窗户为直棂窗（图5-2-21）。

苫山村的民居布局基本上以宗族制为基础，形成聚合状的民居组团空间。苫山村内设有大小不等的宗祠若干，其中最重要的当属刘氏祠堂（图5-2-22）。刘氏祠堂修建于弘治十五年（1502年），该祠堂现在经过翻新依然保留在苫山村的中央位置。刘氏家谱记载：祭祀时"俎豆森严，衣冠整齐，尊卑长幼，秩然有序。……言毕，祖孙各欢颜而退。"在这种庄重的仪式中，个人行为被规范，群体的约束力被加强。尽管刘氏宗祠在创修之初仅有正堂，但作为宗族的象征，它既凝聚了本族之力，又显示出有别于他族的地位。

《苫羊山志》成书于清顺治十八年（1661年），该书名为"山志"，内容实为"村志"，书中介绍了苫山村地灵人杰的状况，保存了当时山东运河区域基层社会大量原生态资料。其作者李濂，苫山村人，生于明万历二十一年（1593年），一生热爱山水、绘画、治史，信奉佛教。该志书并未分卷而仅设目录，体例不严，但就其保存基层社会的原始史料而言，已经具有乡土志的存史功能，所以可看作村镇志篆修草创阶段的典范。

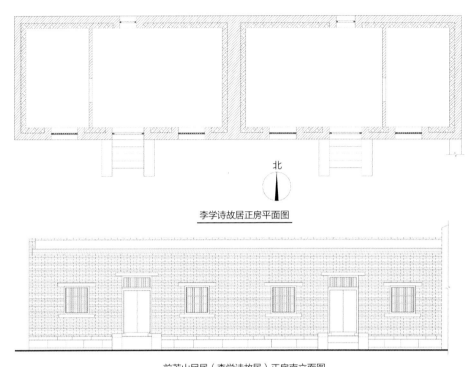

李学诗故居正房平面图

前苫山民居（李学诗故居）正房南立面图

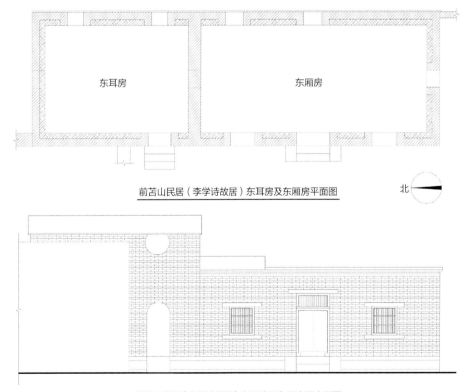

东耳房　　　　　东厢房

前苫山民居（李学诗故居）东耳房及东厢房平面图

前苫山民居（李学诗故居）东耳房及东厢房西立面图

图5-2-21　李学诗故居正房及东厢房平面图、立面图（来源：张艳兵 测绘）

图5-2-22　刘氏祠堂（来源：赵鹏飞 摄）

第三节　典型建筑与实例

一、寺庙建筑

　　鲁西北地区的宗教信仰多元化且并存相融，既有传统佛教也有崇拜天庭、圣杰、仙真等的道教，此外在回族聚居区的伊斯兰教以及清末传入的天主教也较盛行，因此作为宗教物质载体的寺庙建筑在这一地区广泛出现。

（一）大王庙

　　鲁西北地区的大王庙，是供奉漕运之神——金龙四大王的庙宇，故全称为金龙四大王庙。金龙四大王原型为南宋人谢绪，家中排行第四，元灭宋后感叹"生不能图报朝廷，死当奋勇以灭贼"，故投水而死。元末"明太祖与蛮子海牙战于吕梁"，谢绪化为"金甲神人"，"挥戈驱河逆流，元兵大败"，"上帝命为河伯"，故封金龙四大王。明永乐会通河疏浚后，山东运河经常受黄河的冲决泛滥影响，这对运河的畅通造成了非常大的威胁，黄河的每次决口都会冲毁张秋以南的运河河道，迫使漕运中止。所以明朝中后期，重点治理的运河河段基本上都在张秋至徐州之间。每次整治运河工程开工前，

朝廷都要举行仪式进行祭祀，祈求金龙四大王的庇佑，以金龙四大王为漕河之神，沙湾的"金龙四大王祠"是可以考证的第一座漕河神庙，自此金龙四大王就被列入了明代国家正祀之中。与此同时，鲁西地区运河沿岸也陆续出现了许多由地方官府和民间修建的"金龙四大王"庙，对漕运之神的崇拜在民间也日益普及[①]。

　　入清后，对漕运之神——金龙四大王的崇奉较明代有过之而无不及。朝廷和官府对金龙四大王崇敬有加，是为了保障京杭大运河河道的畅通无阻，从而维护封建国家大局的稳定。而对于普通民众来说，祈祷金龙四大王则不仅是为了舟船漕运之安，更多的是源于自己内心企盼平安富足的渴望。因此，在鲁西运河区域，到金龙四大王庙焚香祷告的不仅是朝廷百官、漕运兵丁、船夫舟子，甚至扩展到商贾、农夫、工匠乃至妇孺耄耋都对其顶礼膜拜。由此可见，明、清两代崇信金龙四大王之风的盛行程度。

　　明、清时期，供祀金龙四大王的庙宇广泛存在山东运河沿岸的城镇中，如德州、临清、聊城、张秋、济宁、鱼台、峄县等地都建有十分壮阔的"金龙四大王庙"（表5-3-1）。在山东运河北段的临清至少有三座金龙四大王庙：明万历三十二年（1604年）杭州商人闻濂等在汶河南岸创建了一处

大王庙；随之山西商人也捐资修建了一处，"大殿三楹，而殿之上又宗其楼"[①]。清顺治年间，知州郭鄷也在砖闸东重又修建大王庙。聊城两处金龙四大王祠祀，一处在崇武驿北的运河东岸，为官府祭祀金龙四大王之处；另一处则与山陕会馆合在一起，大殿北侧配殿所祭奉的水神就是金龙四大王。在张秋以北的鲁南地区，受黄河、淮河以及运河的水患最深，因而成为这一信仰的传播中心，济宁的金龙四大王庙宽阔雄伟，成为人们争相拜谒之处。庙宇"三间五楹，高二丈一尺，广三丈四尺，深二丈三尺；视旧庙基址规模益宽广，壮丽数百倍矣。"[②]山东运河区域金龙四大王庙宇的密集出现，反映了这一民间信仰的普及程度。

明、清山东运河区域大王庙建筑统计表　　表5-3-1

编号	名称	创建年代	地址	创建人
1	大王庙	清道光	德州北厂	督粮道张祥
2	大王庙	明万历	临清运河南岸	杭州商人
3	大王庙	清顺治	临清砖闸	知州郭鄷
4	大王庙	清康熙	临清卫河西岸	山西商人
5	山陕会馆	清乾隆	聊城	山陕商人
6	大王庙	不详	聊城崇武驿前	地方官府
7	金龙大王庙	明隆庆	曹县西南武家口	不详
8	金龙神庙	不详	郓城西南	不详
9	龙王大殿	不详	单县南堤上	不详
10	金龙王庙	不详	寿张十里堡	不详
11	大王庙	不详	寿张城内	不详
12	金龙四大王祠	明景泰	张秋沙湾	左都御史徐有贞
13	金龙四大王庙	明崇祯	张秋	西商朱之运
14	显灵大王庙	明嘉靖	鱼台东门外	官府
15	金龙四大王庙	明正统	济宁天井闸	漕督石瑭
16	河神总祠	清乾隆	济宁东门外运河旁	不详
17	大王庙	不详	汶上南旺镇	地方官府

续表

编号	名称	创建年代	地址	创建人
18	金龙神庙	不详	峄县台儿庄	河督张鹏翮
19	大王庙	清道光	峄县丁庙闸	不详
20	大王庙	不详	峄县韩庄闸	不详

（来源：王云. 明清山东运河区域的金龙四大王崇拜[J]. 民俗研究，2005（02）：134）

（二）临清清真北大寺

临清清真北大寺位于临清卫运河东岸，始建于明弘治年间，占地13亩。寺院坐西朝东，主体建筑为牌坊门、望月楼、礼拜大殿、殿后门楼等。建筑群依地势而建，西高东低，雄伟壮观。寺门是三间四柱木结构牌楼栅栏门，两侧为扇面"八"字墙。进入第一座院落，建有南北门房，正面则是立于台阶之上的"望月楼"（图5-3-1），为木棂玻璃窗式二层门楼，下厅上阁，底层三间，歇山重檐，此楼既是望月楼又为邦克楼，一楼两用，布局精巧，结构严谨，造型美观。望月楼后是第二进院落，院内南北讲堂（图5-3-2）相互对应，讲堂前为卷棚廊厦，花格落地门，两侧还建有南、北配房各五间，为沐浴之所。院落的正西面便是礼拜大殿（图5-3-3），殿前设石质台阶，从南、北讲堂处正向拾级而上，殿前抱

图5-3-1　望月楼（来源：临清规划局 提供）

① 赵尔巽等.《清史稿》卷84《礼三》[M]. 北京：中华书局，1998.
② [明]陈文《重建会通河天井闸金龙四大王庙碑》转引自：王云，明清山东运河区域社会变迁，北京：人民出版社，2006.

图5-3-2　北讲堂（来源：临清规划局 提供）

图5-3-3　礼拜大殿及内景（来源：临清规划局 提供）

厦卷棚面宽三间，进深一间。礼拜大殿面积1400平方米，可同时容纳2000人做礼拜。大殿由抱厦、前殿、后殿三部分组成，抱厦为无脊卷棚悬山式；前殿有前廊三间，主体南北两翼又各延伸出一间，共计五间；单檐庑殿顶，正脊两端装有鸱尾，后部为重檐，屋顶结构整体呈"山"字形；后殿屋顶用大木起脊，脊上为三座六角形伞盖式亭楼，飞檐攒尖，造型轻巧高耸。大殿屋顶为勾连搭样式，上覆黄、绿色琉璃瓦，尽显豪华尊贵。大殿内除后殿西墙外，其余墙壁上均有壁画，内容为桃子、石榴、葡萄、藤萝、牡丹之类，也有湖石、花木、植物花纹等。整组建筑群规模宏伟，布局精巧，结构严谨，风格独具。寺内尚存十余株苍翠古柏，数通古碑，与建筑相映生辉，浑然一体，给人以幽深肃穆之感。

二、衙署建筑

鲁西地区传统衙署建筑遗存不多，以临清钞关保存最为完整。钞关是明、清两代设在运河、长江、沿海等水上交通枢纽的一种税收机构，主要职能是对过往关卡的船只、商品征收税金。明朝建立后，便在重要的交通路线上设置关卡收税，由于当时设关较少，其设置与管理的制度并未建立起来。南北大运河贯通后，除大量漕粮由南方运抵京城外，运河沿线各地的商人也装载货物，南上北下，运河成为南北最重要的商路，榷关自然移到了运河沿线。永乐年间，在山东运河沿线的济宁、东昌、临清、德州四地设立税关，明廷又于宣德四年（1429年），对税关地点进行了调整，"令南京至北京沿河滹县、临清、济宁、徐州、淮安、扬州、上新河客商辏集处设立钞关"[①]。后经过发展，最终形成了河西务、临清、淮安、扬州、许墅关（苏州）、北新关（杭州）、九江七个沿运钞关，加上北京的崇文门钞关，并称八大钞关。山东运河沿线只剩下临清一座钞关，这是由于会通河水源不足，河道狭窄，闸坝浅滩甚多，航行多有不便，如果再设置多个税关，船只往来会更加困难。山东运河沿线税关减少，有利促进了山东运河区域商业、运输业的发展和繁荣，因而临清钞关的年商税额连年攀升，至明中期已达83000余两，超过崇文门钞关而居全国八大钞关之首。入清后，临清钞关商税额有所下降，每年大体5万~6万两，仍不失为江北运河上重要钞关之一。清后期海关设立，加上南北商路的变迁和运河的淤废，导致临清钞关税源常征不足额，直至民国19年（1930年），临清钞关由国民政府撤销，存在500年之久的临清钞关正式退出历史舞台。

明、清时期，钞关官员或由户部直接派员任命，或由地方官员兼任。明代出任钞关的差官一般是户部员外郎（从五品）或主事（正六品），任期一年；清代临清钞关的差官，由司官和笔帖式两部分人组成。钞关差官办公的地方即为钞关公署，其形制"按公署之设，以彰朝廷之体制"。

---

① [清]张廷玉等.《明史》卷八一《食货五》[M]. 上海：上海古籍出版社，2008.

　　根据明弘治年间的《临清增修钞关记》记载，林汝桓监督临清钞关税收，其在任期间，多有建置。首先修治了钞关与运河之间的直道，以砖石筑30丈的路基，以防止河水对道路冲蚀，路旁植柏柳，并修建20级台阶。台阶之上是开阔的庭院，进入庭院便是办理商贾税收的"阅课水亭"，水亭为东向四间，侧翼房各二间。往南是"远心亭"，乃"延纳宾客"之地，亦东向，有翼室，三面折道通往西北。又购一空地建厅，西向，样式如阅课水亭，有戈戟戚柲陈列于前，这是属吏居住的地方，门上有匾曰"厅事"。又有"重屋，岿然中起"，名曰"玉音楼"，高四层，乃安放"圣谕"之地。

　　清代，钞关公署的建筑布局有了较大变化，建筑群有了明显的中轴线，轴线上分布着大门、仪门、大堂、后堂等建筑，形制规整，等级分明。建筑群有了明确的内外功能分区，以仪门为限定，之外收取商船税金，是对外部分，仪门之内则是差官办公和生活起居的地方，这种内外分区的建筑形制同样存在于运河其他钞关公署建筑中。清乾隆十四年（1749年）的《临清州志》记有当时钞关的建筑情况：中为正堂三间，匾曰"廉平"。堂之左为科房十二间。左下为皂隶房三间，右下为巡拦房三间。后为轩三间，为后堂三间，匾曰"饮思"。堂左下为厅三间，北为关仓库各一，后为官宅。正堂前为仪门，仪门外，南为舍人房三间，后为单房三间，北为小税房三间，为船科料房三间，为土神祠、为协理官宅。又前为正门，左右为鼓吹楼二，为榷木二，

为坊二曰"裕国"、曰"通商"，为栅栏二。中为坊一曰"如水"，坊之左为税课大使署，南、北为则例序。前为玉音楼，又前为坊一曰"以助什一"。又临河为坊一，曰"国计民生"，前悬圣旨。坊之北为官厅，匾曰"心鉴清源"，后为阅货亭，曰"风清玺节"。河内为铁链，直达两岸，开关时则撤之。钞关公署临清钞关废停后，民国22年（1933年），"鲁北民团军指挥部驻防其间，指挥使赵仁泉增建舍宇，形势益复崇焕"，至今遗迹尚存（图5-3-4）。钞关和与其相连的码头是商船的必经之地，钞关码头以及码头通往重要交通节点的道路往往发展成商业街和市场。临清钞关的位置对中洲一带传统商业街巷的分布和走势产生了影响。钞关西南面的马市街、碗市街和锅市街以及钞关西北的考棚街连贯起来，形成3里有余的长街，形成了中洲商业区的基本框架。另外钞关附近前关街一带的商业十分繁华，钞关以东的一些商业街巷也是临清的繁华之地。

三、会馆建筑

　　聊城山陕会馆位于古运河西岸、东关双街南段，是清中后期山西、陕西商人驻足、议事、贮货、祀神、娱乐、举善的场所，也是鲁西北区域唯一保存完好的商业会馆。

　　山陕会馆的整组建筑面河而立，坐东朝西，这与中国传统建筑坐北朝南不同，是以迎合"水聚财，紫气东来"之意。

图5-3-4 临清钞关（来源：常玮 摄）

会馆南北宽43米，东西进深77米，有三进院落，主要由山门、戏楼、南北夹楼、钟鼓楼、南北看楼、南北碑亭、大殿、南北配殿、春秋阁等建筑组成。整组建筑呈东低西高之势，最西部的春秋阁最高，作为一面屏风护卫其后，虽未有山，却起到了山的作用；前方面向运河，又形成"玉带环绕""背山面水"之势。为了营造"关煞二方无障碍"之境，于南北两侧各建两座看楼，各作环形护卫正殿，殿前的戏楼装饰华丽，与正殿遥相呼应，形成"群山环抱"之态，风水宝地自然形成。山门前的大运河由南至北湍湍而过，加之北侧胭脂湖支流环绕聚于会馆门前，使会馆三面环水，得以"水须围抱做环形"，又暗喻"门口收藏积万金"。另外，会馆整体布局呈"凸"形，山门把整组建筑统一于中轴线上，即为"气口"，既是兴旺之标志，又为锁财之要冲。整组建筑巧妙借用地形和水流，形成完整的空间格局。

山陕会馆的建筑选址和布局集中体现了古代风水堪舆思想，在人工的建筑环境中融入自然，并使二者相得益彰，达到巧妙结合，堪称传统建筑选址和布局的典范之作。

山陕会馆的山门（图5-3-5）始建于清乾隆八年（1743年），是整组建筑轴线序列的起点，为八柱牌坊式门楼，面阔三间，进深一间，两侧带有"八"字照壁墙。明间正楼高起，

屋顶为歇山式，上覆五彩琉璃瓦，下部以四根方木柱和四根圆木柱承重，外墙方木柱下的柱础为造型活泼的石雕狮子和麒麟。山门明楼檐下为十三踩如意斗栱，次楼檐下为十一踩如意斗栱，以致檐口出挑深远，檐角起翘较高，使整座建筑巍峨壮观。坊下辟一正门和两侧门，均为木质朱门。石作门框上雕刻麒麟、凤凰以及彩云飞鹤等，门面上均镶嵌圆钉和铁箍。正门之上有石质匾额，楷书阳刻"山陕会馆"，笔格刚劲，刻工精湛。额枋上饰木刻透雕，内容为吉兽大象、狮子等，"无木不雕，无石不刻"的建筑艺术风格发挥得淋漓尽致。整座山门气势雄伟秀美，工艺精巧华丽，是会馆单体建筑中的上乘之作。

山门后为戏楼、夹楼和钟鼓楼所组成的连体建筑，它们与山门一起组成建筑群中轴线上的第一进院落。戏楼（图5-3-6）亦始建于清乾隆八年（1743年），当时"中祀关帝圣君，殿宇临乎上，戏台峙其前，群楼列其左右"[1]。道光年间重修后的戏台为二层，坐东朝西，建于砖台之上，平面呈四方形，面阔三间，"前三楹与正殿对峙，可容梨园子弟百余"，门上石刻匾额为"岭楼凝霞"。西面为台口，两侧封檐墙，明间设门可以通过。屋顶为重檐歇山顶，上覆五彩琉璃瓦，正脊饰龙吻，前、左、右三面各有出厦，形成十个翼角，

图5-3-5　山陕会馆山门（来源：赵鹏飞 摄）

图5-3-6　山陕会馆戏楼（来源：赵鹏飞 摄）

---

① 碑刻《重修山陕会馆戏台、山门、钟鼓楼记》，现存山陕会馆内。

犬牙交错，造型别致。戏台前檐为四根方形石柱，上置平板枋，柱头为双下昂五踩斗栱。檐口之下雕刻精美，其中明间额枋雕福、禄、寿三星故事，两侧有飞龙、人物、花卉等，做工精细，形象生动。

戏楼的两侧是与之连为一体的夹楼（图5-3-7），是艺人存放道具、化妆休息的地方。两夹楼南北对称，二层单檐三开间，中部一间抬起，下设门洞供人通行。门上各有石匾一方，因其方向正对泰山和大海，故分别题为"对岳"与"望海"。至今在其墙上保留大量墨迹，记载了从道光二十五年（1845年）至民国八年（1919年）山西、山东各地的京剧、河北梆子、山西梆子等剧种的一百二十多个传统剧目，亦有戏班名称、演出时间、艺人名字等之记述，这些墨记对于研究清末民初戏剧的发展演变、南北戏剧文化交流、山陕商人的文化生活提供了丰富的资料。

钟楼与鼓楼南北对称布置，形制相同，均筑于砖石方台之上，分列于夹楼外侧（图5-3-8、图5-3-9）。二楼造型轻巧，左为钟楼，右为鼓楼，屋顶皆为重檐歇山"十字"脊

式，一层有12根檐柱承托二层。钟楼门楣上有石刻横额"振聋"，鼓楼为"警聩"；钟楼有楹联"其声大而远，厥意深且长"，鼓楼楹联为"当知听思聪，岂可耳无闻"。楼上置千斤重的铁钟一口，击之余音轰鸣，震耳欲聋，婉转悠扬，和鼓二声相合，声闻数里。

南、北看楼位于钟鼓楼的西面，分列于戏楼台口前两侧，会馆创建时并未建看楼，乾隆三十一年（1766年），会馆第一次重修时"旁增看楼两座"[1]，保留至今，是商人们看戏、饮茶、洽谈生意的场所（图5-3-10）。看楼为两层五开间外廊式，屋顶为卷棚式，上覆灰瓦。底层地面为青砖铺地，二层由六根木梁承重，梁上置木椽，其上铺石砖。屋架、房架为四架梁，分别置檩条、椽子、望板和瓦件。

图5-3-8　钟楼（来源：赵鹏飞 摄）

图5-3-9　鼓楼（来源：赵鹏飞 摄）

图5-3-7　山陕会馆夹楼（来源：赵鹏飞 摄）

图5-3-10　看楼（来源：赵鹏飞 摄）

---

① 碑刻《重修山陕会馆戏台、山门、钟鼓楼记》，现存山陕会馆内。

位于看楼西端的是碑亭（图5-3-11）。碑亭是一座是开敞式三开间建筑，屋顶形式为歇山顶，上覆筒瓦，檐部出挑较大。碑亭额枋较宽，上绘多种吉祥图案。南、北碑亭内各有石碑四幢和壁碑两块。石碑尺寸形同，均为高6.2米，宽1.2米，碑文内容详细记录了山陕会馆从初建到屡次扩建，以及历年维修等情况。

会馆内大殿（图5-3-12）由献殿和复殿前后结合组成，是山陕会馆的中心建筑。献殿和复殿又各分为中间的正殿和南北配殿，面阔均为三开间，正殿为悬山顶，上覆绿色琉璃瓦，南北配殿各覆灰筒瓦。献殿又称"拜殿"，是商贾们集会议事、祭祀关公的活动场地，卷棚顶，装饰华丽。殿前有方形石柱四根，石柱下为石雕柱础，正面刻有歌颂关羽的楹联。檐柱上方镶有三块木质透雕额枋，分别刻有老子和八仙人物。关帝大殿檐廊正中，悬有木质阳文匾额"大义参天"四字。大殿中后部供有山陕商人的精神领袖——关羽以及关平、周仓三座塑像。南配殿称文昌火神殿，形制同大殿，是祭祀文昌火神的地方。北配殿位于正殿的北面，与南配殿位置相对应，也称"财神殿"，是商贾们祈祷发财的地方，建筑形制和装饰和南配殿相同。

春秋阁（图5-3-13）位于会馆中轴线的尽端，是会馆内的最高建筑，于清嘉庆十四年（1809年）增筑。面阔三间，上下两层，单檐歇山顶，上覆灰筒瓦。前廊四根木檐柱皆通至二层檐檩，额枋上均有木刻透雕，雕饰吉祥图案，造型生动逼真。阁南北各置一座望楼，两楼分别设有东向拱门，其上各有匾额一方，南曰"接步"，北曰"登阶"。春秋阁前方两侧为南北游廊，顶覆灰瓦，分别与望楼和正殿相接，围合成一个狭小的长方形院落。

图5-3-12　山陕会馆大殿（来源：赵鹏飞 摄）

图5-3-11　山陕会馆碑亭（来源：赵鹏飞 摄）

图5-3-13　春秋阁（来源：赵鹏飞 摄）

四、楼阁建筑

（一）临清鳌头矶

鳌头矶位于临清市中区先锋路街道办事处的吉士口街170号，处于会通河和通惠河的交汇处，始建于明嘉靖年间。现为临清市博物馆所在地，2001年6月被国务院批准为全国重点文物保护单位。

明朝时期，会通河分南北两支流入卫河，两河之间形成的一块狭长的陆地叫做"中洲"，鳌头矶就位于中洲翘首之地，是临清市与京杭大运河关系最为密切的古建筑。据《临清县志》记载，于鳌背桥西南数十步叠石为坝，状如鳌头，筑观音阁于其上，四座河闸分左右如鳌足，广济桥则为鳌尾。明正德年间，临清知州马纶题名"鳌头矶"，沿用至今。

鳌头矶是临清市保存较为完整的一处古建筑群。其中北殿为"甘堂祠"，亦称"李公祠"，南楼名为"登瀛楼"，亦称"望河楼"，西殿为"吕祖堂"，东楼为"观音阁"，四座建筑均面阔三间，形制规整统一，建筑风格古朴典雅。观音阁是这组古建筑群中最主要的建筑，阁建于楼上。下部为灰砖所砌筑而成的四围台上。筑台9米见方，高约5米，台前后正中位置开券门贯通，正面门楣刻有明代书法家方元焕所书"独占"二字。台上南筑女墙蝶雉，高70厘米。

观音阁平面呈方形，采用歇山式屋顶形式，四梁八柱的抬梁式木结构体系，阁高6米，面阔三间，前出抱厦，后落一垒。四个挑角处饰以陶质仙人脊兽。前为木格棂门，左右山墙各开一八角窗。不施斗栱。整个建筑形式对称严谨，比例均衡，布局得体，风格典雅庄重，体现了明代北方地区木结构建筑的典型特征，故有"鳌矶凝秀"之美誉（图5-3-14）。

（二）聊城光岳楼

光岳楼位于聊城市东昌府区古城中央，其主体建筑始建于明洪武七年（1374年）。现存建筑主体结构仍为明初遗物，为中国十大名楼之一，与黄鹤楼、岳阳楼、滕王阁等著名楼阁齐名，在中国古代建筑史上具有极其重要的地位。1988年光岳楼被列为国家重点文物保护单位（图5-3-15）。

图5-3-14　鳌头矶（来源：王汉阳 摄）

图5-3-15 聊城光岳楼（来源：常玮 摄）

光岳楼的修建最初是出于军事防御需要，因建楼所用的材料为修城剩余木材，故亦名"余木楼"，作为"窥敌望远"之用。明弘治九年（1496年），吏部考功员外朗李赞路过东昌府与太守金天锡登楼时，盛赞此楼："因叹斯楼，天下所无。虽黄鹤、岳阳亦当望拜。乃今百年矣，尚寞落无名称，不亦屈乎？因与天锡评命之曰'光岳楼'，取其近鲁有光于岱岳也。"因此得名"光岳楼"并沿用至今。

光岳楼建于明初，具有宋明交接过渡时期的典型建筑特点。它的结构承袭了唐宋时期楼阁遗制，又兼具明初建筑形式的部分特点。木结构的楼阁建于楼基之上，通高33米。楼基由砖石砌筑而成，底面呈方形，形制规整，各底边长约34.43米。向上逐渐收分，形态均衡。台高9.38米，四面正中均开一座半圆拱门，拱门之间交叉相同，内部建有通道直通主楼。

主楼高四层，高24米，全部为木结构。第一层面阔进深均为七间，平面呈正方形带回廊，四周砌以条石。明间面阔最大，约4米，次间、稍间较小。每面明间设板门两扇，两次间开窗。北面门内设鲁班神像，左右两侧有小梯；第二层面阔进深仍为七间，尽间为回廊，四面明间辟门，两侧次间开窗，东西两次间为梯井通上下层。金柱一周内以板壁围成一长方形室，其中又分为大、小间。南向中间辟门，左右开

圆窗；第三层是暗层，实为结构层，也是楼的主要框架。面阔进深均为五间，金柱与檐柱之间上端是梁架，与第二层贯通，所以暗层实际仅三间；第四层为楼的最高层，面阔进深均为三间，平面呈正方形，较下层明显收缩，共有柱28根，平面呈正方形，明间设窗，中间为空井，四周设栏杆。楼顶为"十"字顶，顶下垂覆莲，四角有木刻浮雕的人物及花鸟装饰。楼脊为歇山"十"字脊，脊顶装有直径1.5米的透花铁葫芦。明间面阔较大，延长了"十"字脊的长度，使楼体重心提高，整个建筑显得更加伟岸。

光岳楼整体布局紧凑得体，结构严谨合理，气势雄伟。600多年来，光岳楼曾先后进行过16次维修与重修，但其主体结构仍为明代遗存，基本保持了明代建筑的原貌，具有极高的文物价值。

五、民居建筑

（一）生土民居

鲁西北地区的生土民居主要以囤顶土屋的建筑形式出现。囤形屋顶在我国秦汉时期的建筑中就已经出现，特点为房顶微微拱起略成弧形，前后稍低、中央稍高，居民可以充分利用屋顶空间囤粮、晒粮，甚至纳凉休息。较茅草土屋相比，鲁西北地区的囤顶土屋现存较多，分布广泛。阳谷县张秋镇曾是鲁西北地区一座繁华的市镇，大运河穿镇而过，其中紧邻运河的一条街道以经营水缸而命名为"缸市街"，此街中的囤顶土屋保存较完整。虽有一些土屋已翻建成砖房，但囤顶形态基本未变。

1. 院落布局

缸市街（图5-3-16）为南北向，依运河走势，曲折蜿蜒。大门在街道两侧开设，位置灵活，院落方正紧凑，多为一正两厢的布局，大门正对影壁，正房在北，为长辈居住，东西厢房高度低于正房，为儿女辈居住，亦有正房两侧或一侧建耳房的，高度低于正房，为储存或厨房之用。

2. 平、立面特征

土屋正房（图5-3-17）一般都为三开间或五开间，开间在3.5米左右，进深4米左右，室内的平面布置没有严格规定的形式，家具布置也较为灵活。

囤形屋顶不起脊，不挂瓦，前后出檐，房顶用厚泥抹平，看上去中间略高，向前后两檐缓缓呈一弧形坡度，显得厚重质朴。屋檐四周压一圈石板，以利雨水冲刷，也有经济较好的人家在檐口上筑一矮墙垛将屋顶的雨水集中到檐口上的泄水沟，并用若干个探出屋檐约5厘米的水槽倾泻到院内，这种做法能有效保护墙体不受雨水的冲淋（图5-3-18）。

3. 建造方式及材料

这一带不产石材，故多以砖砌筑墙基，俗称"碱脚"。"碱脚"有五行、七行、九行、十一行砌砖之分。墙基与上面土坯中间常常隔一层麦草，以防碱腐蚀。

土坯是用黏土、草、水放入木模之中成型晒干的，建造时用黏土草泥胶合分层垒砌，然后墙面腻以石灰。具体方法如下：首先选土，土墙质量的好坏和所用土料有直接关系，土料选择带胶性的黄土，为提高土墙强度，要将土细筛，去除土中所含的各种杂质；按一定比例加水拌和，让牛反复踩踏至泥料产生一定强度。为防止土坯龟裂，要加入麦秸等骨料，以增强其抗拉性，然后用草席盖上闷一至两天，使泥料充分被水浸透；准备好土坯模具，把活好的泥料倒入模具里，选一平整场地，将模具平放，用手将泥料抹平压实，提起模具，将土块留在原地暴晒，一周后即成；待土坯完全干燥后，收齐垛在一起，存放在干燥的地方，以备适用；土坯砌筑时只用泥浆砌缝，缝隙一般为2毫米左右，砌筑方法与砌砖基本一致，所不同的是土坯多用立摆，以避免吸入大量水分而崩塌；内外墙用泥刮平后腻以石灰膏，在房屋转角处多用砖砌，以增加墙体的稳定性，这种做法称"镶边"（图5-3-19）。

图5-3-16　缸市街入口（来源：赵鹏飞 摄）

图5-3-18　土屋屋檐的泄水槽（来源：赵鹏飞 摄）

图5-3-17　土屋正房（来源：赵鹏飞 摄）

图5-3-19　土屋"镶边"（来源：赵鹏飞 摄）

囤顶土屋的梁架多采用直梁加短柱直接搁檩的构造形式，短柱高矮不同使梁架略成弧形，架好的檩条上铺数层苇箔，苇箔上再铺以成捆的秫秸，秫秸上面铺草。然后用麦秸泥抹一遍，等麦秸泥干透后，最后用石灰、土、沙按一定的比例加水混和而成三合土，均匀地平铺在整个屋顶上，厚约一二十厘米，用木板反复拍打，直至表面提出泥浆，形成质地坚实平滑的囤顶。

（二）宅院民居

鲁西北地区的宅院民居的构成元素通常包括宅门、影壁、正房、厢房、耳房以及倒座房、群房等，这与北方传统四合院布局基本一致。

1. 宅门

宅院民居的宅门一般以门楼的形式出现，门楼造型各异，以压瓦脊顶式最为普遍。大门为建在墙面上的独立门体，由门扇、门框、门垛、门楣等主体组成，有的还有门墩石、坐街石等附件。院落较多的宅院往往另外在后院设置后门，或在宅门一侧设便门。作为主入口的宅门多设在庭院东南方向，即院落中轴线偏左一方，但是也有一些宅院民居为了顺应运河走势，不遵此例而灵活设置。宅门样式也各有不同，体现了当地的地域特色（图5-3-20）。

（a）高家大院门楼   （b）税课局巷某旧宅门楼   （c）汪家大院门楼

（d）钱家大院门楼   （e）王家大院门楼   （f）王烈士祠街某旧宅门楼

图5-3-20 临清民居门楼样式（来源：临清市规划局 提供）

2. 影壁

影壁也称照壁，它和宅门的组合既丰富了宅院的入口空间层次，又遮挡了外界视线和避开了冲煞之气。根据与宅门的位置关系，可以分为宅门外影壁和宅门内影壁两种类型。影壁与宅门互相陪衬，相互烘托，二者关系密不可分。

在紧邻运河的宅院民居中，外影壁常设于正对河道的宅门前方。由于运河是一条繁华的"水路"，往来船舶较多，形成了一种"动"的气氛，而宅院内部的空间则相对狭小，居住的功能属性要求"静"的环境。在宅门与河道之间设置影壁，一方面可以遮挡视线，防止院落内部情景向河道外露宅门，另一方面也让宅中的"气"聚而不散，不易外泄，在空间设计上起到了过渡和收敛的作用。

内影壁设在宅门之内并与其正对，实际功用在于遮挡大门内杂乱的墙面和景物。山东运河宅院民居的内影壁并不独立设置，多是和东厢房的南山墙相结合的跨山影壁，利用山墙做影壁，使影壁与山墙连为一体，既依附于山墙，又突出于山墙。人们进入宅门时，迎面看到的首先是叠涩考究、雕饰精美的墙面，壁心方砖斜摆，磨砖对缝，上方花脊高高翘起，使民居多了一份水的通灵与秀丽（图5-3-21）。

3. 厢房

厢房也称为偏房或厢屋，设在正房的东西两侧的位置，间数多采用奇数，是家里的小辈住的场所（图5-3-22）。在鲁西北地区，一般西厢房比东厢房要尊贵一些。房间规模多采用一明两暗的三开间，正中一间为起居室，两侧为卧室，有的住户也将南侧的一间分隔出来做厨房或餐厅使用。厢房的功能根据使用要求可以灵活转变，在店铺民居形式中，厢房则一般作为商品加工的作坊。厢房这种功能与形式的转变是建筑与居民生产、生活方式紧密联系的结果。

4. 正房

正房也称为堂屋或北屋，多为宅主居住用房，是宅院民居中的主房，位于全宅中轴线上的北端居中处，是整组建筑的中心（图5-3-23）。正房的开间、进深、高度的尺寸及用料、装修等均为全宅最高标准。正房规模多为三至五开间，最高可做到七开间。中央明间为起居室，卧室设于次间或梢间，室内多采用隔扇分隔，创造相互渗透的居住空间形态。正房建筑高度为院内最高，门前的台阶数最多，室内地坪较之于宅院中的其他房间都高。正房进深方向常采用檐廊处理，

　　（a）王家大院影壁　　　　　　　　　　　　（b）柴市街某旧宅　　　　　　　　　　　　（c）白布巷某旧宅影壁

图5-3-21　临清民居影壁样式（来源：临清市规划局 提供）

图5-3-22　张秋陈家旧宅西厢房（来源：赵鹏飞 摄）

图5-3-23　张秋陈家旧宅正房和厢房尺度关系（来源：赵鹏飞 摄）

以增加正房空间层次，加大进深尺寸。为进一步突出其显要、尊贵的地位，一些大院民居中的正房建成两层，使其在建筑高度上占据绝对优势。

5. 耳房

位于正房的两侧，各有一间或两间规模较小的房间，好像挂在正房两侧的两只耳朵，所以叫做耳房。耳房一般出现在院落较多的大院民居中，而在一般民居建筑中正房两侧有耳房的并不多。耳房与正房相连，在开间、进深上均小于正房和厢房，空间狭小，一般是用作主人的小卧室或书房，或门向外开，做储藏室使用。

（三）堡寨民居

魏氏庄园位于山东省滨州市惠民县魏集镇魏集村（图5-3-24），始建于清光绪十六年至十九年（1890~1893年），整座庄园占地40余亩，平面布局呈"工"字，由住宅、花园、池塘、祠堂、广场五个部分组成。庄园的建筑将具有中国古代军事防御功能的城垣建筑和传统四合院式民居融为一体，构成了一组具有独特艺术风格的城堡式建筑群。

作为军事防御型堡寨民居，庄园的建造吸收了中国古代筑城思想，具有古代城市高大而坚固的墙体。庄园的城垣平面为矩形，南北长84米，东西宽46米，在城垣的东南与西北角各设一突出墙体的碉堡，墙垣分为三重，分别为外院墙、

图5-3-24　魏氏庄园（来源：高宜生 摄）

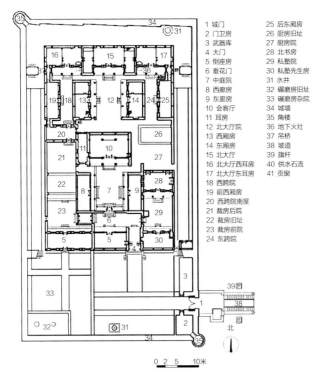

1 城门	25 后东厢房
2 门卫房	26 厨房旧址
3 武器库	27 厨房院
4 大门	28 北书房
5 倒座房	29 私塾院
6 垂花门	30 私塾先生房
7 中庭院	31 水井
8 西廊房	32 碾磨房旧址
9 东廊房	33 碾磨房杂院
10 会客厅	34 城墙
11 耳房	35 角楼
12 北大厅院	36 地下火灶
13 西厢房	37 吊桥
14 东厢房	38 坡道
15 北大厅	39 旗杆
16 北大厅西耳房	40 供水石流
17 北大厅东耳房	41 贡窗
18 西跨院	
19 前西厢房	
20 西跨院南屋	
21 裁房后院	
22 裁房旧址	
23 裁房前院	
24 东跨院	

0 2 5   10米

北

图5-3-25　总平面图（来源：袁军等 测绘）

城墙和宅第院墙。（图5-3-25）三重围墙之中，外院墙现已倾圮，仅存城墙、内宅院墙两重围墙。城墙顶部外侧为垛口，内侧砌筑女儿墙，中间为跑道。墙内四周建有12个壁龛式射击掩体，东南角、西北角建有半突出墙体的碉堡，分上、中、下三层，这些军事防御设施在现存的古建筑中是十分罕见的。

内宅庭院三进三跨，共计九座院落，采用传统四合院规整布局。中路院落为其核心部分，第一进院落迎面有照壁，正面为垂花门，南侧为倒座房，东西两侧各有仪门一座；过垂花门进入第二进院便是整座住宅大院的核心院落，正房（北大厅）居中设置，为整个宅第最高的建筑，是主人接待重要客人之处。正房规模也最大，共有十一开间，实为中路五间、东西路各三间的格局，正房前两侧各有东西廊房间，和东西廊房与垂花门有抄手游廊相连；第三进院落包括正房及东西厢房，为主人及其家人居住之处。东西两路跨院为庄园附属用房，其中前两进院落分别设有私塾、裁缝院、厨房等，最后一进院落与中路最后一进院落相通，为其子女及内宅侍

女居住之所。中路院落正房均高于其他建筑，使得魏氏庄园各单体建筑主从有序、错落有致，整体遵循了清代礼制约束。

就各单体建筑而言，立面构图严整，整体风格较为厚重。除中路各建筑及私塾院落北书房设置前廊外，余者皆为硬山不出前廊的做法。其中最具特点的建筑有两座，分别为倒座房及三进院落正房。倒座房前廊为垂花式样而不置廊柱。而其三进院落北大厅正房，虽为两层，然而设计巧妙：采用了齐鲁地域望楼与单层正房相结合的方式，上、下两层共置一层通高前廊，为山东地域现存传统民居建筑中如此格局的孤例。庄园除其垂花门（二门）为悬山式样外，其余各单体建筑均为硬山式建筑。其中设正脊者共有两座建筑，皆位于中路，分别为金柱大门，饰齐鲁地域蝎子尾正脊；二进院落内会客厅，饰筒瓦叠砌花脊，两端置吻，等级略高。余者皆为卷棚屋面，所有屋面均为板瓦屋面。

魏氏庄园的建造技艺高超，其城墙总计长约260米，高约10米，除其东北侧存有少量裂缝及南侧围墙因取用砖料而人为拆除外，无一处空鼓，历经100余年完好如新。综合来看，这得益于当时匠人对于地基处理、墙体砌筑的精湛技术以及长条石材内外拉结、上下错缝砌筑的精细构造技艺（图5-3-26）。

（四）宅店民居

苗家店铺位于临清市会通街33号。会通街是明、清时期临清中洲古城中一条繁华的商业街，因东临会通河而得名。在因漕运而逐渐兴盛起来的商埠区中，会通街两侧原为大量的前店后宅式建筑。苗家店铺始建于清代，是会通街上保存较完好的一座典型的前店后宅式传统民居院落，2014年公布为聊城市文物保护单位。临街一侧建筑为店铺，面阔三间进深一间。结构体系为抬梁式木构架，屋顶为硬山坡顶。沿街立面为可拆卸开敞式木板门面，方便店铺营业。屋面加大挑檐，采用了穿斗式梁架结构，在沿街面形成灰空间（图5-3-27）。穿过店铺进入内院，院落东西总长为 27米，南北宽15米左右，为四合院形式。正房为主人起居之用。面阔三间进深两间，一侧建有耳房（图5-3-28）。结构形式

同样为抬梁式木构架体系。当中明间开门，两侧开窗，门窗均为木板材质。山墙墀头和檐下雀替均刻有精美的雕花，虽

因年久失修部分损毁，但仍可看出雕刻手法十分细腻精湛（图5-3-29）。

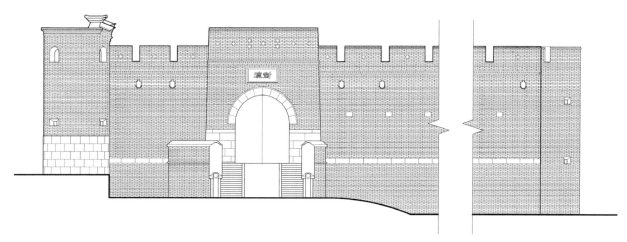

图5-3-26 东立面图（来源：袁军等 测绘）

图5-3-27 沿街铺面（来源：常玮摄）

图5-3-28 内院正房（来源：常玮 摄）

图5-3-29 正房墀头、雀替的砖雕和木雕（来源：常玮 摄）

第四节 传统建筑特征解析

一、不拘于式的街巷格局

历史地段的形成，经过了长时间的自发性营造。有学者把这种自发建设称为"自然式"有机演进或"自下而上"途

径，所产生的城市建筑空间形态是"与环境相协调，自由、随机、不规则，呈理想图景的拓扑形状"，"自发发展，彰显本土特征，形态多样化协同进化"[1]。在鲁西北地区，运河流经区域的传统商业街巷不同于北方常见的方格网布局，呈现不拘于式的格局，具有明显的自发性营造特征。这种布局的形成发展是与运河的走向、商业的繁华密切相关的。一方面

① 刘晓星. 中国传统聚落形态的有机演进途径及其启示[J]. 城市规划学刊，2007（03）：56.

受运河自然弯曲的形态限制，使得运河两岸的街巷必须顺应河道布局；另一方面，水运的畅通吸引了很多江南商人来此经营，他们自发性地营建吸收了南方城镇街巷特色，形成了弯街曲巷的格局。

以上特点在临清商业区中表现得尤为突出。会通河二支流在中洲形成的一撇一捺，构成了临清的城市整体框架。中洲一带水运发达，交通便利，是外来商贾集中经营和居住的地方，商铺、民居发展迅速。现存的传统民居大都分布在这一带的运河两岸，形成傍河而居的整体布局。运河呈"人"字形穿临清城而过，街巷在整体布局上或四面靠河，或两面临运，与运河走势紧密联系，均以运河桥梁或码头为起端，向运河两边纵深发展。南北走向的街道之间，又有许多东西走向的街巷，构成不同宽度街巷的棋盘式网状分布格局。街巷道路大都不规则，具有明显的自发倾向，呈现出沿运河边界三角形、内部"丰"字形的街道框架，城内及其周围还分布着许多大大小小的坑塘洼淀，与河流也相互沟通，宛如运河水系的支脉（图5-4-1）。街巷民居皆顺势于河流、坑塘而建，以利防洪排涝、抗旱蓄水，反映出当时人们质朴实用的居住智慧。临清素有三十二街、七十二巷之说，清代乾隆年间"砖城内有街十、市二；外城内有街十三、市十四、巷二十九，厂七、口六、湾二、铺一、道二、无名街巷尚无统计"。街巷大都临街而市，名称多以商户所经营商品或手工业者所从事行业来命名。据各代地方志所记载的街有酱棚街、草店街、茶叶店街、冰窖街等；巷有锅市巷、纸马巷、箍桶巷、白布巷、竹竿巷、白纸巷、钉子巷、银锭巷、琵琶巷、巢米巷、麦巷、估衣巷、手帕巷、弓巷、鞍子巷、碾子巷、豆腐巷、马尾巷、油篓巷、皮巷、香巷等。另外也有以地名称街巷名的，如会通街、考棚街、大宁巷、宁海巷、礼拜巷等。

在德州、临清、聊城等城镇的运河商业区，屋舍多顺应运河走向，傍河而建，院落也因依河道平行布局而呈现自由形态，这就导致区域内街巷道路形态曲折，很少直通贯穿

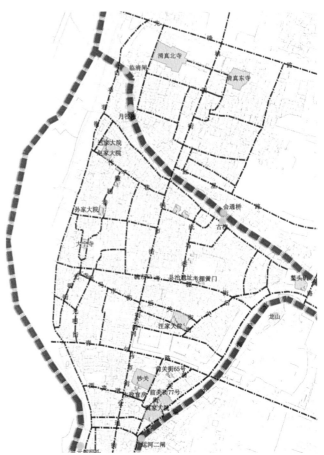

图5-4-1　临清商业街巷（来源：赵鹏飞 绘）

（图5-4-2）。弯街曲巷的规划格局多见于我国江南多水地区，那里河街相连，水巷交叉，成为江南水乡城镇建设的成功经验。南方文化通过运河向北传播，使得山东运河区域的街巷格局出现与南方相似的形态特征。这种"不规整有机增长型"的街巷体系受运河走势影响，经济性和适应性较强，形态自灵动多变，客观反映了地理环境条件，符合管子"因天时，就地利，故城郭不必中矩，道路不必准绳"的城建思想。在弯街曲巷的道路布局中，两条街巷的交汇处多呈现丁字路口，并通过适当空间处理，形成丰富的街巷景观。这种街巷系统具有较强的地域特色，能使外来人感到陌生，不能准确定向，心理上感到难以驾驭，但当地人却能来去自如，熟悉家乡的独特街巷空间结构和标志。[1]

① 王建国. 现代城市设计理论和方法[M]. 南京：东南大学出版社，1991：160.

图5-4-2　通向运河码头的街巷空间（来源：赵鹏飞 摄）

构成商业街巷的边界空间两侧主要由商业店铺夹峙而成，空间尺度比以功能居住为主的街巷要大。围合街巷空间的界面，无论商店还是住宅均相互毗连不留空隙，面阔为一间或数间，不一而同，这种有规律的连续性使得街巷空间形成完整的图形，十分富有生气。另外，临街而市的街巷还保持良好的空间尺度关系，街巷宽度与临街建筑高度之比多为1左右，一般不超过2，这种比例使人感到匀称而亲切，突出了人在街巷中的主体地位，也同时使街巷具有人性化的品质。

二、运河文化的建筑表达

明初会通河疏浚后，徽州商帮便相机而动，迅速在大运河流经的鲁西北地区开拓市场，至嘉靖、万历年间，徽商已经控制了北方运河流域最大的商业城市——临清，此时"山东临清，十九皆徽商占籍"。徽商在山东运河区域的经营活动主要集中在交通便捷、经济发达的城镇，而很少涉足广大的农村地区。这与山陕商人的经营策略形成鲜明对比，明中后期，山陕商人进入山东运河区域经营，入清后更遍布于运河沿线的城镇乡村，无论是繁华都市，还是穷乡僻壤，他们到处开设商铺，修建会馆。尤其到了清代，晋帮控制了中国北方市场，山东运河流域曾一度被徽商抢占先机的临清、济宁等运河城市，清中期以后晋商的势力逐渐占据了上风。和徽商一样，山陕商人同样对运河聚落的发展作出了贡献。明崇祯年间，在运河重镇张秋经营的西商联合捐建了"金龙大王庙"，规模宏大。清初，晋商又重新修葺，增设戏台，更显壮观。另外，在山东运河区域经商的势力较大的商帮还有江苏的洞庭商帮、江西商帮、浙江商帮、闽广商帮和辽东商帮等。他们或在运河沿岸设立店铺，或从事长途贩运，促进了运河聚落的形成和发展。

和鲁西南相比，鲁西北地区降雨量较少，且位于黄河冲积平原。区域内缺山少石，面积广阔的黄土成为本地区主要的建筑原材料。由于该地区土质呈碱性不适合烧砖。建房所需的砖瓦需要到较远的地方购买。所以本区一般农家所建房屋中，砖石十分少见，除建筑基础外，从墙体到屋顶的围护结构，几乎都有生土建造。明、清时期的鲁西北地区，一些经济实力强的大户人家大兴土木构建宅第，形成了多个院落组合的大院民居。以临清为例，临清处于北方气候环境下，正房以坐北朝南为最好，但是临清大院民居的院落布局更注重与运河的关系（图5-4-3），虽主次有序，却也延伸自如，空间灵活，并不像传统四合院那样严格受封建礼制制约。这体现出临清民居适宜居住第一、规矩次之的规划与建设理念。

（a）平面现状　　　　　　　　　　　　　　　　（b）南跨院

（c）屋角　　　　　　　　　　　　　　　　　　（d）绣楼

图5-4-3　冀家大院（来源：赵鹏飞 绘、摄）

三、南北交融的细部特征

　　大运河沟通南北，鲁西北位于运河中段，地理位置优越，作为明清重要的商业区域，吸引了全国各地商人到此经营居住，这就形成了庭院民居具有南北风格交融的建筑特色。

　　鲁西北地区的店铺民居多为北方建筑风格，但是在一些南方商客聚集的城镇，他们用于经营居住的店铺民居和北方风格有所不同，突出的特点就是门板长，屋脊阔，颇具江南遗风。店铺前出檐较大，在檐下多做具有类似江南风格的"飞栱"，这种大出檐很适合商业经营，在炎热或阴雨季节，人们可以在檐下往来自如，为商家和顾客双方都提供了方便，是现代建筑所提倡的"灰空间"。

　　在一些宅院民居中，南北方建筑风格的交融体现得更加明显。临清的冀家大院和汪家大院就分别代表了山西建筑和徽派建筑的特点。临清的晋商宅院布局紧凑，整座建筑群简练雄浑，墙高院深，为防盗临街巷的院墙房屋不设窗户。屋架举折较缓，装修丰富，石刻、砖雕、木雕皆有，做工细腻，为细部装饰的亮点，照壁形态古拙，线条粗犷大气，主房山墙尖和墀头砖雕工艺精湛，檐檩下有曲拱型的额枋，上面有浮雕梅、兰、竹、菊和卷草图案（图5-4-4）。临清的徽商宅院受北方民居影响，虽然没有马头墙、白粉壁等典型徽派特征，但在院落空间组合、建筑细部装饰上仍然保留了徽派建筑特点。建筑多用天井厅堂，屋面较陡，门罩、影壁砖雕灵动华丽，门窗隔扇雕花细腻多彩，多用冰裂纹装饰门面（图5-4-5）。南北不同风格建筑与鲁西本地建筑融合发展，逐渐形成了临清传统民居南北交融、兼收并蓄的建筑特点。

　　在大量的以明、清风格为主的传统民居中，也夹杂着一些受西洋风影响的民居建筑，多为清末民初所建。这些建筑主体基本为传统民居的延续，只在某些局部显露出西洋文化的渗透和影响，可以看出当时户主在外观形式上追求"洋"时髦的心理反应（图5-4-6）。

图5-4-5　徽商宅院细部装饰（来源：赵鹏飞 摄）

图5-4-4　晋商宅院细部装饰（来源：赵鹏飞 摄）

图5-4-6　清末民初的民居（来源：赵鹏飞 摄）

下篇：山东现当代建筑传承策略解析

第六章　山东近代建筑风格的形成与演进

　　鸦片战争之后，伴随着西方列强的入侵和山东地区开明士绅的自主探索，山东地区城市与建筑发生近代化嬗变。大运河沿线的传统商贸城市逐渐走向没落，随之兴起的是近代化港口城市、铁路交通枢纽型城市和近代化矿业城镇。伴随着城镇近代化的发展，各种新建筑类型、建造技术、建筑材料、建筑设备等开始得到广泛应用。建筑风格也体现出多元化特征，既有从西方国家移植、转译的舶来品，也有中西交融的本土化建筑演绎，形成传统与现代兼容并蓄、本土与西方交相辉映的建筑风貌特征。近代时期是山东地区早期现代化发展的重要阶段，对于现当代城市空间格局的形成、建筑风貌特征的发展均产生重要影响，是山东建筑文化的重要组成部分。

第一节　城市变迁：近代化城市产生与传统城市转型

一、新兴的近代化城镇

1840年鸦片战争爆发后，作为上达京津、下至沪宁的战略要地，山东遭到各列强的觊觎。1860年，法军侵占烟台，作为进军京津的战略基地，1861年烟台正式开辟为通商口岸。1895年，中日甲午战争中，北洋舰队全军覆没，日军侵占威海卫。1897年，德国以"巨野教案"为由，派兵强行攻占胶州湾，并与清政府签订不平等的《胶澳租借条约》，将山东划为其势力范围，获得了修筑铁路、开办矿场等事务的优先权。1899年7月，又在青岛设立中国海关，简称胶海关，划为自由港贸易区。1914年，第一次世界大战爆发，日本对德宣战并出兵封锁胶州湾，侵占青岛、潍县等城镇，后占领胶济铁路沿线车站及附近矿区，在击溃德军后取代其获得在山东的特权。直至1922年12月中国收回青岛主权，日军统治长达8年之久。

与此同时，山东民族资产阶级逐步登上历史舞台，推动了民族工商业的发展，包括各类官办、商办、官商合办企业等。官办企业主要为军事工业，山东历任执政者均十分重视机器制造，1901年，北洋大臣袁世凯在德州创办北洋机器制造局，附设火药、枪弹、炮弹等四个制造工厂，是当时国内较为领先的大型兵工厂。因李鸿章着手兴建的军工企业急需煤炭，地方豪绅于是奏请于峄县开办煤矿局，1878年春"山东峄县中兴矿局"成立，推动了峄县的近代化发展。

（一）沿海开埠型城镇

烟台位于山东半岛东北部，地处渤海之滨，具备良好的港埠条件和丰富的自然资源，为近代山东地区的第一座开埠城市。鸦片战争以前，西方商旅便通过走私向烟台运售鸦片。鸦片战争之后，走私贸易更加发达，随着港口开埠及中国当

局自上而下的规划建设，烟台逐步成为山东半岛地区重要的近代化商埠城市。

烟台的近代化发展始于晚清之际，清政府被迫与英、法等列强签订《天津条约》和《北京条约》，原定将登州府城口开辟为蓬莱港，但因烟台地理位置、自然条件及商贸规模优于登州港，遂以烟台取代登州开辟为通商口岸，1861年5月正式开埠，成为近代山东第一个对外开放的通商口岸。由此，西方商旅获得在烟台拥有土地、建造房屋、发展贸易的权利，外国货品可经烟台港运至内地，中国土产也可装运至国外，烟台港商贸繁荣、城市建设发展迅速，逐步发展为重要的进出口贸易港口。20世纪初，清末新政背景下各类经济立法政策颁布实施，从制度上指导了城市经济建设的发展。

在港口贸易的带动下，烟台人口增长，近代化城市运输业、工业、商业得以发展。自1861年至20世纪初期，许多外资企业进驻烟台，例如1872年德商创办的烟台蛋粉厂、1874年德商创办的烟台缫丝局等。烟台的民族工商业企业亦发展迅速，多采用近代化机器设备、制度化和规范化的管理模式，在国内占据重要地位。1892年，南洋华侨张振勋秉持"致富之道以富国为先，理财之原以经商种植为要"的理想，在烟台创办张裕酿酒公司，是近代中国工业体系最为完备的葡萄酒企业和当时远东最大的葡萄酒酿制企业。

烟台开埠之后，建成区域不断拓展，大致分为初始期（1861~1911年）、兴盛期（1912~1938年）、延续期（1938~1945年），以及停滞期（1945~1948年）[①]，逐渐发展为山东半岛东北侧的近代化港口城市（图6-1-1）。

近代烟台城市体现出沿海岸线的带状城市形态特征。开埠之前，建成区域主要集中于所城和天后宫附近。烟台老城为明洪武年间为抵御倭寇所建之所城，即"奇山守御千户所"，位于海边今南大街东段南侧，城池具有我国古代军事防御性城市特征，面积约1平方公里，呈四方形，周边环绕护城河，城内十字交叉的大道为主路，通向东、南、西、北四座城门。天后宫附近主要为商市，东、西大街周围1里左右，均

---

① 王大为. 烟台近代城市建设发展与历史城市保护研究[D]. 武汉：武汉理工大学，2013：59-81.

图6-1-1　烟台港照片（来源：哈佛燕京图书馆）

为商人开设的行栈。主要建成区外尚有几个村落，其余均为田野、山林等，较为空旷。

　　烟台开埠之后，城市建成空间沿海岸线呈带状发展趋势，并逐渐与旧城区相连，向内陆地区渗透。开埠初期的城市建设主要围绕在道署和烟台山的领事馆建设、港口附近的商业设施建设等，烟台山上散建了美、日、英、德、法等多国领事馆，商旅则在港口海关码头附近聚集，建成区域沿海岸线向西、北拓展，并开始向内陆延伸，与所城、天后宫连成一片，形成烟台最初的城区。待至19世纪末、20世纪初，主要建成区范围为所城以北，东河以西，西南河以东，奇山所以北的区域，容纳了各类西方领事馆、教堂以及港口贸易相关的行栈、商店、旅社等。

　　民国年间，烟台相对稳定的经济发展环境为城市近代化提供了保障。在民族工商业及外国资本的刺激下，城市空间沿朝阳街一带向西、南方向发展，建设了各类工业、商业及居住类建筑，城区扩展到烟台山东南边的二马路、三马路附近。自1923年起，当局还开展了道路修建及改造工程，至抗日战争爆发前，烟台形成了较为完善的城区道路网络。1935年，当局将烟台划分为5个自治区，完成了行政区划，具体包括：烟台山和东河以东西方人聚集的第一自治区；南大街以南娱乐场所较多的第二区；西南河以西以工厂和贫民居住区为主的第三区；儒林街以西、北至海岸以商业为主的第四区，以及西界儒林街、东至东河沿岸的第五区。[①]

　　自抗日战争爆发烟台沦陷至1949年中华人民共和国成立，烟台城市建设没有太大变化，基本延续了民国时期的城市空间形态。当局虽有都市计划、道路规划等城市建设条例，但因时局不稳、资金不足等原因未能实施。

　　总体而言，近代烟台城市呈现沿海岸线发展的东西向带状形态和向内陆延展的总体空间形态特征。烟台山、海关码头一带的商贸区域为早期近代化空间，向南与朝阳街区、道署区、奇山所城等区域相连形成主要的南北轴线，并沿海岸线向东、向西不断拓展，呈现出功能组团的空间异化，形成

───────────────

① 王大为. 烟台近代城市建设发展与历史城市保护研究[D]. 武汉：武汉理工大学，2013：59-81.

领事馆区、商贸区、工业区、居住区等多种功能聚集区。烟台山位于建成区北缘，临海耸立，山上矗立着烟台山灯塔并散布着各国领事馆所，以其独特的地理特征和空间形象成为烟台城区的标志性节点。

坐拥深水港埠和铁路优势的青岛也是近代时期新兴的沿海开埠型城镇。青岛位于山东半岛西南端，西临胶州湾，东依崂山山脉，北接胶东平原，南滨黄海。城市地处滨海丘陵地带，地势东高西低，南北隆起。青岛在地理位置、气候条件、对外交通和海防等方面都有成为大城市的先决条件和内在要求。

青岛是中国近代基于城市规划建设发展起来的代表性城市，在其形成和发展过程中，城市规划与城市建设体现了良好的互动关系。近代以前，青岛仅仅是个小渔村，位置靠近胶州湾入口附近的小岛。近代青岛的发展始于1891年，清政府在青岛建置，称为胶澳，属胶县和即墨两县，奠定了其作为近代城市的起点。1897年，德国殖民者占领青岛，划胶州湾四周及其岛屿为租借地范围，西岸包括现黄岛区，东岸包括今市区各区及崂山县部分，称胶澳租界，后德皇威廉二世将其正式命名为青岛。德国侵占时期，青岛的近代化发展较为迅速，形成了城市的基本格局。1914年，日本侵占青岛，1922年，北洋政府收回青岛，设立胶澳商埠局。1929年，南京政府接管并设立青岛特别市，次年改称青岛市。1938年1月，日本再次侵占青岛。1945年9月，国民政府收回青岛，并设置青岛特别市。1949年6月2日，青岛解放。长达50年的青岛城市规划及建设中，既是由中外多个不同行政主体的连续性主导，每一时期又具有相对独立性的发展特征。

近代青岛城市规划发展大体分为三个时期、七个阶段。第一期为青岛近代城市与城市规划的形成（1891~1914年），其中分为清廷建置、防务规划与筑房修路阶段（1891~1897年）；德国侵占，近代城市规划的导入与殖民主义规划的形成阶段（1897~1914年）。第二期为青岛近代城市规划的成熟与规划制度的确立（1914~1937年），其中分为日本首次侵占，德国规划模式的继承与扩张规划的展开阶段（1914~1922年）；北洋政府执政，德日规划的延续与规划管理机构的确立阶段（1922~1929年）；南京政府执政，城市

规划的兴盛与规划制度的确立阶段（1929~1937年）。第三期为战争时期的青岛城市规划（1937~1949年），其中分为日本再次侵占，区域规划的开展与殖民主义规划的崩溃阶段（1937~1945年）；国民政府接管，城市建设的恢复与城市规划的搁浅阶段（1945~1949年）。

1897~1914年是青岛在规划指导下作为一个现代城市的形成期，德国移植了代表当时资本主义国家先进水平的现代城市规划的范本与蓝图，从城市的区域定位出发确定商贸城市性质，通过港口、铁路的建设和合理的城市布局，将城市发展的潜在优势有效地转化为城市发展动力，在青岛城市形成过程中起到了一定的作用，使青岛的发展有了一定基础。道路网顺应不同区域的地形，顺坡就地，将功能区与市郊有机联系起来，最初的方案将港口的选址作为首要因素，将靠近港口的平坦地区作为市区的主要选址。兴建小港作为大港的辅助港，兴建船渠港、新建大港。铁路线沿胶州湾东海岸在港口和市区之间蜿蜒，火车站则设在城市的尽端。这种布局方式既能方便港口、铁路之间的货物转运，又可以使铁路沿城市边缘穿越所有市区。此后，在原市区规划的基础上，沿胶州湾港口附近向北做了市区扩展规划。新规划使港口、铁路的作用得以进一步发挥，为城市拓展提供了保障，进一步加强了商业贸易城市的性质。

1914~1937年，青岛在德国侵占时期的基础上继续发展，青岛的城市功能不断增加，完成了城市发展史上从功能单一的外贸港口城市到区域综合性中心城市的转变。

1918年，日本殖民者在原规划建设的基础之上对市区进行了扩张规划，新规划方案的市区沿胶济铁路和胶州湾东海岸线向北缓缓展开。青岛港便捷的运输条件为城市工业发展提供了保障，在此基础上1922年绘制了《胶州地区灯塔航标草图》，以修复战争中遭破坏的大型港口，着重建立小港，新建立一座浮码头供轮船装卸货物。同时青岛兼备多种发展工业的区位条件，在青岛城市的形成发展过程中，外资起到了一定的作用，到1933年，青岛中外银行共有20家，在全省独占鳌头，成为名副其实的区域商业金融中心。期间市区人口继续稳步增长，城市化水平达到57.1%，市区面积扩大到35

平方公里。

1922年北洋政府接管青岛，成立胶澳督办公署，归山东省政府管辖，实施《青岛市暂行条例草案》，确定青岛市范围，包括台东镇、台西镇、青岛市街以内为市区，其他为郊区；1929年划分为第一区、第二区、台东区、四沧区、李村区、海西区，其中一、二区为市区，其他为乡区。同时，大力创办文化设施，包括青岛中学、礼贤中学、胶澳私立师范讲习所、市立中学、福禄寿电影院等。1926年7月，俄国人运行固定路线的公共汽车，设站售票，是青岛公共交通的发端，也是山东省最早的公共交通体系。

南京国民政府初期，青岛存在着用地混乱、功能芜杂、棚户区大量出现等问题，当局试图统筹全面协调解决上述问题，从政治、经济、社会多方面实施了一系列有助于国家发展的政策。1935年初青岛市工务局公布了《青岛市施行都市计划案初稿》，对青岛进行了一次长远而全面的发展规划，把市北、台东、四方、李沧划分为住宅区，与商业区毗邻。方案中首次说明了城市规划的目的、意义和原则，明确划定了规划范围，也首次对未来城市发展规模进行大胆的预测。该规划方案从指导思想和主要内容上看，具备较完整的规划体系和现代城市规划思想意识，包含合理和科学的内容，但受时局影响未能实施。该时期内，城市形态继续沿海岸线向东拓展，台西镇、台东镇与旧市区连成一片，带状城市形态愈发明显。

抗日战争爆发后，日本于1938年初二次侵占青岛，次年制订了"青岛特别市地方计划"和"母市计划"，城市定位为华北门户，海陆空交通要道，军事侵略华北的重要基地、工业基地和观光地。日本殖民者首次明确提出组团式城市布局，城市用地向北扩展到白沙河，使青岛成为长25公里、宽4～5公里的典型带形城市。市中心选择迁移到台东镇一带，同时考虑新建沧口港，铁路方面则考虑将客运与货运线分开。道路规划主要为南北三条干线立体交叉，同时对机场、公园、绿地等也有了初步规划。该时期内，城市建设主要为军事服务，大力发展钢铁、机械工业，大型机械工厂多数选址在胶济铁路沿线沧口以北的水清沟、流亭一带，同青岛带形城市空间布局相辅相成。

抗战胜利后，由于国内战事不断，青岛城市发展缓慢，基本延续了德、日侵占时期的城市形态。

近代青岛城市体现出因地制宜的带状城市空间形态特征。青岛市区最初的选址位于胶州湾的最南端，源自于城市空间和功能布局方面的考虑。青岛在城市发展中，由于自然条件的限制而存在多个门槛，如海泊河、李村河等，因此青岛城建多在山与海之间沿胶州湾东岸的狭长平原地带展布，这也为青岛独特的城市带型布局奠定了基础。这样的规划考虑，在城市建埠之初，奠定了一个核心和发展的方向，从而有效地引导了今后城市的发展。城市功能布局方面，充分结合青岛的地理地貌特征以及滨海特色，城市布局呈带形展开，将滨海工业区、港口、铁路等设施合理布局，同时结合环境，布置城市中心区、商业区、住宅区以及别墅区。这样使得城市有了明确的分工以及不同的发展方向，由核心区向各个功能核心点分散，再由各个功能核心点自由向周边发展。这符合城市生长理论中的负效应原理，即带形城市的产生和发展，并不是连续不断的，而是成节状延伸，每个聚焦点便是一个节点。随着城市规模的不断扩大，这些节点促进周边区域发展，不断地增强其辐射范围。

青岛为滨海丘陵地貌特征，地形起伏较大，坡度、坡向多变，因此道路系统采用自由式和网格式道路系统结合的方式，形成因势赋形的城市道路系统。这种相对自由的道路组合方式，充分适应和利用了青岛丘陵地理地貌特征，引用网格状、放射状等多种道路形式有机结合的方式，使得道路系统因地就势、因势赋形。

青岛道路系统有着明确的等级划分，例如小鱼山区域的道路系统，各个等级道路有序、有机结合。沿海的景观步行道和车行道沿着前海一线布置，保证了道路的顺畅和沿海景观向内陆渗透。同时，小鱼山区域结合自身地形特征，将步行道由山顶向滨海道路渗透，顺应地势直对海湾，这种方式引用了欧洲城市设计的布局，讲究道路尽端的对景设置，将滨海的景色和海风自然引入，保证了景观的通透。

道路系统结合地势以及标志性建筑，将标志性建筑布置于道路尽端或者道路以标志性建筑为节点成放射状布置，自然地形成城市的中心节点。例如，青岛基督教堂附近的道路系统，周边道路以基督教堂为节点呈放射性方式向四周发展，加上基督教堂所在的地理位置，使得教堂所在区域成为片区的中心节点。这种做法也成为青岛地区，尤其是青岛老城区一个重要的特色。

青岛地区的建筑鉴于其地形地貌，也是顺应着地势而变化，从而形成了丰富多变的城市空间关系和变化丰富的城市轮廓线和海岸线，形成多元丰富的城市空间格局。由于道路系统的布置和组合形式，使得建筑群体以及建筑单体的布置并不是存在于同一个标高之上，而是按照道路系统的规划，适应所在的地形，形成了梯度式布局和空间关系。

纵观青岛的城市轮廓线，老市区的建筑多是依山而建、依山就势。例如小鱼山、观象山、信号山的建筑，充分利用地势，烘托地势。城市轮廓线仍是以原有的山势为主，而小鱼山、信号山等山顶的标志性建筑，不仅起到焦点的作用，也烘托了原有的山势形态，增强了山地轮廓线的起伏感。而东部新市区的地势相对较为平稳，建筑多以高层为主，但是整个轮廓线仍然延续了原有的起伏态势，形成高低错落的关系。

在中观层面上，建筑群组对某一个地区如某个山体、滨海区域形成适应关系，并在此基础上产生建筑群体与自然环境、建筑群体与景观道路、建筑群体内部即建筑单体之间的相互呼应。例如小鱼山的建筑区域，以小鱼山山顶览潮阁这个标志性建筑为城市意象的标志点。小鱼山其他的建筑，多半以居住建筑为主，自由地散落在山体之上，通过道路和景观的有效衔接，通过梯度设计、高差设计等山地设计手法，强化了山体的态势，并有效地形成了城市中的道路、节点等空间意象。

（二）近代工矿业城镇

近代时期，坊子的兴起是潍坊城市近代化变迁的集中体现。清朝中叶，坊子称为"坊子店"，仅为潍县老城东南方向南北驿道上的普通村落。20世纪末，由于丰富矿产的发现以及铁路的竣工，坊子地区中西方人口增长、商贸日臻繁盛，

成为胶济铁路沿线的重要商埠。近代坊子的发展大致分为两个时期，即清末至1913年的德国侵占时期和1914~1945年的日本侵占时期，奠定了坊子作为商贸城镇的基础。抗日战争胜利后，国民政府当局接管坊子车站及周边设施，但因时局动乱，当局无暇开展改扩建工程，基本延续了殖民时期的城镇格局。时至今日，坊子城镇总体格局及近代建筑保存较好，2006年，坊子德、日建筑群公布为山东省重点文物保护单位，2013年公布为全国重点文物保护单位，是我国保存较为完整、价值较高的铁路设施，也是研究德、日殖民时期建筑的重要案例。

德国侵占时期，基于矿井的基础设施建设奠定了近代坊子的分区制小城镇空间格局。1898年，德国人发现该区域矿藏丰富，遂开凿第一口煤井，称为"坊子竖井"。1902年，胶济铁路青岛至潍坊段竣工，坊子火车站建成。随着坊子地区的城镇化建设，西方人逐渐增多，主要以德国人为主，包括矿厂、铁路、行政官员，以及工程技术人员及其家眷等。坊子采用分区式规划，建成区域集中在东西向的胶济铁路和南北向的矿井支线，依据文化街和三马路为道路骨架，形成火车站及附属设施区、矿井作业区和生活区三部分。坊子站是胶济铁路沿线56个车站中的4个高等级车站之一，车站区功能配置完善，包括候车室、站台、库房、机车维修车间、手摇转盘、水塔等，车库共有16个宽5米、进深30米的车间，可存放12个火车头，规模较为宏大。矿井作业区分为南矿区和北矿区，采矿设备齐全，德国人还驻扎军队以保证矿区安全，是当时中国面积最大的近代化矿区之一。生活区沿胶济线南侧呈带状分布，德国人采用"华欧分区"的种族隔离政策，西人区位于西侧，呈方格网布局，街区面积较大，建筑密度较低且植物绿化较好，建有德国人的行政、军事机构，官员、职员住宅，以及教堂、医院、旅馆、学校等生活配套设施。华人生活区位于铁路东南侧，主要商业街有茂林路、一马路、二马路等，但因缺乏统一的规划与管理，居住条件较差，且缺乏配套服务设施[1]（图6-1-2）。

---

① 邵甬，辜元. 近代胶济铁路沿线小城镇特征解析——以坊子镇为例[J]. 城市规划学刊，2010（2）：102-110.

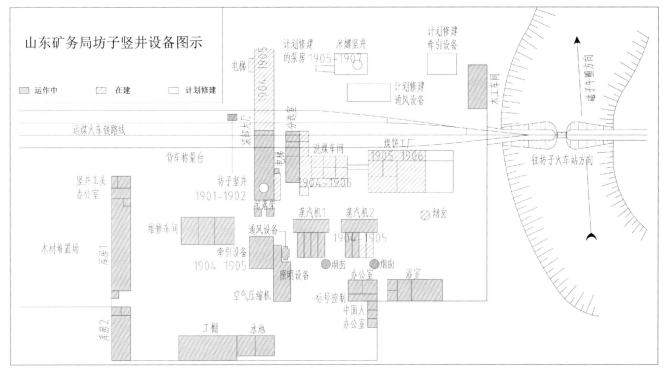

图6-1-2　1905年坊子竖井平面布局图（来源：陈勐 绘，根据邵甬，辜元. 近代胶济铁路沿线小城镇特征解析——以坊子镇为例[J]. 城市规划学刊，2010.）

　　日本占领时期，坊子地区在原有基础上进一步发展。1914年第一次世界大战爆发，日本对德宣战，同年9月侵占坊子，自此直至1945年8月日本战败投降，为日本殖民统治时期。该时期内，日本侨民大量迁入，人口数远超过德国占领时期[1]，职业涉及政治、军事、商业、服务业等方面。坊子城镇布局沿用了德国占领时期的分区制，围绕坊子车站沿胶济铁路及矿厂支线向东西、南北方向延展，形成棋盘格式街坊格局。铁路区和南北矿区均有不同程度的发展，前者增设调车场并成立机务段，后者煤井数量增多，大小不一。生活区在原有基础上进行了扩张，在二马路、三马路处形成了商业中心，并增设了医疗、教育、近代化工业等配套设施。[2]

　　德国占领时期，主要的建筑类型包括铁路、矿井相关的工业建筑，以及当局公务人员的办公、居住建筑等。坊子建筑多采用德国本土建筑风格，体现在城堡复兴式的塔楼与屋顶、半露木屋架、墙体饰面等方面，并结合当地的建筑材料、建造工艺以及中国传统建筑式样，形成独具特色的建筑风貌。建筑以二层的坡屋顶房屋为主，多采用砖木混合结构，以砖石砌墙体和木桁架组成承重结构体系，整体布局严谨，结构逻辑清晰。生活性功能较强的房屋多采用浅黄色水泥拉毛装饰立面，部分工业设施为清水砖墙。屋顶多为双坡顶和跌檐式形制，有烟囱、老虎窗等附属设施。屋面多铺设牛舌瓦，德军医院旧址牛舌瓦上还有"Tsingtau"字样，应产自青岛的材料工厂。部分建筑在设计过程中还有为适应当

---

① 德国占领时期，坊子地区外国人口较少。1905年，在坊子的外国人共有66人；1914年，外国人约有127人。日本占领时期，坊子的日本人大量增加。1918年末，坊子共有日本人384户，958人；1927年，日本人减少，仅有59户，200人；1937年后，大量日本人尾随日军涌入山东；1939年，坊子的日本人为409户，934人；1940年为700户，1233人；1941年为597户，多达1347人。参见：邵甬，辜元. 近代胶济铁路沿线小城镇特征解析——以坊子镇为例[J]. 城市规划学刊，2010（2）：102-110.
② 邵甬，辜元. 近代胶济铁路沿线小城镇特征解析——以坊子镇为例[J]. 城市规划学刊，2010（2）：102-110.

地气候条件的考量，例如德军医院旧址墙体厚达70厘米，地板架空约1米高的隔热层，起到保温隔热的作用（图6-1-3、图6-1-4）。[①]

日本占领时期的建设活动主要集中于胶济铁路以南的区域，共计约63处，多在原德国人建筑的基础上进行改、扩建，虽然规模较大，但设计及建造水平较低。日本人所建的坊子建筑多为砖木混合结构的一、二层坡屋顶房屋，墙体由红砖砌筑，表面水泥砂浆抹灰，屋架采用木桁架，立面装饰简单，内部装修则为日式风格。日本电力公司办公楼强调水平与竖向的线条，简洁凝练，具有现代主义的国际式风格特征。整体而言，该时期的建筑注重功能实用性，不如德国侵占时期华丽而富于装饰（图6-1-5）。

如果说坊子是由西方列强建设的工矿城镇，那么峄县则是基于中国民族工业发展起来的新兴的工矿业城镇。峄县为枣庄市峄城区的前身，古峄县城为方正平面，护城河从北、东、南三面与西面承水河接漕。1878年春，在李鸿章的支持下，"山东峄县中兴矿局"成立。1896年，因矿难而被强行关闭。1898年，德国攫取胶济铁路修筑权和沿线15公里内的开矿权，峄县矿区遭到德国人觊觎。李鸿章得讯后，以"邑境矿质甚美，久为外人所羡，宜急会同地方绅耆，筹款兴办，以得利源，而杜隐患"为由，敦促以张莲芬为首的原中兴矿局股东复开煤矿。中兴煤矿公司复业后，通过增资扩股不断壮大，成为山东地区由中国民族资本独资经营的煤矿企业（图6-1-6、图6-1-7）。煤矿企业的创办带动了城市的近代化建设，峄县形成了"井"字形铁路网，北有临枣铁路，西接津浦铁路，东有台枣、台赵铁路，南连陇海铁路，便利的

图6-1-3　潍坊坊子德军司令部旧址（来源：张艺宁 摄）

图6-1-5　潍坊坊子日本电灯公司旧址（来源：张艺宁 摄）

图6-1-4　潍坊坊子德军医院旧址（来源：张艺宁 摄）

图6-1-6　中兴煤矿公司主楼旧址（来源：张梓祥 摄）

① 建筑文化考察组，潍坊市坊子区政府. 山东坊子近代建筑与工业遗产[M]. 天津：天津大学出版社，2008：89.

图6-1-7　中兴煤矿公司配楼旧址（来源：张梓祥 摄）

铁路交通也进一步促进了该地区煤炭工业和地方经济与社会的发展。总体而言，峄县的煤炭资源带动了近代交通和能源工业的发展，城市建设也随之完善，成为"因矿而兴"的新兴城镇。

二、铁路促发下的城镇近代转型

影响近代山东城市发展的另一个重要因素是经济地理条件的改变。明、清时期，京杭大运河纵贯南北，又通过黄河、长江、淮河等水系与中国内陆相连通，漕运、水运贸易较为发达，其沿线城市如临清、济宁、东昌和德州等成为重要的商贸城市。清中叶以后，因水利失修、黄河时常决口等原因，济宁与临清之间的运河航道阻塞，漕粮河运逐步被海运所取代，运河沿岸城市逐渐衰落。19世纪下半叶，烟台经水路、陆路与济南连通，港口贸易繁盛，成为山东对外贸易的最大港口。

近代化铁路设施建设是近代山东城市变迁的重要因素。《胶澳租界条约》签订后，德国获得在山东建设铁路权，1899年德国辛迪加组织成立德华山东铁路公司，开始筹设由胶澳经潍县、周村抵达济南的胶济铁路及张店至博山的支线。1904年6月，全线通车，主线总长达394.6公里。1912年，由天津至南京浦口的津浦铁路于胶济铁路在济南接轨，加强

了青岛、潍坊与内陆的联系。由此，铁路沿线的青岛、坊子、济南等城镇发展较为迅速。

（一）铁路枢纽型城镇

济南位于山东半岛中西部，近代以前是山东省的政治中心城市，工商业虽较为发达，但经济地位低于沿海港埠和运河沿岸城市。庚子国变之后，随着清末新政和自开商埠，济南近代化发展较为迅速，逐步成为山东内陆地区的重要商贸中心城市。

清末新政时期，山东巡抚袁世凯于1900～1901年间先后推行了一系列近代化改革措施，包括创办教养局、工艺局、山东大学堂、山东省商务总局等机构，力图启发民智、推行新式教育并振兴工商业的发展。袁世凯督署山东时间较短，继任者张人骏、周馥等则秉持其新政思想，从教育、文化、工商业等方面进一步推动了济南近代化改革事业的发展，包括进一步发展新式教育、创办官报、建立警察机构等。

自开商埠是促进济南城市近代化发展的重要事件。1904年，随着胶济铁路全线通车，济南与东部沿海港埠联系加强，时任山东巡抚的周馥和北洋大臣袁世凯联名上奏清政府，以"济南本为黄河、小清河码头，现又为两路枢纽，地势扼要，商货转输较为便利"为由[①]，要求将济南及周村、潍县三座城市开放为通商口岸。同年颁布《济南商埠开办章程》《济南商埠组建章程》等文件。经过近一年半的筹备工作，济南商埠于1906年1月正式举行了开埠典礼。开埠后，众多中外商号迁入商埠，涉及数十个行业，商业发展日臻繁盛。1911年津浦铁路完竣，1912年洛口黄河铁路桥通车，济南成为上达京津、下至沪宁的重要交通枢纽，逐步发展为山东省内陆地区乃至中国北方重要的商贸中心城市。

民国之后，济南民族工商业、金融业、文教业以及医疗、卫生、电气等基础设施建设进一步发展。此外，历任地方官开展了多次城市统一规划及市政设施建设。20世纪20

① 王守中，郭大松. 近代山东城市变迁史[M]. 济南：山东教育出版社，2001：272.

年代，济南建成区开始沿商埠区南北方向拓展。军阀张宗昌督鲁时，制定了统一规划，计划开辟北商埠区并疏通北部河道，但因1928年的"五三惨案"而搁浅。国民政府时期，当局开展了近代化市政设施建设，并计划开辟南北商埠区，北展界名为"模范市"，南展界名为"模范村"。抗日战争时期，"日伪"又开展了南郊新市区的规划，与北商埠遥相呼应，并计划开辟东郊、西郊工业区，城市建成区域不断向外围拓展。[①]

近代济南城的主要特征为"一城双核"的整体格局。济南在明、清之际为山东治所所在地，旧府城约为边长为1.5公里的方形。自开商埠后，在旧城区西关以外设立商埠区，与东部的老城区形成"双核"式的整体格局。开埠初期，四垣界址东至十王殿（今经一路东头、纬一路北端山东宾馆附近）、西至南大槐树（今纬十路以东）、南沿长清大道（今经七路附近）、北抵胶济铁路，东西长约2.5公里，南北宽约1公里，占地面积达4000余亩。商埠区采用"经、纬"格网式布局，东西向道路自北向南为经一路至经七路，南北向道路自东至西为纬一路至纬十路，道路网较密，道路间距多在200米以内。经线道路宽度为7~17米，纬线道路宽度在12米以内，其中经一路、经七路是联系老城区的重要道路。道路纵横笔直的格网式布局划分出规整的矩形用地，街区面积多数在3~4公顷左右，少部分用地超过7公顷[②]，便于建设和出租。根据1904年的《济南商埠组建章程》记载，街区用地在统一丈量后，自北向南分为"福、禄、寿、喜"四等编号，租金从每亩每年36元至11元不等，距离铁路越近价格越高。

济南开埠后，为华、洋商人开发营造活动创造了条件，以德商、日商为主的外国资本开始进驻济南，形成中西混杂的大规模建设活动。商埠区建设基于格网式布局展开，包括各类办公、商业、金融业设施，并在经三路处建设中心公园，面积达7公顷左右。由于商埠区在规划建设时，并未对建筑风格、样式等进行统一规定，故建筑形式受到多元化的中西方建筑风格影响。纵横经纬的方整布局为建筑朝向提供了有利条件，经二路、纬三路一带道路两侧市肆林立、商业繁荣。但街区内部建设则较为杂乱，形成"外整内乱"的整体布局形式。

济南开埠之后，工商业发展迅速，原有商埠用地不敷使用，商民自行在原界限外围建设房屋，呈现自然向外扩张的趋势，有关当局之后进行了三次展界。第一次为1918年，将普利门沿顺河街一线向西至纬一路拓展为商埠租地；第二次为1926年，将清泉街（今并入顺河街）以西、馆驿街以南拓展为商埠用地；第三次为1939年，又将三里庄、官扎营及南、北大槐树等地段纳入商埠范围。[③]通过三次展界，加强了商埠区与东部旧城区的联系。

近代时期，济南的建设活动主要集中于商埠区内，包括各类交通邮电、使领馆、办公、住宅、金融银行、商业及服务业建筑等。此外，在老城区、东郊以及黄河岸洛口等地也有一些建设活动，包括各类工业、文教、宗教建筑等。建筑以砖木结构为主，部分规格较高的房屋采用了钢筋混凝土结构，建筑形式则呈现出中、西方建筑文化兼容并蓄的多元化风格特征。

新型的商业建筑是近代济南的一大特色。商埠区内包括大量银行、当铺、商店、市场等广义的商业设施，主要集中于经二路、纬三路等地，此外旧城区的院前大街（今泉城路）、联系商埠区与旧城的估衣市街（今共青团路）等街道也形成繁华的商业街（图6-1-8）。近代济南的商铺由传统一门一窗或两窗的平房建筑向门市楼房、联排式市房发展，许多建筑临街面装饰了风格多样、细节精美的西式牌楼门，形成统一的西式店面街，例如估衣市街等。还有一些规模化商业建筑向街区内部发展，形成由一个或多个院落组成的内向型商业空间，例如大观园商场、西市场、新市场等。

① 李百浩，王西波. 济南近代城市规划历史研究[J]. 城市规划学刊，2003（2）：50-55.
② 李百浩，王西波. 济南近代城市规划历史研究[J]. 城市规划学刊，2003（2）：51-52.
③ 李百浩，王西波. 济南近代城市规划历史研究[J]. 城市规划学刊，2003（2）：52.

图6-1-8　济南商埠区街景（来源：网络）

（二）铁路沿线工商业城镇

胶济铁路通车后，促进了沿线重要传统城镇的近代化发展，其中以自开商埠的潍县、周村最具代表性。

潍县即今潍坊市潍城区，是胶东半岛地区与山东内陆相联系的重要枢纽，有"胶东走廊"的美誉，清代时便是重要的商业城镇。1904年，潍县奏开商埠后，将从潍县车站到县城东南角的地区划定为商埠区，具体为南到铁路线、东到白浪河、西到擂鼓山东侧贯通南关的大道，南北约3华里，东西约1华里，面积达1200亩。自开商埠带动了潍县地区的发展，1919年以前，潍县共有大小商号110余家，待至1932年，全县大小商号已不下3000家，尤其以洋布业和土布业最为繁荣，成为胶济铁路沿线重要的商业城镇。

随着潍县城区的近代化发展，城市建设迎来新的篇章，首先体现在基础设施建设方面。开埠后，潍县的近代交通、邮政、电报、电话、照明等方面均得以发展。自抗战爆发前，潍县在已有道路基础上，修筑了多条县级、镇级公路，为商业的繁荣奠定了基础。其次，开埠也促进了城市建设的近代化发展。1933年，乡绅集资在东关大街建起砖木结构、高四层的山东百货商店，成为30年代潍县城内最高的商业建筑。1934年，县政府修建朝阳桥时，拆除东门城楼和瓮城，新建四面钟楼一座，顶部安装大型时钟，钟声嘹亮，响彻全城。坝崖商

业街竞相扩建、整修店面，建立起大量的二层临街商业市房，规模大些的商店外立面均采用水刷石等装饰砂浆粉饰。[1]

周村商埠也是山东地区著名的传统商贸城镇。明、清之际，周村为潍县、济南、博山之间最便利的中心市场，因其优越的地理位置获得"金周村""旱码头"的美誉。周村开埠后，将南至火车站、北至民田、西至太和庄刘相国坟、东至周村围子的一千余亩的地方划定为商埠区。胶济铁路通车和商埠区规划进一步促进了周村的商贸繁荣。周村为山东重要的蚕丝市场，开埠后，周村蚕丝业出口量大幅度增长。同时，周村的洋货市场也得以迅速发展，以英美烟草公司、德国礼和洋行、德元号油栈为代表的西方企业均在晚清之际于周村开店设肆。

近代时期，周村发展为北方地区重要的商贸城镇，形成中外商民杂处的城镇格局和多元化的建筑风貌。既有状元府、鲍氏花园等中式传统合院，大染坊、鸿华永织布厂等工业遗产，也有千佛寺、魁星阁等宗教建筑。以英美药草公司为代表的众多商业市房采用西式风格，瑞蚨祥商号在传统内天井式合院建筑外立面装饰了西式店面，构成中西合璧的建筑形式，在传统商业市房中独具特色，形成风貌各异的近代化商业街，成为"古商业街市建筑博物馆群"（图6-1-9、图6-1-10）。

图6-1-9　周村古商城大街（来源：陈勐 摄）

---

[1]　吴娜. 近代潍县城市化进程（1840—1937）述论[D]. 烟台：鲁东大学，2007.

图6-1-10 周村古商城银子市街（来源：陈勐 摄）

第二节 西风东渐：西方建筑风格样式的全面输入

一、西方历史主义风格

近代山东建筑体现了多元化的风格特征，既受到德、日、英等西方舶来的建筑风格形式的影响，也有中西交融背景下的中国本土建筑风格形式的演绎。总体而言，最具代表性的建筑风格包括西方新古典主义、德国青年风格派、折衷主义等。

新古典主义建筑风格受到学院派的影响，遵循古罗马、古希腊建筑的构图形式，立面讲究对称并突出轴线，强调主从关系，多采用西方古典柱式。建筑用材较为考究，多使用花岗石以及斩假石、水刷石等装饰性砂浆面层，坚固耐久、典雅华贵。近代山东新古典主义建筑风格的实例有青岛取引所旧址、青岛总督府旧址、交通银行济南分行旧址等。青岛取引所旧址建于1920～1925年，是日本殖民者创办的物产及证券交易所，位于近代青岛著名的商业街馆陶路，西邻胶济铁路。建筑适应东高西低的场地地形形成因地制宜的整体布局，东侧主体高三层，局部高五层，西侧主体高四层。建筑装饰丰富且细部精美，多采用新古典主义建筑中常见的浅浮雕装饰手法。装饰细部主要集中于东、西立面，南、北立面因靠近相邻建筑，整体设计趋向简约实用。建筑东立面作为临馆陶路主立面，整体设计较为考究，由古典式门廊、塔楼和半球形穹顶组成的建筑中段为立面的视觉中心，门廊的古典柱式、柱顶楣构、三角形山形墙等构件均来源于古希腊神庙的形制，具有较高的艺术价值。古典柱式的运用还可见于原东北、东南侧交易大厅内，营造出壮丽的室内空间。此外，建筑檐口、腰线、门窗以及其他一些细部均做了装饰设计，主题以植物和几何形态为主，塑造出精致典雅的建筑细部（图6-2-1、图6-2-2）。

图6-2-1 青岛取引所旧址1（来源：陈勐 摄）

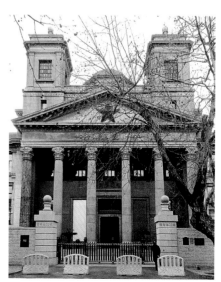

图6-2-2 青岛取引所旧址2（来源：刘玉洁 摄）

20世纪初期，伴随着西方天主教势力在山东的迅速扩张，修建的洪家楼、陈家楼天主教堂均采用典型的西方哥特复兴式风格。洪家楼天主教堂是近代济南最具代表性的宗教建筑，该建筑建于1905~1908年，由奥地利神父庞会襄（Corbinian Panger）修士设计，中国劳工施工修建。建筑平面呈拉丁十字形，坐东朝西，主入口面向西侧，东部为神坛。中厅和侧廊天花饰以油彩花饰，装饰精美，侧廊上部的飞扶壁既有抵御侧推力的结构作用，又起到很好的装饰效果。主立面有两座高达40米的尖塔，尖券式门窗、玫瑰窗等雕刻精美、工艺精湛。洪家楼天主教堂是近代华北地区规模最大的教堂建筑之一，在中国近代建筑史上具有重要地位。2006年，该建筑被公布为第六批全国重点文物保护单位（图6-2-3、图6-2-4）。

折衷主义建筑风格又称为集仿主义风格，往往集各种西方建筑风格于一体，局部有意或无意地融入了其他建筑文化要素，特别是巴洛克手法的掺杂较受欢迎，建筑华丽新奇、引人注目。近代山东的许多建筑均或多或少地存在着折衷现象，例如德式传统建筑融入了青年风格派的要素，西方古典建筑中融入巴洛克风格的装饰细节等。例如，齐燕会馆主立面中轴对称，一层凸出柱式支撑门廊，二层露台栏杆装饰精美。屋顶为红瓦四坡顶，设老虎窗。中央主入口门廊部分突出，二层将门廊顶部作为露台，墙面有壁柱装饰，主体中央以高起的塔楼（现已不存）成为整个立面构图中心（图6-2-5）。[①]

青岛胶澳总督府官邸旧址是德式建筑为主的多种元素有机组合的集仿主义风格，既有青年风格派特征又有德意志民族浪漫主义特征，建筑东立面的花房完全是一个纯钢结构玻璃围合的阳光大厅，显示出现代主义风格特征，屋顶兼有西式红色筒瓦和中国传统的绿色琉璃瓦，在当时的青岛可谓独树一帜（图6-2-6）。

商埠区的商业建筑也呈现出多元化的西式历史主义风格面貌，既有中国商民的自主探索，也有西方企业的引入。近代济南的商铺由传统一门一窗或两窗的平房建筑向门市楼房、联排式市房发展，许多建筑临街面装饰了风格多样、细节精

图6-2-3　济南洪家楼天主教堂1（来源：陈勍 摄）

图6-2-4　济南洪家楼天主教堂2（来源：陈勍 摄）

① 青岛齐燕会馆部分由成帅编写。

美的西式牌楼门，形成统一的西式店面街，例如估衣市街等（图6-2-7）。还有一些规模化商业建筑向街区内部发展，形成由一个或多个院落组成的内向型商业空间，例如大观园商场、西市场、新市场等。周村是明、清之际山东地区著名的商贸重镇，自开商埠后进一步促进了市场繁荣，大量外商企业开始进驻商埠区。例如，1902年英美烟草公司在伦敦成立，1904年在周村设立分店，临街面为营业厅，后面包括办公室、仓库、员工宿舍和食堂。建筑正立面上部两侧做两对大

涡卷，壁柱柱顶的曲线造型、厚檐口等均体现出巴洛克建筑风格特征，水刷石装饰砂浆施工精致，体现了当地工匠的营建智慧（图6-2-8）。

近代时期，求学于西方的中国建筑师，也将西方的历史主义建筑引入山东地区，代表人物有庄俊。庄俊（1888—1990），字大卿，生于上海。1910年由北京清华学校官费留学美国伊利诺伊大学建筑工程系，1914年获学士学位。1914～1923年担任清华大学驻校建筑师，期间还曾任外交

图6-2-5　青岛齐燕会馆旧址（来源：成帅 摄）

图6-2-6　青岛胶澳总督府官邸旧址（来源：网络）

图6-2-7　济南估衣市街（来源：网络）

图6-2-8　英美药草公司旧址（来源：陈勐 摄）

部顾问建筑师、中国工程师学会董事等职务，负责外交部建造新公署等工程。1923~1924年赴美国进修建筑，回国后创办上海庄俊建筑师事务所，1927年与张光圻、吕彦直等人发起创办中国建筑师学会，并担任多届会长和董事。1932年上海市工务局技师开业登记，之后任中国营造学社社员、中国建筑展览会常务委员、中国建筑师学会理事及会员委员会主任等职务。中华人民共和国成立后，历任中国建筑公司、建筑工程部设计总局总工程师、交通部华北建筑工程公司总工程师、中央建筑设计院总工程师等职务，1958年退休。[①]

庄俊近代时期建筑作品众多，在山东的代表性作品有新古典主义风格的济南交通银行旧址、青岛交通银行旧址等。两栋建筑均采用钢筋混凝土结构，地上四层、地下一层，建筑中轴对称、比例协调、庄重典雅，采用西方新古典主义建筑风格。青岛交通银行旧址于1929年动工，1931年建成，建筑主立面采用三段式构图，中间由贯穿两层的四根科林斯式圆柱和两端的两根方柱组成主入口门廊，承托起上部过梁和檐壁，两侧以实墙作为收束，形成虚实对比。腰线处檐口层层出挑并有方形齿饰，装饰细节精美（图6-2-9）。

二、宗主国地域性风格

自1897年德国与清政府签订《胶澳租借条约》并将山东划为德国势力范围，山东地区近代建筑的发展很大程度上受到德国本土建筑的影响，包括德意志民族风格、青年风格派等，是影响山东近代建筑发展的重要特征。例如，济南位于胶济铁路和津浦铁路的交汇处，是近代中国重要的铁路交通枢纽，火车站建筑是当时重要的标志性建筑类型，包括胶济铁路济南站、黄台站，津浦铁路济南站及其附属用房等。这些建筑均由德国人修建，受到德国本土建筑风格的影响，体现在厚重的蘑菇石墙体、古典的装饰细节、孟莎式屋顶、弧线及缝状形式的老虎窗等。

现存胶济铁路济南站建于1914~1915年，位于纬三路北头、经一路路北，平面沿东西向道路呈带状布局，位于中部偏东的主入口门楼向南突出主体，为候车大厅，西翼三层为办公、管理和旅馆用房，东翼两层为餐厅和贵宾候车室。建筑风格质朴庄重、构图严谨、主次分明，装饰细节精炼大方，基座部分敦实的蘑菇石墙基、门楼粗壮的爱奥尼柱式均体现出德国晚期古典复兴的艺术特征。2013年，胶济铁路济南站建筑群公布为第七批全国重点文物保护单位（图6-2-10）。

图6-2-9　交通银行青岛分行（来源：金山. 青岛近代城市建筑（1922~1937）[M]. 上海：同济大学出版社，2016.）

图6-2-10　胶济铁路济南站（来源：网络）

① 赖德霖，王浩娱，袁雪平，司春娟. 近代哲匠录[M]. 北京：中国水利水电出版社，2006：220-221.

德国青年风格派指19世纪末、20世纪初，在德国艺术界兴起的一场"青年风格"的艺术运动。该建筑风格一方面强调师从自然的装饰手段，如经常在建筑物正面装饰以弧线或者花朵图案；另一方面反对机械风格和大工业时代千篇一律的廉价艺术品的艺术风潮，是介于新艺术运动和现代主义之间的一个过渡性阶段的设计运动。青年风格派多使用半木结构外漏、圆拱式的手法，有仿木构装饰，自由的门洞、亮子和门框形状，建筑侧面变化丰富且自然。青年风格派在青岛德国占领时期较为常见，早期采用模仿花卉、植物的自然纹样作为建筑装饰元素，1900年后，转向为更抽象、更具线条感的装饰样式。近代山东德国青年派风格的代表有津浦铁路济南站旧址、总督署屠宰场办公楼旧址、青岛医药商旧址、青岛亨利王子饭店旧址等。

津浦铁路济南站始建于1908~1912年，由德国青年风格派建筑师赫尔曼·菲舍尔设计。赫尔曼·菲舍尔（Hermann Fischer，1884—1962），出生于德国南哈尔茨，毕业于希尔德堡豪森大学。1908年经西伯利亚铁路抵达中国，1908~1914年间，受中、德两国政府委托参与胶济铁路、津浦铁路建设工程，并主持设计了津浦铁路济南车站，并于1914年获中国政府授予的七等嘉禾奖章。1914年前往法国，1926年又移民菲律宾马尼拉，1962年于马尼拉去世。菲舍尔主持设计的津浦铁路济南站是德国在远东地区建设的最大的火车站之一，也是津浦铁路上最豪华的车站之一，承载着几代济南人的记忆，在中国近代建筑史上具有重要的历史地位。建筑位于胶济铁路济南站北侧，平面基于功能需求呈非对称式布局，主入口位于东南角。建筑中部为高32米的钟楼，东侧为山墙面对外的售票厅，西侧为主体候车室。蘑菇石外墙面为建筑塑造出厚重坚实的性格，而错动的体量关系、精美的装饰细节又营造出灵动的形式感。钟楼顶部的螺旋形窗檐，屋顶的曲线形老虎窗，主入口门楣上方的半圆拱形大窗，以及拱脚、券顶石的细部装饰均体现了师法自然的青年风格派特征[①]（图6-2-11）。

济南机器厂办公大楼建成于1913年，为首任德籍厂长道格米里的办公场所。该建筑坐北朝南，地上三层、地下一层，采用砖石与木屋架的混合结构。建筑正立面中轴对称，坡屋面形制与结构、主入口的盔顶门廊、屋顶正中凸起的三角形山墙以及石材装饰的腰线、蘑菇石勒脚等均体现出日耳曼建筑风格的特征。2013年津浦铁路局济南机器厂旧址被公布为山东省第四批省级文物保护单位，该建筑现为济南机车车辆厂厂史馆（图6-2-12、图6-2-13）。

青岛总督府屠宰场办公楼在高度与屋顶形制上与高大的一层厂房相协调。办公楼为红瓦坡顶，折坡屋面变化丰富，

图6-2-11　津浦铁路济南站（来源：网络）

图6-2-12　津浦铁路局济南机器厂办公楼旧址（来源：王振杰 摄）

① 张润武，薛立. 图说济南老建筑：近代卷[M]. 济南：济南出版社，2001：117-128；赖德霖，伍江，徐苏斌. 中国近代建筑史（第一卷）[M]. 北京：中国建筑工业出版社，2016：283.

图6-2-13 津浦铁路局济南机器厂办公楼旧址（来源：陈勐 摄）

屋面原采用牛舌瓦，后改为红色机制瓦，共开五个老虎窗。屋顶处设计打破水平线条的装饰性山花，用以调整节奏、控制比例。外立面墙面采用砖砌山墙，花岗石砌基座。德占领时期的青岛建筑中，多以花岗石凿制砌成台阶、基座、勒脚等部分，具有沉稳、坚固的质感。立面转角处的隅石砌、门窗洞口亦采用花岗石砌筑，局部处理为略微凹凸的装饰线条。建筑山墙面裸露仿木构架，上贴木材，并采用木制牛舌瓦做贴面装饰，细节丰富，具有浪漫主义色彩的线条，优美自然。阳台为凸形封闭式阳台，在外立面结合窗做出敞廊的样式。建筑外立面半木结构外露、弧形及直线形的仿木构装饰线条都体现了德意志田园半木建筑风格特征，弧形木构装饰则受到青年风格派的影响（图6-2-14～图6-2-16）。

图6-2-14 青岛总督府屠宰场（来源：《青岛历史建筑（1891—1949）》编委会. 青岛历史建筑（1891-1949）[M]. 青岛：青岛出版社，2006.）

图6-2-15 青岛总督府屠宰场办公楼旧址1（来源：陈勐 摄）

图6-2-16 青岛总督府屠宰场办公楼旧址2（来源：陈勐 摄）

三、殖民地外廊式风格

清朝末年，伴随着西风东渐的影响，西方殖民地外廊式建筑开始在山东地区传播。外廊样式专指欧美殖民者在其殖民地所建的外廊建筑，即建筑周围加上外廊的做法。该形式可见印度、东南亚、澳大利亚、太平洋群岛等地区的由欧洲殖民者所建的商馆、住宅、公共建筑等，甚至在非洲的印度洋沿岸、南非、中非、美国南部、加勒比海等地区亦可见到一些遗存。关于亚洲地区的外廊样式，日本学者藤森照信遵循"印度起源说"，认为其伴随着英国殖民者征服亚洲而出现，最早在印度贝尼亚普库尔地方建造，后经东南亚北上而达于东亚各国，东亚地区外廊样式的北部边界可达日本关东，韩国的韩城、仁川，以及中国的营口等地。[①]

外廊样式的出现源自欧洲殖民者为适应南方殖民地的暑热气候而对西方建筑形式的适应性改造，建筑周围设外廊可以创造出一处躲避阳光直射、促进房间通风的舒适空间，方便殖民者从事吃便餐、饮茶、吸烟、谈笑、读书、下棋等日常活动。[②]早期赤道附近的外廊样式以开敞式为主，后随着殖民者侵略步伐向北方延伸，出现了为防寒而在外廊外侧设门作为日光室的封闭式外廊形式。外廊样式为西方殖民者在殖民地所建建筑的空间原型，可以概括为方盒子周围设外廊的形式。由平面看，外廊样式包括四面式、三面式、单面式、三叶草式等多种类型。

近代时期，随着德国等西方列强入侵山东，以建筑外侧环绕遮荫的大面积敞廊为特征的殖民地外廊样式建筑开始在山东地区沿海地区传播，代表性建筑有烟台芝罘俱乐部旧址（图6-2-17）、烟台山英国领事官邸旧址（图6-2-18）、青岛海因里希亲王饭店旧址（图6-2-19）、青岛海滨旅馆旧址（图6-2-20）、青岛广东会馆旧址（图6-2-21）等。青岛海因里希亲王饭店始建于1899年，位于濒临海岸的今太平路与青岛路路口西北角，建筑采用砖木结构，平面呈矩形，正立面采用常见于欧洲旅馆的中轴对称及竖向五段式构图，处理

图6-2-17　烟台芝罘俱乐部（来源：网络）

图6-2-18　烟台山英国领事官邸旧址（来源：逢新伟 摄）

图6-2-19　海因里希亲王饭店（来源：青岛影像. 明信片中的城市记忆 [M]. 青岛：中国海洋大学出版社，2017.）

---

① [日]藤森照信 著，张复合 译. 外廊样式——中国近代建筑的原点[J]. 建筑学报，1993（5）：34-38.
② [日]藤森照信 著，张复合 译. 外廊样式——中国近代建筑的原点[J]. 建筑学报，1993（5）：35.

图6-2-20　青岛海滨旅馆（来源：网络）

为三座并排的拱券式门洞，以多级台阶与地面相连，除中段与两端以外部分则为双层木构外廊。青岛海滨旅馆位于汇泉湾北侧，始建于1903年，建筑为砖、木、钢混合结构。建筑墙基由花岗石砌成，外墙多为清水红砖墙，各层均设有木结构敞廊，中部及两端向外突出。

青岛广东会馆旧址面向芝罘路，临近三江会馆。建筑布局坐东朝西，由芝罘路前院进入前廊，轴线贯穿，依次为前院、办公厅和住房，形成"前堂后室"的空间格局，逐渐由公共过渡到私密。办公厅高两层，外立面设西式拱券外廊，中央为凸出檐部的西式三角形山墙，形成竖向三段式构图（图6-2-21）。[①]

图6-2-21　青岛广东会馆旧址（来源：成帅 摄）

殖民地外廊式建筑往往与西方历史主义建筑元素相结合，形成具有历史底蕴的建筑风格。例如，烟台芝罘俱乐部旧址采用了西方传统的折面式屋顶，青岛海滨旅馆旧址具有德意志半木构建筑风格特征。曲阜师范学校"工"字教学楼旧址建于1931年，由时任校长、山东著名抗战烈士张郁光监建。因其平面图像一个旋转90度的"工"字，又称"工字楼"，是学校当时最主要的教学场所。教学楼旧址为两层砖木结构的外廊式建筑，坡屋顶山墙面的跌檐、外墙面的黄色拉毛灰墙面以及正立面曲线形山形墙均体现出德意志建筑风格特征（图6-2-22、图6-2-23）。

图6-2-22　曲阜师范学校"工"字教学楼旧址1（来源：陈勐 摄）

① 青岛广东会馆部分由成帅编写。

图6-2-23　曲阜师范学校"工"字教学楼旧址2（来源：陈勐 摄）

外廊样式的出现体现了殖民地建筑文化在山东地区的传播与影响，但难以适应山东地区的气候条件。山东半岛地处北温带季风区域，属温带季风大陆性气候，又因其三面环海，在海洋环境的调节作用下，空气湿润、雨量充沛、四季分明、冬季寒冷。因此，殖民者不久就发现这种特别注重通风避热的热带建筑形式不适合山东地区，于是许多外廊样式建筑进行了改造，新建建筑也进行了调试，以适应山东地区的气候特点和居住习惯。例如，最后完工的青岛俾斯麦兵营四号营房便取消了明廊样式，而是采用了封闭式外廊（图6-2-24）。

四、现代派与国际风格

19世纪末20世纪初，西方国家对现代建筑的探索也影响到山东地区的建筑发展，包括装饰主义风格、现代主义国际风格等。装饰主义风格也译作装饰艺术风格，是20世纪20年代率先兴起于法国，之后流行于欧美的一种建筑风格，早期以阶台状的建筑形体、竖向的装饰线条以及多元丰富的细部装饰为特征，常见于纽约、芝加哥等地的高层建筑。20世纪30~40年代以后，由于工业设计领域对流线形造型的热衷，开始出现了以曲线形体为特征的建筑风格转向。近代山东地区亦出现了众多具有装饰主义风格特征的建筑，最先受日本分离派建筑风潮的影响，出现了带有装饰艺术色彩的建筑风格，例如原青岛日本邮便局、原青岛病院门诊大楼等。20世纪30~40年代，装饰主义风格常见于商业建筑中，众多商家在临街面设置具有装饰主义特征的门面，例如济南商埠区、估衣市街等。

济南宏济堂西记旧址是装饰主义风格的代表建筑。该建筑始建于20世纪20年代，整体布局坐北朝南并围合成内院，高两层的临街栋为营业厅，采用砖木混合结构，正立面由六根高大的方形壁柱划分为五间，形成强烈的竖向冲势。檐部自中间向两侧跌落呈斜线形，基座、腰线及壁柱顶部均有精美装饰。2013年，宏济堂西记被公布为山东省第四批省级文物保护单位（图6-2-25）。

高岛屋济南出张店旧址也是装饰主义建筑风格的代表作。该建筑始建于1941年，是日本高岛屋百货公司在济南的分公司，主要经营日用百货品、家居装饰用品等，由日本丰田纺

图6-2-24　青岛俾斯麦兵营（来源：网络）

织事务所设计承建。建筑位于街角处，临街角处形体呈45度斜切，主立面以竖向挺拔的线条为主要元素，主入口上部形体升起，具有阶台式装饰主义特征，形成特征鲜明、手法精炼且富有韵律感的立面造型。2013年，该建筑被公布为济南市第四批市级文物保护单位（图6-2-26）。

现代主义建筑指20世纪初期兴起于欧美国家的建筑思潮，率先发轫于20世纪20年代的德国，代表人物有格罗皮乌斯、勒·柯布西耶、密斯·凡·德·罗等人，他们注重建筑的功能与理性，提倡简约、去装饰的建筑形式，以适应现代工业化社会发展以及人口增长的需要。国际风格是现代主义建筑的一种风格取向，强调建筑的几何体量和空间的适用性，运用工业化的混凝土、玻璃等材料，摒弃历史主义的装饰与色彩。近代山东亦有受现代主义国际风格影响的建筑，常见于实用性需求更强的办公、居住等建筑中，例如潍坊坊子的日本电力公司办公楼、青岛新新公寓、青岛水边大厦等。

青岛新新公寓建于1936年，由刘铨法设计。刘铨法（1889—1957），号衡三，生于山东文登。1904年就读于礼贤书院，1914年考入青岛市德华大学，后转入上海市同济医工学堂土木科学习，毕业后出任山东枣庄中兴煤矿公司工程师，参与设计建造第二大井的配套工程。1922年，刘铨法担任青岛礼贤书院校长，直至1953年因病离岗，30余年间推动了礼贤书院教育工作的发展。1929年，进行建筑师执业登记，办公地址位于上海路礼贤学校内。1934年获预制混凝土构件专利权。1955年5月，当选为政协青岛市第一届委员会委员，1957年病逝。刘铨法的建筑设计作品众多，除新新公寓外，其代表作品还有世界红万字会青岛分会、山左银行、大陆银行青岛分行、东海饭店等。

青岛新新公寓位于路口，建筑主体部分高三层，街角转折处局部四层并呈弧形体量。建筑立面简约大方，通过带状的花岗石基座、出挑的外阳台以及主体部分的深色面砖带和浅色粉刷带塑造出水平延展的几何形体，呈现出简洁明快的现代主义国际风格建筑特征（图6-2-27）。

图6-2-25　济南宏济堂西记旧址（来源：陈勐 摄）

图6-2-26　高岛屋济南出张店（来源：网络）

图6-2-27　青岛新新公寓（来源：金山. 青岛近代城市建筑（1922-1937）[M]. 上海：同济大学出版社，2016.）

水边大厦位于青岛汇泉湾畔，始建于1933年，由新瑞和洋行设计，曾经是青岛最现代化的饭店。建筑明快简洁的几何形体、虚实变化明确的外观造型均体现出现代主义国际风格的特征。建筑主体六层，局部高七层，一层、二层为集中式布局，主要作为门厅、餐厅等公共空间。三层以上为客房标准层，呈"L"形布局，客房单元外部凸出弧形体量和阳台，并以矮墙作为栏杆，呈现出波纹般的光影效果。2001年，水边大厦作为青岛"八大关"近代建筑之一，列入第五批全国重点文物保护单位（图6-2-28、图6-2-29）。

图6-2-28　青岛水边大厦1（来源：网络）

图6-2-29　青岛水边大厦2（来源：网络）

第三节　交融碰撞：传统建筑文化的传承与复兴

一、传统建筑文化的传承与延续

山东地区历史悠久、文化积淀深厚，在近代转型时期，传统建筑文化也得以传承与延续，代表作品包括威海北洋海军提督署、烟台福建会馆等。

北洋海军提督署建于清光绪十三年（1887年），也称为"水师衙门"，是清代北洋海军的指挥中心，也是海军提督丁汝昌的驻节之地。衙署坐北朝南，采用中国传统院落式布局，占地面积约17000平方米，可谓"傍海修筑，高距危岩，下临无地，飞甍广厦，轮奂美焉"。建筑群平面呈长方形，四周围以毛石围墙。建筑群基于中轴线展开，分为前、中、后三进院落，每进有中厅、东西侧厅和东西厢房。前、中、后院中厅分别为礼仪厅、议事厅、祭祀厅。各厅厢院落廊庑相接、布局严整。建筑主要采用清代的砖木举架结构，古朴典雅。院内东南角有演武厅一座，建筑为中西合璧、屋宇高阔。提督署建筑群布局宏伟、雕梁画栋、朱红圆柱、青瓦飞檐，装饰细节典雅精致，体现出中国传统建筑的曼妙，是全国唯一保存完好的水师衙门（图6-3-1、图6-3-2）。[①]

烟台福建会馆又称天后行宫，始建于清光绪十年（1884年），是福建船帮商贾聚会、祭祀海神妈祖的场所。建筑采用中国传统合院式布局，坐南朝北，面海而建。建筑原由山

① 李海霞，陈迟. 山东古建筑地图[M]. 北京：清华大学出版社，2018：390-391.

门、大殿、后殿和戏楼、两厢共三个院落组成，后因市区马路拓宽，会馆后殿及东西厢数间被拆除。建筑北墙设置"风平""浪静"东西二门，入内为重檐歇山顶戏楼，其后为单檐歇山顶山门，上覆翠蓝色琉璃瓦。二进院落内为五开间、重檐歇山顶的主体大殿，气势豪放、细节精美。福建会馆是一座出自闽南工匠的、山东地区具有代表性的闽南庙宇，轻盈的屋宇体态、柔和的檐口与正脊曲线、精致雕镂的装饰细部，都体现出较高的艺术价值。整栋会馆如一座雕刻博物馆，浮雕、透雕以及盘龙、植物等各类题材纹样活灵活现，体现了建筑形式与雕刻艺术的完美融合（图6-3-3、图6-3-4）。

二、教会与中国古典建筑的复兴

近代以来，随着西方帝国主义国家在文化方面入侵山东，基督教教堂建筑成为新的建筑类型。为缓和教会与地方民众的矛盾，早期教堂建筑多为中西合璧式风格，例如，重建于1866年的将军庙天主教堂采用中国传统建筑形式，仅在门窗等部位增加了西方化装饰细部。

近代时期，西方教会还建设了一些文化、教育类建筑，最具代表性的为齐鲁大学。20世纪初期，美、英、加三国的14个基督教会组织在山东合办了一所教会学校，时称山东基

图6-3-1　威海北洋海军提督署旧址1（来源：荣智健 摄）

图6-3-2　威海北洋海军提督署旧址2（来源：荣智健 摄）

图6-3-3　烟台福建会馆旧址1（来源：李海霞，陈迟. 山东古建筑地图[M]. 北京：清华大学出版社，2018.）

图6-3-4　烟台福建会馆旧址2（来源：逄新伟 摄）

督教共和大学（Shantung Christian University）。1917
年，将位于潍县、青州的学堂合并到济南，并更名为齐鲁大
学。校园位于济南旧府城东南方向，占地约545亩。校园规
划主要由芝加哥帕金斯建筑事务所设计，正门坐南朝北，名
为校友门。大门东侧为教学区，南北主轴线长达200余米，
最北侧为办公楼，南端为康穆礼拜堂，主轴线东西两侧分列
着考文楼、图书馆和柏银楼、齐鲁神学院，六栋建筑围合出
长约200米、宽约100米的西式几何形态的中心花园，中央
八条道路呈放射状排布，周围花卉、树木郁郁葱葱。男生宿
舍区位于校园东侧，女生宿舍楼位于西侧，校园南侧还建设
了教授的花园式别墅住宅。原齐鲁大学近现代建筑群是一组
具有重要历史价值和艺术价值的建筑群，在中国近代建筑史
上具有重要地位，2013年已被公布为全国重点文物保护单位
（图6-3-5）。

校园建筑主要采用中西合璧式风格，建筑平面对称式布
局、立面水平向三段式构图均体现出西方古典建筑特征，建
筑基本采用砖墙、木桁架和钢筋混凝土的混合结构，而常见
于建筑入口处的垂花门罩，歇山式、硬山式屋顶及青瓦覆顶，
屋脊吻兽、砖石雕刻等装饰细节则带有中国传统特征，是早
期中国传统复兴式建筑风格的代表作。

考文楼位于齐鲁大学中心花园以东，与北面的办公楼、
西面的柏根楼呈"品"字形布局。建筑坐南朝北，主体三层，
东西两端为单层。建筑立面运用西方新古典主义手法，作竖
向三段处理。主入口设在北面正中，进门是一门厅，迎面为
一南向的木制主楼梯，有旁门通到南面的庭院。左右是内走
廊，走廊的南北两侧布置各种教室。东西两端各有一处较大
的单层合堂教室。主入口两侧嵌有琉璃花纹的附壁墙跺十分
显眼。中间夹着一个二开间的门斗，是单坡小灰瓦中国传统
民居门楼形式。左右各有两个标准抱鼓石，中间和两翼硬山
山墙顶部的埠头处理和雕刻均很精致，体现出济南传统民居
的风韵与特征（图6-3-6）。[1]

三、国民政府与"中国固有式"建筑

传统建筑文化传承与复兴的另一种类型为国民政府所倡
导的"中国固有式"建筑风格。1929年，南京国民政府发布
《首都计划》，针对建筑形式问题首次提出"中国固有之形式"
的概念，"要以采用中国固有之形式为最宜，而公署及公共建
筑物，尤当尽量采用"。《首都计划》所提出的"中国固有式"
将中国传统建筑固化为一种建筑风格，导向了中西调和的建
筑形式，即"大抵以中国式为主，而以外国式副之，中国式
多用于外部，外国式多用于内部，斯为至当"。[2]

远离政治中心的山东地区当时虽受国民政府节制，但基
本由军阀统治，在军事、政治、文化等领域基本自行其道，

图6-3-5　齐鲁大学校园鸟瞰（来源：网络）

图6-3-6　齐鲁大学考文楼（来源：网络）

① 张润武，薛立. 图说济南老建筑：近代卷[M]. 济南：济南出版社，2001：248-250.
② [民国]国都设计技术专员办事处. 首都计划[M]. 南京：南京出版社，2006：60-62.

较少贯彻中央政府的政令。尽管如此，山东第一代中国建筑师开始与国内"中国固有风格"主流建筑风格呼应，探索民族建筑形式与现代建筑功能的结合，创作出青岛水族馆、济南红万字会母院、山东图书馆阅览室等作品。[①]青岛水族馆建于1931年，1932年对外开放，建筑建于海边礁石之上，高四层，整体造型仿效传统城门楼，由红色花岗石砌筑城墙，城墙上为重檐歇山顶二层城楼，歇山顶饰以青绿紫色琉璃瓦，气势宏伟，庄重大方（图6-3-7）。

　　济南红万字会母院始建于1934年，是一处集现代技术与中国传统建筑风格为一体的合院式建筑群。母院共有坐北朝南的四进院落，分两期建成，一期工程包括正门、前殿和东西厢，由萧怡九设计；东西门、影壁、院墙、文光阁为二期建成，由于皞民设计。正门位于东南角，面向上新街，入内为高大须弥座式影壁，壁心嵌彩釉陶瓷高浮雕。影壁北侧，经正门、过厅至第二进院落，上房为卷棚式前厅，与东西厢房贯通，颇有王府之气。第三进院北为单檐庑殿围廊式正殿，

图6-3-7　青岛水族馆（来源：周兆利. 青岛水族馆"吾国第一"[N]. 青岛日报，2011-05-23. ）

殿前出卷棚敞厦。末进院落的主体建筑文光阁为建筑群制高点，建筑五开间，重檐歇山顶，阁前东西两侧各立一六角碑亭。建筑群自南向北展开，前低后高，层层抬进，气势宏伟而富有韵律（图6-3-8、图6-3-9）。[②]

图6-3-8　济南红万字会旧址（来源：陈勐 摄）

图6-3-9　济南红万字会正门旧址（来源：陈勐 摄）

①　姜波，史修媛. 山东近现代建筑民族风格的形成与发展[C]. 全国第十一次建筑与文化国际学术讨论会论文集，2010：119-124.
②　李海霞，陈迟. 山东古建筑地图[M]. 北京：清华大学出版社，2018.

第四节　本章小结

近代时期，伴随着西方列强在政治、军事、经济、文化等方面的入侵，以及中国各阶层人士的自主探索与发展，山东地区城市与建筑发生近代化嬗变，体现在城市近代化、建筑风貌多元化等方面。山东地区传统的运河沿线商贸城市逐渐没落，近代港口城市如烟台、青岛等，铁路沿线的交通枢纽型城市如济南，近代化矿业城镇如坊子小镇等发展迅速。这些城市既受到西方城市规划及城市建设理念的影响，引入了近代化道路网络和电力、电气、排水等基础设施，也与传统城市特有的空间格局特征、自然地理形貌等相结合，形成独具特色的近代化城市格局。

伴随着城市的近代化发展，各种新的建筑类型如行政、商业、教育、宗教等，新的建筑技术如水泥、钢筋混凝土、木桁架等，新的建筑设备如空调、电灯等开始登上历史舞台。建筑师作为新兴的职业群体活跃于各大城市中，对于城市建筑的发展产生了重要影响。近代山东建筑体现了多元化的风格特征，既受到德、日、英等西方殖民者舶来的建筑风格形式的影响，包括西方新古典主义、德国青年风格派、折衷主义、殖民地外廊样式等，也有中西交融背景下的中国本土建筑风格形式的演绎，还受到装饰主义、现代主义等新思潮的影响，形成了传统与现代兼容并蓄的城市建筑风貌特征。

近代时期是山东地区建筑文化发展的重要阶段，对于现当代城市空间格局的形成、建筑风貌特征的发展均产生了重要影响，是山东建筑文化的重要组成部分。

第七章　现当代山东建筑传承的探索与发展

1949年，中华人民共和国成立，中国的现当代建筑发展揭开新的篇章。山东传统建筑的传承紧随中国社会的时代进步，迈入全新的阶段，取得了长足的发展和光辉的成就，其发展可大致分为三个历史时期。

中华人民共和国成立以后到改革开放之前为"民族形式"曲折探索期，山东建筑的发展历经"国民经济恢复期"和"一五发展期"等稳定的发展阶段，也受到"文化大革命"等政治因素影响而波动发展。1953年召开的中国建筑工程学会上，梁思成倡导以中国传统建筑的方式进行设计，山东受到国内整体建筑思潮的影响，陆续开展了"民族形式"的创作探索。

1977～1999年为探索的多元化发展时期，20世纪70年代末开始，在全面改革开放的历史背景下，山东建筑的发展迈进新阶段，尤其是党的十一届三中全会之后，经济高速发展，新的设计理念不断地引入，城乡建设大潮为建筑的设计创作提供了更多的机会，新技术和新材料的出现为建筑的多元发展提供了可能，该阶段可谓山东建筑创作探索的快速发展期。

进入21世纪，山东传统建筑的传承也进入了新的发展阶段。我国经济水平高速发展，加入世界贸易组织等标志性事件也代表着中国与世界的联系更为密切。随着中国对外开放领域的扩大，愈发受到经济全球化的影响。经济方面的融合发展带来了文化上的巨大冲击，建筑创作在这样的大背景下高速发展，山东建筑面临巨大的发展契机，展现出新视野、新探索和新突破。

第一节　1949～1976年：中华人民共和国成立后"民族形式"探索

中华人民共和国成立之后，山东现当代建筑发展揭开新的序幕。在1950年开展的新一轮"民族形式"探索的历史背景下，山东现当代建筑也受到该热潮的影响展开相关设计实践。典型的案例如山东剧院、济南宾馆、山东宾馆、山东师范大学文化楼、山东珍珠礼堂、济南南郊宾馆、曲阜师范大学图书馆、淄博市委办公楼和淄博老市委机关礼堂等，虽然不同案例对于"民族形式"的操作手法略有差异，但可以概括为两个典型特征：首先是对民族建筑风格的探索方面，在整体建筑的体量、立面、比例、色彩、造型细部和装饰构件都沿用古典形式；另外，在总平面场地规划和平面布局方面也讲求传统形式的轴线对称和空间序列。

一、"民族形式"风格的探索

山东民族建筑风格的探索实践主要体现在立面构图、建筑装饰和建筑色彩三个方面。

立面整体轮廓方面，该时期内的山东民族建筑形式多采用"纵横三段式构图"方式。"纵向三段式"主要表现在纵向

从上到下可识别出的较为明确的屋顶、屋身和台基三者"三分"，维持和延续了传统建筑的整体轮廓，依据传统的开间和比例进行构图。其中，官式大屋顶的形式是最为突出的特征，是当时所普遍认同的民族风格建筑范本，不同的建筑案例因适应其具体功能，所采用的屋顶形式、装饰构件和具体组织方式略有差异，屋顶形式的选用没有拘泥于传统的等级规制，重檐歇山和攒尖顶在山东当时的创作实践案例中均有所体现。山东剧院始建于1954年，是当时民族建筑风格探索的典型案例和代表作品之一，设计者省建筑设计研究室张协和主任在设计时提出，该建筑必须按照梁思成的设计学观点，按照民族风格，即大屋檐式样[①]（图7-1-1）。该建筑的整体设计体现出对传统形式的模仿，屋顶形式来源于传统官式屋顶歇山的形式，展现了建筑的华丽和庄重之感，墙身为灰砖样式，台基采用石块材质，同时还在台基部分运用线脚进行凸显，呈现出敦实、厚重的感觉。建筑正立面表现出来中间高和两翼低的"横向三段式"构图，中间主楼和两侧翼楼呈现出对称式样，该构图方式强调了中间处传统大屋顶的特征和比例。该时期内的山东建筑创作实践大多采用立面构图式样，体现出较为明显的传统特征，较好地展示建筑的浓厚历史积淀和文化氛围，例如山东师范大学文化楼（图7-1-2）、山东宾馆和南郊宾馆等主立面都呈现出横向三段式的布局，中间

图7-1-1　山东剧院（来源：刘哲 摄）

图7-1-2　山东师范大学文化楼（来源：朱欣雨 摄）

---

① 周正，周雪平. 筹建山东剧院的前前后后[J]. 春秋，2014（03）：31-34.

主楼的屋顶高度较高，两侧翼楼较低，表现出较为明确的构图特征。

　　建筑装饰和细部设计方面，山东民族建筑的探索还体现在借鉴和继承民族建筑符号和细部构件，并针对当时的社会背景和技术水平进行适应性演绎。根据不同建筑师的个人理解，对建筑外部和内部的装饰构件进行了不同程度的简化，具体表现在材料的适时运用和装饰内容的不同表达方式方面，部分案例还顺应时代的普遍做法进行了表达内容上的修改，装饰的具体要素包括屋脊、吻兽、瓦当、椽头、门柱、梁枋、花窗和斗栱等传统构件。建筑作为凝固的历史，往往能够反映其所处时代的典型特征，该时期内山东建筑的部分装饰内容往往延续传统的意蕴，同时还被赋予社会主义的意涵，进行了一些符合社会背景的改变。20世纪50年代末兴建的一些办公建筑，强调建筑风格的简洁，装饰构件进一步简化，例如淄博市委办公楼和临沂地委办公楼为其典型代表。山东剧院的建筑设计中，其正面采用了传统的门柱，檐下构件采用传统彩画形式，花窗等构件也采用了传统纹样，屋脊上排列着民族图腾，室内前厅雕花扶手，还装饰有国画，但山东剧院的室内设计相对朴素，无过多的装饰构件。1950年建设的山东宾馆，建筑师倪继淼在立面装饰设计中采用了镂空花格窗装饰，为建筑增添了一抹古风韵味。山东师范大学文化楼于1955年竣工，建筑师倪欣木在延续传统构件神韵的同时，也将典型的时代特征融入建筑构建设计中，将屋脊两端传统吻兽替换为和平鸽，是人民向往和平这一时代背景的具体体现[1]（图7-1-3）。这一处理手法可谓对传统建筑符号的创新演绎，赋予其社会主义的意涵，是当时的社会背景下较为常见的处理方式，如北京三里河四部一会大楼等屋顶中都采用和平鸽展示国际主义和社会主义精神符号[2]。同样位于济南的中国电影院，建设于1953年，屋脊吻兽也为和平鸽的设计。建设于20世纪50年代末左右的淄博市委机关礼堂还将代表革命意义的红星和旗帜等符号运用在建筑中。以上案例都突出

图7-1-3　和平鸽吻兽（来源：王佳一 摄）

体现了20世纪50~60年代之间"社会主义内容、民族形式"的具体践行。

　　该时期的山东建筑创作中还采用具有民族神韵的传统色彩，同时也进行了一些突破传统的适应性改变。传统建筑中，屋面琉璃瓦的色彩往往被严格限制，等级森严，而该阶段内的山东建筑创作实践突破了这种等级，较为灵活地搭配和运用传统色彩。例如山东剧院檐口采用五彩斑斓的彩画、正立面四根朱红色的柱子以及深绿色琉璃瓦屋顶等，色彩还大胆地突破了古代建筑中对色彩的等级规定，选择了代表亲王府第的深绿色；济南南郊宾馆也采用绿色屋顶，彰显民族风格；中国电影院的立面采用檐口彩画和四根朱红色柱子均具有浓郁的民族风格特色。另外，若干典型建筑的墙身部分采用适应时代特征的建筑材料，朴素的砌筑方式使其呈现出本真的材料色彩，例如山东剧院主体墙面采用灰砖外墙、淄博市委办公楼和山东师范大学文化楼采用青砖，中国电影院采用红砖，外墙均没有抹灰和瓷砖等多余地修饰，可谓未施过多粉黛，墙身色彩一定程度上保持了其原有材料的朴素风格，清水砖墙是较能代表适应当时建筑常用的建造特点和工艺的做

①　王扬，曹伟. 文阁古韵 书香馥郁 登攀拾英 问学苍穹——植根齐鲁文化之沃土的山东师范大学[J]. 中外建筑，2018（09）：10-16.
②　谭威，柳肃. 20世纪50年代中国建筑的民族形式复兴[J]. 南方建筑，2006（03）：119.

法，形成朴实亲民的建筑形象。

二、传统空间布局的尝试

　　山东民族建筑的尝试还表现在建筑外部空间和内部平面布局的组织方面。建筑外部空间场地规划中呈现出两种不同的典型处理手法，一种是借鉴自苏联模式的校园布局，采用较为严谨的轴线贯穿整个校园，增强了主楼的中心地位并突出明确的空间秩序，例如山东师范大学校园总体布局按传统样式以中轴线对称展开，以"东方红广场——文化楼——图书馆"一轴和"师苑西路——师苑东路——攀登西路——攀登东路"四线南北布局，东西基本呈对称分布，空间序列严谨，体现出校园空间的仪式感和整体性。另外一种方式则是

采用传统园林式的灵活布局方式，并采用传统景观要素和传统叠山理水的方式组织外部空间，例如南郊宾馆的整体场地设计采用轴线和传统园林式布局相互结合的方式，南郊宾馆主要分为接待大楼、俱乐部和贵宾别墅区域三部分，占地面积78万平方米，接待主楼正对主要场地出入口的主要轴线上，与俱乐部之间南北轴线分布，形成统领整个场地的布局形式，七个贵宾别墅围绕场地中的七星湖布局。主接待楼北侧场地中布置有垂钓园、玉带河等景观水面，场地内假山叠石、郁郁葱葱的绿化、景观桥和水边亭榭等传统景观要素，在巧妙化解和处理地形的同时营造出随处可见的传统园林式景观（图7-1-4~图7-1-6）。

　　建筑平面组织方面，该时期内的民族风格形式探索多采用较为严谨的对称轴线方式，突出主楼的空间序列，将传统

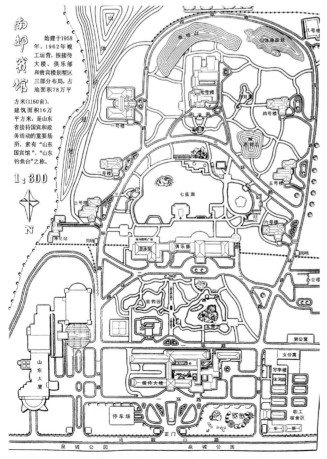

图7-1-4　总平面图（来源：南郊宾馆 提供）

图7-1-5　园内景观1（来源：刘哲 摄）

图7-1-6　园内景观2（来源：刘哲 摄）

建筑空间序列与功能相结合。例如，山东师范大学文化楼采用"H"形、严谨的轴线布局突出了主楼在整个校园平面中的统领和中心地位；南郊宾馆主楼呈现出"工"字形平面，位于场地总体轴线中间，酒店房间沿着横向东西向轴线依次排列，纵向南北向轴线成为统领和联系各个功能区域的部分，横向轴线的中间部分营造有小型的庭院，为酒店房间提供了较好的景观视线，该案例将较为工整的传统布局方式和当代建筑功能相互结合。

第二节　1977～1999年：改革开放新时期多元探索

1977年后，山东建筑对传统建筑的继承和探索进入了全新的阶段，仍然有部分建筑师固守"民族形式"进行建筑创作，1980年前后，新建筑如何表现"民族形式"再次成为建筑界讨论的核心话题之一[①]。但相比于前一个阶段，建筑创作中对"民族形式"的理解，不仅仅局限在形式方面的单纯模仿和复制，而是保持基本形象和风貌的同时，采用新材料、结构和技术进行了创新演绎。在山东部分历史遗迹和文化底蕴丰厚的城市中，新开展的设计实践作品中大多沿用传统建筑形式。戴念慈先生作为该时期的典型建筑师代表，在文化气息浓重的山东曲阜地区主持设计了多个设计作品，阙里宾舍这一典型代表作向大家展示了"民族形式"新生的可能，引起了国内建筑界的广泛讨论。其建筑创作上的操作手法可以称之为传统建筑继承的"表"和"里"，表面风貌试图维持其传统神韵和形态，而内在的构成逻辑则符合当时的结构和材料发展，二者如何保持融合和统一成为该时期山东建筑创作中较为重要的话题。典型创作实践曲阜阙里宾舍"中而新"[②]三个字的创作理念，能够较好地概括该阶段建筑传承

和创新的典型特征。其传统风格传承的典型特征可以概括为：空间秩序的延续与塑造、传统式样的继承与演绎、传统符号的提取与转译及空间创造以及地域意象的借鉴与运用。

一、空间序列的延续与塑造

在建筑设计中，空间序列是指在整体空间布局和组织中赋予其某种内在的逻辑和秩序[③]。山东传统建筑的传承特征首先体现在空间秩序的延续与塑造方面，包括对物质方面的既有历史环境和历史格局的尊重，还包括对非物质方面的历史文化的当代建筑空间秩序再现。对历史环境的尊重方面，具体可概括为两个层面，一是中宏观层面的地段和古城总体格局，通过建筑本体的轴线关系和空间组合关系去延续历史格局并重塑部分已经缺失的城市肌理和风貌；另外，微观建筑个体层级，主要是指对传统平面形式的延续和创新诠释。非物质层面环境意象的回应，主要体现为对整体历史文化氛围的精神传达，尤其是对所处环境场所精神的现代演绎，通过建筑空间秩序的设计和塑造唤醒地域历史文化。空间序列的延续和塑造主要表现为新的建筑创作充分尊重周边整体历史环境的精神和文化氛围，典型性的案例有曲阜相关的几个设计实践，曲阜作为文化和历史底蕴丰富的城市，为当时的建筑创作提供了广阔的发挥空间，几个案例中都充分考量了古城的基本格局，同时也对传统建筑空间布局的"院落"形式和空间秩序塑造进行探索，另外山东省博物馆（老馆）、舜耕山庄、泰安火车站广场综合服务区也采用院落来组织基本功能空间，形成多层次的关系。住宅建筑设计中，1994年建成完工的济南佛山苑小区，也巧妙运用院落关系进行空间组织。

曲阜阙里宾舍建成于1985年，由戴念慈先生设计，位于曲阜中心，西侧临近孔庙，北临孔府等重要的国家珍贵历史文物建筑，占地面积2400平方米，总建筑面积13000平方米[④]。

①　诸葛净. 断裂或延续：历史、设计、理论——1980年前后《建筑学报》中"民族形式"讨论的回顾与反思[J]. 建筑学报，2014（Z1）：53-57.
②　张镈，郑孝燮，张开济，周干峙，关肇邺，李道增，吴良镛. 曲阜阙里宾舍建筑设计座谈会发言摘登[J]. 建筑学报，1986（01）：8-15+82-84.
③　诸葛净. 断裂或延续：历史、设计、理论——1980年前后《建筑学报》中"民族形式"讨论的回顾与反思[J]. 建筑学报，2014（Z1）：53-57.
④　张祖刚等. 当代中国建筑大师-戴念慈[M]. 北京：中国建筑工业出版社，2000：36.

曲阜是孔子的故乡，由于地处位置较为特殊，破坏历史文物环境的担忧贯穿始终，遭到不少人的强烈反对，因此建筑师在设计中首先确定了"甘当配角"的设计理念，将创造和谐的环境作为设计的目标[①]。该设计理念的提出基本奠定了建筑的整体设计基调，空间秩序的营造和设计操作手法上都采取了相对应的方式。建筑高度也被严格控制，东侧不高于鼓楼、西侧不高于钟楼。临近的历史文物孔府、孔庙建筑都是较为传统的多进式院落组织，坐南朝北，空间秩序遵循南北轴线陆续展开，孔府的横向轴线和孔庙的纵向轴线汇聚于该阙里宾舍的建筑场地内。该建筑布局上同样坐北朝南布置，直接延续孔府横向轴线，又延伸了孔庙建筑纵向主轴线，以此为基础构建阙里宾舍的空间秩序（图7-2-1）。

具体形式而言，该建筑的平面布局延续了传统的院落式样，当时传统平面格局的空间组织方式被质疑能否适应现代化的要求，戴念慈先生显然给出了一个具有说服力的答案，建筑整体与周边环境完美地融合在一起。建筑尽量以四合院的布局和"大屋顶"的形式取得与文物环境的协调[②]。他认为四合院的旧有空间形式体现出鲜明的中国特色，能够非常和谐地呼应曲阜特定的历史空间环境，中国式样的室外共享空间可以服务于该建筑的旅馆职能[③]。因此，整体平面组织沿基本轴线展开，各个功能区块并未固守严格的对称布局，而是在基于基本轴线，按照不同建筑功能进行灵活布置，实现了秩序中的严谨与灵活二者的微妙平衡。入口处位于孔府和孔庙延伸而来的南北主轴线焦点处，其核心位置成为整个建筑的中心位置，为彰显其庄重的空间感受，入口处设置广场—影壁—门廊—过厅—门厅的连续空间秩序，同时又要以亲近人体的态度和尺度体现建筑的儒家文化意涵，因此入口处还设置有曲折的汀步和水面，削减建筑的严肃感和厚重感；客房区遵循前后多进院落、轴线的严谨空间组织秩序，从南到北围绕形成三个内部庭院，庭院内的水景和绿景为客房提供了采光和景观的同时，还营造出传统空间体验和感受；公共区域的布置则相对较为灵活，曲折的连廊联系部分功能区域，并划分形成几个规整但尺度不一的若干小型庭院（图7-2-2、图7-2-3）。

曲阜五马祠商业街设计中，同样延续了历史环境的承接关系，设计师在描述创作实践的理念时提到："尊重历史环境，不喧宾夺主，体现谦让的共处精神。通过五马祠街规划的有机组织，建立周围各名胜古迹间联系的纽带，使游人在购物及娱乐活动中，多层次地领略传统及地方文化的风采，是规划构思的首要出发点"[④]，在建筑的肌理塑造方面，总体采用较小的建筑尺度呼应历史肌理关系。

曲阜孔子研究院作为孔子学说和思想研究的重要机构，

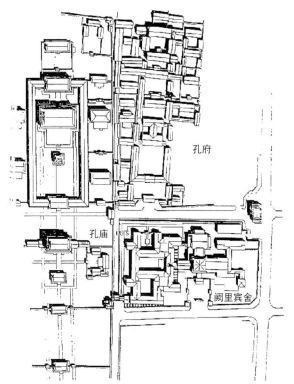

图7-2-1　阙里宾舍周边环境总图（来源：张祖刚等. 当代中国建筑大师-戴念慈[M]. 北京：中国建筑工业出版社，2000.）

① 张祖刚等. 当代中国建筑大师-戴念慈[M]. 北京：中国建筑工业出版社，2000：36.
② 戴念慈. 阙里宾舍的设计介绍［J］.建筑学报，1986（01）：2-7，82.
③ 戴念慈. 阙里宾舍的设计介绍［J］.建筑学报，1986（01）：2-7，82.
④ 吴明伟，薛平. 认识、探索与实践——曲阜五马祠街规划设计浅析[J]. 建筑学报，1988（03）：26-32.

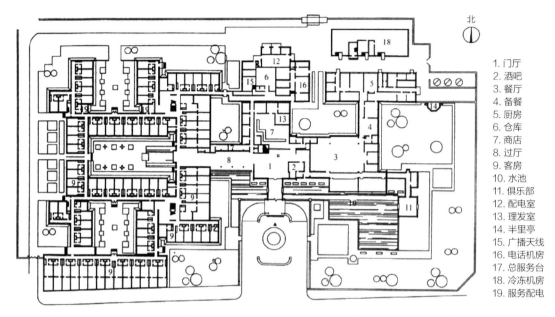

北

1. 门厅
2. 酒吧
3. 餐厅
4. 备餐
5. 厨房
6. 仓库
7. 商店
8. 过厅
9. 客房
10. 水池
11. 俱乐部
12. 配电室
13. 理发室
14. 半里亭
15. 广播天线
16. 电话机房
17. 总服务台
18. 冷冻机房
19. 服务配电

图7-2-2　首层平面图（来源：张祖刚等. 当代中国建筑大师-戴念慈[M]. 北京：中国建筑工业出版社，2000.）

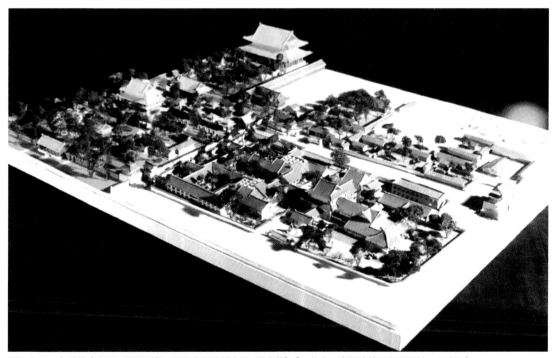

图7-2-3　鸟瞰图（来源：张祖刚等. 当代中国建筑大师-戴念慈[M]. 北京：中国建筑工业出版社，2000.）

设计于1989年，位于孔子的故乡曲阜，从城市总历史格局关系上来看，曲阜孔子研究院与既有的孔府、孔庙等历史建筑呈现出轴线上的承接和空间秩序的顺延。位于孔庙南向延长轴线上，与孔府遥相呼应[1]。新建建筑融入古城的总体结构中，对既有的空间秩序进行了一定的织补。在建筑总平面格局上来看，整体布局坐北朝南，大门布置在轴线上，主楼部分为孔子研究院，图书馆和教学研究用房分列东、西两侧，建筑总体面积约为12000平方米，研究院的主楼大院灵感来源于传统的"明堂辟雍"，辟雍是古代天子教化、祭祀和典礼的场所，在《诗经》《礼记》中都有文字记录，该空间格局象征着儒家传统文化[2]。整体布局采取"高台明楼"的布局形式，该形式来源于古代书本和明器，根据对史料的考证和研究，总体构图用方和圆作为基本母题，形成富有仪式感和秩序感的广场、圆形水池和院落外部空间有机组织，外部空间的设计凸显了主体建筑的空间主导性和总体布局的秩序感。

二、传统式样的继承与演绎

传统建筑的典型式样通常是指那些被人们普遍认可的意象和构图原型，主要体现在建筑的整体形象、风貌和轮廓方面。该阶段内山东建筑式样继承仍然普遍采用大屋顶形式，但相比之前阶段内的简单探索，该时期内除了对传统要素的把握方面，还尝试进行一定的创新演绎。

传统样式的继承方面，主要体现为建筑的轮廓、比例、构图和色彩等沿用传统样式。相比于之前阶段，该时期内的山东建筑对于继承传统立面的处理方式相对更为灵活，尤其是官式大屋顶的运用不仅仅固守其严格的等级和形制，而是选择性地保留其突出的轮廓特征，但仍然凸显出强烈的"民族形式"特征。例如，同时采用多种形式屋顶的组合，较为灵活地处理平面组织关系。曲阜阙里宾舍采用

大屋顶样式，主楼采用重檐歇山的形式，客房部分采用悬山、卷棚等多种屋顶形式，形成更为丰富的外部形式，"坡顶与盈顶相结合，重檐与单坡顶与盈顶相结合，重檐与单檐相交错"[3]。色彩的处理上，阙里宾舍的色彩未采用官式等级所规定的彩色规制，而是与传统建筑相协调的灰色（图7-2-4）。

台基的处理也是表达传统立面比例和形式的重要方面，在山东曲阜孔子研究院的建筑创作中借用战国时期铜器上所展现出来的"高台"建筑纹样，作为孔子时代建筑形象主要的灵感来源，从立面形式上，采用提高台基的处理方式，符合古代官式建筑追求高大、庄严的式样特征，同时也体现出对历史的尊重。这一特征并不鲜见，山东省博物馆（老馆）同样利用相似的高台基和大屋顶的处理手法来展现设计对于传统式样的呼应，塑造出强烈的传统形象。

该时期内对传统式样的继承并非简单套用，而是根据当时当地的具体情况，运用新材料、结构和技术实现传统意蕴。换句话说，虽然建筑设计大多采用传统样式，但尽量以新材料、结构的构造规律去演绎并进行相应地修正。例如阙里宾舍的设计中，"把传统的轮廓剪影和坡屋面主次、层次的特点，用新结构和一般的混合结构，给它一一解决。檐下既留

图7-2-4　曲阜阙里宾舍（来源：汇图网 提供）

① 张祖刚等. 当代中国建筑大师-戴念慈[M]. 北京：中国建筑工业出版社，2000：57.
② 张祖刚等. 当代中国建筑大师-戴念慈[M]. 北京：中国建筑工业出版社，2005.
③ 张镈，郑孝燮，张开济，周干峙，关肇邺，李道增，吴良镛. 曲阜阙里宾舍建筑设计座谈会发言摘登[J]. 建筑学报，1986（01）：8-15+82-84.

有椽望……以几何形连续凹凸面代替老式的斗栱，作为上檐下身的过渡，对下部墙身完全采用新结构大柱网，为大玻璃窗门创造了条件。"[1]由此可见，该建筑的创新设计首先维持了整体轮廓和屋顶的传统特征，而内部的结构却突破了旧有木结构梁架结合的形式，采用了四个支点的正方形伞壳混凝土结构，全新的结构形式、材料和内容与十字脊歇山屋顶的外部形式相互吻合，两者的结合呈现出相互协调的最终效果，在沿用传统形式的同时，又探索了新材料的受力和建造逻辑，并非是简单的形式模仿，而是以新结构技术的运用探讨合理的逻辑，使得建筑形式的模仿不仅浮于表面，而是探讨了深层的适应性和合理性。材料的选择除了具有时代特征以外，还充分考量就地取材，"创造者以最普通的当地青砖、花岗石、削割瓦等作为素材来进行创作，采取一、二层的砖混结构形式加上扭壳等技术，把一组非常曲折复杂的功能要求和功能分区处理得各得其所。"[2]为充分融入当地的历史环境，与周边近在咫尺的古建筑群落相协调，建筑因地制宜地采用青砖、青瓦、石材和白色粉墙，地方材料的运用使得建筑呈现出质朴、融入当地的整体历史环境风貌[3]。另外一个典型案例曲阜孔子研究院，外观形式上仍然维持典型的大屋顶传统特征，采用钢网架结构以实现较大跨度，并无过多的矫饰，而是真实地呈现其材料特征（图7-2-5）。

三、传统符号的提取与转译

传统建筑风格的呈现不仅依靠传统式样的立面比例和轮廓，建筑装饰细部和节点也是营造建筑氛围、体现建筑风格和表达地区特征的关键要素。该阶段山东建筑对传统建筑的传承方式中，传统符号提取是重要的实现路径之一，全国知名的建筑师如戴念慈、吴良镛以及山东当地的建筑师都更为精准地深入挖掘当地的历史文化特色，敏锐地抓住物质性的典型图形和形制，同时还对其进行相应地简化和转译，同时也对非物质层面的文化进行建筑装饰，探索传统文化的建筑表达新方式。传统符号的来源包括山东当地的各个方面，例如文化、风俗、艺术、制度等方面，将其转化为物质化的装饰符号运用在建筑中[4]。正如吴良镛先生的观点"建筑的问题必须从文化的角度去研究和探索，因为建筑正是在文化的土壤中培养出来的；同时，作为文化发展的进程，并成为文化之有形的和具体的表现。"[5]具体来说，传统符号的提取主要表现在各个构成要素的图形和形制方面。典型的构成要素包括建筑屋面装饰、墙面装饰、室内外装饰构件、雕塑和艺术品等具体内容。山东该阶段的创作实践对于地域文化和历史积淀都进行了较为深入的探讨，古籍和明器等都成为传统符号获取的灵感来源。

图7-2-5　孔子研究院大屋顶立面形象（来源：汇图网 提供）

① 张镈，郑孝燮，张开济，周干峙，关肇邺，李道增，吴良镛. 曲阜阙里宾舍建筑设计座谈会发言摘登[J]. 建筑学报，1986（01）：8-15+82-84.
② 张镈，郑孝燮，张开济，周干峙，关肇邺，李道增，吴良镛. 曲阜阙里宾舍建筑设计座谈会发言摘登[J]. 建筑学报，1986（01）：8-15+82-84.
③ 张镈，郑孝燮，张开济，周干峙，关肇邺，李道增，吴良镛. 曲阜阙里宾舍建筑设计座谈会发言摘登[J]. 建筑学报，1986（01）：8-15+82-84.
④ 周桂琳，王小斌. 曲阜孔子研究院中传统装饰元素应用的当代思考[J]. 华中建筑，2012，30（02）：156-158.
⑤ 倪锋. 踵事增华——谈曲阜孔子研究院主体建筑正吻设计[J]. 华中建筑，2001（03）：27-30.

中国传统建筑中屋面装饰是重要环节，通常包括正脊和斜脊的脊饰和瓦当等方面。吻兽往往是建筑的制高点，是最能生动体现建筑性格的重要特征装饰构件之一[1]。最为典型的案例是曲阜孔子研究院的吻兽设计，正吻为雕刻家张宝贵先生制作。动物一直是中国传统建筑正吻设计的主要题材，在设计中，设计者试图寻找孔子与传统符号之间的关联，经过对汉代名器和画像砖的考证，凤凰最终被确定为代表传统文化的基本原型，在其基础上进行了多次变形设计，由于传统正吻材料、工艺和构造方式的限制，孔子研究院的正吻采用了内加钢筋的GRC水泥塑造，使得立体感大为增强，同时材料的质感和颜色与传统构件基本一致，与屋顶的关系非常和谐[2]（图7-2-6）。研究院的鸱吻被看作建筑设计的延展，代表了作者对儒家传统文化的理解和表达，因此进行了较为

细致的历史考证和推敲（图7-2-7）。屋面的瓦当等细部也进行了细致地雕刻和推敲。曲阜孔子研究院的设计中，也运用了多种装饰构件，处处体现出设计者对传统的尊重和氛围的烘托，例如研究院大门处提取牌坊、汉阙等传统建筑形制（图7-2-8），将汉代的装饰花纹作为母题运用到多处大门的构件中，场地环境中的玉琮式灯饰提取玉琮这一内方外圆的礼器进行抽象。广场的铺地和小品（图7-2-9）也是以礼敬四方《周礼·春官·大宗伯》，以五色花岗石做成璧、圭、璋、琥、璜的形状分别镶嵌在广场的正中心与四方入口，铺装石材的选用考虑了各种颜色的象征意义，广场中心"苍璧台"选用幻彩绿，四周入口的"青圭"用大花绿，"赤璋"用泰山红，"白虎"用汉白玉，"玄璜"用翡翠黄[3]，挖掘具有历史意义的题材烘托整体的历史氛围。

图7-2-6　曲阜孔子研究院正吻（来源：汇图网 提供）

图7-2-7　曲阜孔子研究院鸱吻（来源：汇图网 提供）

图7-2-8　曲阜孔子研究院牌坊（来源：汇图网 提供）

图7-2-9　曲阜孔子研究院广场小品（来源：汇图网 提供）

① 吴良镛. 关于曲阜孔子研究院设计的学术报告——在曲阜孔子研究院设计学术讨论会上的发言[J]. 建筑学报，2000（07）：14-17+74-75.
② 倪锋. 踵事增华——谈曲阜孔子研究院主体建筑正吻设计[J]. 华中建筑，2001（03）：27-30.
③ 吴良镛，张悦. 基于历史文化内涵的曲阜孔子研究院建筑空间创造[J]. 空间结构，2009，15（04）：7-16.

在曲阜阙里宾舍建筑设计中，多个构件都是从传统符号提取出来，并进行了适应新材料的适当简化和变形。例如斗栱省略了繁复的结构，柱头、梁柱、花窗、栏杆等大多被简化变形，借用新的材料和结构形式实现，让人在隐约体会到传统韵味的同时，还能感受到现代性。另外，该建筑中还运用了多种雕塑等装饰品，这些装饰还成为表达建筑传统意蕴的手段。室内装饰非常豪华，家具都选用木质，厅堂装饰仿汉画像石浮雕壁画，会议厅内布置有"六艺"陶瓷壁画，另外还有传统乐器、屏风等多种装饰小品（图7-2-10、图7-2-11）。其他案例如曲阜五马祠商业街和山东省博物馆（老馆）等也都采用了类似的手法，传统符号的运用渗透到建筑的细节设计中，对传统符号的提取与转译是当时相对普遍认同的设计手法。

四、地域意象的借鉴与运用

地域意象是指对于山东当地不同地域气候特点、地域特色和文化的挖掘与尊重，在设计过程中一般摒弃了先入为主的建筑师主观意志，而是关注在地性的建筑传统技艺、材料、地形地貌和文化遗产，反映突出的地方特点。

其中最具代表性的案例当为戴复东院士创作的荣成北斗山庄，该建筑建于胶东半岛，由天枢居、天旋居、天玑居、天权居、玉衡居、开阳居、摇光居七组院落式度假别墅构成，位于荣成市郊一块依山傍海的山地上，较为特殊的气候特征和地理位置使其建筑创作采用符合地域特征的灵感来源。该作品利用当地的建造技艺，就地取材，借鉴乡土建筑的造型特征，形成浓厚的乡土建筑特色[①]。对地域性建造材料、技艺和形式的尊重成为该设计最为突出的特点，成就了其形象、功能和体验上的独特气质，兼具地域特色和现代功能。在总平面布置上，创作者借鉴当地海草房民居的建设经验，在适应具体山地地形的情况下采用化整为零的方式，将七组院落尽量布置于接近山体台地的边缘，并使每组院落的各个房间都有较好的朝向。这样形成的总平面好似北斗七星形状，故取"北斗七星"的名称命名每组院落，建筑组群整体上命名为北斗山庄。在每组建筑的创作上，创作者基于对胶东海草房民居特点、材料和审美的长期体验和深入认识，决定选取容易就地取材、冬暖夏凉爽和耐久长寿的海草和天然花岗岩毛石作为主要建筑材料，结合少量的混凝土、玻璃和钢做门窗和结构材料来建设，使其整体上具有原汁原味的厚重、朴实和质朴的感觉。每组建筑的室内装饰、建筑间连接道路等景观小品，也都采

图7-2-10 曲阜阙里宾舍内部装饰雕塑（来源：张祖刚等. 当代中国建筑大师-戴念慈[M]. 北京：中国建筑工业出版社，2000.）

图7-2-11 曲阜阙里宾舍内部装饰壁画（来源：张祖刚等. 当代中国建筑大师-戴念慈[M]. 北京：中国建筑工业出版社，2000.）

① 戴复东. 继承传统、重视文化、为了现代——山东荣成北斗山庄建筑创作体会[J]. 建筑学报，1994（09）：36-39.

用当地白布和农民弃之不用的磨盘石装饰或铺成，其磨盘之间及磨盘孔中可以长出小草。整体来说，整组建筑是对当地地域建筑文化最大程度地继承和提升，因此也获得了建筑创作领域的一致认可，并被评为20世纪中国优秀建筑。

另外，在挖掘地方文化的意象性表达中，潍坊鸢飞酒店也是一个较为突出的案例。该建筑建于1987年，平面的组成酷似蝶形，隐喻风筝，该酒店主要特色突出了民族文化和民间艺术，装修多采用当地的地域性材料，室内设计体现出更为浓重的地域特色，方炕、暖帐、家具和铺盖等民居传统的装饰手法和色彩，乡土气息浓厚，餐厅也设计为朴素的乡间野趣，多功能厅内装饰有小风筝等地方特色符号，整体装饰层面充分体现出地域特色和当地的文化[1]。布正伟先生设计的东营市政广场及建筑群在总体上凸显黄河三角洲"黄河文化所特有的这种粗犷、朴拙、醇厚、平实的气质。"[2]莱山机场航站楼和东营市检察院，是体现地域文化传承不可多得建筑创作佳例，考量了环境体验后的"自然生成"，在寻找到地域的特殊体验后将体验转化为空间形态语言[3]。在烟台航站楼这一作品中，将地域性的"狼烟墩台"和"海的景象"等地域城市意象应用于建筑创作中，表达地域性特征的同时体现出当地居民的性格特点[4]（图7-2-12）。

图7-2-12　莱山机场航站楼（来源：网络）

第三节　进入21世纪——新理念、新探索、新突破

进入21世纪以来，山东建筑创作发展也进入高速发展的新阶段，建筑实践类型和数量增多，具体实践手法更为多样，全新的理念渗透到山东建筑发展的方方面面，尤其表现在绿色环境、场所精神、技术创新和遗产保护理念，在拥抱新理念的同时保持地域性特色成为山东建筑创作过程中的重要课题。

① 崔荣平. 山东潍坊鸢飞酒店[J]. 建筑学报，1988（03）：56-58.
② 布正伟. 由感悟影视作品到运用建筑语言：有感于建筑作品文化气质的凸显与表现[J]. 建筑创作，2005（12）.
③ 潘谷西. 中国建筑史[M]. 北京：中国建筑工业出版社，2015.
④ 布正伟. 论寻找城市——烟台航站楼创作答疑[J]. 建筑学报，1993（06）：9-15.

一、绿色环境理念：基于地形地貌气候

　　自然地形地貌是影响建筑创作的重要因素之一，山东独有的地理条件造就了特殊的创作基底，影响了部分典型建筑的形式特征，形成具有地域特色的总体意象。山东省地形地貌特征较为多样，包括"中山、低山、丘陵、台地、盆地、山前（间）平原、黄河冲积扇、黄泛平原和黄河三角洲等9个基本地貌类型。其中，山地面积约占陆地总面积的15.5%，丘陵占13.2%，洼地占4.1%，湖泊占4.4%，平原占55.0%，其他占7.8%。"[1] 概括说来，以鲁西北为代表的平原、河流与湿地景观类型多样，既有华北平原一望无垠的视觉感受，又有黄河下游独特的自然风貌；以鲁东胶东半岛为代表的临海和山海景观山海一色，带有典型北方滨海景观特色；以鲁中南，特别是泰山地区为代表的山地景观和崮山景观巍峨壮观，秀丽的景色与丰厚的文化底蕴相辅相成。基于以上典型性的地貌特征，若干优秀的建筑实践采用"因地制宜"的设计策略对于该地域特定的地形特征予以回应，尤其是在复杂地形和特殊建筑类型中更为典型。概括来说，可以表现为两种呼应手法：一是顺应地形的建筑策略，表现为对山东特殊地形的形态回应，如山景、海洋和平原等独特地貌因地制宜地尊重和利用自然地形条件，二者表现出较为融合的态势，常见于地景建筑；二是利用建筑形态模仿地形特征，建筑形态呈现出与自然形态的相似性，并与当地的自然环境发生协调的关系，从而形成整体较为协调的脉络关系。

　　较为典型的案例如青岛世界园艺博览会在建筑布局、道路布局、水系布局等方面均考虑到地形地貌的特殊性。中国2014年青岛世界园艺博览会以"让生活走进自然"为主题，园区选址位于青岛市李沧区东部的百果山森林公园。在总平面设计中综合考虑了景观轴和景观带与自然地形的巧妙结合。首先，中央景观轴的设计，结合原有两座水库，可考虑跌水向南北两方向延伸，形成一个或多个中央景观轴。其次，中央景观带的设计，结合林地和水系，以天水路为界，天水路以北被群山围拥是富有活力的绿色生态带，以毕家下流水库为核心构造出新的人工景观带。为了实现园区内建筑布局的绿色，根据山体地貌分析以及建设适宜评估结果，因地制宜布置不同体量建筑。小型的建筑依山就势，结合山地建筑的布置方法考虑布局，减少土方开挖造成的山体破坏和建设资源的浪费。大型主要展馆建筑，采用地形适应建筑的策略，在此基础上或者合理的平整基地，或者采用化整为零的分割布局，分区域处理单体，不同区域采用不同方式与山体结合。园区内天水服务中心的建筑设计中，采用"地景式建筑"的方式化解和利用地形的高差，将建筑形态融入整体环境，尽可能保留场地本来的地形地貌以及植被[2]。梦幻科技馆的设计中，建筑师将"形态依附于山体，呈现游走姿态，通过控制屋顶不同的标高，形成起伏形态。"[3] 位于威海的林间办公楼的案例巧妙地将建筑形态与场地中原有植被地貌相结合，减少了对场地原有自然景观要素的破坏，实现了建筑形态和空间与在地自然环境地形地貌的融合（图7-3-1～图7-3-3）。

　　气候是建筑创作所依托的另一个较为典型的自然特征，具体体现在风、日照、降水和温度等具体方面。气候直接影响人类的生活，人类创造建筑正是为抵御不利的自然气候，获取宜

图7-3-1　青岛世园会天水综合服务中心景观（来源：济南多彩摄影 提供）

① 山东省生态保护红线规划（2016—2020年）.
② 徐达，王振飞，张洲朋. 消隐的建筑——2014青岛世界园艺博览会天水地池综合服务中心设计[J]. 建筑学报，2014（06）：61-65.
③ 傅筱，施琳，李辉. 显隐之间——2014青岛世界园艺博览会梦幻科技馆设计[J]. 建筑学报，2014（07）：82-83.

于居住工作的稳定环境。所以，建筑与气候应是一对矛盾统一体，一定的气候特征需有一定的建设形式，与之相对应。山东省属于温带季风性气候，在中国建筑气候划分中属于第二区，冬季寒冷，夏季炎热。复杂多变的气候环境决定了山东地区建筑设计势必立足于具体地域，采用既带有地方特色，又综合多样的设计策略实现与自然环境的协调共生，在设计伊始就充分利用考虑建设基址的气候状况和地形地貌，有效地利用气候资源，削弱建筑建成后对当地自然环境造成的负面影响，为实现建筑与自然环境之间良性的物质能量循环创造条件。从建筑设计策略上来看，建筑选址与布局、外部空间形态设计、可调节微气候的建筑外维护结构设计和太阳能生态设计是山东建筑为适应气候环境常用的方法与手段。针对山东的

气候特征，相关的建筑实践也对其予以回应，李兴钢设计的威海Hiland名座以海边的风环境为依据，在考察当地主导风向的基础上，以自然通风的方式设置多个"风径"，引入夏季风达到对室内环境温度和湿度等指标的改善[①]。青岛即墨体育中心也同样顺应青岛市的当地气候，山东省属于季风区，各地盛行风随季节更替呈现周期性变化，这在客观上为人们掌握风的规律，更好地利用风资源提供了便利，而建筑外部空间微气候环境的舒适性直接影响人的行为和活动。青岛即墨体育中心在进行建筑外部空间形态设计时，首先依据风在运动过程中所遵循的基本规律，依据使用者的要求以及建筑所处不同气候区的特点进行具体研究和分析，通过各方面的设计来改善建筑外部空间的风环境（图7-3-4、图7-3-5）。

图7-3-2　青岛世园会地池综合服务中心景观（来源：济南多彩摄影 提供）

图7-3-3　青岛世园会梦幻科技馆（来源：韩玉 摄）

图7-3-4　Hiland名座建筑设计（来源：中国建筑设计研究院有限公司李兴钢工作室 提供）

图7-3-5　青岛即墨体育中心建筑设计（来源：韩玉 摄）

① http://www.ikuku.cn/post/40120.

二、场所精神理念：基于人文环境文脉

人文环境是在特定的地理环境、社会背景、经济水平、民俗特征等综合条件下所形成的独特的文化韵味。人文环境历经长时间的发展、变化和积累，建筑作为凝固的艺术，往往被赋予文化内涵，成为承载特殊文化的物质载体，文化环境以潜移默化的方式影响到当地的建筑形式、整体意象和空间布局等方方面面，与自然环境中的场地地形地貌有着物化的实体不同，人文环境显得更为抽象，内容更为宽泛，它包括地方的生活方式、社会结构、宗教信仰、礼仪习俗、思想信念、价值观念、符号意义和语意系统等多方面的内容。

山东地区是儒、墨、道等中华民族主流传统文化的发源地，这些主要传统文化最早在这里发源流传，并通过文化的交流和传播传至全国各地。山东丰富的文物遗存和建筑文化遗产，便是这些文化传统渊远流长的有力证明，也是当今山东地区建筑创作所赖以依存的基本文化环境条件。关于齐鲁文化的总体特征，很多文化学者以"礼乐文化"和"礼仪文化"概括。但这只是发端于鲁西南和鲁南地区的鲁文化的主要特征，发端于鲁中和鲁西的齐文化则是由内陆与海洋、仁与智、礼与法等诸种文化因素通过多层次、多维度的交织而成的具有网络结构的半岛复合型文化。与鲁文化重礼、守常等特点互补，齐文化则具有变革、开放、多元、务实等许多鲜明的特点，齐鲁文化相互交融，形成了齐鲁文化的基本特征。齐鲁文化具有崇尚民本厚德的仁民精神，崇尚努力刚健的自强不息精神，崇尚进取有为的能动创造精神，崇尚奉献群众的大公无私精神，崇尚保国卫家的爱国主义精神等基本精神内涵。齐文化以"尊贤而上功"作为主要文化精神，积极进取、善于变通、勇于革新、兼容并蓄，总是比较合时宜，能跟上时代发展的步伐，具有开放性、综合性的鲜明特点。鲁文化则以"尊尊亲亲"作为文化精神，以"礼仪之邦"文化特点，多不信奉阴阳灾异说，而多言常道、德行、人事，更接近王道，具有单一性、保守性的特点。正是在齐鲁文化交融互补及其主导的影响下，山东各地区才在历史进程中融合其他文化，形成了地域文化多元特色。此外，鲁东沿海地区很早就有仙道文化的传统，在齐鲁文化的影响下，在多元文化交融碰撞的漫长历史过程中也形成了其多元、多层次的结构特点。

概括说来，山东的典型文化包括主流的儒家文化、道教文化、山海文化、民俗文化、漕运文化、名人文化等，山海文化又可以细化为泰山文化和海洋文化。对于山东传统建筑文化的回应，大多基于对非物质的文化符号予以抽象，或明显或隐晦地呈现在建筑设计作品中，大致可以概括为两种典型方式：一是隐喻，另外是象征。隐喻的设计理念和手法是较常运用的方式，往往通过确定某一暗示的对象，对其进行模仿，针对山东文化特征、相关建筑实践展开了多样化的探索。如崔愷院士设计的山东省广播电视中心，建筑造型试图通过隐喻泰山石，展现山东的朴素、敦厚的地域性格，山东省美术馆同样也隐喻泰山文化，体现出"山城相依"的建筑意象和文化意义。烟台文化中心总体设计中寓意"历史之石、现代之石、未来之石"，意图营造出"山海仙境、开放烟台"的设计意象，以建筑的整体形象回应海洋文化。象征手法的典型案例如彭一刚先生主持设计的威海甲午海战馆。该建筑位于甲午海战发生的海域，采用象征主义的手法表现出悬浮于海滩上的"战船"建筑形象，另外还设计了一尊巨大的雕像，展现出昂首迎战的悲怆意象。该设计案例表现出设计师对山东当地历史事件的深入挖掘和象征化再现，建筑的整体形态和空间设计是对该历史场所精神的凝固表达（图7-3-6~图7-3-8）。

图7-3-6　山东省广播电视中心（来源：汇图网 提供）

图7-3-7 山东省美术馆（来源：同济大学建筑设计研究院（集团）有限公司 提供）

图7-3-8 威海甲午海战馆（来源：汇图网 提供）

三、技术创新理念：融入新材料和技术

由于建筑与技术的特殊紧密关系，决定了建筑与其他艺术之间的根本不同，建筑技术是建筑文化发展的推动力。因为技术的进步是人类文明进步的表现，只有技术的发展才能推动建筑文化的发展，只有技术的进步才有可能为建筑的发展提供新的施展空间和可能。如西方现代主义建筑的产生就是技术革命的结果，19世纪中叶，由于钢铁在建筑上的应用，产生了新的建筑语汇，展示了建筑发展的新的可能性和发展潜力。同时，技术的创新给文化的多元提供了可能，如高技派建筑、解构主义建筑等建筑文化现象的出现，单就对建筑文化的发展而论，增添了多元化的文化色彩。此外，技术还是文化传播的有力手段和途径，在许多异域之间的文化传播中，通过技术的接受与再发展来传播文化是通常的手段。不论是在东方国家之间，如日本对中国唐代建筑文化的移植，或是进入20世纪后东西方建筑文化的交流，技术都是建筑文化传播的重要手段和途径。地域建筑技术是地域建筑文化的根本，而地域建筑文化的发展正是建筑文化多元发展的一种状态。建筑技术系统的复杂性、技术要素在发展中的重组现象，以及技术要素传递中的累加效应等都会促进建筑文化的多元发展。建筑技术产生之初是地域性的，因为建筑技术一开始就是为了满足人类与自然界抗衡的一种手段，来创造人与自然之间的介质，所以建筑技术一开始就是为了适应不同的自然地理环境条件的。

随着新技术的发展，山东建筑形式上的创新实现、结构上更大跨度和空间舒适度的增强方面都取得较大进展，涌现出参数化建筑和高舒适性绿色生态建筑等典型建筑案例。参数化技术为代表的建筑案例呈现出对更复杂建筑形态的创新演绎，尤其表现在建筑的具体几何形式、建筑表皮和建筑施工等方面。例如，济南市省会文化艺术中心三馆的建筑形态具有鲜明的现代风格，同时又体现齐鲁文化意涵，主楼部分采用双层幕墙系统，将水景交融的景观像素化赋予建筑的表皮[1]。山东省会大剧院为充分体现设计理念，在大剧院工程中，观众厅外壳采用双曲面壳体造型，曲面顶部被一段长条形的玻璃幕墙截断。设计单位采用铝方管龙骨与铝蜂窝竹复合板等材料，结合建筑信息模型（BIM）的应用，为龙骨定位加工及竹板施工提供了高水平的技术支持，成功地建造出与设计模型无二的大型双曲面壳体[2]。日照市山海天游客中心在设计的各个阶段中采用参数化技术，例如技术辅助形态造形、结构优化和立面优化设计等具体环节，创造出具有流线

---

① 泺水之乐 济南市省会文化艺术中心[J]. 室内设计与装修，2014（04）：22-27.
② 徐友全，张世洋. BIM技术在山东省会文化艺术中心大剧院双曲面壳体龙骨定位中的应用[J]. 施工技术，2014，43（03）：55-58.

型的建筑形态（图7-3-9～图7-3-11）。另外，新技术的发展也催生了一大批绿色生态型建筑，提高建筑舒适性的同时降低能耗，如山东省交通学院艺术教育中心的设计采用被动式技术；山东建筑大学绿色教学实验综合楼将被动式建筑与钢结构装配式技术一体化设计，是国内首个钢结构装配加被动式项目，取得了一系列的突破性创新成果。

除了高新合成材料、绿色材料等全新材料的运用以外，山东本地材料的创新运用也是山东建筑技术创新理念的重要方面，典型性的材料运用具有地域特征的夯土和石材等。黄

河口生态旅游区游客服务中心材料选用当地的砂石、混凝土、凝固剂与铁矿石颜料等组合而成，设计师在周边区域寻找合适的砂土样本，最后确定选用临近地区的水洗黄砂作为主料，其优点为杂质较少且强度较高，非常适合作为夯土墙体的主料，为强化夯土墙体在湿地景观中平缓而水平延伸的视觉效果，原料中加入铁黄、咖啡、铁红等不同颜料，并分层夯实，与传统夯土墙相比，该建筑在夯土实验中所得到的墙体材料在耐久性、耐候性、抗压强度等方面有了极大地提高，可满足相关使用要求[1]。本地材料与技术的创新运用，使建筑在表

图7-3-9　省会文化艺术中心三馆（来源：汇图网 提供）

图7-3-10　山东省会大剧院（来源：汇图网 提供）

图7-3-11　日照市山海天游客中心（来源：王振飞 摄）

---

① 李麟学，王瑾瑾. 作为能量媒介的材料建构——黄河口游客服务中心夯土实验[J]. 建筑技艺，2014（07）：58-65.

达地域特征的同时，融入了创新理念带来的全新阐释。另外一个典型设计案例为桃花峪游客中心，该建筑位于泰山西入口上山道路旁，南侧是由彩石溪汇流而成的南马套水库，桃花峪游客中心为了更好地模仿溪底石床独特的纹理，设计者根据现场落架后拍下来的照片显示需修整的位置，在电脑上调整出随机的云纹图案，在现场分格放线，手工剁凿，而剁斧产生了粗糙肌理表面与浇注完好的光洁表面形成对比，如同一幅幅巨大的混凝土天然壁画，呈现出独特的视觉效果[①]。

四、遗产保护理念：历史建筑保护与更新

进入21世纪以来，山东的城市化进程进展迅速，尤其是随着经济实力的增强，旧城改造工作逐渐成为城市建设的一个重要方面。老城的城市风貌正在发生巨大变化，历史建筑遗产的保护和更新随即成为山东城市建设的一个重要课题。从其发展历程来看，历史建筑的保护更新在摸索中前进，相较于国内部分先进地区，山东历史建筑的更新保护起步相对较晚，初期对于其重要性、理念和实际保护方法意识不足，后来随着经济和社会水平的进步，历史建筑的保护意义被逐渐认知，保护更新的理念也更为成熟，从最初保护为主，到后来的保护与更新利用相互融合。

历史建筑在城市特色彰显和品质提升方面都有重要的作用，但面临时代的进步和变迁，保护与利用、传统与现代这两大关系都成为需要考量的重点，是历史建筑保护和更新工作中内在关系的本质体现。在实际工作中要协调处理好这两对矛盾关系，把握好保护和利用之间的程度。关于历史建筑保护更新的具体实施层面，山东相关的条例和文件的实施大多是在国家层面法律和法规的基础上，结合省内的具体情况制定。1997年，为加强历史文化名城的保护，继承优秀历史文化遗产，《山东省历史文化名城保护条例》通过，使得历史文化名城和历史建筑的保护制度化；早在1990年10月30日山东省第七届人民代表大会常务委员会第十八次会议通过《山东省文物保护管理条例》，其中针对历史建筑提出了初步的保护方式；近年，又陆续完善相关保护的具体条例和文件，如2019年11月29日山东省第十三届人民代表大会常务委员会第十五次会议通过《山东省历史文化名城名镇名村保护条例》，2020年3月1日起施行，进一步规范了申报与确定、保护规划、保护措施和历史建筑等方面的重要内容。相关的条例和法规进一步细化，保护的主体也更为具体和完善。市级层面也编制了相关的规划、条例和导则。如，2020年济南市出台首部历史文化名城保护地方性法规，施行《济南市历史文化名城保护条例》推进了名城规划到管理层面的转变，对《保护规划》的相关重点内容进行制度化和条例化。青岛市编制了《青岛历史文化名城保护规划（2020-2035年）》《青岛市历史建筑保护规划技术指导》《青岛市近现代历史建筑修缮施工导则》和《青岛市历史城区保护更新项目消防设计指引》等技术文件。2020年4月青岛市住房城乡建设局编制发布的《青岛市近现代历史建筑修缮施工导则》，制定了历史建筑修缮的具体原则。这些案例都表明山东省各个地市对于遗产保护理念的逐步完善，尤其是对保护内容、保护方法和保护制度的逐步完善。

由于山东许多城市都拥有较为悠久的发展历史，2020年左右，山东省有国家和省两级历史文化名城20座、历史文化名镇53个、历史文化名村81个、历史文化街区35条、历史建筑723处[②]，体现出山东拥有丰富的历史和文化遗存，尤其是遗留有众多的古代建筑遗产。鸦片战争后，在胶济铁路的建设以及自开埠的影响下，近代建筑的遗留也较为丰硕。从历史建筑的具体类型来看，包括民居建筑保护更新和工业遗产建筑的保护等多种内容；从保护更新的层级尺度来看，包括单一建筑、也包括历史文化街区、村落甚至是整个老旧城区的范畴。相关的典型保护案例也包括不同的层级和具体类型，例如近代建筑的保护实例：山东大学号院的修复改造利用、

---

① 崔愷. 本土设计2 [M]. 北京：知识产权出版社，2016：48.
② 数据来源：https://baijiahao.baidu.com/s?id=1651577964818093933&wfr=spider&for=pc.

青岛客站的改建利用、丰大楼平移及修复改造、坊子德日建筑群等近代建筑保护利用；工业遗产方面，如济南钢铁厂的工业遗产保护利用、淄博陶瓷产业工业遗产的利用，利用淄博瓷场建设而成的1954陶瓷文化创意园，以及利用原古窑村特色村落建筑和遗留的部分工业遗产建设而成的淄博颜神古镇等。随着对历史建筑、街区和城区价值认识的提高，对建筑的保护和利用方法在各个案例中呈现出更为多样化和成熟的态势（图7-3-12~图7-3-14）。

图7-3-12　山东大学"号院"（来源：汇图网 提供）

图7-3-13　淄博颜神古镇（来源：刘哲 摄）

图7-3-14　青岛火车站（来源：韩玉 摄）

第四节 本章小结

山东现当代建筑对传统建筑的传承具有较为典型的时代背景和地域特征。受中华人民共和国成立以来社会、政治和经济等方面因素的综合影响，进行了一些全新的尝试和探索，为山东建筑的地域性发展提供了可贵的思路，并呈现出愈发多元的发展景象。历经"民族形式"的曲折探索、改革开放之后的多元探索以及21世纪以来的全新发展阶段，山东现代建筑创作和实践在传统建筑的传承和发展、新技术和材料的运用等方面都进行了多样化的实践探索，蕴含地域意涵的同时也展现出了极强的时代风采。

第八章　当代山东建筑传承的自然环境回应策略

自然环境，是相对社会环境而言，指由水土、地域、气候等自然要素所形成的环境。建筑与自然环境有着密切关系，无论是单体建筑还是群体建筑，它们都依存于自然的地形、地貌、气候、水文等要素，不同的地域有不同的自然环境，不同的自然环境也造就了不同建筑的美。

山东省地域辽阔、历史悠久，自然资源众多，是一个地域风貌多样的自然资源大省和文化资源大省，其独特的地形地貌、水文气候、文化习俗等自然环境和人文环境，造就了山东各地风格迥异、丰富多彩的建筑。山东传统建筑的传承，离不开数千年来的营造技术及建筑材料的迭代更新，更无法脱离山东特定的自然环境而独立存在。随着科技的进步，自然环境对建筑的制约逐步减弱，当代的建筑师对于地域自然环境的尊重和呼应，多体现在因地制宜、因势而造的设计手法上，或把建筑形态消隐于自然之中，或运用地域性建筑材料向自然致敬，或使建筑表皮肌理呼应自然环境，也或通过建筑形态、色彩回应地域自然环境，从而达到建筑与自然环境交相辉映，人与自然的和谐共生。本章即是从自然环境回应策略角度，从建筑与自然环境关系入手，概述了山东地域内自然环境特点及自然要素对建筑的影响，并通过不同地域的实际案例对山东域内当代建筑创作方法进行分类研究，梳理了当代的建筑师尊重自然、融入自然的建筑设计法则，解析了不同地域不同建筑类型回应自然环境的不同方法和设计策略，最后对山东建筑的传承发展做了总结和展望，试图给当下的建筑传承创作提供相应的设计思路参考。

第一节　山东地域内的自然环境特点及对建筑的影响

　　人类文明的进步程度和科技发展的速度，会影响建筑对自然环境的依赖和受制程度。过去，山东境内不同的地域地貌及气候特点对山东传统建筑的形制及建筑材料提出了不同的要求，也造就了境内风格迥异的传统村镇布局及建筑外貌。时至今日，随着科技的发展和建筑材料的不断更新，地域地貌及气候对建筑的限制逐步减弱，但建筑师基于对大自然的尊重和整体和谐角度考虑，还是倾向于建筑与自然环境的完美融合，从规划布局、形制、空间、材料及设计内涵都对山东境内的自然环境做出了最好的回应。

一、地形地貌影响

　　山东省位于中国东部沿海、黄河下游，境内中部山地突起，西南、西北低洼平坦，东部缓丘起伏，形成以山地丘陵为骨架、平原盆地交错环列其间的地形大势。山东地势简单来说就是中部高，四周低，可划分为四个地貌类型区：鲁西北、鲁西南平原区、鲁中南山区、胶东沿海区。不同区域地形地貌的差异化影响到了城镇的布局、建筑的择址及建筑材料的选用，如济南的朱家峪和青州的井塘古村位居山区，其村落布局则因地制宜，依山势而建，其建筑材料多为就地取材的石块。

　　古人对自然多充满敬畏之心，认为天地万物应和谐于自然之中，建筑也不例外，而在自然环境中的众多要素中，地形地貌始终是与建筑相匹配的第一考虑要素，不同的地形地貌条件需要不同的设计策略及相匹配的设计方案。当代的建筑师在进行房屋设计时，会充分尊重客观地形地貌条件，有效融合和积极利用周边自然环境，消除不利地形因素，充分利用地形条件，力求使建筑能够与环境有机联系和互为补充，使建筑与地形地貌纳入整体框架进行设计，依据客观地形地貌来定位建筑的形态、色彩和建造材料，使建筑从内到外与自然环境有机地结合在一起。如山东青年政治学院科研创新区设计，建设基地为凹型地块，地势东高西低，建筑师充分利用地形地貌，有效利用地势高差，设计多个采用凹型平面以呼应场地形状，营造出层次丰富的建筑高差和建筑空间，建筑表皮采用与原有校园环境风貌相统一的灰白相间的砖墙，达到了与周边原有环境和谐统一，该案例是充分利用地形地貌并充分融合与自然环境的优秀案例之一 。

二、气候水文影响

　　气候决定论在建筑学和文化地理学中被广泛地接受[1]，其对建筑的影响多体现在建筑的宅形、围护结构及建筑的砌筑材料。山东省气候属暖温带季风气候类型，降水集中，雨热同季，春秋短暂，冬夏较长，常年温度集中在11~14℃之间，这也决定了山东的建筑形制和材料等会明显区别于东北严寒地区和南方的酷热地带，而山东域内不同区域的自然气候和水文差异较大，也间接导致了山东域内不同区域建筑的丰富性和独特性，如胶东沿海地区夏季多雨潮湿，冬季多雪寒冷，且风速较大，为抵御风侵雨蚀，聪慧的胶东人民创造出独具风格的"海草房"，用三角形高脊大陡坡结构的屋顶去抵御风多雨频，而就地取材的厚厚海草房顶则起到很好的隔热保温和抗腐蚀作用。另外，作为当代建筑师，不仅要研究建筑的形制和材料与自然环境的契合度，也要关注不同的气候环境和不同的建筑色彩间的匹配度，建筑色彩要呼应和适应气候环境。

　　水文条件作为自然环境的重要因素对于建筑也有不可忽视的影响。山东省分属于黄、淮、海三大流域，境内水系资源丰富，境内黄河横贯东西，大运河纵穿南北，其余中小河流密布山东省，主要湖泊有南四湖、东平湖、白云湖、麻大湖等。过去建筑师营造房屋需充分考虑水系对建筑的影响，如鲁西北黄河三角洲地带地势低洼、水系众多，民众为防水患，只得筑高台房屋，而随着科技的进步和择址的科学，水系对建筑的负面影响逐步减小，当代建筑师在进行设计创作时，更多的是巧借水元素和水文环境，对建筑的外部形态和内涵文化进行充分的设计表达。

第二节　基于自然环境的山东地域建筑表达倾向及案例分析

一、"山水建筑"的自然流露

山东省内山脉众多，水系发达，地理位置优越，"右有山河之固，左有负海之饶"，西接黄淮，东濒大海，兼得山、河、湖、海之势，也给设计师带来了丰厚的设计灵感来源。山东是儒家学说的发源地，在儒家看来，自然万物应该和谐共处。作为自然产物的人和作为栖居的建筑，统筹到自然山水中是情理之事，也是对大自然敬畏和崇敬的映射。山东境内泰山为五岳之首，自秦皇六巡山东多次封禅泰山后，汉武帝及后续名人雅士均以亲临泰山为骄，济南的大明湖也为历代文人墨客争相吟诗诵赋，这都为山东的自然山水增加了深厚的文化情结，也彰显了山东独特的地域自然环境和文化脉络。山东地域多山多水的自然环境为当代建筑师充分利用进行建筑设计创造了得天独厚的条件，山东地域也涌现出多个建筑与山水环境充分融合的优秀范例。建筑师在进行设计创作时，巧借山水做文章，顺带把"智者乐水，仁者乐山"的儒家文化注入其中，模拟山水，取山之雄壮、水之阴柔，将山水之势赋予建筑，将自然情怀融入建筑，使山水与建筑相得益彰。

（一）"山"文化的充分表达

在大自然中，山是稳定和屹立的，设计师多用山之巍峨暗喻建筑的壮丽，如山东省广播电视中心就把"巨石"作为隐喻的外部形象，把"石刻"作为文化的延展，既呼应了泰山的峰峦雄伟，又回应了泰山厚重的历史文化。该建筑位于济南千佛山至趵突泉和大明湖的景观轴线上，建成于2009年，毗邻济南核心商业圈，且被多所高校环绕，地理位置优越，在此自然环境和人文环境的双重背景下，中国建筑设计研究院的崔愷院士把设计的焦点聚焦到"山石文化"上，把"泰山"作为主要表达和呼应的对象，用巨大的建筑体块比拟泰山巍峨壮丽的"巨石"，用堆叠起伏的形体隐喻泰山交横重叠的山势；以室内装饰书卷长轴"兰亭序"呼应泰山渊远流传的石刻文化，可以说山东广电中心是建筑师醉心于新地域主义建筑追求的典型案例（图8-2-1）。

建筑形体方面，由于基地东临市政道路，为避免过高的建筑形体对道路形成压迫感，建筑整体形态西高东低，契合了建筑东临道路的现状，形成视觉上的形体退让；同时，为了呼应泰山巨石，设计团队把整个建筑分成几个大体量"石块"，或屹立高空，或横卧于地表，抑或穿插堆叠，宛如泰山巨石的纵横重叠，给人以极强的视觉震撼，以巨型筒体结构支撑的建筑形体高度各不相同，而主楼层层叠合的形态，似山脉的转折起伏，也形成建筑质朴、简洁、富有力度的整体氛围。

建筑表皮方面，为避免耸立的主楼形象呆板，设计团队在主楼南立面进行了体块的纵向剖切和横向设计分割，富有韵律的排列组合形成层次丰富的立面设计。表皮肌理以山东地方性石材为主，建筑实体间穿插深色玻璃，形成体块间的虚实对比和色彩对比，轻盈通透的玻璃也更加彰显大体量"石块"形体的厚重使表皮富有节奏。对于室内外的设计衔接，室内外体块相互延续穿插，并共用同一材料，最大化模糊了室内外的空间边界，使建筑内外浑然一体。针对主楼各层空间职能的不同，原本规则的层间韵律被巧妙地与空间的尺度变化关联一体，石块的"叠摞"自然生动，以一种近乎原生的状态展示在观者面前（图8-2-2）。

图8-2-1　建筑南立面图（来源：中国建筑设计研究院崔愷建筑设计工作室 提供）

建筑文化方面，运用大体量的形体"堆叠"组合设计，不仅手法简洁明了，同时也呼应了泰山的层峦叠嶂，彰显了泰山厚重的历史文化。这一设计手法在广播电视中心室内设计中得到延续，敦实有力的立柱和棱角分明的"盒子"体块，无疑也在默默呼应"山石"的设计理念，进而使建筑从内到外皆形成了建筑强壮、简洁、富有力度的整体视觉氛围和心理感受。室内设计的另外一个亮点是室内顶棚的诗词长卷装饰，内容为王羲之的兰亭序，设计灵感来源于泰山石刻。泰山石刻现存碑刻500余座、摩崖题刻800余处，涵括了整个中国的书法史，数量冠中国名山之首，崔愷院士用东晋书法大家王羲之的兰亭序作为室内装饰，无疑很好地呼应了泰山的石刻文化，尽显了山东广播电视中心的丰厚人文设计理念（图8-2-3）。

山东广播电视中心成功地以堆叠的"巨石"、宏伟的诗词长卷隐喻了五岳之首泰山及其浑厚的历史文化，贴切的呼应了地域自然环境，精准地诠释了地域文化自信，成为济南城区景观轴线上一抹亮丽的风景。

（二）"水"环境的充分呼应

山有厚重，水无常势，在自然界中，山与水构成了风格迥异的两种物质形态，相对于山的稳定和厚重，水是灵动且从容的。山东省水系资源丰富且多样化，建筑师在处理建筑与水环境的关系上，或依附水环境，进行建筑群体的整体布局；或使单体建筑巧借水之多变形态，完成看似随意实则深邃的建筑形态设计，形成建筑与水环境的相濡交融之势。

济宁美术馆位于济宁市太白湖新区，是日本建筑师西泽

图8-2-2　建筑表皮肌理图（来源：中国建筑设计研究院崔愷建筑设计工作室 提供）

图8-2-3　室内顶棚书法长卷图（来源：中国建筑设计研究院崔愷建筑设计工作室 提供）

立卫在中国的第一个美术馆项目，建于2019年，是集展览、餐饮休闲、文化活动等于一体的综合性文化建筑。济宁是"孔孟之乡、运河之都"，历史文化厚重，该项目既要考虑到地域性传统文化的融合，还要考虑到对周边运河、微山湖等地域自然环境的呼应。通过对人文环境和自然环境的充分调研和分析，西泽立卫设计团队以"水文化"为核心设计理念，融入更多的自然元素，采用微山湖的荷叶造型作为美术馆主要形态，平面轮廓借鉴了水的流动曲线，很好地融合了济宁市水文化和地域自然风貌，与周围环境融为一体，营造出一种幽静、平和的建筑意境，同时尽可能保留美术馆周围原有的树木，最大程度上与自然环境相协调（图8-2-4）。

西泽立卫团队除了用抽象的荷叶形态来回应"水"这一自然要素外，为了更好地融合济宁厚重的历史文化，自由起伏的荷叶状屋顶下，设计团队在建筑立面和建筑地面使用了曲阜一家砖厂烧制的80万块青砖作为建筑的装饰和地面铺设材料，借此来呼应孔府、孟府的青砖墙体。同时，在青砖的铺设方式上均采用传统砌筑技术，美术馆地面青砖采用传统的"条砖拐子锦"砌筑方式，而墙体的装饰砖则采用传统的"长面身平摆"的砌筑方法，充分展现了中国千百年来传承的营造技艺和营造文化（图8-2-5）。

西泽立卫团队为了使场馆更加贴近和融入自然，运用了大量的玻璃外墙和玻璃走廊，并通过玻璃走廊把半室外区域和外部广场连接起来，将室内的内部活动向室外活动扩展，其目的一是增强视觉的延伸感，二是增加空间的模糊性和延展性，并确保了室内与室外环境的直接联系和空间的一致性；同时，西泽立卫打破了将建筑一层平面抬高后用台阶引入的惯常性做法，把美术馆所有室内外的地平面设计成一个高度，进一步消融了室内外空间的差异（图8-2-6）。

图8-2-4 美术馆鸟瞰图（来源：网络）

图8-2-5 美术馆墙面和地面青砖图（来源：网络）

图8-2-6 美术馆室外庭院（来源：网络）

济宁美术馆的空间体验并不止于展厅和公共空间之间的交替，室内空间经过屋檐的延伸连接庭院和景观，创造了更多层的空间边界。出挑的荷叶形大屋顶和支撑柱隐喻传统建筑的挑檐和檐柱，其营造的大面积灰空间也为游人创造了半户外的驻足和交流空间。整体而言，济宁市美术馆从建筑形态上呼应了当地多水的自然环境和敢于创新的人文环境，从建筑材料和建造技术角度又回应了济宁传统的营造技艺和地域文化，是一个既贴合人文环境，又呼应自然环境的典型案例。

青岛世界园艺博览会天水综合服务中心也对水环境做出了充分的呼应，设计单位为华汇设计（北京），建成于2014年。项目位于青岛李沧区白果山园博会园区内中轴线上，三面环水，地势有高差且不规则。在此项目设计上，建筑师王振飞因地制宜，巧妙地利用地形设计出大胆新颖的放射状平面布局，并合理利用地势高差设计出层次丰富的集休憩、亲水、观景于一体的下沉式台阶；同时，为了充分尊重自然环境，该项目最大限度地保持原有地貌和保留原有树木，并使主体建筑最高点不超过周边路面，使建筑充分消融于周边环境（图8-2-7、图8-2-8）。

对于地势高差，建筑师充分加以利用，将建筑与环境作为一个整体来设计，使建筑从环境中生长出来，让功能按不同标高分区设置，尽量减小建筑体量的同时获得最佳的景观朝向。建筑依据地势设计的放射状布局方式使游客在多个角度获得不同的"观水""观山""亲水"体验。建筑整体由于服务中心与园博会主题馆同处于园区中轴线，建筑师为凸显主题馆的地位，把服务中心整体建筑形态进行扁平化设计，适当压低建筑高度，使二层屋顶平面与路面平齐，最大限度

图8-2-7 消隐的建筑（来源：多彩摄影 提供）

图8-2-8 富有层次的亲水平台（来源：王振飞 摄）

减小视觉上的体量感，消除了对北侧的主题馆形成的体量压迫感，同时也获得了最佳的景观朝向。建筑师在交通流线上把握了三个视觉节点，即远观该建筑时建筑体块不应凸显，要适度"消隐"于周边环境；随着游客的逐步接近，中观建筑时要使建筑"崭露头角"，达到建筑对游客的方向性指引；而近观建筑时则依靠自身大胆新颖的设计博得游客青睐。这条游客线路上的"远观""中观"和"近观"的视觉体量关系处理，实际上就是处理"隐"和"现"的关系（图8-2-9）。

总体而言，天水综合服务中心最大限度地利用了滨水景观和地形特征，建筑呈放射状多线性布局，实现不同功能空间的组合与穿插。建筑与水体巧妙咬合，实现多层次多维度的与水环境无缝衔接，整个建筑平面布局及依地势而设的屋顶平台、观景台、亲水平台等一系列连续的空间体系一气呵成。建筑形态大胆新颖，富有很强的视觉冲击力，同时又与周边自然环境相得益彰，可以视为滨水建筑的优秀案例。

二、"海洋元素"的巧妙借鉴

山东的海岸线全长3024.4公里，有着美丽壮观的海岸线和丰富的海洋资源，也有独特的海洋气候和世辈沿袭的海洋文化，几千年来，沿海居民的生产生活都无法完全脱离海洋而独立存在，海洋文化情结也深深地烙印于沿海居民日常生活中和文化传承中。海洋不仅给当地居民带来丰富的海产品

图8-2-9　建筑与水体的咬合（来源：王振飞 摄）

和地域文化自信，还给众多的设计师带来奇思妙想的设计灵感，当代建筑师为了充分展现独特的海洋特色，使建筑交融于自然环境和传承地域文化，在建筑设计理念上倾向于把建筑的形态、色彩等同海洋元素和海洋文化充分呼应，使建筑同海洋的自然环境与人文环境协调统一，同时也彰显了沿海居民深厚的海洋情结和地域文化自信。

（一）帆船形态的原型呼应

青岛邮轮母港客运中心项目巧妙地借鉴了帆船形态，并做出了一定的创新设计和原型呼应，设计单位为悉地国际设计顾问（深圳）有限公司，建于2015年。客运中心位于青岛市市北区青岛港6号码头，地面三层，高27米，登船廊桥全长882米，沿海面码头"一"字排开，建筑师曾冠生的设计理念取意"海中风帆"，设计灵感来自"帆船"和"波浪"两个海洋元素，整个建筑似海洋中行驶的帆船又似海洋中起伏的浪花，既匹配青岛"帆船之都"的美名，又暗喻了青岛人民扬帆奋进的拼搏精神，成为青岛市海港的新名片。

客运中心地处海岸线，自然环境优越，设计师在进行建筑的形态设计时充分考虑与海洋环境的融合。整个建筑形态构成上充满秩序感和韵律感，其构成的基本元素为三角形模块单元，建筑师在形态构成上对三角形单元模块进行了秩序性重复与折叠拼接，整个建筑形态由18组三角模块单元构成，无论是建筑立面还是建筑屋顶均采用规则的三角形的单元模块构成，整体韵律感极强，尤其远观建筑恰似海洋中层叠起伏的海浪。建筑立面三角形模块的平面线条分粗、中、细三种宽度，使得形态细节富有变化；三角形单元上大下小，使建筑立面形态富有海浪的动感与韵律。建筑色彩上则采用纯净的白色来回应蔚蓝的天空和湛蓝的大海，共同组成了一幅纯净和谐的画面（图8-2-10、图8-2-11）。

建筑师在进行空间设计时在南向大跨钢结构下进行了逐层退台处理，形成主要的室外公共平台，增强了建筑形态的多元化和空间的层次性；北立面则在三层设置少量的室外观海平台，并且局部实现南北室外空间的相互贯通，这些

平台犹如船身的甲板，为人们提供了休憩、远眺、活动的场所；建筑主体和外侧的建筑支撑结构之间也留有大面积的交流和漫步的灰空间，进一步营造了多样性的建筑空间（图8-2-12）。

　　青岛市市民对海的热爱和眷恋是一种根深蒂固的情节，这种情节体现在这座城市无处不在的海滨公共生活中，海与城市并没有被海岸线简单地隔离，而是通过各色公共建筑和延绵的滨海场所把两者紧密联系在一起。客运中心项目从形态上可以视为海洋自然要素的借鉴和呼应，从文化上可以视为岛城地域文脉的传承和"延伸"。客运中心的"帆船"和"波浪"两个设计元素呼应了自然环境，拓展了市民的共享空间，也进一步增强了岛城居民的地域文化自信。

图8-2-10　建筑人视图（来源：韩玉 摄）

图8-2-11　客运中心建筑立面（来源：墨照建筑事务所+境工作室 提供）

图8-2-12　客运中心室外灰空间（来源：韩玉 摄）

（二）海浪形态的场所呼应

青岛海尔全球创新模式研究中心对海浪形态进行了很好的场所呼应，设计单位为Snφhetta、DC国际、腾远设计联合设计，建于2017年。海尔中心位于青岛市崂山区青岛大剧院与奥林匹克帆船两个重要的文化节点之间，包含创客中心、综合展厅、图书馆、商学院以及报告厅等建筑空间，周边自然环境与人文环境俱佳。该建筑为高低起伏的折线形态，设计灵感来源于青岛连绵起伏的崂山山脉和层层堆叠的海浪。设计理念为"山尖之峰"，象征海尔锐意进取、乘风破浪的企业精神，它并非刻意模仿青岛地域自然景观，而是将山体与海洋作为自然媒介与企业文化、人文创新产生新的内在联系，诞生出新的办公与城市生活的共享空间（图8-2-13）。

海尔中心屋顶的多角度、多层次、折叠式的景观退台颇具特色，不同站位和不同角度，会有不同的视觉景观，建筑屋面被塑造成为开放的地景，西北角屋面逐步退台下沉，自然地融入街道空间，成为城市公共活动空间的"拓展"，为市民的公共活动拓展了新的场所；屋顶其他三个角进行了不同角度、不同高度的体块折叠，高低起伏的屋顶平台独具一格且有鲜明海洋特色，似高低起伏的波浪，层次丰盈且富有新意；同时屋顶平台提供了极佳的海洋景观视野，可从不同角

图8-2-13　建筑鸟瞰图（来源：卢晖 王恺 陈辰 摄）

度去远眺大海与地平线，在建筑与大海之间创造出一种新的视觉互动关系。

海尔中心设有室外中庭，是在中国传统"天井"式庭院基础上的大胆创新，设计师借地势高差设计了层层叠水和下沉式交流休憩空间，中心庭院在给建筑内部带来阳光与空气的同时，呼应了建筑屋顶的层层退台式设计策略，也因庭院的下沉和建筑形体的抬升在内与外之间建立起视觉上的联系。地景式的形态在塑造城市地标的同时，也打破了建筑内部"层"的概念，模糊了物理空间，增强了共享空间，增进了交往与互动（图8-2-14、图8-2-15）。

图8-2-14　建筑转角的独特处理（来源：韩玉 摄）

图8-2-15　庭院水景空间（来源：韩玉 摄）

海尔中心的设计，将海洋的形态和内涵赋予建筑，把城市集散空间融入建筑共享空间，将公众休闲纳入建筑功能，该建筑以极强的创新性、开放性、包容性，暗喻了海尔集团的企业精神和企业文化，呼应了青岛的地域自然环境，也为青岛这座历史悠久的城市带来了属于21世纪的建筑美学。

三、环境肌理的协调呼应

对于环境肌理的协调呼应，早在两千年前，建筑便有就地取材、适应环境之说。齐国《考工记》在总结城市建设和百工生产时便提出"就地取材、应材至用、因势利导"的导则，用于指导城市建设和生产。不同地域的自然环境造就了多元的建筑基地环境，多元建筑环境的不同特质，又对建筑材料、建筑色彩及表皮肌理的生成有着不同的制约与启发作用，也侧面反映了不同地域的建筑意识形态。

当代建筑师在处理"环境肌理"的问题上，倾向于就地取材，采用地域性的建筑材料或模仿地域性建筑材料，从材质本身的质感肌理和色彩肌理两个方面呼应自然环境。而对于材料、表皮色彩和自然环境，也倾向于"因势利导"，多采用地域性的建筑材料和建筑色彩匹配自然环境，并使建筑的外在感知符合当地民众的传统视觉感知，而对于建筑表皮的肌理处理上，多采用一定的创新化设计处理，以符合当代人的审美观念。

（一）色彩肌理的相融呼应

桃花峪游人服务中心紧邻世界文化遗产泰山和世界自然遗产桃花峪，建于2010年，主要为游客提供休憩、餐饮、纪念品销售和车辆换乘等服务。由于地理位置特殊，首要考虑的是如何把厚重的文化要素和秀丽的自然要素纳入其中，同时满足建筑对自然环境和人文环境的回应。中国建筑设计研究院崔愷院士首先从泰山和桃花峪彩石溪石块的自然形态和自然色彩入手进行项目设计，借泰山浑厚有力的山石体块、彩石溪色彩斑斓的带状彩石等显著的自然要素，对建筑的形态和表皮肌理进行设计（图8-2-16）。

为充分呼应泰山文化和彩石溪独一无二的自然地貌特点，建筑形体设计质朴大方、简洁有力，既有泰山巨石的浑厚，又有彩石溪石头的灵动和棱角分明。建筑体块模拟石头形态，当游客在"石头"之间的室外空间行走时，建筑体块多以不同角度倾斜形态出现，犹如步入溪涧山谷。在这里，可以借景远观泰山雄伟的景象，又可以身处"石头间隙"，感知不同建筑体块穿插组合带来的空间体验，感受建筑与彩石溪的空间融合，而尺度巨大的混凝土壁画跃然于建筑表皮肌理，随日照光线角度不同而产生不同变化，呈现出独特的肌理视觉效果。湖水被引入建筑内部，如同彩石溪山谷的涓涓溪流，形成你中有我、我中有你的"场景共融"（图8-2-17）。

桃花峪游人服务中心清水混凝土墙面上剔凿的纹理，源自对彩石溪自然肌理特质的洞悉与提炼。彩石溪作为"北方小九寨"，有独特的地貌肌理，色彩斑斓的彩石随溪而生，设计师将这种独特地貌肌理赋予建筑表皮，其混凝土纹理同彩石溪石子的肌理交相呼应，形成朴素而自然的建筑肌理外观；而远观建筑，质朴浑厚的建筑体块又与山体形态交相呼应；桃花峪游人服务中心，很好地处理了建筑肌理色彩及建筑形态，与周围自然山水环境的融合关系，其表皮肌理的创新设计也恰到好处。

（二）材质肌理的相融呼应

济南市轨道交通R3线一期工程龙洞停车场综合楼项目为同圆设计集团郭立强建筑师设计，建于2020年。项目位于济南市龙洞庄村，主要功能是匹配城市R3线的运营需求，同时也是一个集办公、会议、维修、接待等功能为一体的小型办公综合体。基地西南两侧为龙洞风景区，东临大辛河，自然环境优美，基于现有环境条件，设计师把建筑与自然环境的融合重点放在与山体环境、滨河景观的对话关系上，建筑表皮则用毛石砌筑，充分呼应周边山川的自然地貌肌理，将建筑"消融"于自然环境（图8-2-18）。

建筑形态从周边山体中寻求灵感，采用有一定倾斜度的建筑大体块向龙洞景区山体倾斜，形成与起伏山体积极的对话关系，而面向大辛河景观采用丰富的小体量形成面向河道景观的小尺度界面。建筑立面表皮以龙洞景区的山石为原型，采用毛石砌筑表皮，同时邻水的建筑则采用水岸屋舍错落有致的肌理形态，从而形成山水相依、肌理相融的整体建筑形象。

室内方面，墙面装饰采用对比手法，部分墙体为光洁的白色墙面，部分墙体将室外灰色毛石砌筑饰面做法引入室内，产生强烈的色彩对比和材质对比，同时又使室内外浑然一体。室内景观庭院落地玻璃围合，梯段楼梯围挡同为玻璃材质，增加了视觉的延展、模糊了空间界限。室内空间构成方面，汲取中国园林中借景、明暗、隐显和步移景异等空间处理手法，使人在室内行走时，可以感受到富于变化和韵律节奏空间（图8-2-19、图8-2-20）。

整体而言，该建筑毛石立面与山体形成积极的对话关系，同周围山体环境有很好地呼应和配合，不失为材质肌理方面与自然环境相融呼应的典型案例。

图8-2-16   建筑主入口（来源：张广源 摄）

图8-2-17   建筑表皮肌理（来源：张广源 摄）

图8-2-18   建筑立面表皮肌理（来源：时差影像 提供）

图8-2-19　建筑内部空间构成（来源：时差影像 提供）

图8-2-20　室内景观庭院（来源：时差影像 提供）

四、建筑消隐的大胆探索

地貌地形与地面植被作为庞大的生态系统和基地环境的重要组成部分，一直同建筑有着最为广泛的联系。对于自然地貌的充分融合，除了建筑材质和建筑色彩呼应外，还可以采取"建筑消隐"的设计策略，以最大化地保留基地自然地貌特征。建筑消隐并不是建筑形体的消失和隐去，而是使用一定的手法，使建筑与周边自然地貌环境相融合，改变建筑与周边地貌环境的对立关系，使空间环境成为主体，强化人对空间环境的体验，使人们对建筑体量的感受产生弱化，从而达到建筑消隐目的。建筑消隐的设计策略多运用在纪念性建筑，与传统的纪念性建筑物追求建筑外观的宏大手法相比，当代纪念性建筑的消隐更加体现了对环境的注重和对空间体验的重视，通过将主体建筑隐于地下、地表或与环境同质，将建筑本体弱化，融入大环境，最终给参观者带来更加直接和丰富的体验。通过建筑的消隐不仅能做到对环境最小限度的破坏，并促进设计者对环境纪念性的塑造手法的提高，使观者对纪念的环境背景产生更加深刻的体验。

（一）山体环境的自然延续

云门山四季滑雪场位于历史文化名城青州市南部山区，项目设计者为ATAH介景建筑 & MADA s.p.a.m的徐光和王丹丹，建于2018年，目前为亚洲最大的旱雪滑雪场，毗邻国家AAAA级景区云门山，整座建筑依附山体顺势而建，可以看作自然山脉的延续和建筑体量的消隐（图8-2-21）。

作为群山中的建筑项目，建筑师力求一种将建筑与众山峦融为一体的处理方式，建筑整体形态从建筑底部的扁平化体块顺山势向山脉顶部延伸并逐步缩小，看上去建筑似乎最终消隐于山脉顶部。场地在宏观和微观上呈现出两种状态：宏观尺度上基地位于大马山的南向山脊之上，自上向下的运动过程视线开阔，任何人工的设计和建设都显突兀，因此从层层叠峦的山脉中"生长"出来的建筑应最大化地融入自然，把建筑作为自然山脉的延续。而微观上，山体和过境道路的位置却呈现出断崖的剖面状态。建筑师充分利用其中12米的高差，将服务与被服务的功能进行竖向空间划分，让雪场的

图8-2-21　建筑鸟瞰图（来源：邵峰 摄）

空间延伸至服务中心上方，将多种服务功能隐藏在观众视线外的滑道尽端下面，映入眼帘的只有远山层叠的美景和眼前干净利落的急速滑道。

　　赛道尽端为逐级升高的看台，可将赛事尽收眼底，看台下方为三层结构的服务空间，室内为接待大厅、便利超市、书吧、雪具商店、咖啡厅等服务型空间。整个外立面均为玻璃幕墙，增强了室内外空间的交流和视觉的延伸。建筑二层和三层设波浪状露天阳台，可供游人休憩和远眺远方的美景；一层建筑室外设置了开敞的曲线轮廓的室外集散空间，呼应了二层和三层的曲线露台（图8-2-22、图8-2-23）。

　　青州滑雪场项目从设计之初便把建筑与自然环境的融合作为首要考虑要素，将建筑形态扁平化以减少对山体景观的影响，整座建筑既与山体呼应，又随山势逐渐消隐于山峦间，成为群山里一道靓丽的风景线，被设计师形象地称为"山之剪影"。

（二）地貌植被的充分尊重

　　"第一次世界大战华人劳工纪念馆"位于山东省威海市，建成于2017年，设计单位为同济大学建筑设计研究院（集团）有限公司和威海市建筑设计院有限公司，建筑师李立将其主体展馆建筑置于地下，地上部分为"十"字架形状的采

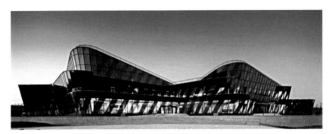

图8-2-22　建筑立面图（来源：邵峰 摄）

图8-2-23　建筑室外看台（来源：邵峰 摄）

光缝和巨大的草坪，通过"十"字形的裂缝可以诠释近代中国所处的十字路口，也是对第一次世界大战中逝去的国人的缅怀（图8-2-24）。

图8-2-24　建筑俯视图（来源：姚力 摄）

劳工纪念馆的设计策略是"暗喻"和"消隐"。"暗喻"体现在建筑多个方面，比如地下展馆单位通道与主入口结合，形成一个"十"字形的入口空间，象征了当时中国正处于历史发展的十字路口，或看作脱胎于中国传统的"甲"字型空间的西方形式覆盖下的主入口，在某种程度上，这也是设计者对那场战争的理解，即中国人以自己的形式援助了主战场位于西方的第一次世界大战；再如建筑出口位于海岸线边缘，暗喻了100年前14万名中国劳工"以工代兵"，为了争取国家权益和国际地位远渡重洋，由山东威海市乘船前往欧洲前线的史实（图8-2-25）。

"消隐"体现在劳工纪念馆的建筑体量和建筑色彩。建筑主体隐于地下，其余部分以低姿态的方式呈现在地表层，不论人视角度还是海上的刘公岛远眺，都没有突兀的感觉，与刘公岛上高耸的"北洋海军忠魂纪念碑"形成鲜明的体量对比。建筑色彩方面则以毫无装饰的灰色水泥墙为饰面，以表达对逝者的敬重，而单一的灰色也以低姿态的方式融入周边自然环境。

作为主入口的通道狭窄，两侧为高耸灰色水泥墙体，加上当地花岗石材料铺砌的地面，给人以厚重的压抑感和历史感，步入其中，深深地代入感似乎能感受到当年战争环境的艰苦坎坷的历史背景，而这种质朴粗犷的设计手法也有利于

劳工纪念馆与周边山体环境的融合（图8-2-26）。

传统的纪念性建筑物更多是追求建筑外在的尺度及规模，而当代纪念性建筑更注重精神空间的塑造和对情感共鸣的引导，"消隐"策略的运用也体现了对周边环境的尊重，及对空间体验的重视。该建筑通过将主体建筑隐于地下、地表或与环境同质，将建筑本体弱化，融入大环境，最终给参观者带来更加直接和丰富的体验。通过建筑的消隐不仅能做到对环境最小限度的破坏，并促进设计者对环境纪念性的塑造手法的提高，使观者对纪念的环境背景产生更加深刻的体验。总体而言，第一次世界大战华人劳工纪念馆是一座优秀的纪念性建筑，也是一次对于建筑消隐基地环境的大胆探索和表现。

五、地貌地势的充分利用

地貌地势的优劣对建筑布局、建筑形态、建筑景观有直接的影响，地势地貌制约着建筑的拓展方向和建筑的空间格局，尤其是群体建筑与地势地貌地形关系最为密切，也最为复杂，尤其处理复杂地形时，既要总体把控整个群体建筑与地势地貌对接，又要考虑与自然环境的总体视觉协调，还要考虑到每一个单体建筑与毗邻环境的协调，及单体建筑间的

图8-2-25　地表的"十字架"（来源：姚力 摄）

图8-2-26　主入口的甲字型空间（来源：杨天周 摄）

相互协调问题。多数条件下，地势地貌条件无法完全满足设计师的最初设计构想，这就需要设计师因势利导，积极利用、开发基地地势地貌的有利因素，规避不利条件，将建筑充分融合于基地自然环境，并利用特殊的地势地貌，结合独特的设计构思，将建筑赋予生命。

（一）建筑布局的协调呼应

山东青年政治学院科研创新区项目的建筑布局很好地呼应了周边环境，项目地点位于济南市山东青年政治学院校园内北侧，为山东建筑大学建筑城规学院和山东建大建筑规划设计研究院联合设计，建于2018年。基地为前宽后窄相对狭长的凹型平面，地势东高西低，基地总体而言不利因素较多，但建筑师全辉利用地势高差和建筑线性布局和点状布局策略，设计出多个遥相呼应的凹型单体建筑，并充分利用单体围合空间、群体围合空间和地势高差，营造出公共开敞空间、半公共空间和私密闭合空间三种空间类型，形成了丰富的建筑空间层次和视觉秩序（图8-2-27）。

该项目基地条件既有不利因素，又有有利因素，基地西北方向视野开阔，但向西俯瞰可看到低处的高层住宅区，景观朝向不利；东侧虽然地势逐渐升高，但对景为山体自然景观，且上位规划中为城市山地公园，视觉景观和朝向俱佳。因此，本设计中建筑总体规划、建筑形体关系、建筑空间营造等方面均应考虑周边环境影响及地势高差的制约，尽可能

规避不利因素，将东侧良好的视觉景观引入基地环境，形成较好的视觉对景和多层次景观空间。

基地整体规划依据地势合理布局，形成开合有度、灵活多变、韵律分明、结构清晰的空间格局，既发挥了有利的自然景观环境又规避了不利的地势景观朝向，借助地势高差和不同的自然景观，营造出层次丰富、步移景异、借景对景的丰富空间结构和视觉景观体系，简洁有力的建筑形体与院落格局匹配基地的地形地貌，通过建筑体块的叠加、消减、穿插，巧妙消解了地形高差的不利因素、规避不利地势朝向，同时营造出多处层次丰富、尺度宜人的建筑空间（图8-2-28）。

项目建筑群为庭院式布局，以组团式和小体量形体组合出多变的空间层次与丰富的空间序列；屋面处理以平屋面、坡屋面相结合，使建筑形体组合丰富、富于变化；建筑表皮采用与原有校园环境风貌相统一的灰白相间的砖墙，尽可能与基地周边原有环境协调统一，并在交通流线节点上营造出多个丰富多变的驻足空间，并因地制宜地围绕建筑进行了多处水景观设计，使园区多了一份轻盈灵动（图8-2-29）。

山东青年政治学院科研创新区设计既有中国式院落布局的传承，又有空间和形制的大胆改良和创新，建筑色彩更是最大程度呼应了原有校园色彩环境，体现了人文环境的延续。建筑整体规划契合原有地势条件，并有效利用地势高差，营造出层层递进的空间关系，该项目可以看作设计师因势利导、

图8-2-27 项目整体鸟瞰图（来源：崔旭峰 摄）

图8-2-28 层次丰富的建筑空间（来源：崔旭峰 摄）

积极利用地势地貌的有利因素，规避不利条件，将建筑充分融合于自然环境的优秀案例。

（二）场地环境的共融表达

威海石窝剧场的前身是一座小型采石坑，位于威海市环翠区嵩山街道五家疃村。20世纪90年代开始，随着中国城镇化建设的快速发展和建筑行业的兴起，威海市出现大量的采石场，2010年后随着政府提升城市人居环境质量，改善生态环境，几乎所有的采石场都被关闭，石窝采石场也逐渐废弃，成为一个时代发展的烙印，三文建筑/何崴工作室的建筑师何崴利用石场的石壁质地和石壁形态，2019年将其改造成露天剧场（图8-2-30）。

石窝剧场最大的设计特色在于人与自然的碰撞和场地环境的共融表达。建筑师希望以一种"轻"的姿态来处理场地，即"最小干预"原则，场地中原有石壁被完整地保留，不做任何处理，成为剧场的天然背景墙，石壁因为开采石料自然形成弧形，质朴粗矿，整体形态呈环抱之势，使其恰巧具备了很好的声学效果，石壁前方自然形成天然的剧场舞台。在建筑师看来，石壁本身就是观演内容的一部分，它不仅是舞台背景，也是演出者本身。剧场舞台和看台的形状并非"标准化"设计，而是根据场地原有地形来设计，使剧场与自然环境高度契合；看台的台阶被设计成折线形态，充满秩序的看台"线"的形态与剧场背景自由"块"的体态产生强烈的

视觉对比；而剧场舞台木地板的"细腻"和剧场背景石壁的"粗犷"也形成了鲜明的对比，这些都进一步增强了石窝剧场视觉设计上的"可观性"和"冲突性"。剧场众多的元素关系，也可以简单理解为图底关系，"图"为演员和观众，"底"则是天然的石壁和石壁前方的舞台，也可以看成是人与自然的交流和对话，演员、观众、剧场与自然融为一体，形成了一道独特的人文—自然景观（图8-2-31）。

建筑正立面设计简洁质朴，墙面没有过多的装饰，仅由一系列落地窗洞组成，落地窗的宽度呈现出由宽变窄的规律性渐变。墙体厚度有意被设计师强化，体现出石材的厚重，呼应基地原有采石场的历史。墙体材料选用当地毛石垒砌筑，多数石块来自平整基地时挖掘出的自然石头，以最大化呼应

图8-2-30　石窝剧场鸟瞰图（来源：金伟琦 摄）

图8-2-29　灰砖墙体呼应原有校园风貌（来源：崔旭峰 摄）

图8-2-31　人与自然的对话（来源：金伟琦 摄）

山体环境，建筑师希望从材质形态和材质属性上表达建筑是从场地中生长而出的设计理念。建筑两侧设有进出舞台的台阶和坡道，台阶和坡道较为狭窄，两侧为高大石墙，略显压迫，起到了"欲扬先抑"的效果，成为进入主区域之前的过渡空间（图8-2-32）。

图8-2-32　建筑质朴的材质（来源：金伟琦 摄）

建筑的室内空间不大，空间布局相对简单，倾斜的屋顶、不规则的天窗暗示了建筑与看台的关系，又加强了室内的戏剧性。建筑师希望空间气氛上给人以热烈、硬朗的感觉，洞穴、矿坑和工业感是室内设计的基本意向。石材、略显粗犷的木材、皮革、金属成为塑造空间的首选材料，工业风的灯具和家具也进一步加强了这种氛围，配合东西两侧墙面的橙黄和天窗内壁的宝石蓝，建筑室内装饰给人一种自由的复古感。

总体而言，石窝剧场以小见大，用最质朴建筑语言表达了建筑、人、自然环境的三者对话。石窝剧场最大的特色在于它建筑材料的原始、建筑形式的质朴，建筑空间的亲民，这种近乎纯粹的建筑关系很好地表达了质朴的剧场与粗犷的采石基地间的和谐关系，而这种纯粹简单的关系也得到了广大村民的高度认可。同时，石窝剧场改造的成功也为此类废弃的工业遗存提供了新的解决思路（图8-2-33）。

图8-2-33　剧场演出场景（来源：金伟琦 摄）

六、气候环境的积极回应

气候环境影响着建筑的风貌特征，建筑的风貌特征又侧面反映了气候环境。气候的不同意味着人们居住的房屋具有抵御不同不利气候条件的特征，或体现在建筑的维护结构和建筑形制，或建筑材料及砌筑方式，也或体现在建筑色彩和空间布局。胶东的海草房是气候环境影响下形成的典型被动式呼应地域气候的案例，其形制、维护结构、材质及砌筑方式无不反映了显著的地域气候特征。随着社会生产力的进步及科学技术的不断提升，气候对建筑的制约在逐步减弱，同时，当代建筑师也利用先进的建筑材料和建筑技术，来设计特殊气候下的建筑模式，通过主动式防御和低技、高技手段，充分利用海洋气候，用其利避其害，来完成对气候环境的积极回应和主动设计，在有效节能减排的同时，创造出更加舒适的人居环境。

Hiland·名座位于威海市海滨路和渔港路的交叉口，为李兴钢建筑师设计，建于2006年。项目邻近东部海滨，自然环境优越，是一座以SOHO办公为主，兼具商业、办公、公寓、画廊等一体的综合性建筑。该设计的亮点是针对沿海气候的自然环境，设计师从建筑形体、建筑色彩、建筑技术三个方面进行有针对性的设计策略，既满足了建筑在沿海气候下的多重优化，又呼应了沿海气候的自然环境。

Hiland·名座建筑形体简洁大方、质朴美观，透露出现代的简约之美，也契合大海的宁静与纯粹，红色坡屋顶呼应了威海当地建筑特有的红瓦坡顶的建筑风貌，同时坡屋顶既有利于沿海多雨季节的排水，也减少了对周边住宅的光照遮挡。建筑色彩方面，为呼应海洋的蓝色，建筑主体色彩为纯净的白色，与蔚蓝的天空和湛蓝的海洋共同组成一幅和谐的画面。

建筑技术方面，针对沿海地区多风的气候特征，建筑师采用了低技术通风路径设计，根据夏季与冬季不同的主导风向，利用气流的基本原理，用简单直接的自然通风方式，在建筑内部设置多个"通风路径"通道，以低技术策略

和低成本预算实现自然风的内外循环，可有效将滨海凉爽的夏季风引入"风径"贯穿建筑，以达到室内空间降温除湿的目的，同时也最大限度回避了冬季寒风对建筑的不利影响（图8-2-34）。

建筑师在设计过程中使用了CFD计算机模拟技术对不同季节的风速、温度、湿度等进行舒适度模拟验证和校核，对建筑的风环境进行精准分析定位，优化通风环境，使建筑内尽量多的房间能够在夏季通过自然通风的方式降温，从而减少空调设备在夏季的使用。"风径"口部设置可密闭可开启的旋转门，可根据室外气候变化随时调整门的开合程度，实现室内外空间的转换，有效改善了建筑内部小气候，建筑内部隔墙也多为矩形镂空设计，一是轮廓上呼应建筑立面纵向带状长窗，二是促进了室内气流的循环，三是增加了视觉的延伸性和情趣感（图8-2-35）。

Hiland·名座最大的设计特点是通过"风径"来实现沿海建筑对风环境和雨环境的积极回应，尽可能减少能源消耗来实现更舒适的人居环境，同时"风径"的出现也形成了邻里交往的积极空间和共享空间，也隐喻了建筑的开放性和包容性，其运用低技、低成本策略完成建筑气候的局部平衡在当代建筑中也是一种创新尝试。

图8-2-34　建筑鸟瞰图（来源：李兴钢建筑工作室 提供）

图8-2-35　建筑室内图（来源：李兴钢建筑工作室 提供）

法更加大胆和创新，也更符合当代社会的视觉审美和心理感受。

元代地理学家于钦亦称赞说："济南山水甲齐鲁，泉甲天下"。盛水时节，在济南核心老城区，多呈现"清泉石上流"的绮丽风光，泉水即是济南引以为豪的血脉和文化，又赋予济南灵秀的气质和旺盛的生命力，更是给设计师提供了独特的设计素材。下面建筑案例建筑师便取泉之意象，采用大胆创新的手法，把"泉"这一自然要素巧妙地赋予建筑中，很好地诠释了泉水的外在显性张力和内在隐性内涵。

济南水发信息小镇产业展示中心位于济南市长清经济开发区，建于2020年，主要功能为住宅销售展示、产业展示和综合办公。整个建筑极其简洁、新颖，并富有视觉张力，设计的灵感来自于王维《山居秋暝》的诗句"明月松间照，清泉石上流"。aoe事建组的温群建筑师通过四个大体量的"石块"咬合交错与水景设计，营造出清泉从"石缝"中流淌而出的视觉和心理观感，使整个建筑清新脱俗，充满了时代气息和文化气息（图8-3-1）。

为充分体现展示中心的独特性和时代创新性，设计师除了用"石块"和水景来隐喻泉水，同时还将几何图形的简洁与秩序之美赋予建筑，展示中心由四个简洁的几何体块构成，正立面体块交错咬合形成一个"等腰三角形"的间隙作为建筑的主入口。为了消除周围杂乱环境的视觉影响，主入口广

第三节　自然环境要素的创新转化和演绎

对于较为直接的模仿自然元素或呼应自然环境的设计手法，还有一种隐晦式的处理手法，即对周围自然环境中的自然元素进行抽象化提取和艺术化处理，此种处理手法多半对自然界中原自然要素的形态进行提取、概括，运用变形、抽象、夸张等处理手法，对自然元素经过艺术化的创新转化和演绎加工处理，再将该元素与建筑外部形态结合，或将其运用到建筑表皮中去，使新的设计元素既有创新性，又能完成对自然环境的隐晦式呼应，这种设计手

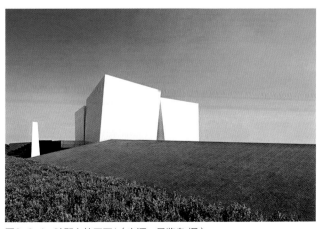

图8-3-1　旷野上的玉石1（来源：吴鉴泉 摄）

场四周设计了与建筑形态呼应的具有几何感的景观小山坡和富有秩序感的景观台阶。"石块"通体为纯粹的白色，也象征着洁白的"玉石"，设计师沿主干道的展示面设置了大面积的叠水，水从4米高的富有秩序的石阶上层层缓跌而下，设计师用叠水和玉石隐喻济南的泉水文化，在这块尚未开发的旷野里相互融合，交相辉映（图8-3-2）。

　　建筑局部细节设计巧妙且富有情趣，要想到达产业展厅，需要通过连桥才能到达隐藏在叠水后方的主入口。连桥外侧是涌动的叠水，内侧是宁静的水面，点缀着一棵迎客松，体现出"明月松间照，清泉石上流"一静一动的意境，在进入建筑前将气氛提前烘托。为达到良好的视觉效果，设计师用冲孔板作为建筑的附属表皮，冲孔板幕墙覆盖的空间内部，透过不规则的缝隙与外界连通。幕墙体块倾斜，相互依偎，内部相互交错，体块交错形成的三角形缝隙自然地成为建筑的入口。建筑内部透过白色的冲孔板若隐若现，夜幕降临，灯光透过冲孔板，整个建筑透着光，如同一块莹润的玉石，伫立在荒野之上（图8-3-3、图8-3-4）。

　　济南水发信息小镇产业展示中心建筑体块质朴、简洁，富有视觉张力和内涵意境，对自然要素"泉"和"玉石"进行了全新的诠释和创新，其"玉石"的形态和缓缓而流的"水景"恰到好处地呼应了济南泉城的泉水文化和城市意象，使建筑与城市自然环境和人文环境三者达到了高度的默契和融合。

图8-3-3　建筑夜景（来源：吴鉴泉 摄）

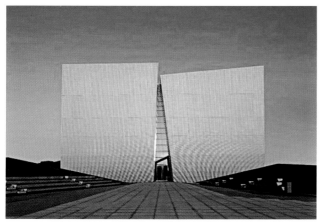

图8-3-2　旷野上的玉石2（来源：吴鉴泉 摄）

图8-3-4　建筑叠水（来源：吴鉴泉 摄）

第四节　本章小结

　　山东凭借丰富的地域自然环境和深厚的人文环境，逐渐形成了特有的地域建筑特征。山东的地域建筑与自然环境彼此互为存依，无论是建筑单体还是建筑群体，它们都依附地域自然之美，或萃取泰山巨石"堆叠"之形态，或吸收水之柔美轮廓，或借鉴海洋之起伏波浪来展示自身独特的美，而大自然也需要和谐的建筑作为点缀和呼应，这种与自然水乳交融的关系正是建筑获取美的关键所在。

　　本章节阐述了山东省域内自然环境的特征及对建筑的影响，解析了当代传统建筑传承及呼应自然环境的多种路径及部分优秀案例。通过案例梳理可以得知对于建筑与自然环境的协调性美学及地域性传承创作，它是多元的，又是复杂而微妙的，既与创作对象的内涵关联，又与山东民众的普适性地域美学和传统文化关联。

　　山东域内当代建筑创作的自然环境回应策略，总体而言是依托了山东特色鲜明的海洋自然景观、内涵丰富的山水自然景观，并依附于厚重的地域人文环境，在这种独特的地域环境影响下，山东域内的建筑创作呈现出围绕"山""水"等自然元素及厚重的儒家文化为主导的特有地域特征，同时也离不开创新性建筑表达手法的应用和科技发展提供的技术支撑，这也是地域性传统建筑传承发展的必然和趋势。

第九章　当代山东建筑传承的人文环境回应策略

　　本章总结概括了山东境域内的人文环境特点以及受其影响的建筑实践活动。山东各界经过多年的积淀，在对待建筑传承人文环境实践中重视对文脉进行保护。山东各地政府通过严谨的论证，在决策层面就划定了各地的风貌保护区，订制专门的规划和管理体系，形成完整的保护闭环。遵循存古容新、与时俱进、因地制宜的原则，寻求传承与创新之间的平衡关系。山东建筑界在回应传承人文环境实践过程中探索出具有较强操作性的设计方法。显性要素文化指向性明显，通过对其主要特征进行提炼，保留显性基因后转化为新的形式，与当前建筑技术相结合，表现人文环境特征。隐性要素是抽象的，没有明确的形象符号，是由当地人们共同形成的审美观、生活观决定的。建筑设计师致力于解读这些隐性的密码，在设计中进行回应，达到能够与人们产生共情的效果。实际的建筑实践都是复杂多维的，一个具有文化特征的空间和场所的营造也是综合了多种手段步步递进，层层嵌套，处处呼应，环环相扣才能完整表达的。

第一节　人文环境特点及对建筑的影响

山东地区作为齐鲁文化的发祥地，历史悠久，人文积淀深厚，思想学说丰富，文化风尚多样，民俗风情各异。山东幅员辽阔，自然人文条件不同，各个地市及地区的历史、文化、民俗以及饮食习惯等均有不同程度的差别。而山东地域传统建筑是根据当时的历史积淀、风俗习惯、生活方式、建筑材料、地形气候而产生的。创造出不同文化特质的地域文化，它们既各具特色又相互影响，这就决定了山东的传统建筑文化中除了拥有共同的一些特点之外，还随着地域、文化的不同，拥有当地地域文化的风格特色。

现当代的山东地域内的建筑实践中既有受儒家文化影响形成的尊崇礼制规矩的建筑理念，又有被东夷文化、海洋文化和齐商思想推动而对建筑创作空灵自由的追求，还有将泰山文化、龙山文化、运河文化、黄河文化等多元文化交融形成的建筑风格，这些建筑秉承着对人文环境的传承，在运用现代材料和技术手段的同时，塑造出具有感染力的建筑文化环境。

一、尊崇礼制规矩的建筑理念

以孔子、孟子为代表的儒家文化是以鲁国的社会历史为基础的地域文化，自身就包含着"人文精神"的内容，体现了对个人的价值和社会理想的不懈追求。孔孟文化是齐鲁大地的文化精髓，是山东最有代表性的地域文化。

孔子崇推周礼，"仁""礼""中庸"是儒家文化的精髓，鲁文化重理性，轻功利，强调人与社会的伦理道德关系。万物皆有序，"礼别异，尊卑有分，上下有等"，构成一种井然有序的社会的礼制思想，在建筑上受其影响的建筑运用礼制的思想来设计营建，在房屋的尺寸大小、形制高低、屋顶形式、装饰色彩等诸多方面有所体现。受到鲁文化影响的建筑创作也表现出了较为鲜明的设计特点。

（一）总体布局中规中矩

受到鲁文化影响的公共建筑平面布局大都秩序井然，有

条不紊，传达着一种强烈的理性，体现出"尊者居中""中为上"的思想。因此强调平面轴线，空间层次，中路为尊，有审美的"中轴线"意识，在纪念性建筑中甚至有时追求极致的中轴对称。

受到鲁文化影响的居住建筑设计中规中矩，常用一条轴线贯通前后多进院落，最为常见的是四合院的布局形式。层层庭院，厅堂斋宅，前松后紧，反映出尊卑、长幼、男女之别的家庭关系和荣辱、贵贱的社会关系，传达着家族团体中的礼法秩序。

（二）建筑尺度主从有序

在建筑群体中通常是将功能最主要的单体放置在纵横轴线的中心交叉点，并且它的体量、面积、高度在整个建筑群体中一定是占有明显的主导地位，其他的从属单体建筑也会按照这种礼制规矩依次排布，起到对主体建筑或围合或衬托的作用。

（三）建筑风格平和舒朗

儒家文化是一种入世的文化，追求"天人合一"，强调人与自然的和谐，人的社会就是自然的一部分，处于一个有机整体中。建筑整体风格要达到与周围环境的和谐，不追求神秘高大，也没有富丽堂皇，而是多采用平缓舒展的处理，将建筑体量在平面铺开，向纵深发展，形成平和舒朗的建筑轮廓线。

由中国建筑西北设计研究院张锦秋主持设计的孟子研究院，秉承"山水形胜、中正仁善"设计理念，体现孟子"性本善、养正气、重民本、行仁政"的文化思想。正是遵循了儒家礼制规矩建筑理念，传承了孟子学说思想，具有鲜明文化定位的建筑作品。整个园区正在逐步投入使用中，2021年11月28日，尼山世界儒学中心孟子研究院迁址新地。

孟子研究院项目选址在景观资源丰富的护驾山植物园内，靠山面水，这里距离孟府2.4公里，处于老城区与新城区之间，交通条件便利。整体采用了明显的中轴对称的格局，将"浩然之气"石牌坊——孟子广场——孟子雕像——孟子大殿

等主要的要素沿入口到护驾山的轴线依次展开，并在两边各对称安排一条次轴线，进深方向按照传统院落层次划分，并根据功能需求在两翼有所变化，形成了"中轴端庄、两翼活泼、主从有序"的九宫格建筑布局（图9-1-1）。

将儒家思想的"礼序"文化作为空间创意核心，塑造空间秩序关系和仪式感，整体建筑尺度讲究主从有序，最主要的建筑单体——孟子大殿，位于中轴线后段，前端的礼仪序列留有足够的长度，经过层层递进的空间序列，最后聚焦在以护驾山为背景沿山形舒缓展开的孟子大殿，引导人们进入其中。

孟子研究院将总建筑面积打散分配到15个主要建筑单体里，右侧为住宿餐饮生活服务片区、左侧为行政办公党校教育工作片区。这样有效地控制了每栋建筑的体量，减低了压迫感，形成近人的尺度。整体建筑风格统一，延续了儒家建筑的传统文化内涵同时兼具时代风格。将建筑元素创造与孟子及其诞生地邹城相联系，屋顶元素取自邹城画像石中形象，均为灰蓝色大出檐坡屋顶，建筑立面强调水平线条，采用与传统建筑分段相似的比例（图9-1-2）。烘托出了对先贤的尊崇敬仰，同时又能与其平等对话的氛围。传达出了儒家文化的精神内核，使人们能够感受到文化的熏陶。营造浩然之气，天人合一的思想艺术氛围，打造出集政德教育和文化研究于一体的新时代孟院（图9-1-3）。

室内设计注重观众对空间的情感交互体验，通过国际化全新的视野和现代艺术手法，继承并演绎东方美学及儒家精神。通过对空间的优化和创造，运用光影、文字印章、景观的创建，将"亚圣"孟子思想转换成可以渗透和感知的空间语汇，从观孟子、知孟子、学孟子到行儒风，打造出多维度的展示空间。使不同年龄、背景各异的人们都能从中获得精神的启发和感悟。

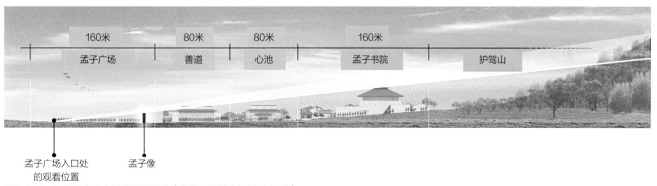

图9-1-1　孟子研究院中轴线视线设计（来源：邹城市规划局 提供）

图9-1-2　孟子研究院建筑的坡屋顶取自邹城画像石（来源：邹城市规划局 提供）

图9-1-3　孟子研究院实景鸟瞰（来源：邹城市规划局 提供）

二、空灵自由的建筑追求

　　齐文化是对中华民族整体文明的形成产生重大影响的传统地域文化之一，它的灵活变通、开放积极与鲁文化的中规中矩、稳中求安共同推动了中华社会历史的良性发展。公元前11世纪的姜太公吕尚被周武王分封齐国，姜子牙确立了"因其俗，简其礼，通商工之业，便鱼盐之利"的治国方针，活跃的商业氛围和亲民的治国政策使齐国经济日渐繁荣，各种小手工业者众多，都城临淄是当时中国最重要的冶金、纺织业、制车、制陶、漆器制作及铸造业中心，也是海盐、丝绸等贸易的最大集散地，各国商贾纷纷前来进行商贸交易，熙熙攘攘，是中国最大的工商业都市，有"东方古罗马"的美誉。春秋时名相管仲，不强调因习周礼，推行了多方面的改革，又使其富国强兵成为春秋霸主。

　　齐国国都临淄还是世界最早的高等学府——"稷下学宫"的所在地，这里的学术思想自由，儒、墨、黄老、法、阴阳、纵横诸派的名人学士在这里开坛论道，交流思想，传授学生，营造出宽容和谐、平等竞争的学术氛围，开创了诸子百家争鸣之先河，在农学、医学、数学、地理、天文学等方面取得了丰硕的成果。稷下学宫既是治国的智囊机构，又是学术研究中心，还是思想教育中心，对中华文化的发展产生了深远而广泛的影响。

　　齐文化重商开放，包容性强，提倡革新，重视功能，这些特征在现当代建筑设计中仍然适用。受到齐文化影响的建筑创作也表现出了较为鲜明的设计特点。

（一）建筑布局因势利导

齐文化与道家有着极其深厚的渊源，可以说是直接影响了道家学说的产生，而道家所推崇的"师法自然"对建筑与场地环境的关系有着非常清新的处理思路。与鲁文化的严谨规矩不同，建筑在总体布局中并不拘泥于严格对称，也不强调居中为尊，不追求中规中矩的秩序井然，而是因地形来布置建筑，就山水之势而建。受齐文化影响的建筑作品往往布局富于变化，巧妙处理和利用环境，能够形成意想不到的空间，提供更为丰富的场所记忆。

（二）设计思想灵活自由

依山傍海的齐地，占据着优越的地理环境，无边的天海，变换的风云，神秘的海市蜃楼引发人的无限遐想，也孕育了富于幻想的灵感和浪漫自由的品格。这里还是道教圣地，充满着神秘色彩，仙气十足。《聊斋》作者蒲松龄也是齐地人，他那"鬼狐有性格，笑骂成文章"的鬼狐故事脍炙人口，也只有在齐文化这样充满良性氛围的环境中才能成就这样的世界名著。这一切都为齐文化打上了深深的"空灵"的烙印，与鲁文化的重理性、讲秩序、重伦理形成了鲜明的对比。

在现当代建筑设计实践中注重建筑功利的实现，不受限于对形制秩序的限制，遵循合理、便捷、高效的原则，重视材料技术的运用。设计思想灵活自由，倾向于追求自然、倡导个性、提倡变革、实用为先。建筑创作者的设计空间宽松，适宜激发想象力和创新性。

（三）建筑形态开放兼容

齐文化在发展的过程中承载了东夷文化，发扬了海洋文化，学习了儒家文化，以一种开放的姿态不断吸收其他文化，具有强大的文化兼容性。虽然在与鲁文化的长期博弈中由于各种历史地理因素没能处于主导地位，但齐文化本身提倡平和自然，清静无为，不排斥任何有利自身发展的思想，最终将多种文化包容并收，这种旺盛的生命力令人叹服。

现当代建筑中，尤其是在一些商业建筑、文化建筑和居住建筑的设计中，在建筑单体的形态上，色彩和材料的选用上，文化题材的表现上和细部构件的勾勒中都体现了开放兼容的设计思想。这些建筑作品设计大胆，空间丰富，用色明快，细节精致，充满着自由灵动的气息，具有丰富的建筑表现力。

由何镜堂主持设计的烟台市文化中心正是吸收了齐文化空灵自由的建筑理念，传承了齐地注重实效、因地制宜地域文化的建筑作品。烟台市文化中心东起胜利路，西至西南河路，南起西关南街，北至南大街，总占地面积约7.63公顷，总建筑面积约12.6万平方米，2009年6月建成，包括大剧院、博物馆、群艺馆、京剧院以及青少年宫、书城几大部分。总体设计意向为"山海仙境，开放烟台"，以现代设计手法和空间策略来表达烟台过去和现在的价值，积极寻求与传统文脉的呼应关系。

基于何镜堂院士"两观三性"的理念，烟台市文化中心设计结合项目所处的具体情况，扎根于烟台的自然、历史、文化特征，注重当地的地域文脉及潜在因素，因地制宜、因势利导，利用复杂条件创造灵动空间，以功能理性、地域理性、技术理性为导向，创造出能够继承地域传统、融合现代精神，注重求实、求新、求活、求变的优质建筑设计作品。

设计创作的灵感来自于一系列烟台的自然特色和物质文化特征，包括长岛平流雾、曲折优美的海岸线与沙滩、云遮雾绕的海岛仙山，以及烟台由锁城到开放的商埠的历史演变、百年张裕葡萄酒文化、民间艺术和风俗习惯等。设计在构思立意上，以烟台"城在海中，山在城中，楼在林中，人在绿中"独特的环境为切入点，将这些抽象的文化符号通过建筑学的手段进行转化，用现代的设计手法和空间来表达地方特征和文化意义，大气而舒展（图9-1-4）。

文化建筑的集群采取相对紧凑的布局，整体需要具有一致性，不同的子系统之间不能完全重复，既要各有特色，又要协调统一。在设计中采取减法空间、统一的形体逻辑、统一的基座平台或屋顶、统一的建筑语言，通过平台、屋顶将六大文化功能体块连接形成一个有机整体，增加了整体的标志性和个体的识别度，达成形象鲜明、协调统一的效果（图9-1-5、图9-1-6）。

图9-1-4 烟台市文化中心夜景（来源：华南理工大学建筑设计研究院 提供）

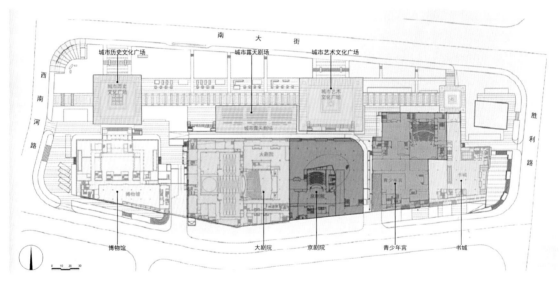

图9-1-5 烟台市文化中心平面功能示意图（来源：根据华南理工大学建筑设计研究院提供图纸，王梦 绘制）

图9-1-6 烟台市文化中心外观（来源：华南理工大学建筑设计研究院 提供）

烟台市文化中心以"交汇之海、文化之石"为具体的形象特征。京剧院、大剧院和青少年宫呈石块状形态各异地放在砂岩上,在一个升起的平台上依序展开,分别寓意历史之石、现代之石、未来之石在此凝聚。以水平向舒展而曲折的飘板相连接,形成"长平流雾、烟绕云台"的空间意象。整体立面设计水平方向展开的同时又富于变化,主入口超尺度的柱子强调了视觉中心,表现出中国文化大气刚健的人文性格,从南大街由西向东的柱廊空间作为露天剧场的背景均匀展开,既丰富了视觉层次,又实现了多角度观演的功能,透过柱廊,整体建筑像一幅徐徐拉开的大幕,展示着丰富多彩的市民文化活动空间(图9-1-7)。

图9-1-7 烟台市文化中心大剧院观众厅(来源:华南理工大学建筑设计研究院 提供)

三、多元文化交融的建筑风格

广袤的山东地域上,除了齐鲁文化以外,还交织着多种优秀的文化,如东夷文化、龙山文化、泰山文化、海洋文化、黄河文化,运河文化等。这些文化有的起源悠远,有的传播广泛,有的与其他文化共生,这些多姿多彩的文化与齐鲁文化相互融合交流,形成了绮丽恢弘、灵动秀美和开放自由的建筑作品。

(一)山岳河川文化的影响

"五岳独尊"的泰山山体高大,厚重安稳,有着壮丽、奇特的自然景观。古时的人们企望与天对话,不畏艰险登顶高山,寻仙求寿。统治者利用人们的这种朴素生物崇拜心理,凡"授命于天"的帝王们都要来到泰山祭祀天地,朝拜封禅。秦始皇到汉武帝,延续了数千年,前后有24个帝王,四十次来泰山封禅祭祀。泰山也因此成为一座承载着数千年文化传承的名山圣地,并且辐射到了周边地区,形成一种世界上独一无二的文化现象,几乎贯穿了整个中国封建社会。

京杭大运河举世闻名,曾经是古老的中国交运的南北大动脉,为南北政治、经济、文化、交通上的沟通起了巨大的作用。它一路逶迤南下,穿过山东的德州、聊城、济宁和枣庄等地市,经台儿庄进入江苏省,繁衍了无数的村庄、集镇和城市,更是孕育了许多的文化名城。齐鲁地处华夏南北的交汇地,运河带来商业的繁荣,南北文化的交融。齐鲁大地沿大运河一个个北国水乡、江北水城,应运而生。随着时代的变迁、社会的发展、交通的进步,大运河虽然已风光不再,退出中国南北交通的主导地位,但是文化的沉淀已经形成了不可磨灭的印痕。新时期的运河已经成为各种特色文化活动的载体,弘扬文化的地域特色,散发着新的魅力。受到这些文化要素影响的建筑创作中追求大气开阔的空间,绮丽恢弘的形象,传达着这些文化中广博包容、宽厚大度的精神内涵。

(二)各具特色地域风情的影响

山东人因地制宜适应环境,建造了形形色色的民居,不同的地理地貌和气候条件,差异的生活习性、文化习俗和经济条件影响到民居,使各地的民居各具特点,有的精巧,有的工整,有的富丽,有的质朴,有的俊秀,有着较明显的差异。它们总体上都应属于中国北方地区合院式的民居形式。没有过于复杂的装饰,不张扬,不炫耀,浑厚、质朴、温馨是齐鲁民居总的特点。灵山秀水带来了南北交融、咏怀寄情的建筑作品。

(三)海洋文化的影响

山东半岛北临渤海,东接黄海,海岸线长度约占全国的六分之一。海洋是与山东文化的发展紧密捆绑在一起的,人们敬畏大海的力量，感悟大海的胸怀，学习大海的内涵，利用大海的资源，与大海和谐共生。胶东地区大片的土地以半岛形式伸向大海，是链接南北海域的必经之路，这样得天独厚的地理优势，使胶东一直保持着在东部沿海地区水运交通、港口贸易和海上军事活动中的重要地位，并且还是我国与世界其他国家和地区海上丝绸之路的门户之一。胶东建筑文化呈现突出的特点就是多元建筑文化并存、交融，对各时代先进文化，尤其是对南方文化的吸收，形成了南北交融的建筑风格。

这些文化虽然产生各有先后，成熟各在其地，发展各有强弱，但是在漫长的岁月中，通过人员的流动、文化的交流，逐渐形成了你中有我、我中有你的多元文化共生的局面。现当代建筑创作中更多的是去解读文化精神的精髓，用设计的语言来表达人文的意念，而不仅仅是照搬一个片段。

山东省美术馆新馆位于济南市经十路，由同济大学建筑设计研究院（集团）有限公司设计，主创建筑师李立，建筑面积5万平方米，2013年建成。

鲁中地貌以丘陵为主，山岳众多，成岭成峰。泉城济南闻名全国，泉在城中，城在泉中，城市特色鲜明。"山·城相依、泉·城相映"成为美术馆的建筑设计的主题，整体建筑形体从顶部的山形自然过渡到下部的方形（图9-1-8）。建筑轮廓线从南往北逐渐退台，平面形状由梯形渐变为正方形。由于美术馆展品的需要，墙面开窗较少，保证了建筑塑形的连续性。美术馆主入口设在西侧，与已建成的博物馆、

档案馆共享广场空间，这样既满足了人流集散的要求，又保证了在沿经十路界面的完整性，勾勒出气势恢宏的山岳天际轮廓线。适度的开窗通过屋顶的天窗来实现，并结合巧妙的空间切割，合理高效地利用光线，同时呼应了"泉"的意向（图9-1-9）。

内部空间的布置进一步贯彻了"山·城相依"的主题，首层大厅强调了"山"的空间意向，中庭空间垂直方向上的展厅进行适当扭转和出挑，形成了山石交错叠立的景象。人们沿坡道漫步而上，穿过架空的天桥，在不规则的转角相遇，结合艺术品的展示，犹如攀山过程中不期而遇的风景，有着生动的空间体验。二层大厅是以"城"为主题的空间，柔和的光线，舒展的尺度营造出安静沉思的空间，让人们的心情沉淀下来，能够与艺术品进行情感交流。通过对参观路线的组织，将"山"与"城"联系成为整体，从"进山"线路开始，串联起了"山间小径""峰回路转""夹壁磐石""豁然洞开""古城远望"等一系列空间场景（图9-1-10）。

山东省美术馆从建筑立意到设计手法，系统地贯彻了对地域文脉的呼应，较好地诠释了山东的风土地理风貌与历史人文内涵。

图9-1-8　山东省美术馆沿经十路外观（来源：同济大学建筑设计研究院（集团）有限公司 提供）

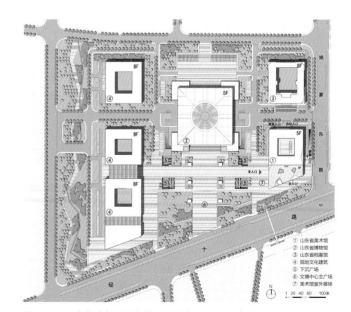

图9-1-9　山东省美术馆与博物馆档案馆总平面（来源：同济大学建筑设计研究院（集团）有限公司 提供）

图9-1-10　山东省美术馆山城相依系列内部空间（来源：同济大学建筑设计研究院（集团）有限公司 提供）

第二节　建筑传承人文环境回应原则

每一个建筑都不是孤立存在的，而是处于具体的场所环境中的，各不相同，有些是能被人们感知的实体特征，有些是抽象于物外的情感需求。人文环境的营造不是凭空出现的，需要把握历史文化的脉搏，发掘传统文脉的精华，延续社会发展的动态需求，适应时代的审美观念

山东地域在历史发展过程中形成了特定的文化特质，现当代建筑创作在解读这些复杂因素、传承人文环境的过程中，进行了许多尝试，也有过挫折和困惑，但是涌现出了更多可圈可点的优秀建筑作品。这些建筑对人文精神的回应总体上都体现了对待传统的保护性原则，对待创新的发展性原则，对待两者之间关系的适用性原则。

一、文脉保护原则

增强建筑文化的自信是建立全民文化自信的重要组成部

分之一，山东各界通过不断努力，在决策层面、学术层面和社会各个层面的认知都有所提高。决策部门对有历史价值的特色片区进行风貌保护，制定保护方案整体管控。山东学术界多年来坚持不懈地进行传统文化的保护和普及工作，上至决策部门下至普通民众，他们肩负着传统文化传播的重任，笔耕不辍，敢于谏言，取得了丰厚的研究成果。对于传统建筑文化的保护打下了良好的民众基础，群众认知度高，有关历史建筑的处理方案都会得到很高的社会关注。

济南明府城始建于明朝洪武四年（1371年），距今已有600余年历史，是济南大规模建城的开始。明府城片区相当于明朝时期济南城市的范围，是"泉城特色标志区"的核心区域，主要包括济南芙蓉街—百花洲历史文化街区和将军庙历史文化街区两个历史文化街区，拥有大量的历史街区与古城遗留，明府城片区整体格局保存完整，街巷尺度、风貌保存较好，是济南市弥足珍贵、不可再生的财富。

芙蓉街—百花洲历史文化街区的范围东至县西巷、珍池街、院前街、西更道一线，南至泉城路、曲水亭街南侧，西至贡院墙根街，北至大明湖路道中心线。芙蓉街—百花洲历史文化街区是济南古城现存的保留最完整、面积最大的传统特色地区，具有历史、人文、科学研究方面的极高价值；是古城的核心商业街区，街区内传统街巷空间基本保留完好，传统功能格局清晰，名泉水体集中分布，建筑遗产丰富，具有深厚的历史人文积淀；是世界城泉共生的人居环境典范，充分反映济南"泉文化"的重要片区（图9-2-1）。

明府城百花洲街区在整治过程中重视传统风貌的保护，通过对原地段街巷肌理的研读，保留了七条主要街巷，分别是曲水亭街、岱宗街、后宰门街、万寿宫街、庠门里街、泮壁街、辘轳把子街。建筑格局采用传统尺度的院落式进行设计，保留建筑与新建建筑通过院落有机结合。新建建筑在平面布局、规模样式、材料高度上均与地段内历史风貌相协调，在保证传承古城整体风貌的基础上，又巧妙植入适宜时代需求的创新元素（图9-2-2、图9-2-3）。

尽管"家家泉水、户户垂杨"的景象没有和"老残游记"一起完整地保留下来，尽管千佛山在明湖中的倒影显得模模糊糊，但曲水亭街仍不乏吃着龙虾、听泉水流淌声音的人们；尽管现在已经闻不到那芙蓉街里的胭脂香味，听不到那贡院街根的朗朗书声，但仍有许多市民和从前一样自由自在地跳进王府池子里洗澡。传统风貌的保护不仅仅是保护了原汁原味的建筑形象，更重要的是留住了人们的生活记忆和情感寄托（图9-2-4）。

图9-2-1 百花洲鸟瞰（来源：大众网）

图9-2-2 百花洲街区建筑尺度控制（来源：孙学军 摄）

图9-2-3 百花洲街区 泉水街巷——雨荷巷（来源：孙学军 摄）

图9-2-4 百花洲雨荷池小街区（来源：孙学军 摄）

二、存古容新原则

时代不停地在进步，经济条件、技术条件的提高，文化的传承不是静态的，而是动态的，我们现在关注的传统文化也是在历史的长河中不断筛洗、不断补充留下来文明成果。有生命力的文化必须具有很强的包容性，不能一味地拒绝新事物的加入；又必须具有更强的融合能力，将新的需求统一到符合文化环境的统一步调中来。因此在传承的同时不能拒绝创新，要用发展的眼光来看问题。在现当代建筑创作中要注重创新，同时延续文化记忆。建筑实践中对待传统文化和现实需求的平衡关系，层层递进，顺势而为，避免完全的复古和极端的摩登，强调创新的主导地位，引领建筑文化宝库的不断扩充和强大。

"岜"是一种山东鲁中南地区特有的地貌，被称为我国第五种岩石造型地貌，由于这种山形在山顶形成大面积的平台，方便人类的活动，由此形成了独特的"岜"文化。临沂大学图书馆以沂蒙山的"岜"为原型，层层堆台将"岜"的意象雕琢出来，产生更多交流空间，演绎朴素、敦厚的地域文化（图9-2-5）。图书馆由山东大卫国际建筑有限公司设计，主要建筑师申作伟，建筑面积6.5万平方米，于2009年建成。

临沂大学图书馆位于校园中心区景观轴线尽端，体量庞大，功能复杂。建筑采用中轴对称的形式呼应中心轴线，同时遵循"校园与山水环抱与自然共生"的总体规划理念，顺

图9-2-5　临沂大学图书馆正入口（来源：山东大卫国际建筑有限公司提供）

应高低起伏的地势。建筑平面为集中式布局，形体向中心向上层层错落逐渐升起，在解决功能的同时又形成了丰富有序的外部形象，立面处理虚实交替，结合多层次的屋顶平台绿化，犹如"岜山"的山体般自然生长，建筑与环境和谐相处。建筑师用现代的手法、创新的建筑语言，传达了对地域文脉的理解（图9-2-6）。

图9-2-6　隔湖远眺临沂大学图书馆（来源：山东大卫国际建筑有限公司提供）

三、因地制宜原则

建筑是在不断继承传统与创新的过程中得到发展与进步的。建筑发展到今天，传统建筑营造中的一些技术手段以及材质、建筑类型等已不能适应现代建筑迅猛发展的要求。尊重当地居民的特殊要求以及项目本身所处的特定地域环境，采用抽象继承、有机更新的方法体现地域性、文化性和时代性。现代建筑的发展与传统文化的继承并不是对立的两面，在创新的过程中不能一味地求新求奇，也不能全盘复刻传统样式，这就需要因地制宜，把握好对待建筑设计创新的适用性和对待传统文化传承的适度性。建筑创作要达到以上目的要注重表达建筑文化的内涵，包括对已有环境和传统文脉的沟通，也包括现代建筑功能的需要，体现时代风格特征而塑造建筑环境和内外空间。

淄博华侨城艺术中心规模不大，只有2471平方米，2020年建成。作为中央美术学院建筑学院院长、朱锫建筑设计事务所创始人，建筑师朱锫在建筑的设计与落地中一直强

图9-2-7　淄博华侨城艺术中心鸟瞰图（来源：夏至 摄）

调的理念是"根源与创造"（图9-2-7）。建筑所处的属地不同，当地特定的地理自然气候环境，以及由此孕育而生的文化属性会对其产生必然的影响，作为设计者要去真实地感知这种独特的文化气质，设计出的建筑才能植根于这片土地中，是属于且只属于这里的。饱含与当地的社群情感共鸣的作品，才能达到亲密而共融的关系（图9-2-8）。

　　整个建筑本身就是一件艺术作品，经过铺满青色砾石的

图9-2-8　淄博华侨城艺术中心合院（来源：夏至 摄）

曲折园径、绿意新发的小树林、清澈如镜的水面、豁然开朗的草坪，迎面而来的是一面厚重的石墙，大小不一的石块近看杂乱无章，远观却又色彩斑驳，浑然一体。连续的双曲面屋顶与灰色的墙面在天空的映衬下勾勒出一道优美的弧线，水中的倒影清晰又虚幻，让人们得以体会自然的诗意和东方意境。清水混凝土清冷的气质与细密的竖向木纹肌理同时并存，而镶嵌原木窗格的小窗洞，却又透露出隐藏在深层的细腻。绚烂的石墙与质朴的清水混凝土就像一对兄弟，互相扶持，互为支撑。

　　华侨城艺术中心坐落在远离城市的开阔地段。建筑平面整体为方形，由风车型对位的四间房屋围绕一个中心庭院构成，这是从中国传统的书院"合院"中构思而成的。建筑由多层级的公共空间序列组合而成，突出了建筑的公共性。通过对中心庭院、走廊、屋顶张力的控制，形成一系列尺度大小不一的公共空间，人们游走在时而室内时而室外、时而宽松时而收紧的展览空间中，在对空间的、时间的、材料的、听觉的、视觉的、触觉的感受中切换，营

造出丰富的体验感（图9-2-9）。

　　淄博华侨城艺术中心呈现在人们面前的，是饱含惊喜的体验，却又充满熟悉的记忆。建筑的创作源泉源于对独特地域文化与民风性格的体悟与反思，运用充满内涵和极富想象力的新元素塑造独特的魅力。原始和粗犷的混凝土屋顶、砌筑的石墙，简洁硬朗的几何造型与线条表现，这些具有现代感的元素，体现出建筑的流动感和力量感。而柔和的屋顶曲线、错落的洞口、禅意的内院又渗透着传统建筑古风。自然光线穿过石墙和曲面屋顶的缝隙倾泻到室内，经过清水混凝土墙体的折射，均匀地漫射到内部空间，交织出变换的光影。错落的窗格中青山如黛、树影婆娑，好似一幅幅水墨画映入眼帘。内部空间简洁却不简单，引人驻足沉思（图9-2-10、图9-2-11）。

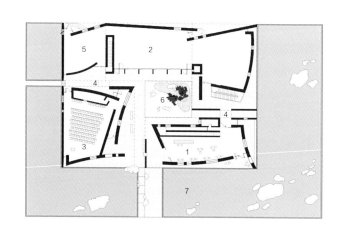

1 前厅/接待　　5 贵宾/会议室
2 展厅　　　　　6 景观砾石
3 多功能厅　　　7 景观水池
4 室外临时展厅

图9-2-9　淄博华侨城艺术中心首层平面图（来源：朱锫建筑设计事务所 提供）

图9-2-10　淄博华侨城艺术中心通道（来源：夏至 摄）

图9-2-11　淄博华侨城艺术中心透景（来源：夏至 摄）

砌墙的石料为取自于淄博博山西厢的原石，建筑师为推敲石墙效果，借鉴了鲁地石砌传统民居做法，对石块的大小样式、色彩比例、砌筑方法反复建造了等比例实体模型，使人们能在建筑中感知淄博深层的地域精神，建筑也就成了跨越时空的对话的载体。淄博华侨城艺术中心是一个兼具中华文化特色和当代创造智慧的建筑作品，在粗犷、朴素的形式背后，蕴含着齐鲁文化中北方人所特有的豪放质朴气质。

等闲谷艺术粮仓乡村音乐厅由VDA设计研究所设计，主创建筑师：王大宇、孟繁竞，建筑面积669平方米，2019年5月建成。等闲谷艺术小镇是泗水县打造的一处乡村文化旅游与艺术创客基地，由于文化产业升级，这里将旧时废弃的战备粮仓开发成了等闲谷艺术粮仓，并成为小镇的核心院落。随着国家乡村振兴战略的实施与推进，艺术粮仓已无法满足日益增多的功能需求，为了更加切合艺术创客的总体定位，需要新建一栋多功能建筑，其中包括能够满足300～400人活动的大跨度空间。新建筑主要功能为音乐厅，选址在艺术粮仓与村庄之间，处于几条主要道路的交汇处，紧邻粮仓艺术区的公共活动空间，这样的地理位置及功能需求都赋予了音乐厅空间布局向内聚拢、服务功能向外辐射的特性（图9-2-12、图9-2-13）。

艺术粮仓的原始功能是粮食的储备，随着时代的发展，人们的生活环境中不再仅仅满足于吃饱吃好，对精神世界的需求日渐增加，音乐厅就像是一个大谷堆，立意源自对精神食粮的储备，结合用地情况，设计师用圆形的建筑体量回应场地。整体造型饱满丰盈，紧密结合地形，恰好填满整个低洼场地。用连续转折的大屋檐统一了建筑虚实的变化，从高度和角度上都向内聚拢，围合成一个以舞台为中心的圆环形建筑空间。既满足了室内大型展演和室外剧场的功能需要，又为人们的公共活动提供了集中式的空间，其中的檐下灰空间更是夏日纳凉与孩童玩耍的场地。从周边任何一个角度都可感受到音乐厅的秩序感与力量感；音乐厅外向的墙体是开满了大大小小窗户的纯粹的石墙，就像是一个一个灵动的取景框，这些跳动的洞口、起伏的屋面，像是音乐中婉转的旋律，成为建筑的主题曲，将音乐凝固于其中（图9-2-14、图9-2-15）。

图9-2-13　济宁等闲谷艺术粮仓乡村音乐厅实景（来源：VDA设计研究所 提供）

图9-2-12　粮仓乡村音乐厅实景鸟瞰（来源：VDA设计研究所 提供）

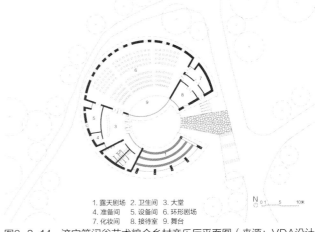

1.露天剧场　2.卫生间　3.大堂
4.准备间　5.设备间　6.环形剧场
7.化妆间　8.接待室　9.舞台

图9-2-14　济宁等闲谷艺术粮仓乡村音乐厅平面图（来源：VDA设计研究所 提供）

虽然是新的功能、新的建筑，但是作为村庄的一部分，音乐厅与民风结合，折射了村庄当下的真实状态。选用现代乡村常见的钢结构，呈现大跨度异型空间；建筑材料选用本地常用易得的石头、青瓦，通过村里石匠原生态的砌筑方式，虽不甚精美，却使新建筑呈现出一种放松且有亲和力的状态，实现了本土民风的延续（图9-2-16）。

图9-2-15　济宁等闲谷艺术粮仓乡村音乐厅公共空间：室外小剧场（来源：VDA设计研究所 提供）

图9-2-16　济宁等闲谷艺术粮仓乡村音乐厅施工过程（来源：VDA设计研究所 提供）

第三节　建筑传承人文环境回应方法

影响建筑创作的因素有很多，建筑师在处理不同影响要素时的权重会因人而异，因此产生了形态各异、褒贬不一的作品。而能被广泛认可的优秀建筑创作都具有基本相同的特质，其中之一就是能够运用适当的设计方法传承地段文脉的人文环境。既要发掘地域文化的物质原型，又要理清社会、历史、经济、风俗中蕴含的精神脉络，充分利用现代技术的先进手段，寻求破解之道。

一、显性人文要素的提炼转化

显性人文要素包括地域内文化现象所形成的物化具象的特色，表现在建筑上主要有形式、符号、肌理、色彩、风格、样式、构件等，通过这些显性要素的提示，能较为明显地传达建筑的文化属性。建筑创作中利用这些物质原型的鲜明特点，体现出当地或更大地域空间内的人文特点，实现与传统历史文化和所处时代文化的对话，最终达到文化背景和现实需求在整体上协调统一。

枣庄市新城市民文化中心体育场由上海联创设计集团股份有限公司设计，2017年9月建成，总建筑面积85470平方米。市民中心项目北侧为市政广场、凤鸣湖等，共同形成新城南北轴线，轴线最南端的"压轴"建筑为体育场。这条轴线与城市主要生活区联系，与周边居民的日常活动结合紧密（图9-3-1）。体育场作为公共活动场所全天向市民开放，使得建筑群与城市产生最大限度地互动。清晨的慢跑、白天的体育文化活动、夜间的大型演出集会，以及傍晚的散步，使得这里的每个角落充满了活力。

体育赛事是对人类力量的竞争，创造出不停刷新的数字，不断超越的正能量。体育场馆充满了对生命美好的期盼，可以说是一种聚集、庆祝的空间。枣庄市新城市民文化中心体育场的造型概念之一来源于"灯笼"，这个传统物件被中国人赋予了庆祝、礼仪、赞美等意向。整个体育场如同一个中国传统的纸灯笼，从纸灯笼上的拉花纹理抽象而成的不同曲度的波浪线形的结构，围合形成整体造型（图9-3-2）。观众席座席采用醒目的红色，以红色的石榴籽为原型，在中国传统中同样象征着喜庆的场景。透过白色镂空的结构，红色的实体成为背景，使建筑显得更为轻盈通透。建筑师通过对符号语言的抽象表达，无论是"白纱"还是"红绸"，在大文化的认知中都传达出一种令人愉悦的信息。

枣庄被称为"江北水乡，运河古城"，运河千年岁月滋养了这片土地。体育馆看台遮盖部分采用白色PTFE膜材，半透明的屋顶轻盈典雅。屋顶整体张拉索膜轻型结构起伏的肌理，恰似运河迎风荡漾的粼粼波光，诉说着对运河母亲的拳拳之情（图9-3-3、图9-3-4）。

在体育场内透过建筑看公园或城市，波浪形的结构定义出全新的分割，好像是中国园林中常用的漏窗透景的手法，将城市景色纳入其中，提供了一个戏剧性印象深刻的体验。红色涂料的内层表皮与白色外层表皮形成强烈的对比，使建筑充满动感和张力，两层表皮之间的环形连廊空间又让建筑拥有了灵动的特质。远看体育场，马鞍形的屋面曲线平缓，掩映在高低错落的景观中，若隐若现的白色屋面，如同漂浮于绿茵之中（图9-3-5）。

淄博周村文化中心位于周村区政府对面，由天津市天友建筑设计股份有限公司设计，建筑师秦亮，总建筑面积41000平方米，于2015年投入使用。淄博周村古商城有"天

图9-3-2 枣庄市新城市民文化中心体育场鸟瞰（来源：上海联创设计集团股份有限公司 提供）

1. 主体育场
2. 训练场
3. 体育馆
4. 游泳馆
5. 文化中心

N

0 20 50   100米

图9-3-1 枣庄市新城市民文化中心体育场总平面（来源：上海联创设计集团股份有限公司 提供）

图9-3-3 拉花+水波纹（来源：上海联创设计集团股份有限公司提供）

图9-3-4 具象符号的抽象表达（来源：上海联创设计集团股份有限公司 提供）

下第一村"的美誉，周村烧饼闻名全国，是山东最有代表性的特产之一，这里的人们对家乡地域传统文化有着很高的自豪感。文化馆新馆作为专属于市民服务的建筑，它有着特殊的社会使命，既要满足现代功能空间的需求，又要实现人们精神上对文化自信的寄托。各个功能形成不同的建筑空间，同时又互相联系，资源共享（图9-3-6）。

整体建筑包含图书、文化、展览、市民服务等功能，将市民服务职能综合在一栋建筑里的多层文化综合体建筑。平面为长方形，沿新建东路展开，众多的功能通过水平方向的分流和垂直方向的交通组织紧密联系，又层次分明。建筑主入口设置宽阔的前廊，超尺度的柱子直通屋顶，前廊中隐含

着不同职能部门的入口，进入建筑内部设置通高的大厅空间。用现代建筑的设计处理手段解决了复杂的功能问题。

沿路的主立面分为三段，两端较实，中间较虚，虚实之中又有细节的变化，并用通长的大屋顶整合各部分。设计中运用抽象转化的文化符号作为表皮元素，诠释了作为行政中心的政府建筑的本土性。大屋顶下面处理成逐层内收的密檐，借鉴了中国传统木构建筑的斗栱形制，进行抽象处理（图9-3-7）。内层的前廊屋顶采用密格井式楼盖，梁形为倒斗型，有中式平闇天花的意蕴。天窗和大厅的玻璃幕墙的窗格也是由中国传统的窗棂图案简化而来（图9-3-8）。这些元素经过设计师的巧妙处理，结合现代建筑材料构件进行演绎

图9-3-5　枣庄市新城市民文化中心体育场外观（来源：上海联创设计集团股份有限公司 提供）

图9-3-6　淄博周村文化中心外观（来源：秦亮 提供）

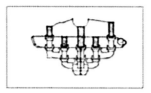

图9-3-7　斗栱——屋顶转化分析（来源：秦亮 提供）

图9-3-8　中式符号——立面元素转化分析（来源：秦亮 提供）

转化，与现代风格的建筑融合在一起。这种抽象变形的手法将传统文化内涵表现得外放又适度，满足了人们的心理需求（图9-3-9、图9-3-10）。

岚山旧址为安东卫，是明朝初期沿海防御倭寇所建的四大卫城之一。日照市岚山区文化中心坐落于日照市岚山区城市公共服务轴线上。为包含群艺馆、城规馆、博物馆、科技馆、图书馆五大功能的文化综合体。主创设计师清华大学建筑设计研究院建筑师张铭琦，合作单位为山东同园设计集团有限公司。用地面积132000平方米，总建筑面积48522平方米，于2017年竣工。

文化是一个城市的灵魂，公共建筑是文化精神的重要物质载体之一，保留和彰显特定地区的独特文化，对增强城市的历史底蕴、提升市民的归属感有重要作用。"卫"围也，防也，屏一方之保障。文化中心设计抓住了"卫城"这种当地独特的文化背景，提取文化中一致对外、抗击外敌凝结出的大包容、大情怀，以稳重大气作为建筑生长的基点和归宿（图9-3-11）。

建筑平面为形制方正对称的"回"字形，总体布局沿袭中国古代城市的布局，东、西、南、北开设四个入口，结合环形走廊将内部分为东、西、南、北中五块，将五馆分置其中，功能分区明确，交通组织便捷（图9-3-12）。三层屋顶将五馆屋顶合为一体，设置城市绿台，营造了宽阔的休闲、交流、观景等活动场所。基地北侧文化中心主入口处，设有室外演艺广场，便于集散和室外演艺。

图9-3-9　中式文化符号的运用1（来源：秦亮 提供）

图9-3-10　中式文化符号的运用2（来源：秦亮 提供）

图9-3-11　日照市岚山区文化中心鸟瞰（来源：清华大学建筑设计研究院 提供）

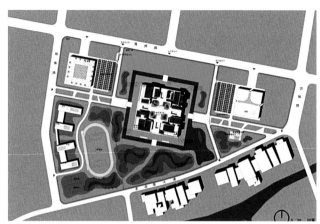

图9-3-12　日照市岚山区文化中心总平面（来源：清华大学建筑设计研究院 提供）

　　建筑整体造型下半部为稳重的城墙形态，外墙外侧设计混凝土"Y"字型斜向支撑，向外倾斜的角度就像古时卫城逐渐收分的城墙，这些支撑排成一线，延续成一个构型完整的界面，形成了极具地方文化特色的形象。同时，斜向支撑与建筑实墙面之间形成半通透的外廊，支撑间以横向铝百叶连接，与混凝土的厚重感形成对比，同时将斜向支撑串联成整体。打破了古代城墙封闭的感觉，形成供人游走玩味的灰空间。建筑上半部为飘逸的坡屋面和轻盈通透的外廊，三层城市绿台四角设置角楼，限定了平台边界。角楼交错纵横，营造了丰富的空间体验（图9-3-13、图9-3-14）。

　　远观日照市岚山区文化中心四平八稳的城台之上，屋

图9-3-13　日照市岚山区文化中心外观（来源：清华大学建筑设计研究院 提供）

图9-3-14　城墙—廊道功能转化（来源：清华大学建筑设计研究院 提供）

檐飞展，高低错落。下部厚重的混凝土色彩低调大气，上部轻盈的金属铝格栅坡屋面房屋配合竖向钢柱和橙色竖向百叶，色彩绚烂，飘逸靓丽。上下不同的处理手法凸显了厚重与飘逸的对比，虚与实的对比，同时巧妙的设计，使各种元素柔和相融，相得益彰，使建筑浑然一体。这种处理在传统精神中流露出当代特征，投射出当地人民对人文传统的足够尊重，同时又对现代生活充满了欣喜和渴望，传达出蓬勃向上的积极能量，塑造了岚山当代城市建设独特的地域识别性。

图9-3-15　济宁市文化中心图书馆立面（来源：华南理工大学建筑设计研究院 提供）

二、隐性人文要素的解读共情

隐性的人文要素类似一种"传感器"的功能，所承载和传达出来的情感共鸣潜伏在深层的意识层面，能感受得到但却很难描绘地出来，更多的是一种感觉和意会。并且随着受众群体的年龄、阅历、文化背景等不同，会产生不同的感受。设计者需要深入系统地了解和分析在文化发展背景下，地段特质形成的过程、人们的生活方式、风俗习惯、审美观和空间观念，进而总结出能够最大范围地产生地域认同的切入点。以适应时代的新的建筑形式和设计手段对要素原型进行抽象转换，解读的过程中在物质形式上经常脱离了具体的符号，但是通过对各种要素的组合搭配，最终将隐形人文要素的气息和氛围营造出来，让身处其中的人们得到沉浸式的体验。

济宁市文化中心图书馆是华南理工大学建筑设计研究院有限公司设计，由何镜堂主持设计，总建筑面积29316平方米，2018年12月建成。济宁是位于历史上的孔孟之乡、儒家宗源之地，济宁市图书馆位于济宁市文化中心的核心位置，建筑设计以"孔孟之乡、礼制书传"为主题，以明堂辟雍为原型进行现代演绎与创新。城市深厚的历史传统、人文积淀处处渗透在设计中，整个建筑成为塑造城市文化形象的重要载体，散发着浓浓的文化气息（图9-3-15）。

当代社会发展迅速，人们的生活方式以加速度的方式发生着变化，城市图书馆除了满足传统的藏书借阅教育功能，更是承载公共文化生活的城市客厅。济宁市图书馆总体设计主旨是通过建筑造型与空间的处理，对人文要素进行现代转译，将其融入当代生活场景，与当代城市公共文化生活产生潜移默化的渗透，激发交互共享的都市文化体验。

总体方形体量，置于柔软的草坡之上，垂直方向分为三段，底部内缩局部架空，衬托着其上的主体阅览空间悬空升起。中部成为一个内含立体共享空间的剧场式观景盒子，采用双层幕墙体系，内层为柔白透光玻璃幕墙，外层覆以暖灰色竹简式陶棍遮阳格栅，采用三种不同的浅米黄色陶棍，以7：2：1的比例微差间色，并可通过旋转渐变形成像素化半透界面，形成不同的渐变韵律，不但解决了调节遮阳、采光与观景需求，并且隐喻竹简的质感，提升了文化可读性。陶棍幕墙在转角处切开，而内层玻璃幕墙保持连续的界面，更加凸显出"盒子"装置的层次感和轻盈感。覆盖在整个形体最上层的是深灰色的深远而飘逸的飞檐，中部顶层升起支撑屋顶，檐口随出挑的距离逐渐减薄，并与下部主体拉开一定的高度，外观呈现利落的窄边，上面还开有洞口和格栅，减轻了屋顶的压迫感和重量感（图9-3-16、图9-3-17）。

将整个建筑作为一个大型的文化装置，建筑型制取历史上作为天子学宫的明堂辟雍为原型，平面构图为九宫格经典图式，并将其向立体空间延伸。九宫格骨架交点处设置四个"L"形的核心筒，周边八榀剪力墙分隔四面开间，向外延伸出八根正交立柱以及四角斜向立柱，承托起全部图书馆阅览大厅体量，塑造了一个充盈着文化气息的现代立体空中书院。

图9-3-16　济宁市文化中心总平面（来源：华南理工大学建筑设计研究院 提供）

图9-3-17　济宁市文化中心图书馆立面肌理（来源：华南理工大学建筑设计研究院 提供）

清晰外露结构本体成为控制空间格局文化性的主角，顺应主体结构配置功能用房、布置交通流线、设置立体平台、控制光影效果，从而自内而外地构建出一个当代文化体验装置。

图书馆主要阅览空间位于三至五层，核心为以明堂负形为空间意象的退台式中庭阅览大厅，各阅览区与休憩空间、空中庭院顺应立体九宫格空间骨架交错布置。二层中部平台以孔子杏坛讲学为场景意向，明堂为负，与阅览的功能对应，是一种内敛的自我文化修行；杏坛为正，与宣讲的活动相应，是一种外放的公共交流。室内采用转印木纹铝板书架及半透格栅为界面来分隔空间，顶部自然光线通过光学过滤洒进中庭空间，令阅览区笼罩在静谧的漫射光环境中，使人们的心情沉静下来，放下都市生活的匆忙节奏，在一种朴实的文化质感中安然自处并相互感知，享受阅读的时光（图9-3-18）。

图9-3-18　济宁市文化中心图书馆室内（来源：华南理工大学建筑设计研究院 提供）

济宁市图书馆设计运用文化原型深层解读手法进行文化元素编织，激发文脉感知，提升文化认同，赋予了图书馆深厚而浓郁的文化韵味，把城市文脉中尊礼重学的传统转化为一种共享的文化氛围，营造内外一体的可读、可观、可游、可思的文化体验。

长岛海洋生态文明综合试验区展览馆由何镜堂担任项目指导，

主创建筑师是王杨、李天世。建筑设计单位为华南理工大学建筑设计研究院十室、烟台市建筑设计研究院。建筑面积26014平方米，2020年建成。

长岛海洋生态文明综合试验区展览馆紧临长岛的海岸线，与蓬莱阁隔海相望，从蓬莱行船跨海，经过远眺、靠近、登岛的过程，建筑沿海岸线舒展地平卧在海边，形成和谐的长卷。海岛本身原型为露出海平面的海底山峰，是漫长的时间为地球环境留下的一种特殊的存在，设计以海岛海岸线为线索，在方案推演过程中观察到潮汐水位在海岸线和礁石上留下的水痕，探讨海与岛"蚀"与"时"的关系，既是场地、环境、设计的多维一体的统一，形成山海辉映的整体意向（图9-3-19、图9-3-20）。

在解读环境要素之后，将其"隐形"的过程中综合运用了形态类推、形式重构的类型学推演方法，从造型、平面、细部三个层次抽象目标原型类型关系，运用类推方法，并演变出维持类型特征的拓扑关系。整体建筑通过对环境肌理的分析和类型学方面的构建，将环境、海浪、潮汐、海岛、礁石等环境元素符号经过提取与形式重构，融合到建筑的场地、幕墙、屋顶、色彩、材质等各要素中，既有对比衬托，又有渗透统一。探索历史与现实、物体与场所、形式与意义的互动关系（图9-3-21～图9-3-23）。

三、特征空间和文化场所营造

在实际工程中，对人文要素的提炼方案并不一定是单一的，很多情况下是将显性和隐性人文要素打包在一起，分层次分部位组合出现的，为人们提供更丰富的文化体验，根据具体空间层次可以分为广场街巷空间——院落空间——综合单体。

沂蒙、山香居度假酒店由灰空间建筑事务所设计，主创建筑师苏鹏，建筑面积2685平方米，2019年5月完工。项目位于山东省临沂市沂蒙山旅游度假区崔家峪，山峦环抱，地形高差较大，由东北至西南逐渐下落，基地北侧有一条山道，是进入场地的唯一路径（图9-3-24）。

图9-3-19   长岛海洋生态文明综合试验区展览馆实景鸟瞰（来源：华南理工大学建筑设计研究院 提供）

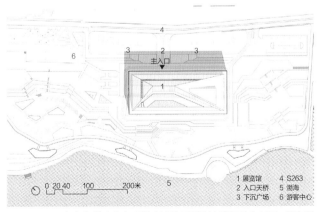

图9-3-20   长岛海洋生态文明综合试验区展览馆总平面（来源：华南理工大学建筑设计研究院 提供）

图9-3-21   长岛海洋生态文明综合试验区展览馆立面（来源：华南理工大学建筑设计研究院 提供）

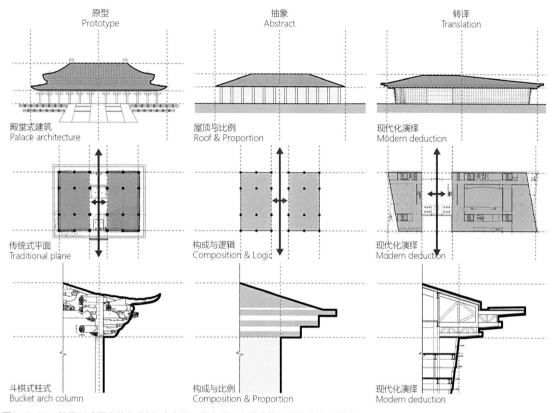

原型
Prototype

抽象
Abstract

转译
Translation

殿堂式建筑
Palace architecture

屋顶与比例
Roof & Proportion

现代化演绎
Modern deduction

传统式平面
Traditional plane

构成与逻辑
Composition & Logic

现代化演绎
Modern deduction

斗栱式柱式
Bucket arch column

构成与比例
Composition & Proportion

现代化演绎
Modern deduction

图9-3-22 符号形式要素转化分析1（来源：华南理工大学建筑设计研究院 提供）

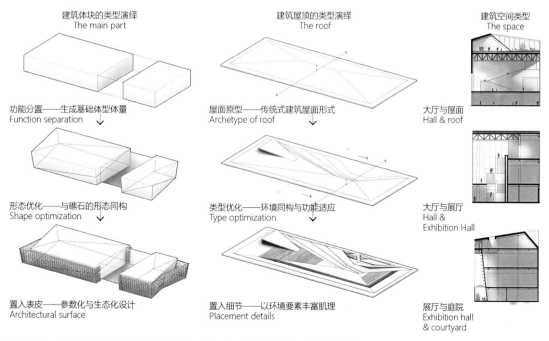

建筑体块的类型演绎
The main part

建筑屋顶的类型演绎
The roof

建筑空间类型
The space

功能分置——生成基础体型体量
Function separation

屋面原型——传统式建筑屋面形式
Archetype of roof

大厅与屋面
Hall & roof

形态优化——与礁石的形态同构
Shape optimization

类型优化——环境同构与功能适应
Type optimization

大厅与展厅
Hall &
Exhibition Hall

置入表皮——参数化与生态化设计
Architectural surface

置入细节——以环境要素丰富肌理
Placement details

展厅与庭院
Exhibition hall
& courtyard

图9-3-23 符号形式要素转化分析2（来源：华南理工大学建筑设计研究院 提供）

原始场地中地形跌落特征明显，可以看到民居灰色的屋顶、倾斜的街巷和远处若隐若现的山景，随着行进的快慢，近景和远景交替出现，形成了一幅横向展开的画卷。随后脚步一转，从街巷通往各自的居所，归家的急切使步伐开始加快，直到各户门口进入自家院落，看到园中的花草，屋角的水缸，摇着尾巴的小狗……心情才定了下来，一切又变得从容了起来。这些对高程变化、村落街巷和民居院落的完整体验构成了自然和居住群落的抽象化描述，也是设计中对空间多层次控制的来源。

沂蒙·山香居度假酒店由一个三层体量的接待中心和依附于坡地地面的院落组团组成。总体场地空间划分为公共空间、交通空间和组团空间，公共空间中包括服务中心、集会广场、架空灰空间、檐下空间和平台空间；交通空间主要是街巷、连廊、楼梯台阶和入户空间；组团空间由大院和小院空间组成。设计师通过对空间清晰有序的控制，影响人们行进的方式和节奏，时而驻足远眺，时而快速前行，时而拾阶而上，强化了对传统山地村落空间的身体体验（图9-3-25~图9-3-27）。

入口的接待中心是建筑群中体量最大的单体，起到了连接和过渡的作用，建筑形式采用对比统一的处理手法传达地域属性，整体体量由底部二层的石头基座和顶层悬挑出的巨型坡屋顶结构构成。上部厚重深远的棕红色铝板檐口和包裹

着的透明玻璃幕墙使它区别于其他居住组团，现代感十足，但是折线型的双坡顶依然保留着传统民居坡屋顶的建筑形式。底部的厚重石材取自场地内民居就地拆除的老石头，与周围山体、台阶构筑物相互融合，更像是村落居住组团的一部分。而向内收进的中间层，成为公共聚集空间和分散街巷空间之间的过渡，弱化了建筑的体量，烘托出顶层眺望台的视觉中心地位。

沂蒙山一带的民居形式多为封闭的石头合院，内向型的院落围合结构也更符合现代人对居住的舒适性要求。设计中采纳了传统居住组团模式的典型空间特征，居住组团之

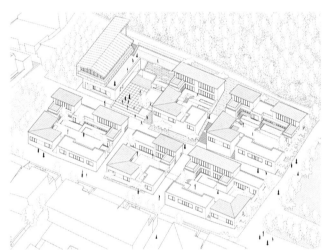

图9-3-25　沂蒙·山香居度假酒店场地布局轴测图（来源：灰空间建筑事务所 提供）

图9-3-24　沂蒙·山香居度假酒店实景鸟瞰（来源：灰空间建筑事务所提供）

图9-3-26　沂蒙·山香居度假酒店居住组团内的高差变化（来源：灰空间建筑事务所 提供）

间的石头墙面向外围合出了街巷空间，以一个进入的洞口相连，向内围合出了内部属于组团的半私密院落景观。不同于当地传统地方民居的院落构成，结合提升民宿空间品质的需求，进行了大院套小院的处理，形成了高程相互叠落的现代庭院景观（图9-3-28）。居住单元入口面向的大院由错拼的石板、卵石和植被形成的中央庭院景观，每套民宿各自又拥有独立的内部庭院，可以单独住宿一套客房，也可以成团下榻在一个组团，客源灵活度高。空间序列的节奏多变，院落围合的关系清晰，能适应不同人群结构的体验感（图9-3-29～图9-3-31）。

山东大学青岛校区博物馆由山东建大建筑规划设计研究院王润政建筑师设计，方案指导赵学义，位于山东大学青岛校区院内，建筑面积40800.87平方米，于2016年投入使用。山大青岛校区内的博物馆收藏的是山大的考古成就，更是山

图9-3-28 居住组团内景（来源：灰空间建筑事务所 提供）

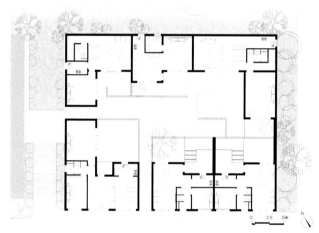

图9-3-29 居住组团首层平面图（来源：灰空间建筑事务所 提供）

图9-3-27 沂蒙·山香居度假酒店通向居住组团的台阶（来源：灰空间建筑事务所 提供）

1 接待大厅 Reception centre
2 民宿群落 Clustered guesthouse

图9-3-30 沂蒙·山香居度假酒店总平面图（来源：灰空间建筑事务所 提供）

图9-3-31　沂蒙·山香居度假酒店接待中心和居住组团场地剖面图（来源：灰空间建筑事务所 提供）

东考古的展示。基于博物馆建筑的文化特性，博物馆是一个承载、传承文化的容器，博物馆建筑自带文化属性，本身就是一件能够流传于后世的珍贵"文物"，给后人留下精神文化、建筑艺术方面的宝藏。山东大学青岛校区博物馆在设计中将显性人文要素直接符号化、抽象化几何提取、多元素解构重组、隐性人文要素转化创新等手法加以组合运用，实现了建筑的文化性表达。

山东大学青岛校区博物馆用地为方形，场地按照九宫格的比例划分，建筑实体布置在左、中、右三个格内，左右两遍体量较小；场地与建筑之间用台地过度，又演化出一个方形基底，形成一个偏分的九宫格，主体建筑占据中宫位置；建筑主要体量以此为边界再次按照九宫格的方式围绕中庭划分为九个体块，这样就形成了微妙的比例关系。"九宫格"本身是一种中国文化中的具象元素，但是设计师并没有简单地处理，而是通过多层次的抽象，大小九宫嵌套、调整比例、高低错落、体量错位等手法对其进行抽象几何提取，巧妙地融合了传统文化元素（图9-3-32）。

博物馆建筑实体由层层升高的绿化平台承托，再由左右两侧的二层体量烘托着中部的建筑主体。主体造型建筑形体简洁、大气；厚重的体块感，传达出厚重的文化内涵。建筑主体造型以九个体块进行组合，由中国传统的"鼎"的意象抽象演化而来，体块之间并不是完全的对称，四角较高，顶部出挑同样方正的铜板幕墙，中部较低，为整片的玻璃幕墙，中心中庭为内收空间。整个从场地到台基裙房再到主体建筑的层层升高的体量，形成了一种鼎力向上、承托古今的强大气场（图9-3-33）。

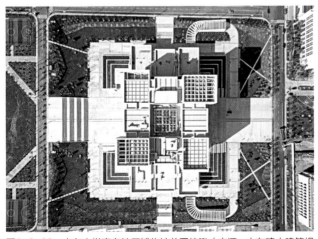

图9-3-32　山东大学青岛校区博物馆总平俯瞰（来源：山东建大建筑规划设计研究院 提供）

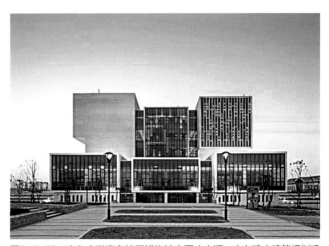

图9-3-33　山东大学青岛校区博物馆立面（来源：山东建大建筑规划设计研究院 提供）

在建筑四角外立面幕墙之上，设置了铜板幕墙，进一步凸显建筑"鼎"这样一个青铜文化背景，铜板的固定拼接方式借鉴古代竹简的样式比例，并在铜板上镂空镌刻了银雀山出土的《孙子兵法》竹简文物的原版文字，凸显了地域文化历史的底蕴。中部的玻璃幕墙上，分格延续了铜板竹简的节奏，并运用古代纹样进行装饰，利用创新的现代技术，将显性人文要素直接"打印"在立面上，给人强烈的视觉印象，强调了博物馆的功能属性和文化特性（图9-3-34~

图9-3-36）。

山东大学青岛校区博物馆采用了明度较高的白色石材体现浑厚包容，高雅大气的文化内涵，用跳跃在立面上的铜制整体幕墙表达了文化历史长河中灿烂的文化瑰宝，将博物馆的历史文化底蕴转化为建筑的语言，充分将历史文化元素与建筑设计相结合，最大限度地实现建筑与文化的融合（图9-3-37）。

图9-3-34　主体建筑玻璃幕墙上的窃曲纹（来源：山东建大建筑规划设计研究院 提供）

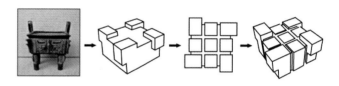

图9-3-35　山东大学青岛校区博物馆体块演化（来源：山东建大建筑规划设计研究院 提供）

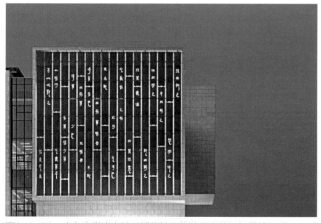

图9-3-36　山东大学青岛校区博物馆悬挑体量上的铜板幕墙和孙子兵法（来源：山东建大建筑规划设计研究院 提供）

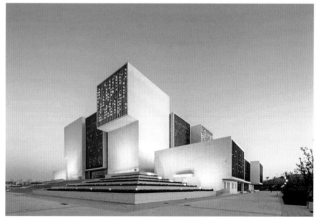

图9-3-37　山东大学青岛校区博物馆建筑体量、色彩的组合（来源：山东建大建筑规划设计研究院 提供）

第四节　本章小结

齐文化、鲁文化作为各自相对独立的文化体系，两者之间经过漫长的较量、交流、融合，最终形成了一个有机的整体——齐鲁文化。汉武帝时期，实行"罢黜百家，独尊儒术"，使以儒家为代表的齐鲁文化成为中国传统文化的主干。

由于构成齐鲁文化的主干文化——齐文化与鲁文化风格迥异，各有优势与不足，齐文化之所长正是鲁文化之所短，反之亦然。齐鲁文化如同礼乐文化一样，是两个不同的事物对立统一的结果，两者的矛盾性一直贯穿于齐鲁文化之中，也造就了齐鲁文化丰富的文化内涵。其文化精神兼容了两者的精神内涵，既有尊重礼法、承袭传统的保守、理性的色彩，又有注重功利、因时而化的灵活意味。

建筑设计所承载的文化精神，只要是渗透了传统文化元素，并深入地探索和发掘了地域文脉的精华，就都是对文化最好的继承。建筑与其所处的文化背景密不可分。山东建筑文化特色是相互交织的，在面对内涵丰富的齐鲁文化背景下，只有充分把握山东地区建筑文化的共性特征以及建筑所处的地域文化特色，辩证地处理两者与建筑设计条件的关系，才能塑造出体现齐鲁文化、表征地域文化的山东建筑。

似水年华，沧海桑田，随着时代在历史长河的变迁。历史文脉让人们怀旧，令人们反思：门上那些斑驳的木板会不会变成光洁闪亮的玻璃？那些布满岁月年轮的青砖墙会不会换成冰冷坚硬的水泥墙？青青的石板路是否一定要涂上黑乎乎的柏油？建筑创作中是简单地重复过去，是断然地拒绝传统，还是尊重传统，不断地进行重构创新？过去和未来，传统与创新，在积极地面对和不懈的探究中是能够共存的，现代的需求和文化的传承是可以兼顾的，文化传承将会成为一项本能的使命，身负社会责任的建筑师们才能获得自身存在的价值。

前辈建筑者们的实践活动提供了可供参考的样本，也许有教训失误、也许还幼稚苍白、也许被批评非议，但我们要看到更多的是他们真诚执着地捍卫传统文化传承的尝试，为后来的设计者留下了优秀的思路和方法，引领着他们的设计道路。

第十章 当代山东建筑传承的技术创新策略

传统建筑的技术传承策略立足于对传统建筑技术的传承与改良，以及对新技术的地域建筑表达的运用，与自然传承、文化传承策略最大区别在于注重技术策略的运用与实践。

从技术因素的角度来看，山东建筑文化的传承得益于以下三个方面。

其一是传统技术的当代传承与创新。在地域气候等因素影响下，传统建筑的适应性建造技术造就了丰富的地方建筑语言，如适应海洋气候特点的厚重海草屋顶，适应寒冷气候特点的土坯墙，经过历史的积淀，传统建造技术所体现出的建筑语言已俨然成为地域建筑文化的重要组成部分。当代建造技术的进步使得建筑应对气候的手段更加科学、多样，但是不能因此舍弃传统建造技术形成的建筑文化。因此，一些建筑师基于对传统技术的改良与创新，设计出一系列地域文化浓厚的建筑作品。

其二是现代技术对传统元素的演绎与表现。当代建筑设计注重对于传统文化元素的运用与表达，技术的进步使得建筑表达文化元素具备了更多可能。因此一些建筑师运用钢结构、膜结构等现代技术语言，使之与传统文化元素结合，形成别具一格的建筑作品。

其三是适宜技术对传统与现代的综合与利用。适宜技术是注重在经济性、操作性、地域适应性上具有更易实施特征的技术。它在技术层面上既不追求高精尖，也不照搬传统，在文化层面上既不追求西方先锋文化而激进，也不沉溺于传统文化而固步自封，是一种折中的现实需求下的效益最大化的技术策略。

山东建筑文化传承的最终实现，一方面需要通过具体的技术策略落实到建筑设计的工程语言中，另一方面，技术策略本身也常常作为传统传承的切入点，使建筑文化的传承富有技术新意。可以说技术策略是连接传统与未来的不可或缺的环节。

第一节　传统技术的当代传承与创新

　　建筑的发展与进步不是否定历史而全面革新，在建筑技术发展层面上亦是如此。传统建筑在技术上具有典型地域适应及历史传承特征，因此在现当代建筑的发展中不可或缺，在建筑文化的传承上更是重要的一部分。传统建筑技术最具代表性的特征是地域材料与工艺，因此当代建筑对二者的运用分为传承与创新两个方面。

一、传统材料与工艺的传承运用

　　传承运用是指对传统材料与工艺的保留或者部分保留运用。海藻湾健康度假村案例中采用威海当地海草房屋顶的地域工艺；孔子故里文化馆案例中则部分运用了当地夯土和石砌的传统建筑工艺。

　　海草湾养生度假村（地点：威海荣成，建筑师：刘漠烟、苏鹏、琚安琪，时间：2019年）位于山东省威海荣成市石岛管理区的范家村，东临石岛湾内湖，风景优美，是一个典型的北方行列庭院式村落（图10-1-1）。随着沿海岸线整体景区和基础设施的建设，传统海草房古民居村落逐渐被拆除，范家村周围的肌理逐渐被破坏，截至2020年5月，基本已消失殆尽，取而代之的是行列式的板式住宅楼和别墅区。海草

屋的古居是胶东地区最具代表性的传统民居，是长期环境和气候影响的结果。在沿海地区，夏季多雨潮湿，冬季下雪寒冷，因此住宅的主要考虑因素是冬季保暖，夏季保护它们免受雨水和阳光的侵袭。

　　如何保留原有海草屋的真实性、修复现有屋顶，如何插入新的结构，如何充分利用具有地域特色的建筑材料并使其融为一体是这个项目建造的重点。整体建造策略上回归建造的本质，注重建造过程与完成形式之间的逻辑关系。老房子为海草顶，以修复为主，体现地域特色；新建建筑为平屋面，突出纯粹的砌筑体量特征。新老建筑之间通过相同的建筑材料、相似的比例关系融合在一起。

　　海草屋面用于建造的海草是野生藻类，例如生长在5~10米浅海中的大叶海藻。它非常柔韧，并且由于其高含量的卤和胶质，耐昆虫、霉菌和燃烧。一个海草屋需要70多个工序，所有这些都是手工制作的。当地熟悉工艺的大师被引入指导海草屋的建造，其步骤分如下五步：准备、制作屋檐、茅草坡、密封屋顶、洒水和平整地面，以原始形式反映区域特色（图10-1-2）。

　　墙体的改造维持建筑的原貌，有的是上部为砖墙、下部为石墙的形式，有的是自上而下的完整石墙。新建的部分为了保持院落的完整性，增加了石砌的院墙。景观元素局部采用锈钢板及深灰色不锈钢板，以工业感衬托手工感。石墙材料为当地

图10-1-1　海草湾养生度假村全貌（来源：灰空间建筑事务所 提供）

图10-1-2　海草湾养生度假村海草屋顶（来源：灰空间建筑事务所 提供）

产的石岛红，有平缝和乱缝两种类型，在建造方式上，遵循当地的一些传统建造工艺，这种工艺掌握在当地老师傅的手中，平缝墙一人一天只能砌筑一到两个平方米左右，乱缝墙可以砌筑两到三个平方米。这种做法费时费工，但却是对于传统建造技艺的传承，也是一种在地化的乡村营造理念（图10-1-3）。

在新老建筑墙体上均采用生态泥抹面，设计用白灰和泥土以2：1的方式并采用特殊的流程工艺还原古旧泥墙的建筑肌理，形成独特的光泽及文化品质，相同的材料使得新老建筑紧密结合在了一起。

为适应现代住宿的需求，设计之初对现状26个院子都进行了勘察，找出其中五个质量较差的院落进行拆除，院落通过合并、拆除、扩大，改变原有单元的组合方式。原有建筑

26间，设计完成后整合为19间。改造后剩余的19个院子屋面全部延续为海草房屋顶，形成完整的海草房村落。改造后的院落以功能命名为水院、茶院等名字，并在酒店的公共活动功能基础上，结合所在院子形成独特景观，形成丰富的具有地域特色的当代院落空间（图10-1-4）。

孔子故里文化馆（地点：济宁曲阜，建筑师：吴茂辉、李宽、谢鑫，时间：2019年）占地5000平方米，其位于鲁源村的村尾，尼山西侧（图10-1-5）。建筑、环境与室内均充分运用当地的石材与夯土材料为基础，同时延续"廊道"与"厅堂"的空间概念，外部运用宽大沉稳的木隔扇，内部亦采用木质稍做装饰（图10-1-6）。这种质朴与精致的运用力图达到"文"和"质"的平衡得当。

图10-1-3 海草湾养生度假村墙体改造（来源：灰空间建筑事务所 提供）

图10-1-4 海草湾养生度假村院落空间（来源：灰空间建筑事务所 提供）

图10-1-5 孔子故里文化馆全貌（来源：凡度设计事务所 提供）

图10-1-6 孔子故里文化馆夯土材质（来源：凡度设计事务所 提供）

二、传统材料与工艺的创新运用

创新运用是指对传统材料与工艺的加工再设计运用。朱旺村村民活动中心案例中对传统建筑材料红砖进行了多种砌筑工艺的创新运用；小米醋博物馆案例中则是对传统的陶土材料在建筑饰面中加以创新表达。

朱旺村村民活动中心（地点：烟台，建筑师：盖帅帅，时间：2021年）项目中，建筑师利用村委对面废弃多年的老作坊以及多年前剩下的100万块红砖为村民呈现了一组有效的乡村新空间。建筑师宣扬的是乡村次文化共同体的重要性，所谓的建筑学或者现下存在的建筑学在乡建层面要符合它该有的建设语境。它不应该体现范式霸权，应允许以一种合理变异的姿态呈现。允许村落语境内的改变，这才是应有

的状态。这一组建筑由传统建筑材料红砖建造而成，旨在通过设计的手段，活化乡村中已废弃的产业空间（图10-1-7～图10-1-10），并为村民提供一处活动、聚会及乡村美育的平台，涵盖朱旺西海地下医院展览馆、朱旺商店、朱旺会客厅、朱旺农耕文化展览馆、现代强村朱旺产业馆、朱旺民宿以及朱旺红砖艺术馆。

小米醋博物馆（地点：淄博，建筑师：张华，时间：2018年）位于山东省淄博市周村区王村镇，是在山东华王酿造有限公司（原称淄博市王村酿造厂）厂区基础上进行改扩建而成。醋的古老历史和坛子、罐子等古朴的容器给予设计者最初的设计灵感（图10-1-11）。建筑的形体总体上是个简单的立方体，老子说"大象无形、大音希声"。建筑立面的纹理犹如地质学上的断层剖面，使得建筑犹如从地下生长出来

图10-1-7 朱旺村村民活动中心入口（来源：山东省城乡规划设计研究院 提供）

图10-1-8 红砖创新砌筑（来源：山东省城乡规划设计研究院 提供）

图10-1-9 红砖仿斗栱式砌筑（来源：山东省城乡规划设计研究院 提供）

图10-1-10 红砖圆形窗砌筑（来源：山东省城乡规划设计研究院 提供）

一般，而立面上的凹槽则是埋在地底的古代容器印在立方体上的痕迹（图10-1-12）。在建筑的室内设计中，也处处体现出器皿的设计构思，入口处凹进去的"坛子"形状形成了天然的雨棚，也形成了立面上的"视觉焦点"，球形的穹顶空间随着阳光投入，表现出不同的空间阴影，随之半球形的大厅则带给人奇妙的空间体验（图10-1-13）。建筑中选择当地生产的耐火砖作为穹顶结构的材料，将穹顶设计与当地砖窑特征相结合，并对砌筑工艺进行改良，使得造型与细节更为美观。

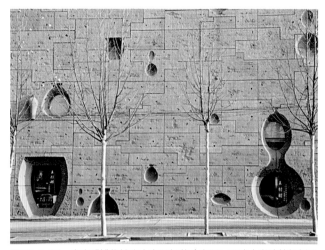

图10-1-12　小米醋博物馆陶土立面细节（来源：天津大学建筑规划设计研究院张华工作室 提供）

图10-1-11　小米醋博物馆陶土外立面（来源：天津大学建筑规划设计研究院张华工作室 提供）

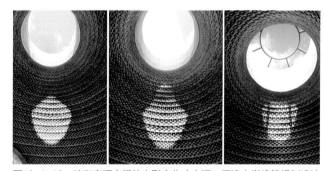

图10-1-13　砖砌穹顶空间的光影变化（来源：天津大学建筑规划设计研究院张华工作室 提供）

第二节　现代技术对传统元素的演绎与表现

相对于对传统建筑技术的传承运用，结合当代技术，对传统建筑文化元素的演绎与表现也是建筑文化技术传承的重要策略。传统建筑文化在建筑空间肌理、建筑构成要素、建筑造型理念三个方面具有不同的特征，本部分从三个方面展开。

一、新技术与材料对传统建筑空间肌理的呼应

中国传统建筑空间富有诗意特征，是当代建筑传承的重要方面。在新的技术与材料语汇的表达下，当代建筑的传统空间韵味别具一格。在威海中关村休闲综合体案例中，传统建筑的留白空间在厚重的金属与几何的场景元素中对话当代审美；蘑菇展览馆案例中，纤细的一圈柱廊犹如传统建筑中的柱廊空间，灵透轻盈。

威海中关村休闲综合体（地点：威海，建筑师：张春利，时间：2018年）位于中国北方临海城市山东威海市南部羊亭镇，是山东中关村医药科技产业园的二期项目。在高密度园区厂房建筑群里，呈现出了一个低密度的休闲综合中心，为内部员工提供了一个人文关怀的休闲娱乐场所，以满足日常工作之后休闲、调养身心的需要，减少机械化工作模式给员工带来的精神压抑与伤害。"虚无者道之舍，平易者道之素；

广抱朴守静，君子之笃素；笃素，纯志也。"建筑物突显对中国传统"素"的解读，东方素雅的平淡空间表现，营造东方写意的留白概念，留给身居空间的体验者更多的遐想空间。建筑突出了对中国传统"简单但优雅"的诠释和对东方空间的表达，即简单而优雅，以及创造东方徒手笔触的概念，为生活空间的体验留下了更多的遐想空间。设计整体运用了大量的钢板建材，表现轻盈飘逸之感，同时设计成白色伞状屋顶，收集雨水储存至过滤水箱中，作为地面景观水的补给，实现水景的循环生态使用处理（图10-2-1、图10-2-2）；玻璃幕墙营造项目的通透开放之态，采用双层节能实现内循环和外循环双向体系，在双层玻璃之间形成温室效应，夏季把温室过热空气排除室外，冬季把太阳热能导入室内，为冬

夏季节约了大量能源。

蘑菇展览馆（地点：济宁邹城，建筑师：刘卫东，时间：2020年）项目位于邹城市大束镇蘑菇小镇园区内。蘑菇种植不再是单一的传统农业，而是集现代化生产、观光旅游、科普展示等多业态为一体的现代农业产业方式。我们将"蘑菇"提炼为建筑语汇，呼应和体现蘑菇小镇的主题，形成极具代表性的地域建筑，同时兼顾较好的落地实施性。整体建筑以简洁的正方形回应规矩的场地，纤细的蘑菇柱采用钢柱外包铝板的形式，环绕于建筑外部，极具未来感的结构塑造了蘑菇小镇独特的形象。深远的挑檐和廊柱空间，将周边自然农田种植景观引入，使建筑以更加开放的姿态、亲切自然的方式融入空间环境（图10-2-3、图10-2-4）。

图10-2-1 威海中关村休闲综合体入口的轻钢屋顶（来源：网络）

图10-2-2 威海中关村休闲综合体内院（来源：网络）

图10-2-3　蘑菇展览馆正立面柱廊空间（来源：同圆设计集团股份有限公司 提供）

图10-2-4　柱廊细节（来源：同圆设计集团股份有限公司 提供）

二、新技术与材料对传统建筑构成元素的呼应

传统建筑语汇中，最直观的表现为建筑的构成元素，如屋顶、斗栱、传统材料及文化饰样等。当代建筑在新技术与材料的加持下，传统建筑语汇的表达具有了更多可能性。青岛邮轮母港客运中心案例中，用钢结构构建了多单元坡屋顶屋面；菏泽国际会展中心案例中，金属结构与材质诠释了传统的斗栱收分与屋顶挑檐；山东书城案例中，用新材料表现传统建筑色彩与纹样细节；威海市群艺馆案例中，则用金属材料体现传统建筑砖瓦纹理，在案例中传统与现代完美结合，富有文化特质与现代气息。

青岛邮轮母港客运中心（地点：青岛，建筑师：CCDI墨照工作室+CCDI境工作室，时间：2015年）项目位于青岛市市北区青岛港6号码头，青岛港6号码头是国家一级港口客运站，世界级邮轮母港。建筑造型的灵感，来源于帆船之都的"帆"和青岛历史建筑连绵的"坡屋顶"（图10-2-5）。建筑的外形由18组象征风帆造型的模数单元组成。单元采用三角形的基本元素，沿场地东西向长边依次排开。为了创造大跨的无柱室内空间，基本模数结构单元采用了富有工业感的门式钢架形式。钢架截面结合受力原理及建筑表达手法，采用了收分变化的异形方式，使得建筑展现出原始的结构张力美和空间动感（图10-2-6）。此外，由于南北两跨

图10-2-5　青岛邮轮母港客运中心（来源：墨照建筑事务所+境工作室 提供）

图10-2-6　钢结构"坡屋顶"细节（来源：墨照建筑事务所+境工作室 提供）

的跨度不一，南北两个主立面的三角形单元，在角度及形状上因为力学需求存在自然差异，也在强调重复统一的模数手法中增添了变化的趣味。不仅如此，为了体现力学之美，室外立面钢结构外露，省去幕墙表皮，结构形式本身成为最有力的立面语言；室内空间在吊顶的设计上也尽量不遮挡主结构，让人们在室内依然能够阅读结构的逻辑和感受力学之美（图10-2-7、图10-2-8）。

山东菏泽国际会展中心（地点：菏泽，建筑师：深圳市欧博工程设计顾问有限公司，时间：2019年）位于山东省菏泽市长城路以北、西安路以西、毛庄北路以南、规划陈庄西路以东。建筑形体由上下两个虚实体量咬合而成，底部采用深色槽形钢板，中部采用深浅不同的灰色铝板做出肌理，顶部向上收分，出挑檐突出简洁有力的横向线条（图10-

2-9）。立面则提取传统建筑比例与元素，不同高度的屋面错落有致，形成简洁流畅的一体化立面形象（图10-2-10、图10-2-11）。

图10-2-7　钢结构屋顶侧面（来源：墨照建筑事务所+境工作室 提供）

图10-2-8　钢结构屋顶内部空间（来源：墨照建筑事务所+境工作室 提供）

图10-2-9　菏泽国际会展中心（来源：深圳市欧博工程设计顾问有限公司 提供）

图10-2-10　菏泽国际会展中心挑檐细节（来源：深圳市欧博工程设计顾问有限公司 提供）

图10-2-11　菏泽国际会展中心中庭入口（来源：深圳市欧博工程设计顾问有限公司 提供）

山东书城（地点：济南，建筑师：刘卫东，时间：2012年）位于济南市胜利大街，项目确立之初就定位为齐鲁文化新地标。出版发行业担负着传递智慧与文明的重大责任，其信息载体就是书籍与文字，山东书城可以承载展现齐文化和鲁文化。24层的图书信息楼形状犹如古代礼器"鼎"，厚重大气。书城营业楼舒展修长，活泼灵动，独特的波浪造型象征着黄河水日夜奔腾、川流不息。书城建筑以现代出版印刷色"青、红、黄、黑"作为建筑造型设计的色彩基调，突显与行业特征的内在关联（图10-2-12）。其中又以"红"色

作为建筑形象主色调，形成建筑统一感与连续性（图10-2-13）。独有的色彩设计，使本项目与周边灰白色的城市环境基调形成鲜明的对比，不仅给读者以温暖的感觉，还具有很高的辨识性，又和周围环境、建筑相得益彰。

威海市群艺馆（地点：威海，建筑师：崔愷，时间：2015年）位于威海国际展览中心西侧。群艺馆最外一层钢结构幕墙在蓝色灯光的映衬下，营造出波光粼粼的海面景象，另外在细节肌理上具有传统砖瓦肌理的呼应，是在钢结构技术上的文化表现（图10-2-14、图10-2-15）。

图10-2-12　山东书城色彩（来源：同圆设计集团股份有限公司 提供）

图10-2-13　山东书城"纹样"细节（来源：同圆设计集团股份有限公司 提供）

图10-2-14　威海市群艺馆砖瓦纹理（来源：威海市群艺馆 提供）

图10-2-15　威海市群艺馆砖瓦纹理（来源：威海市群艺馆 提供）

三、新技术与材料对传统造型理念的呼应

　　传统建筑造型理念既有对建筑形制、屋顶、开间等的具体章法，又有在文化意向中的抽象表述，结合新的技术材料对传统建筑造型理念的呼应也是当今建筑创作中的重要手段。魏集小学案例中运用当代材料将双坡屋顶表达到建筑方案造型中；红岛国际会议展览中心案例中，运用张拉膜技术做出大跨度屋顶挑檐；在青岛国际会议中心案例中，运用钢结构柱与材料表现开间与挑檐屋顶；在济南奥体中心案例中，运用钢结构单元与材料，呼应济南传统"东荷西柳"文化意向。

　　魏集小学（地点：德州，建筑师：逄国伟、郭翔，时间：2015年）位于山东德州。设计师将教室和活动单元作为承载传统记忆的"双坡屋顶"的"节点"嵌入到以交通空间和公共空间为串联的连续体型当中。单坡形体和双坡节点相结合，最终形成屋顶变幻异常的室内空间。当然为了保证社区整体风貌的协调，材质和色彩还是跟住宅保持一致（图10-2-16、图10-2-17）。

　　红岛国际会议展览中心（地点：青岛，建筑师：曼哈德·冯·格康、施特凡·胥茨以、尼可拉斯·博兰克，时间：2015年）需承担繁重复杂的物流任务，其格局组织逻辑明晰，赋予建筑和谐统一的整体感。会展中心建筑群总体延用

图10-2-16　魏集小学屋顶造型（来源：中国建筑设计院有限公司 提供）

图10-2-17　魏集小学屋顶单元（来源：中国建筑设计院有限公司 提供）

严整对称的布局思想，呈现H型的对称布局。建筑群亮点之一为入口大厅40米高的天然采光玻璃屋面，采用跨度高达93米的张拉膜结构，营造舒展起伏的独特韵律（图10-2-18、图10-2-19）。

青岛国际会议中心（地点：青岛，建筑师：何镜堂，时间：2018年）项目选址位于青岛奥帆基地，场地依山面海风景优美，青岛山、海、城、港的精华汇聚于此，青岛国际会议中心是2018上海合作组织峰会的主会场。项目为多层国际会议综合体，总面积约5.4万平方米，建筑高度为23.99米，地上4层、地下1层。

设计围绕"世界水准、中国气派、山东风格、青岛特色"的项目定位，呼应场地格局，强化"山海轴线"，突出"山水

一体、海天一色"的环境氛围，提出"腾飞筑梦、扬帆领航"的设计构思（图10-2-20），主要在三个方面：一是屋面造型表现了传统中国建筑的屋顶出挑造型特征，屋面翼角出挑12米，由逐级上升的三层线脚构成，细密的檐底兼有椽子和羽翼的意向，具有展翅出檐的动态美感（图10-2-21）；二是中国主轴，融合传统建筑形制，进行现代演绎，采取水平三段式，两侧翼角起翘，展翅腾飞，中间十字交汇，形成滨海殿堂的中国主轴；三是上合柱廊，上合柱式南北立面各8根，主立面南北两翼各12根，共40根，构成滨海柱廊，体现帆影重重的海港印象（图10-2-22）。

在规划设计上，济南奥体中心（地点：济南，建筑师：赵晓钧，时间：2009年）结合地形地势，在西场区布置体育

图10-2-18　红岛国际会议展览中心张拉膜挑檐屋顶（来源：SOM 提供）

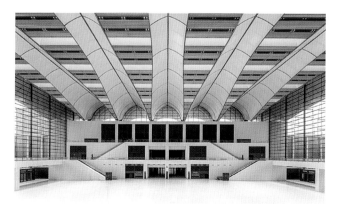

图10-2-19　红岛国际会议展览中心张拉膜大厅（来源：SOM 提供）

图10-2-20　青岛国际会议中心（来源：网络）

场，东场区布置体育馆、游泳馆、网球馆。西区的体育场，以济南的"市树"——柳树为母题。东区的体育馆、游泳馆、网球馆，以济南的"市花"——荷花为母题，形成了"东荷西柳"的建筑景观（图10-2-23）。西区体育场上部钢结构

图10-2-21　青岛国际会议中心屋顶挑檐（来源：网络）

图10-2-22　青岛国际会议中心钢结构柱开间（来源：网络）

图10-2-23　济南奥体中心全貌（来源：济南奥林匹克体育中心[J]. 建筑学报，2009（10）：52-56.）

悬挑罩棚为空间折板桁架体系，以体现"柳叶"的造型意向，下部为混凝土看台及功能用房，平面近似椭圆，长轴约360米，短轴长约310米，结构宽度约88米（图10-2-24、图10-2-25）。东区体育馆采用了弦支穹顶结构体系，细节上

体现"荷花"的造型意向，主馆南北长约236米，东西宽约170米，圆形屋顶跨度直径122米，是目前世界上最大跨度的弦支穹顶结构（图10-2-26）。

图10-2-24　济南奥体中心钢结构细节（来源：济南奥林匹克体育中心[J]. 建筑学报，2009（10）：52-56.）

图10-2-25　济南奥体中心西区体育场（来源：济南奥林匹克体育中心[J]. 建筑学报，2009（10）：52-56.）

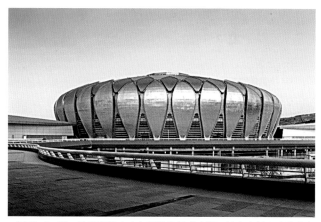

图10-2-26　济南奥体中心东区体育馆（来源：济南奥林匹克体育中心[J]. 建筑学报，2009（10）：52-56.）

第三节　适宜技术对传统与现代的提升和呼应

适宜技术是注重在经济性、操作性、地域适应性上具有更易实施特征的技术。它在技术层面上既不追求高精尖，也不照搬传统，在文化层面上既不追求西方先锋文化而激进，也不沉溺于传统文化而固步自封，是一种折中的现实需求下的效益最大化的技术策略。

一、提升材料技术性能的适宜技术

传统建筑材料在技术手段不成熟的局限下，无法保证

较好的舒适性能或安全性能，当代技术的进步为传统材料与工艺的传承创作提供了更多可能。在泰安东西门村更新案例中，传统的石材在当代保温技术的加持下具有了更好的热工性能。

山东泰安东西门村（地点：泰安，建筑师：孟凡浩，时间：2020年）地处五岳之首——泰山脚下，四面环山，山势阔达凸显，峰峦层叠，卧藏总长千米谷深百米的"神龙大峡谷"，是典型的北方山区村落。设计以存量建筑的空间激活和原有环境的生态修复为切入点，以"针灸式修复"的活化更新策略，重新连接人工和自然、保护和发展、历史和未来。在尊重原有村落肌理、山野环境和保持宅基地边界不变的情况下，由点及面，由局部到整体，实现传统村落的新生。设计秉承"在地营造"的观念，摒弃刻意塑造的乡土风格和符号，充分利用村庄留下的地域材料、传统技艺以及老旧建筑特有的文化风物，用最自然、简单的语言消隐设计痕迹，使之形同乡村自然演化而成的景观，真正融入民居的生活中、村庄的历史中（图10-3-1）。大量充满旧村落痕迹的石材被重新用于铺设石板路、台阶、矮墙，继续记载新村落的生长。

设计前期仔细地测绘了现场留存的石屋和石墙，选择质量比较好的部分进行标注和保留。由于质量问题无法保留的石墙，也将石头堆放保存，再按照原来的位置重建。我

们将这些旧的石墙视为"锚固"新建筑的重要依据，这样，新与旧，自然而然地有了一种延续与传承。石构建筑的特点，墙体厚重、保温性能好，但也有材料浪费大、防水性能较差、抗震效果不佳的缺点。现场完全按照旧的石屋做法已无可能。我们在设计中将原来毛石墙体的承重作用去除，转化为围护结构，这样，原来承重的石墙获得了形式上的自由，得以充分地展示材质本身。毛石墙的内侧增加了砌块墙体，砌块墙体与毛石之间依次加入保温层、防水层、保护层，以提高新建筑的热工性能，保证新建筑满足现代的使用要求（图10-3-2、图10-3-3）。新的建筑则以钢框架的形式植入旧的毛石墙中。仔细考虑了现场的施工条件后，我们选择了建材市场上最常见的"工"字钢作为主要建材。梁和柱均采用200×200的工字钢，檩条则采用100×148的工字钢，便于现场采购及加工。同时在设计中仔细设计了框架的组合和材料的交接，主体的框架采用刚接，檩条与主体框架采用搭接（图10-3-4）。这种框架体系可以根据不同的宅基地，灵活地采用"一"字型、"L"型、"U"型等布局，很好地应对了复杂的宅基地和场地特征。小尺度的框架成了廊，大尺度的框架便成了房间。这种由原型框架生成单体，再生长为整体的方式，与传统聚落的构成方式完全一致。

图10-3-1　泰安东西门村更新（来源：网络）

图10-3-2　泰安东西门村石头材质性能提升（来源：网络）

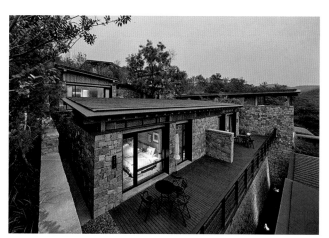

图10-3-3 石头材质性能提升（来源：网络）

图10-3-4 工字钢框架的组合和材料的交接（来源：网络）

二、提升空间品质的适宜技术

传统建筑材料赋予了传统建筑空间古朴的空间特征，当代建筑创作在技术进步与审美特征发展中，通过运用新的材质与技术手段对传统建筑空间进行提升，是一种具有新旧碰撞美的空间创作手法。在九女峰山奢酒店案例中，木材的室内外渗透运用，激活了传统建筑的空间；柿子岭理想村案例中的建筑改造，运用传统石材与混凝土、钢板等材料的对比，丰富了空间趣味性。

九女峰故乡的云山奢酒店（地点：泰安，建筑师：孟凡浩，时间：2020年）位于泰山九女峰山脉脚下的东西门村。小乡村在此默默延续了几百年，直至原住民背井离乡，留下村落在山中渐渐衰败。建筑师对这几个早已破败的杂物房进行了原址修复，在顶面和墙面采用玻璃封闭空间以形成日光中庭，最大程度保留原始的场地肌理的同时强调了建筑的体积感。传统定义的内立面、外立面在此不复存在，中庭

空间所拥有的是户外的场所感。同时，玻璃的工业感则突出了毛石的质朴粗犷和蕴藏其间石匠工人的传统手艺。保留老院落的原始肌理及空间关系，强化景观的导入和内院的核心性。以此为基础进行适当扩建，将客房及公共活动的功能以组团方式置入。那些保留的毛石墙和重建的毛石墙见证了新与旧的传承。平面组织和功能排布依据每个院子各异的地形高差、方位朝向及最为重要的原始肌理而定制。原始的单坡屋顶通过几何形体的置入形成两个部分，平顶部分消解局部层高形成富有安全感的稳定区域，消解高差所形成的空腔正好用于隐藏空调等设备，以保证内界面的纯净；对应位于动线上的顶面则保留斜顶的形式。两者所形成的体块穿插关系经过材料的强化后，暗示出动静而保证空间的统一性（图10-3-5）。毛石承载着场所的故事成为建筑立面的主材。我们在开放的公共空间也将其向内部延续，内和外似乎在通过毛石和木饰面进行对话，亦或是历史和当下的对话（图10-3-6）。

图10-3-5 酒店木材运用（来源：网络）

图10-3-6 酒店空间细节（来源：网络）

柿子岭理想村（地点：临沂，建筑师：沈钺，时间：2019年）位于山东省沂南县，是朱家林国家级田园综合体的重要节点。建筑主体采用垒石和耐候钢板作为主要立面材质（图10-3-7）。垒石是地域材质的表达，以当地特色的砌法，在立面上呈现出自然的纹理和质感。深红色耐候钢板隐喻了当地传统建筑的红瓦屋顶。或灰或黄的块石和深红色的耐候钢板呈现了不同质感的粗糙，形成丰富的立面肌理和色彩层次（图10-3-8、图10-3-9）。主体建筑之外，向场地东边延续的空间构筑物则采用了石材、清水混凝土和木材的经典材质组合（图10-3-10）。灰白色的清水混凝土在场地中透出一种清爽的朴素，混凝土屋顶与石材矮墙之间用原木格栅

为屏，至此，可见灰调的"实"、可触木质温润的"虚"、可感无际田野的"空"，三者之间的界面转换带来迷人的光影变化和空间感受。

三、呼应区域文脉的适宜技术

传统建筑不是孤立地存在，因各个家庭的聚集形成村落，或因自然的适应形成特有街巷聚落。在当代建筑创作中，通过运用当代技术手段呼应传统的文脉也是重要的设计手法之一。柿子岭理想村案例中，以"院"为基本空间单元，形成串联的村落组团。

图10-3-7　柿子岭理想村金属与木头材质（来源：上海建筑设计研究院有限公司 提供）

图10-3-8　柿子岭理想村石头材质（来源：上海建筑设计研究院有限公司 提供）

图10-3-9　深红色耐候钢板（来源：上海建筑设计研究院有限公司 提供）

图10-3-10　灰白色的清水混凝土（来源：上海建筑设计研究院有限公司 提供）

柿子岭理想村（地点：泰安，建筑师：沈钺，时间：2019年）的设计从区位、交通、聚落肌理等方面着手，将柿子岭理想村的业态自东向西依次设定为民宿大院、文创街区和公共服务中心，功能由私密到公共，空间由封闭到开放，设计介入的力度逐渐加大。

"院"是当地民居的典型空间形态，村东的民居聚落的原始肌理也是大院间的组合。数十座民宿坐落于场地原宅基之上，以民居大院平面形式为原型，恢复了传统的民居肌理，在空间、形制、材质等方面承袭了地域传统，形成相对独立的院落空间。村落中部组团背靠宅院，面对道路与田野，线性的肌理暗含着导向性。我们利用这种空间导向，将邻里空间放大、拉长，以原始的院落肌理为基础，打开围墙，串联内院，多个"被拆解"的院落成组团，形成街区式空间序列（图10-3-11）。院落形式的开放、组合，将"前院后宅"的空间形式转变成内街、广场、半围合小院的串联，营造了开放的街区场景氛围（图10-3-12）。道路南边

对场地进行整理与微改造，布置了栈道、帐篷、无动力儿童游乐园等活动场所，还原了乡村田野的原始乐趣。大地景观成为街区游历体验的外延，也是大院和街区之间的自然过渡。

图10-3-11　柿子岭理想村总体布局（来源：上海建筑设计研究院有限公司 提供）

图10-3-12　柿子岭理想村组团特征（来源：上海建筑设计研究院有限公司 提供）

第四节   本章小结

当代技术的进步不仅推动了建筑设计的技术美学思维发展，也提高了更多优秀建筑设计方案实现的可能。本章节中山东境内的有关技术传承策略的案例，是众多优秀设计中的代表，是众多建筑师的优秀创意，它们为山东地区的传统建筑传承赋予了时代技术美感。

文中案例归纳为三类设计策略：一是传统技术的当代传承与创新，二是现代技术对传统元素的演绎与表现；三是适宜技术对传统与现代的综合与利用。运用不同技术策略的建筑作品体现出不同的文化特质，策略一更加注重传统技术的文化特征；策略二更加注重当代建筑工程技术语言与传统文化的融合；策略三更加注重传统与当代之间的技术平衡，并在现实需求下获得最大化效益。

因此，传统建筑传承的技术创新，可作为当代建筑创作的切入点，设计出别具文化与技术韵味的建筑作品，成为建筑师可参考的创作方法。

第十一章　当代山东建筑遗产保护更新策略

近现代的山东位于西风东渐的后端，给传统深厚的山东建筑文化在原来齐鲁风韵之上引入了新的建筑类型与工程技术，这些外来建筑文化和崭新的建筑类型也迅速转化为开埠地区、通商口岸的特色风貌。同时传统建筑在类型、布局和装饰诸多方面表现出强劲的生命力，这些也是山东地域建筑风貌的本底特征。

本章聚焦于现当代山东传统建筑传承之遗产保护更新策略。在复杂的时空环境下山东各地的特色城区在保留开放商埠、海防卫所、传统街区的多元基础上保护更新面临着诸多方面的挑战，包括：保护并延续历史文化信息完整性、原真性与改善建筑质量、整治空间环境之间的矛盾；沿袭历史街区原有生活场景与激发街区经济活力的矛盾等。历史街区的更新途径也根据各街区的不同特质，由延续历史文脉、营造空间场所、重构建筑形态、运用传统或乡土材料、在细节中体现文化符号等手法来实现。

产业遗产作为一种新型的文化遗产，在如今地方经济高速发展、城市化进程加快、产业升级的历史时期，保护与再利用的问题突出。山东的近现代工业遗存丰富，其活化再利用案例既有普遍性的做法也有地区自身的现状和保护机制。遗产类再利用项目的开发主体不同，选择再利用模式的差异也逐渐显现。

第一节　空间和场所的传承策略与案例

一、历史街区的保护

历史街区保护蕴含着丰富而深远的历史文化信息，"不仅可以作为历史的见证，而且体现了城镇传统文化的价值。"

历史街区的保护与更新，既是为了将有历史价值的城市肌理、街区格局和建筑保护下来，也是为了保护居住环境的场所精神和社会生活的网络，更是为了激发建成环境的活力，使过去和现在能够和谐地共存，促进城市资源的可持续发展。历史街区的保护与更新模式丰富多元，譬如，深入挖掘传统文化脉络，保存原有的生活方式、文化氛围、风尚习俗，以体现当地文化特色，实现功能、文化的延续性。又如，在保留历史街区整体风貌的同时，增加或置换符合街区性质的现代功能，尝试适当引入现代的设计理念和材料，与历史肌理形成新旧对比的效果，给人全新的感受。

（一）近代开埠街区的规划再探索

开埠前的济南城市布局沿袭中国传统府城格局形式，1904年古城以西的商埠区的设立与其后的发展，使济南成为最早实践西方街区规划思想、扩展贸易金融、广修铁路运输、接受西式文娱生活的中国内陆城市之一，形成了古城与商埠并存、中西建筑风格混融、多元文化共生的城市风貌。具体来说早期伴随铁路的开通，德式风格建筑较多，如胶济铁路济南站、德华银行办公楼、津浦路铁路宾馆；而后出现了希腊古典复兴主义式样的交通银行办公楼、交通银行济南分行等建筑；中西合璧的折中主义建筑则以西式的建造方式和细部装饰为表，传统建筑的平面布局为里。建筑本体对外域文化的接纳与包容非常显著。

商埠区自设立之初就引入了现代城市规划的布局思路和经营管理的理念。街区采用了工整、均匀的棋盘格路网的布局方式与经纬路的命名方式，并在中心规划了一处集中的开放空间——中山公园。商埠区经、纬两个方向的道路由两侧连续的建筑界定，贴线率较高[1]，每个街坊内部进一步划分次级小地块，形成了总体规律局部多变的街巷结构。经过近百年的演化，商埠区保持了高密度小街块、环绕中心开放空间的格局。

济南商埠区保护规划[2]（2006年）对该地段的改造延续商埠区的整体风貌，保持既有的街巷格局，严格控制新建建筑的建筑尺度。以保留核心区内生活、商业、服务业态的充分混合，中山公园东以特色商业、休闲体验和文化展示功能混合的方式挖掘城市特色，体现城市历史文化内涵。

以济南商埠区先期启动地块为例（融创·老商埠），城市设计策略围绕地块内一处区级文物保护单位和三处传统风貌建筑，结合这几处保留建筑的开口方向和室外场地组织城市公共空间，形成街区活力核心。其他的新建建筑，以中西合璧的建筑风格烘托场所氛围，与地块内保护建筑形成空间的呼应和风格的协调，建筑间也形成新的小组团，延续了商埠区小地块的空间肌理（图11-1-1、图11-1-2）。

街区的外观界面设计在传承旧建筑主体语汇的同时，结合建筑功能、店招设计，运用商埠区各类立面的多样化元素，更新后的门窗构件采用了现代材料和做法使整个街区呈现出丰富、多元的特征。同时运用空间织补的策略插入全新的现代建筑，使整个街区在近代城市风貌的底色之上充满现代生活的活力。

（二）传统海防卫所的保护与更新

近现代烟台城市的发展格局有着"山、海、城、岛"相互交融的城市特色，要理解这一特色则需要从渔业、卫所、开埠三个方面综合入手。

1861年，烟台成为山东第一个开埠的通商口岸。1865年，海关总税务司在烟台山西侧太平湾附近建造海关公署和

---

① 张杰，张弓，张冲，霍晓卫. 向传统城市学习——以创造城市生活为主旨的城市设计方法研究[J]. 城市设计，2013（3）：26-30.
② 张杰，王新文. 济南商埠区保护利用规划研究[M]. 北京：中国建筑工业出版社，2010.

图11-1-1　济南老商埠建筑（来源：于泽龙 摄）

图11-1-2　济南老商埠建筑张才丞故居（来源：于泽龙 摄）

第一座公用码头，20世纪70年代海岸街和海关街及朝阳街三条主街雏形基本显现，其中朝阳街连同烟台山一带是开埠后城市发展的主要区域，大量西洋建筑集锦式地排布在此，不但各色建筑体现了西方文化的输入，也在实践中探索了中西建筑式样、装饰，甚至结构体系的融合。

　　所城里又称奇山所城，是和朝阳街在烟台城市文化上互为比照的片区。所城里是明代海防千户所的防御性城镇，烟台早期居民在此卫戍海防，形成了基于合院形式典型的烟台传统民居和防卫性聚落组合。

　　奇山所城始建于明洪武三十一年（1398年），时属宁海州（今牟平区）管辖，是烟台地区为明、清驻守海防官兵及家属建造的城池堡垒。所城里位于烟台市芝罘区，保存了完整的城池形状轮廓和建筑格局，有"无所城不芝罘"之称，是目前市内保存较完整的明代海防军事考古遗址之一。经历了明、清两代建设，城内建筑形制变化不大，基本保持原有的走向、尺度和肌理（图11-1-3）。

　　该所城以东、西、南、北四座城门为轴线，交叉而成的

图11-1-3　奇山所城历史街区总平面（2021年版）（来源：《烟台奇山所城历史街区修建性详细规划》）

十字大街，将区域分成东南、西南、东北、西北四大片，所城里大部分遗存是传统民居建筑，其中列入省级文物保护单位的院落有34座，作为国家级历史文化名城的5个历史街区之一，其内有15套院落被定为历史建筑。遗存基本以遵照传统风水格局建造的明、清两代传统四合院建筑为主（图11-1-4、图11-1-5）。

　　所城里历史文化街区的保护与肌理重塑率先在十字街、东门"宣化"门及东城墙的景观设计展开。新改建的"宣化"城门以及沿街商铺为仿古建筑，新旧建筑衔接形成连续的商业街延续了社区原有的"外商内居"特点。社区、街巷的业态较为生活化，以小商业和特色餐饮为主。改造保留原有经营良好的店面，对经营较差和未经营但风貌破败的房屋进行回收，整修后置入新业态做到合理分配，业态互补。以所城历史街区本原特色为基础将绒绣、剪纸、面塑、年画等胶东民俗代表性的文化体验和以海防军事城堡空间为代表的海防文化体验融入其中。[①]

二、街区特色的传承

　　烟台、济南、青岛都是在中西方文化交融的历史背景下形成的商贸城市，在异质多元的文化影响下建造了大量带有西洋式样的建筑。这些城市的近代建筑常以中西合璧概括表述，但基于外来影响、地理环境、建筑材料及工程技术基底条件的差异，他们并非完全照搬西式风格，而是走出了各具特点的近代化城市空间的探索之路。[②]

（一）西方规划影响的特色街区保护与更新

　　中山路区域位于青岛东部城区是青岛建置后最早形成的城区，区域和自然环境的联系紧密，北临胶州湾，南接青岛湾，自然景观资源丰富，均给中山路区域带来了自由灵活、富有趣味的城市风貌，是青岛"山、海、城一体"城市特色的代表性区域。

　　中山路区域积淀了具有多样性的建筑。它们建设于不同时代、具有不同功能、呈现了不同风格和不同流派特征。既包括宗教建筑、商业建筑和休闲娱乐建筑，又包括德国古典风格、巴洛克风格，民国时期的折中主义、民族式样及现代主义风格的建筑，是异彩纷呈的建筑集锦。同时还诞生了中国式四合院与欧式建筑相结合的天井式居住单元——青岛里院。里院建筑群是青岛早期市民生活、商业活动的聚集区，具有很高的城市规划和建筑艺术价值，其保护与更新对于城

图11-1-4　所城里城墙景观设计（来源：金文妍 摄）

图11-1-5　所城里十字街街景（来源：金文妍 摄）

① 王骏，邱瑛，王刚．浅谈烟台奇山所城历史街区的文脉延续与活力复兴[J]．建筑与文化，2018，（11）：218-219.
② 高玮懋，方旭艳．异质文化语境下山东省近代建筑的比较研究——以烟台和济南的商业建筑为例[J]．城市建筑，2021（18卷）总第406期：97-99.

市历史文化弘扬、商业提振和旅游发展均有重要意义。

然而中山路目前大多数建筑质量较差，亟待保护与维护。商业衰退严重、产业特色消失、吸引力不足、慢行交通体系缺失、区域停车泊位不足……种种问题使城市的内涵特色和历史记忆面临逐渐丢失的危险，保护历史文化与现代化建设的矛盾尤其突出。

针对以上问题青岛中山路区域保护更新改造总体规划通过构建"一轴一带"核心步行空间体系、打造由"一轴、两纵、三横、六区、五节点"组成的规划结构。改造更新希望恢复南部区域的欧陆文化特色和北部区域的东方本土特色；有机融合历史记忆与现代化的时代需要；对建筑内部进行现代化改造，以适应当今业态发展和居住的需要[1]。

另外更新改造规划也关注调整土地使用性质，优化历史街区的业态。中山路以东片区由现状以居住为主调整为以商业服务和公共服务用地为主；中山路以西片区打造传统餐饮区，保持现状商业服务业用地性质，优化业态。梳理道路交通，优先发展公共交通，提高中山路区域的公交出行比重。打造慢行系统，串联街区的主要景观节点和功能区节点。构建绿化和广场系统形成以栈桥为核心的滨海休闲绿地、以教堂为核心的教堂广场和以文化为主题的老舍公园，新增绿地

面积约3.7公顷，优化历史街区的环境品质。

（二）山海之间近代商业街区的保护与发展

济南与烟台同为山东省的开埠城市，两者的区别是后者为1861年山东第一个通过条约被迫开放的商埠。

第二次鸦片战争开放了芝罘港口，西方列强和商人大量涌进，在烟台山上建立了各国领事馆，山下形成了以"朝阳街—海岸街"及位于海岸线的"广仁路—十字街"为中心的商业区域。区内已被列为省、市级文物保护单位的有宝时造钟厂、东海关及仓库、邮电局、克利顿饭店、挪威领事馆5处，保护建筑27处。

朝阳街始建于1872年，百年来一直是烟台区域性的繁华街区代表。朝阳街历史街区基本保留清代末年至民国二三十年的历史风貌，这里至今仍保存着比较完整的早期殖民地外廊式风格的建筑，大量建筑采用了西洋风格外观中式院落内里的布局，如洋行旧址、银行旧址以及华商老字号。朝阳街的保护与发展强调修复这些历史建筑以配合地区发展的独特个性，对各个文物点按规定距离划分不同等级的控制地带，执行相应等级的保护要求（图11-1-6、图11-1-7）。

改造前，朝阳街历史街区内用地功能混杂，商业衰退，

图11-1-6 朝阳街南街口（来源：金文妍 摄）

图11-1-7 朝阳街街景（来源：金文妍 摄）

① 蒋正良. 历史街区保护更新规划探讨——以青岛中山路区域保护更新改造总体规划为例[J]. 规划师，2015，31（07）：110-116.

街区活力不足。历史建筑未能及时修缮保护，多被不当侵占和使用，更有一些体量过大、形象较差的多层居住建筑，严重破坏了街区风貌的一致性。针对上述问题，空间景观规划方面依托海港环境和历史商业街道，构筑烟台特色的历史街区开放空间系统。突出烟台山灯塔、葡萄酒广场等空间标志点，保护其周边环境及与之关联的五条视线通廊：朝阳街视线通廊、海岸街视线通廊、阜民路和广东街视线通廊、顺太路和海关街视线通廊、建德街东太平路视线通廊，拆除其中有碍观瞻的建、构筑物。

朝阳街历史街区的保护规划以商贸服务、生活居住、民俗文化、旅游观光为主要职能，具有地区商业文化中心与民俗文化中心特征，并集中体现殖民地时期传统历史风貌[1]。

朝阳街作为游览的主要路线和看向烟台山灯塔的主要视廊，决定了在这条街道上的建筑更新也将异常重要。在后期改造中，主要对其进行功能更新和业态更新来重塑其景观活力。在业态分布上，整条街建筑功能从餐饮到工艺文化展示，再到咖啡酒吧等功能渐变，积聚不同人群，激发较深层次的街道活力。商业与展示的有机结合，多种业态模块的灵活拼插，形成了不同的功能组合，从而达到公共空间组织的高弹性[2]（图11-1-8、图11-1-9）。

三、街区肌理和色彩的延续与传承

山东沿海城市其鲜明的城市意象得益于大海这一重要自然资源的存在。海不仅是自然景观，同时又是半岛居民赖以生存的物质精神双重支柱。因此城市空间与海的关系是历代城市建设者首要考虑的问题。既要统一于大海蓝色冷调又要融入适当温和暖调来调和，营造城市建筑与碧海蓝天和谐的人居环境。从色谱的颜色对位关系也可看出，红色与绿色、蓝色与黄色均有较强烈的对比关系，再加之胶东沿海地区日照强烈、空气清新、可见度高，这种高对比度的色彩组合更

保护范围划定图
烟台朝阳街历史街区保护规划的范围：西起海港及海关街与广东路，东至东太平街，南至北马路，北抵海岸街，总面积17.1公顷。朝阳街历史街区划定为保护区和建设控制地带。
保护区为朝阳街、顺太街、海岸街、海关街、东太平街、招德街、建德街、会英街两侧10米至7米宽。
保护内容：保护区内严格保护历史风貌，维持整体空间尺度，恢复传统街道的铺装方式及街名、路名等历史要素。结社地带严格控制建筑的性质、高度、体量、色彩和形式。

图11-1-8　烟台山-朝阳街历史街区建筑保护更新范围及建筑分级（来源：《烟台山—朝阳街历史街区修建性详细规划》）

能烘托出建筑之美。

碧海蓝天、红顶黄墙是青岛、烟台、威海等山东沿海城市的风貌特色。红色屋顶、浅黄色外墙或砌体石材墙面，以碧海蓝天为背景，是从民居到公共建筑的主流选择。近代城市色彩特点的形成发端于20世纪初西方建筑文化在山东沿海地区建筑上的传播与流行。近代工业革命后随着机制瓦、红砖的大量生产，墙面粉刷的广泛采用以及金属屋面的出现给建筑色彩的多样呈现提供了必要的物质基础。

烟台开埠后，德、日、英、美等领事馆在烟台山的设立也带动了西式游乐消遣的传入，由此形成了以朝阳街、广东街为核心的烟台近现代建筑群落，这些建筑色彩明快，以红、黄为主，在烟台山海地理环境的烘托下体现了极佳的

① 吴鹏. 烟台市朝阳街历史街区的保护规划[J]. 山西建筑，2008（7）：46-47.
② 王骏，邱瑛. 基于地域性的港口工业区景观更新与文化重塑——以烟台朝阳街太平湾码头为例[J]. 中国名城：92-96.

01 开滦煤矿货场与仓库旧址	53 天主教堂附属建筑
02 海坝工程会旧址	54 圣母玛利亚天主教堂旧址
03 大北电报公司旧址	55 日本邮局
04 英国邮局	（横滨正金银行旧址）
05 美孚石油公司仓库旧址	56 法国领事馆旧址
06 美国海军基督教青年会旧址	（泰荣丝绸商店旧址）
（原滋大洋行贷栈旧址）	57 高桥洋行旧址
07 荣芳/亚丰照相馆	58 芝罘俱乐部
（原荣升客栈）	59 顺昌商行
08 交通银行烟台分行	60 芬兰领事馆
09 士美洋行	61 法国邮局（兼西班牙领事馆）
（兼挪威、荷兰领事馆）	62 哈利洋行旧址
10 士美洋行贷栈	63 信丰公司
11 汇丰银行	64 海岸旅馆旧址
12 中国银行烟台分行	（马关条约签约地）
13 山东商会会馆旧址	65 敦和洋行
14 太古洋行旧址	66 王子政牙医旧址
15 茂昌洋行	同利号旧址
16 烟台一等邮政局	永安号旧址
17 美孚洋行	67 意大利领事馆
18 恒新照相馆	68 AFONG 亚丰照相总号
19 市立烟台医院	周复兴商号（酒吧）
20 德国邮局	69 中国联合准备银行烟台支行
21 捷成洋行旧址	70 盎司洋行（荷兰领事馆）
和记洋行旧址	71 福兴裁缝店
（兼瑞典、比利时领事馆）	72 日本警察局旧址
22 克利顿饭店	73 荣芳照相馆旧址
（兼俄国邮局）	74 利顺德酒吧旧址
（孙中山下榻处）	75 Stag Bar 酒吧
23 卜内门洋碱有限公司	76 舞厅旧址
（原太古洋行货栈）	77 浪子（CASANOVA）歌舞酒店
24 东海关	78 王子安牙医
25 岩城商行（官银号旧址）	英美烟草公司烟台分公司
26 怡瑞兴商行	英某饭店
27 希腊永兴洋行旧址	79 芝罘第一楼
	80 万国理发馆
	（日本绿洲咖啡馆）
	81 YUN KEE酒吧/饭店
28 三井洋行旧址	82 光明钟表修理
29 FAT LEE绣花公司	华美大药房
东聚号皮靴店	83 某客栈
30 和记洋行仓库旧址	84 东坡楼（怡成客栈）
31 政记轮船公司旧址	85 大罗天饭庄
32 政记公司旧址	86 SMITH海军服装店旧址
33 正隆银行支店	荣绍服装店旧址
34 交通银行旧址	87 福顺德银号
35 招商局旧址	88 五洲大药房
36 政记轮船公司	89 妓院旧址
37 庆昌五金行	90 ABOO美华照相馆
38 天祥益客栈	91 UHANGS医生诊所
39 某商行	92 北洋海军采办厅
40 顺泰商行	（冰心旧居）
同和成南味店旧址	93 松竹楼饭庄
41 悦来栈客栈	94 福顺兴造钟厂
42 怡顺行旧址	95 锦章照相馆
43 东亚罐头公司	96 金城电影院
44 果业公所旧址	97 福顺兴造钟厂老厂房
45 某传统客栈	98 东海关码头验货房
46 中兴楼饭庄	99 海关码头巡视亭
47 丝业公所旧址	（李鸿章视查处）
48 中国银行支店	
49 某客栈	
50 南洋大药房	
51 泰生东染料房	
52 烟台百货公司	

图11-1-9　历史名胜与老字号分布（来源：《烟台山—朝阳街历史街区修建性详细规划》）

城市风貌特色，而后逐步影响了后来烟台城市建设的色彩倾向。

青岛城市的色彩特点可以集中概括为"红瓦绿树，青山碧海"。其中以红色屋顶为代表的青岛城市建筑形象特色，是体现青岛城市风格的一个极其重要的因素。在青岛老城区建筑中大量地使用了欧式的"十"字型土红色瓦质坡屋顶、孟莎式屋顶，跌檐式山墙等。土红色坡屋顶色彩稳重、质感朴实，给人沉稳温暖的心理感受。建筑外墙面多砖墙粉刷鹅黄色涂料，局部出现一些白色的窗台与屋檐，色彩搭配既和谐又突出了建筑的形体变化。门窗、墙角、洞口等形体转折部位以红砖或毛石砌成突角隅石状，是青岛建筑整体风格的一大特色因素，这也是得益于青岛崂山丰富的石材资源。在街道的围合墙面处用石块砌筑的半人高墙裙，多为黄褐及红褐色的暖性灰色调、少量采用青灰色的石料。石块质感强烈，纹理粗糙，棱角分明，作为建筑底部构件强化了砌体建筑的重量感。

绿树是构成城市整体意象的重要因素之一。青岛的山脉林木总体呈现一种特有的墨绿色，尤其是在老建筑区内，墨绿的浓郁与纯粹主导着历史建筑集中区的背景色调。建筑和街道被墨绿环绕，营造了静谧和谐的整体环境，充满了浓郁的欧洲小城的生活气息。

这种由上至下的土红、鹅黄、灰褐的色彩搭配及瓦、砖、石的材质组合以及绿树的映衬成功塑造了山东滨海城市建筑稳定、亲切、浪漫的独特建筑魅力。

当代山东滨海地区的现代建筑对这种基本的红、黄、灰的建筑色调元素仍然得到了整体的继承，建筑形体趋于简洁现代，红色的屋顶仍然大量采用，此时的"红瓦"对于建筑风格的渲染已经不占据主导地位，更多的是作为一种城市色调统一的元素。

改革开放后建造的一系列新建筑，基本的元素得到了一定的继承，同时，因为经济、文化和科学技术的发展，新建筑又生发了一些鲜明的个性特征。在建筑材料的选用上，钢筋混凝土、玻璃幕墙、网膜拉索结构得到了一定的运用，建筑形式也变得更加灵活多样。新建筑外墙面的主体色调更加

明快轻盈，以乳白色和淡蓝色的运用居多。红色的屋顶仍然是绝大多数建筑的选择，但随着建筑层高的增加，这些屋顶所占据的造型比重减少。建筑外墙面与广场地面的铺砌仍然主要选用石材，但是较之老城区内建筑已有了明显的发展变化，建筑基座面材以花岗石为主，石材多呈红褐色，面层光滑，规格齐整。铺砌于广场地面以及栏杆的石材色泽多呈灰调，质感厚重，衬托了新建筑的明快简洁。

烟台、威海等地云集了许多早期殖民地外廊式风格、地域主义风格、古典折衷主义风格、早期现代主义风格的建筑。早期商业建筑一般沿用传统的建筑形式，西方建筑影响传入导致中西合璧的风格占据主流，它们大多是西式外廊与烟台本土的建筑材料、构造做法相结合，在建筑外观局部添加西式建筑的形象和装饰特征，而建筑形体及内部则仍沿用本土传统形式。这其中，烟台近现代建筑的砌筑墙面装饰呈现出多色砖拼的特色。建筑墙面以青砖为主，红砖出现在门洞、窗洞、壁柱、廊柱、屋檐、腰线以及转角处，形成立面的凹凸层次，增加建筑外观的立体感，并通过发券、叠涩、拼花等砌法的组合形成具有结构作用的装饰效果。烟台近现代建筑的砖砌装饰艺术体现了地方工匠的建造技艺，建筑实践异彩纷呈（图11-1-10~图11-1-12）。

图11-1-10 从烟台山俯瞰朝阳街（来源：金文妍 摄）

图11-1-11　克利顿饭店的砌体拼花（来源：金文妍 摄）

图11-1-12　克利顿饭店的建筑细部（来源：金文妍 摄）

第二节　地域建筑遗产的保护更新案例

　　近现代山东建筑接受了西方政治文化影响和技术转移的多重塑造，如德式建筑的洋楼、火车站房，日式建筑的厅堂、电影院以及豪氏屋架、钢结构、密肋楼板等。它们引发了山东近代建筑结构体系、材料类型、建筑功能门类的扩充，促进了中外建筑风格样式的融合。外国设计师和本地工匠以不同角度在山东展开了系列设计实践，中西合璧成为建筑文化种种探索的交汇点。

　　在青岛、济南、烟台、潍坊、枣庄等地随着铁路运输、矿产资源的开采和近似殖民城市的建设，产生了外廊式、混合式和以装饰为特征的现代式的风格模式。直到改革开放，信息时代的技术成果席卷神州，而新时期中国建筑师对建筑文化的探讨也呈现了更加多样化的思考和探索，有的作品关注形体的形似神似，也有大量的建筑在新时代的技术功能和标准要求之下，探讨有生命力的文化表达。

一、表与里的高度传承

　　建筑发展的过程并不是后一阶段取代前一阶段的过程，而是新的建筑与旧日遗留的建筑并存，共同延续和发展的过程。

　　从广义的范围上说，建筑的传承涉及"原型"概念，这个概念包含两层含义：一种是从历史中寻找"原型"；另一种是从地区中寻找"原型"。基本方法是获取原型，再将原型结合具体的场景还原到具体的形式，是从形式到类型、再到形式的设计过程。山东现代建筑对传统建筑的传承，也会经历这样一个从归纳原型到提取特征再到营造实践的过程。由此，对典型历史建筑的保护与原真再现就显得尤为必要。而修旧如旧的做法正是以复原事物原本面貌为目的，按照原有事物的形象、材质、建造工艺和功能等尽可能地对其修复还原，可以在最大程度上展现建筑原本面貌，还原历史细节，是这类建筑延年益寿的良方。

（一）地标建筑的功能延续

德国水兵俱乐部旧址是反映青岛特定历史时期文化特征的历史遗产。该建筑具有鲜明的殖民性，表现了当时德国建筑风格，为青岛近现代建筑设计风格、建造技术，注入了西方元素。该建筑活化利用发掘了其作为早期影院的重要历史价值，体现了建筑遗产保护表与里的传承。

德国水兵俱乐部旧址又名青岛水师饭店、德国海军俱乐部，位于山东省青岛市市南区中山路历史文化街区内湖北路17号，1902年落成启用。是当时德国海军士兵的休养娱乐场所，还是融合影剧院、游艺多种功能的岛城第一个文化综合体。这座建筑是青岛早期德式建筑的代表作之一。建筑共三层，总面积4607平方米，主要为砖木结构，地上三层，半地下一层，巴西利卡式平面，木廊楼座，木结构拱形屋顶，二层设有德式木构柱外廊，墙体涂以淡黄色涂料，四面坡顶上覆盖青岛特色红瓦，突出山墙上有半木构装饰，具有德国中古时期建筑风格。俱乐部一层中部为回廊式礼堂，舞台位于

一端，二楼三面均设观众席可容纳观众700人，是青岛第一座设有大型礼堂的建筑（图11-2-1、图11-2-2）。

经专家论证，青岛水兵俱乐部为中国现存最早的商业电影院。市政府1990~2016年陆续对水兵俱乐部进行了全面的保护性修缮。基于"真实性"原则，恢复德国占领时期的水兵俱乐部外观和肌理感。工作主要集中在复原建筑二层东侧的木制外廊、塔楼原貌及其重要历史特征上。其中恢复塔楼原初高度最能体现"真实性"的原则。原塔楼高度远超街区的原规划限高，成为当时与小青岛灯塔、栈桥并重的三大视觉标志。修复后重现其往日地标风采（图11-2-3、图11-2-4）。

2016年，青岛城发集团遵循"原建筑、原设施、原功能"原则，将建筑文化、电影艺术等元素融为一体，开办成电影文化主题的"1907光影俱乐部"。青岛水兵俱乐部基于电影院、文娱休闲的本初职能，开辟了以"旧"面貌、面向"新"公众的新旧对话的途径。本案的修复与更新，既有对建筑南立面的完全复原，又有入口创新雨篷的加建；既有内部空间结构的恢复，又加入改造了诸如会议、互动、阅读等新的功能空间，并伴有符合当下时代要求的多种后期运营活动，使历史建筑的文化价值在空间环境与行为体验中得以表达与传承，使其重返城市文化延续与演变进程的历史舞台。不局限于建筑本体的僵化维持，在活化利用中有效保护，是对历史的尊重以及对社会发展的有效参与，成为公众体验中认知

图11-2-1　海军俱乐部外景（来源：金文妍 摄）

图11-2-2　海军俱乐部大厅（来源：金文妍 摄）

图11-2-3 修复前鸟瞰图2014年（来源：网络）

图11-2-4 修复后鸟瞰图（来源：网络）

历史为途径的文物场所。①

（二）城市记忆的活态延续

济南是中国电影放映比较早的城市之一。影院作为外来的公共建筑类型带有鲜明的非本土文化特征，其发展演变一定程度上反映了城市建设对外来文化的反馈。济南职工剧院作为单厅影剧院的代表，以外观修复、内里提质的方式延续了一个城市的电影记忆。

济南职工剧院位于商埠区"一园十二坊"特色风貌区，是经二路211号工人文化宫院内的一栋临街建筑。剧院坐北朝南紧邻经二路，主体为砖砌体结构设有楼座，临街局部三层，建筑面积1604平方米，座席1030个，除放映电影外，还可举办会议及其他文艺演出活动。

职工剧院初建于1932年，是济南元老级影院之一，由私商集资兴建，始称"新济南电影院"。后为英商吉利洋行及德商韩保曼相继经营。1946年影院由国民党山东政府教育厅接收，更名为"教育电影院"。1948年济南解放时，影院恢复原名"新济南电影院"，1951年定名为"职工剧院"沿用至今。1987年，剧院遭火灾烧毁，1989年动工修复，12月竣工，经过改造后，南立面加上了玻璃幕墙。影院于2014年停业。

职工剧院是一栋具有装饰主义风格特征的建筑，主立面中轴对称，垂直三段式。两侧体量水泥抹灰，配水平向分隔缝装饰，中段底部内凹形成面街的入口台阶和门厅空间，中段上部由四组两层通高的长窗配合贯通立面的条形装饰共同构成了建筑立面的轮廓线条，体现了装饰风格崇尚几何的、纯粹的装饰特色（图11-2-5）。

修复设计缘于市总工会对于丰富职工文化生活、恢复运营曾经辉煌的职工剧院、盘活固定资产的初衷，改造后的职工剧院体现尊重历史、疏通街区脉络、本真修复的设计原则。

改造拆除了私搭乱建的多余建筑及构件，疏通街区脉络，根据功能需要，完善剧院的配套。室内空间改造前破败不堪，但依旧留下了许多历史时期的元素与记忆，圆形拱门、铁艺栏杆、水磨石地面与台阶、观众厅荷花灯饰等，都让人依稀联想到当时历史上热闹喧嚣的表演场景。改造中保

图11-2-5 职工剧院历史照片（左图、中图中红三角指示的建筑是职工剧院）（来源：同圆设计集团 提供）

① 高伟，王腾，王灵芝. 结合文化传承谈历史建筑的修复与再利用——以青岛水兵俱乐部更新为例[J]. 自然与文化遗产研究，2019（7）：104-110.

留了这些见证时光的线索并用新的材料予以呈现，人在其中仿佛有一种既古又新的时空穿越感。2021年职工剧院入选济南市历史建筑名单。这栋建筑见证了中国近现代的城市发展历程，也目睹了济南老商埠街区的兴衰沉浮（图11-2-6~图11-2-9）。

二、延续表观与更新内涵

对原有建筑物按照其本来表观进行修复和清理、保持其建筑形式大体不变的同时，部分建筑内部空间也需要按照现代的需求进行改造更新，赋予其新的功能，更新场所内涵，使得建筑主体表观得以保留，街道立面风貌大体不变，而使其内部空间更符合现需求，这样建筑物才能够更好地随着社会进步实现更新发展。

（一）老城复兴设计赋能

广兴里又名"积庆里"，坐落于海泊路63号，始建于1897年，是青岛历史上华人聚居的大鲍岛区目前保存最完好、占地规模最大的"口"字形里院单体，其建筑面积达4000余平方米，格局是典型的下店上宅，首层沿街是商铺，二层以上是居住空间，开阔的内院（约40米×30米）历史上曾用作市场、戏院和电影院，1958年后陆续出现的违章搭建造成院落空间拥挤、局促。由于年代久远且主要为木质结构，历史上也曾数次失火。

图11-2-6　职工剧院外观（来源：魏增鉴 摄）

图11-2-7　剧院东侧内院（来源：魏增鉴 摄）

图11-2-8　观众厅楼座及顶棚（来源：魏增鉴 摄）

图11-2-9　入口门厅（来源：魏增鉴 摄）

2015年政府征收改造，拆除违章建筑，腾空住户和商铺。恢复广兴里格局原貌，再现昔日的开阔内庭。2019年青岛工业设计创新中心落户广兴里，在青岛市政府与工业设计行业协会的联合发起下，里院被改造成开放式的街区，成为具有鲜明青岛基因的"老城复兴设计赋能"的活力试点。广兴里街区的保护和更新注重功能混合，以文化产业的小微企业为主，融合艺术展览、露天剧场，以及零售、餐厅、休闲等功能，把临街界面开辟为沿街商业空间或街区的入口空间。在建筑中提供都市公共生活，营造人与街区的良好互动，融入城市文化内涵，延续历史文脉[①]（图11-2-10、图11-2-11）。

青岛滨海山地的地貌特征造就了里院建筑入口的多标高特色。广兴里的改造利用高差为展览、办公、游览等服务不同人群的功能板块设置独立出入口，同时优化步行系统，形成贯穿整个街区的立体交通，促进了多种业态的连接，增强街道空间通往建筑内部的渗透性。室内平面布局的整理服务于新的业态需求，例如对不合理的分隔进行拆除，打通部分房间，增加信息发布厅、卫生间等功能，提升基础服务设施条件（图11-2-12、图11-2-13）。

里院改造更新在合理保护与有机更新之间实现保护与发展的平衡，使其重新焕发了活力。

图11-2-10　广兴里楼梯（来源：金文妍 摄）

图11-2-11　广兴里内院（来源：金文妍 摄）

图11-2-12　广兴里沿街外观（来源：金文妍 摄）

图11-2-13　木质走廊（来源：金文妍 摄）

---

① 张靓，力复兴导向下青岛里院保护与更新策略研究——以广兴里为例[J]. 建筑与文化，2020（12）：111-113.

（二）寓旧于新精准改造

山东大学"号院"建筑群位于原山东医科大学校内东北角，原为齐鲁大学男生宿舍。是原齐鲁大学的始创建筑之一，由德国人出资，兴建于1916年。建筑群由两列八幢二层的宿舍楼组成，号称"四百号院"，每组面宽约50米，砖石结构，平瓦坡屋面硬山顶。宿舍全部为单面朝南的房间，建筑群风格中西合璧：墙角隅石处理，山墙尖上的圆、方、椭圆等各式各样的通风孔都是西洋古典建筑的手法；硬山双坡屋面，花脊、吻兽、烟囱通气孔等都是北方传统民居的做法。整个建筑布局工整，中西风格有机融合、浑然一体，与山东大学这所有教会学校背景的百年名校取得了文化氛围的契合（图11-2-14、图11-2-15）。

本案改建为研究生公寓，改造目标是既要保留"号院"建筑群在校园文化中的历史记忆，还要满足容纳尽量多的研究生住宿的要求。通过分析原有建筑现状及问题，山东大学"号院"改造设计提出设计的三项原则："整旧如旧""寓旧于新""规整统一"的原则，并通过总体布局、平面功能、立面形态、结构、施工等五个方面措施具体地改造，保障这些原则得到较好贯彻，从而使老建筑得到再生。

改造的具体措施之一，强化布局的院落形态，8幢建筑分成4组，每组建筑的两端连接起来，围合成"口"字形，成为封闭的内院，形成4个独立管理的合院组团；改造措施之二，完善提高宿舍功能，建筑进深向内院延伸，由原来的单廊式改为内廊式，增加符合研究生宿舍标准的现代化系统；

改造措施之三，除保留各幢建筑四角山墙及一面墙体外，其余全部拆除，保留部分完全按原貌复原，在新增的连接部分采用现代建筑的处理手法，大量采用玻璃、钢等现代建筑材料，墙体采用白色涂料和墨绿色钢构件，形成历史的粗糙厚重与现代的轻巧光洁的对比，从而塑造了既具有历史感又有现代感的校园建筑形象。另外，本案在结构方面，通过对柱型的控制精细处理了修旧墙体的交接部位，施工过程与古建单位密切合作，妥善处理了原有构件的拆除及二次利用（图11-2-16、图11-2-17）。

"号院"项目的成功也印证了"对某一场所调整使其容纳新功能，这种做法因为没有从实质上削弱场所的文化意义而受到鼓励和推广"这句话。号院改造项目通过新形式的加入实现了提升旧有建筑利用价值、新旧共存、和谐共生的多重目的[①]。

三、空间织补与新旧共存

城市包含着复杂、美妙、深刻的万千元素，其运行本身如有机体般精密，其中的某些区域或某栋建筑在其不失去本身性质的同时，却能衔接起建筑群落的各个功能空间并刺激与引导后续发展，在城市有机体演化中具有牵动连锁反应的能力。历史街区的活化更新常被赋予这种特殊的使命，它不仅是开敞的露天博物馆，还被期许充满活力地融入城市生活中，这一使命也正逐步成为城市建设者的共识。以烟台所城

图11-2-14 号院历史照片（来源：张军杰 秘嘉 摄）

（a）主入口

（b）内院

图11-2-15 号院（来源：张军杰 秘嘉 摄）

---

① 张军杰，秘嘉. 枯木逢春——谈山东大学"号院"改造设计[J]. 建筑学报，2007（06）：90-92.

图11-2-16　号院新旧对比组图（来源：张军杰 秘嘉 摄）

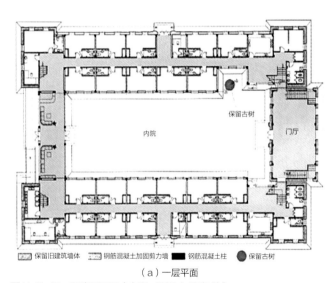

（a）一层平面

保留旧建筑墙体　钢筋混凝土加固剪力墙　钢筋混凝土柱　保留古树

内院　保留古树　门厅

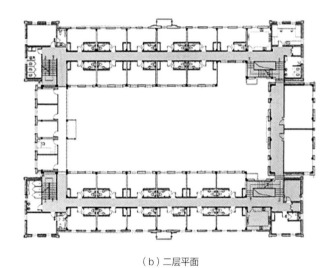

（b）二层平面

图11-2-17　号院平面图（来源：张军杰 秘嘉 绘）

里社区图书馆改造为例，以新的功能替换老的功能等方式进行更新，或保留现有的功能但是使它的运作更为有效。城市环境作为一个相关联的整体，体现了统一的设计指导思想，贯彻原环境的历史主题，通过空间织补、新旧融合的设计手段减弱了建设拆迁对原环境造成的影响，恢复良好的城市风貌。

（一）继承传统技艺，构筑崭新布局

荣城石岛范家村位于山东省威海荣成市石岛管理区，东临石岛湾内湖，风景优美，区域内的传统海草房是胶东地区最具代表性的传统民居，是长期环境、气候影响的结果。海草房所处的沿海地区夏季多雨潮湿、冬季多雪寒冷，特殊的地理位置和气候条件下，这里民居主要考虑冬天保暖避寒，夏天避雨防晒，因此工匠以厚石砌墙，用海草晒干后作为材料苫盖屋顶，建造出海草房。然而古民居村落随时间逐渐被拆除，范家村周围的肌理逐渐被破坏，现基本已消失殆尽，取而代之的是行列式的板式住宅楼和别墅区（图11-2-18）。

荣城石岛范家村案例就以该地区典型的海草房民居为传承对象，以乡村振兴为契机，在特色民宿的功能定位基础上尝试了空间内涵和交通动线的当代探索。

建筑在保留了传统村落肌理、院落空间、原乡村民居格局的基础上调整适配空间以满足民宿的运营功能，延续和扩展了公共空间的开放性和整体空间的连续性。设计对现状院子进行了勘察，找出其中五个质量较差的院落进行拆除，院落通过合并、拆除、扩大，改变原有单元的组合方式，更适应现代住宿的需求。原来基于农业生产产生的村落空间，其空间内涵被赋予了新的职能与意义（图11-2-19）。

老房子为海草顶，以修复为主，体现地域特色；新建建筑为平屋面，突出纯粹的砌筑体量特征。新老建筑之间通过相同的建筑材料、相似的比例关系融合在一起。保留建筑的墙体维持建筑的原貌，有的是上部为砖墙、下部为石墙的形式，有的是自上而下的完整石墙。新建的部分为了保持院落的完整性，增加了石砌的院墙。景观元素局部采用锈钢板及深灰色不锈钢板，以工业感衬托手工感。石墙材料为当地产的石岛红，在建造方式上，遵循当地的一些传统建造工艺，也是一种在地化的乡村营造理念（图11-2-20）。

（二）微小空间介入，织补老城肌理

所城里社区图书馆，是一个既有传统院落的改造项目。基地位于烟台所城里老街区西北角张家祠堂的后院。原状为三间厢房及其围绕的一个主院，住户的更迭和不同年代改、加建的痕迹赋予了场地丰富的空间元素与历史信息。改造设计由直向建筑主持，重点处理了新与旧的关系，赋予院子满足当代生活方式的得体空间。

设计对限定原有院落的墙面、门窗、屋架、铺地等构造系统进行了梳理与修复。在此基础上将一套现代简约的回廊系统植入历史院落，串联起社区图书馆包括入口、阅览室、

图11-2-18　村落鸟瞰（来源：灰空间建筑事务所 提供）

图11-2-19　海草房与玻璃房院落（来源：灰空间建筑事务所 提供）

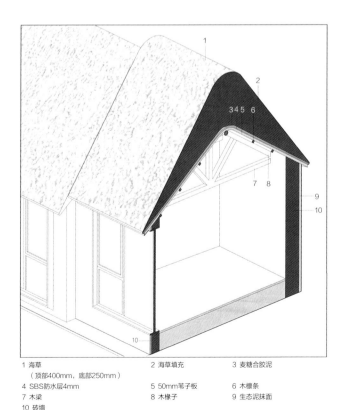

1 海草
（顶部400mm，底部250mm）
2 海草填充
3 麦糖合胶泥
4 SBS防水层4mm
5 50mm苇子板
6 木檩条
7 木梁
8 木椽子
9 生态泥抹面
10 砖墙

图11-2-20　海草房构造细部（来源：灰空间建筑事务所 提供）

咖啡厅、展厅和卫生间在内的各个功能空间。回廊从院落的一侧延伸到街巷，直接打通了从街区公共空间进入图书馆的途径，重塑了进入院落空间的秩序与层次。同时这个巧妙的空间操作使原本单一的院落空间也由回廊系统划分出一个可供灵活使用的户外场地以及四处绿化院落。偶尔在特殊天气情况下，廊道亦可充当避雨的场所[①]（图11-2-21）。

基于构造的整合性思考，回廊系统主要由弯折的钢板与门形钢结构构成，建筑的工程问题映射了一种轻盈且具漂浮感的空间体验。在结构上，钢板做得非常轻薄，8毫米厚的钢板和直径40毫米的实心钢柱成为材料的细薄边界与支撑立柱，也反映出新的植入空间与原建筑之间的历史重量对应关系（图11-2-22）。

所城里社区图书馆以智慧的方式重新激活空间的历史信息，与社区原有的肌理发生关系。在留存社区原本的生活方式与节奏的同时，也实践着当代的文化与审美意图（图11-2-23、图11-2-24）。

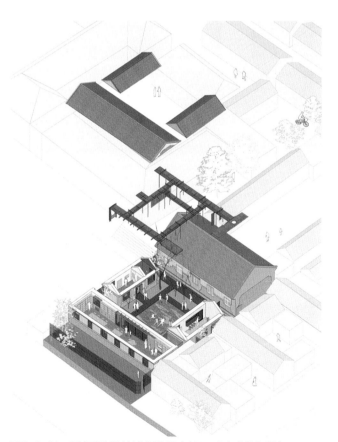

图11-2-21　所城里图书馆结构爆炸图（来源：直向建筑 提供）

图11-2-22　所城里图书馆回廊细部（来源：金文妍 摄）

① 董功，置入历史的回廊——烟台所城里社区图书馆[J]. di+c，2018（5）：94-99.

图11-2-23　从室内看向回廊（来源：直向建筑 提供）

图11-2-24　巷道里的图书馆入口（来源：直向建筑 提供）

第三节　产业遗产的传承策略与案例

随着城市建设的迅速发展，一部分曾经支撑城市经济发展的旧工业厂房因其产业的结构性调整导致厂房闲置、破败，甚至造成污染严重，影响城市风貌等众多问题；另一部分厂区顺应时代发展通过功能置换和产业升级措施实现了企业转型。

本节以济南二钢中轧车间改造、烟台市经济技术开发区工委党校等项目体现城市工业记忆的当代传承。以青岛纺织谷和济南JN150项目阐释目前普遍采用的创意产业园模式在山东地区的实践。最后，将近年完成的莱芜"小三线"山东省交通厅汽车修理厂改造利用项目，以及淄博陶瓷业缘聚落与工业化厂房共生的项目置于乡村产业遗存的语境中进行评述。以上案例的活化利用路径各有不同，但转型成功的遗产通常都以周边较完善的基础设施、便利的交通、适宜的使用人群等要素为依托，赢取活化利用的优势条件。

一、承载场所记忆的工业建筑多元再生

以人工智能为代表的"工业4.0时代"引发全球经济变革，世界正处于工业文明过渡到知识文明的当口。回望，传统工业日渐衰微，作为"生产资料"的工业建筑，一面丧失着生产能力，一面获得了身份和功能的双重升级，它们被视为潜在的遗产资源，可以通过适当的空间再生重新融入城市生活。从生产资料到遗产的转变过程，是工业建筑价值不断拓展的真实写照。

当工业建筑的角色从"生产资料"到"废弃地"，再到"文化地标"的转换启动时，它便步入遗产化轨道，其属性已经从生产性空间转变为艺术品或纪念物。它新增了描绘历史故事和"营造场所记忆"两个特征。基于这种特征便具有了文化资本和经济资本的"附加值"。工业遗存的价值能得到"扁平化"和"大众化"的阐释并成功博得群众的认可，工业建筑就有机会获得第二次生命。

工业遗存的再利用由于价值高低的不同，处理方式不尽相同。一般来说，包括三种类型：①工业遗产保护与展示为主的博物馆；②营造工业场所记忆与开放空间的景观公园；③以空间再利用为主的创意园。三种主要方式对工业遗存本体价值、历史真实性的保护渐弱，对建筑经济价值的诉求渐高。

（一）轧钢车间改造融入城市景观

济南第二钢铁厂始建于1958年，是国家"二五"期间投入建设的重要工业设施。风风雨雨60年，从"人民公社"到"文化大革命"，从改革开放到迈入新世纪，二钢见证了社会主义钢铁工业的建设之路，承载着地方民众的重要回忆，具有一定的历史意义和保留价值。因此在济南中央商务区规划中二钢的中扎车间部分厂房保留下来，成为景观的有机组成部分。并作为绸带公园的地标性建筑承担公共文化服务功能。保留厂房为连续四跨厂房的边跨，主框架轴间跨度21米，长度246米，H型钢柱承重，钢屋架，预制水泥屋面板，红砖外墙有连续扶壁柱（图11-3-1）。

首先改造使厂房承担展览、办公等功能，满足新区发展需求，充分融入城市。工业建筑厂房高净空、大开间的特点易于改造为对室内场地要求较高的艺术、展览以及集会观演类功能，因此契合基地特点也填补了片区功能的空白（图11-3-2）。

其次保持厂房20世纪60年代的工业建筑样式，延续形象特征。原厂房结构体系尚佳，改造以保留维护为主，补齐缺损构件，补砌围护结构。另外也根据新的功能设定做了适度改造，从而达成空间再生的目的。新结构的造型表现力通过构架外露、鲜艳的防锈漆色彩得以凸显。原厂房中的航吊车、H形柱作为新的室外景观进行安置（图11-3-3、图11-3-4）。

图11-3-1　改造前的济南二钢中轧车间（来源：金文妍，徐洪斌，董先锐. 钢铁记忆与遗产重生——济南二钢工业遗存改造更新实录[M]. 北京：中国建筑工业出版社，2019.）

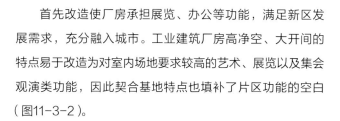

图11-3-2　二钢改造完成后夜景（来源：金文妍 摄）

图11-3-3　二钢改造施工中（来源：金文妍，徐洪斌，董先锐. 钢铁记忆与遗产重生——济南二钢工业遗存改造更新实录[M]. 中国建筑工业出版社，2019.）

图11-3-4　改造后室内实景（来源：金文妍 摄）

同时因借绿轴优势，营造景观亮点。中轧厂房的空间再生不仅是内部功能的置换，更是区位环境的升级，改造后的文服中心掩映于一片苍翠之中，成为绸带公园绿轴中的一段，景观价值与功能使用并重。因此，景观中有多条园区绿径、人行步道环绕厂房，通到各出入口及厂房中部室外广场。夜间照明及灯光秀也是文服中心贡献的重要景观价值（图11-3-5）。

最后，改造确保厂房内功能可变，空间富有弹性。建设期的展示中心、指挥中心、服务中心、商展中心、会议中心五大功能，在成熟期分别转换为规划展示、文创办公、艺术展览、商展秀场、实验剧场五大功能。设计充分考虑各功能对空间、面积的需求，合理安排，前后功能对空间的基本需求一致。文服中心的出现本身已表明重视现有空间再利用的建设导向。尽可能地减小功能转化过程中的改建量，大拆大改已不是老旧厂房应对城市更新的唯一出路。

（二）工业厂房的整合与教育赋能

烟台市经济技术开发区工委党校坐落于烟台市经济技术开发区，项目原址是两座在20世纪90年代开发区最早建立的工业园区。经济技术开发区工委党校由"水石设计"负责改造设计。项目将原有厂房中的四栋主要建筑保留改造，结合扩建重新组织场地的空间序列，实现新旧结合的场地再利用，把封闭工业园区改造为开放、共享的开放校园（图11-3-6）。

本案的首要改造策略是"整合"。通过廊院将两个厂区的建筑连接整合，打破原本厂房相互独立的割裂关系。不同的建筑被连廊串接的同时，建筑之间也自然形成了五个有廊围绕的院落，连廊作为室内外的过渡空间将室内活动的场域自然地延伸到室外庭院，庭院各有特色的场景成为党校随季

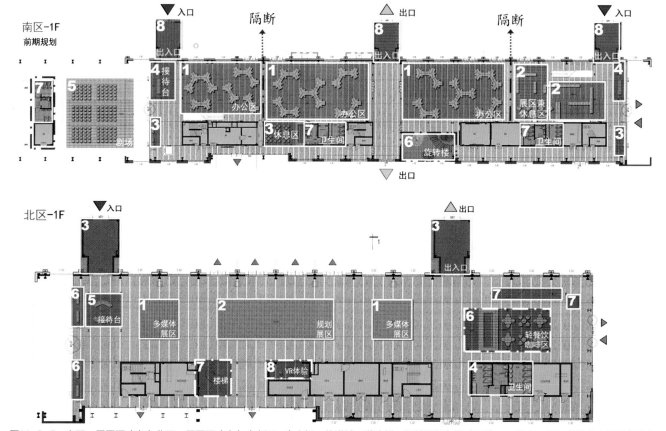

图11-3-5 南区一层平面（左）北区一层平面（右）（来源：金文妍，徐洪斌，董先锐. 钢铁记忆与遗产重生——济南二钢工业遗存改造更新实录[M]. 中国建筑工业出版社，2019.）

图11-3-6 烟台城市党建学院改造前（来源：水石设计 提供）

节变化的背景。沿街的庭院设计作为供市民活动的街角广场，无围墙的风雨廊作为校园与街道空间分而不隔的边界不仅衔接了内外不同的标高，并且起到了框景作用，塑造了多组进深不同的美景，丰富的空间层次使分散的建筑得到了整合（图11-3-7、图11-3-8）。

本案的另一个改造策略是"连贯与节奏"。在廊院整合厂区的基础上，80多米的党校南立面划分出了四个不同的段落：通透的街角连廊，水平向层层展开的主入口、底层架空的副楼入口，以及室内外视线互通的书店幕墙，用虚实相间的立面形成了一幅街景长卷。沿街的办公楼在改造后作为对外开放的政企交流中心，底层的"理想书店"成为街区重要的文化场所。

本案营造了有别于传统行政教育建筑的空间公共性和开放度。书店的入口空间底层局部架空，将行人引导至室内，这种空间的过渡对于营造"开放校园"的外部形象与内在功能尤为必要。校园的主入口沿街退让出一块小广场，体现了学院开放和共享的特点，同时兼顾了较大瞬时人流的接待需求，在保持仪式感与功能使用的同时又与两侧小体量的建筑

图11-3-7 烟台市经济技术开发区工委党校建筑群实景（来源：水石设计 提供）

图11-3-8 烟台市经济技术开发区工委党校东南向夜景鸟瞰（来源：水石设计 提供）

协调。位于基地东侧天山路上的次入口是主要车行入口，立面方案通过强化建筑体量的连接与变化，以雕塑感的幕墙建立了和外部行人的距离感，主次入口也在形象和功能上取得了恰当的表达。

（三）多层厂房的舒适办公改造

市场规律作用下，工业厂房的更新特点表现为需要进行产业的重置或升级。由于工业厂房实物资产的使用功能具有很强的专业性，在转换到其他用途的过程中势必要针对专用性特征做出调整。[①]工业建筑更新的本质要素是在变化环境中的一种重新组合，具体到建筑空间的改造上则是对原厂房工业生产空间的民用化改造及新业态的充分适应。

还未达到遗产标准的一般性厂房是城市化进程中亟待空间盘活的大多数。这些工业建筑在民用化的过程中暴露出功能缺失、设施老化、空间失当、流线混乱、采光不足、尺度异常和消防欠缺等诸多问题。因此厂房更新设计也正成为建筑师大显身手的主战场。[②]

本案改造的青岛报业传媒集团大厦位于山东省青岛市崂山区株洲路190号，原是海泰自动化仪表的高层厂房（图11-3-9，图11-3-10）。原建筑采用9米×8.4米的标准厂房柱网，楼板结构为密肋"井"字梁楼盖，地上六层，地下一层，

面积约2.2万平方米；平面规整，出入口布置在建筑中段，垂直交通体系和附属用房分列建筑两端。厂房"中芯"进深达60余米，缺少自然通风与采光，且不满足办公建筑的国家相关规范。2021年由青岛北洋建筑设计徐达工作室完成青岛报业传媒大厦一期项目的厂房改造，功能置换为传媒类文化创意产业办公场所。

本案基于媒体建筑的视觉形象考量，将"八音盒"植入厂房的设计理念，实施了一系列的空间操作，在满足传媒产业、文化创意产业功能诉求的同时，预留了可分割、可拓展的弹性空间。针对大进深的"中芯"，采用"减法"操作将建筑"掏心"处理，打开两个柱网形成直达顶部的"垂拔"中庭，有效解决了厂房中部的自然采光与通风问题，节能效果显著。同时，这种"减法"使内部的空间厚度减薄至25米左右，利于使用空间的灵活划分。

建筑主要出入口通过向内后退半跨，向外扩展半跨的处理形成较为宽敞的室外过渡平台，立面幕墙系统的结构自然上翻形成宽大的入口雨棚，寓意在"八音盒"打开的瞬间，美好的乐曲倾泻而出将城市渲染。

"八音盒"的概念延伸还体现在表皮处理上。新添加的造型格构全面"包裹"住原厂房立面。其造型语汇借鉴了文字印刷的格网结构，融合了"渔网编织"的形式，表皮兼具

图11-3-9　实景鸟瞰（来源：青岛北洋建筑设计 提供）

图11-3-10　主立面实景（来源：青岛北洋建筑设计 提供）

①　徐苏斌，青木信夫，王琳. 从工业遗产保护到文化产业转型研究[M]. 北京：中国城市出版社，2021：112.
②　徐达，赵允男. 蝶变——海泰工业园厂房项目改造重生记[J]. 城市 空间 设计，2021（3）：102-110.

企业文化与地域特色。格构预设的LED光源可五面立体播放多媒体的城市信息大屏，由此，建筑自身也具备了信息传播的属性，诠释了媒体建筑的时代特征。建造施工方面，幕墙的基本单元模块在工厂预制加工，现场拼装，既保证了构造细部工业级的精度，也大大缩减了施工周期（图11-3-11～图11-3-14）。

（a）中庭　　　　　（b）垂拔中庭空间

图11-3-11　改造后实景图（来源：青岛北洋建筑设计 提供）

图11-3-12　窗户表皮细部（来源：青岛北洋建筑设计 提供）

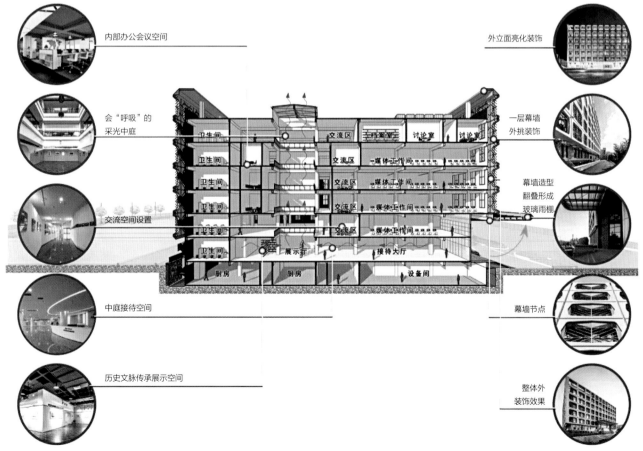

图11-3-13　改造要点分析图（来源：青岛北洋建筑设计 提供）

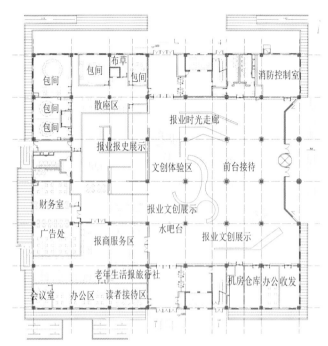

图11-3-14　一层平面图（来源：青岛北洋建筑设计 提供）

二、职能重置的工业厂区活化再利用

（一）纺织园区的转型与产业升级

　　青岛的早期工业以轻纺织业为主，工商业为辅，是中国最早的纺织工业基地。青岛是与上海、天津齐名的国内三大轻纺工业城市之一，素有纺织"上青天"的行业地位。自20世纪90年代开始，为加快经济结构调整，国家提出"退二进三"政策，青岛重新调整优化城市空间位置，市区内大部分近代工厂与企业转型重组或搬迁。

　　青岛纺织谷建于2013年，其前身为1934年成立的青岛国棉五厂，该厂有百年纺织历史，已于2018年被列入第二批国家工业遗产名单。整个园区规划面积约14万平方米，功能包含商贸、文创以及会展三大板块。

　　文创区以旅游观光、艺术创作、历史文化为核心，依托1934年纺织建筑群建设，形成"九馆十八景"的布局，新与旧共生，保留了老厂房、水塔、老墙等具有纺织历史印记的构筑物，构建了涂鸦墙、谷里大道、室外雕塑以及集装箱等文化艺术空间。改造后的彩色钢结构、涂鸦等现代元素与工业建筑的沧桑感形成鲜明对比，增添了时尚的现代气息。青岛纺织博物馆2017年整体搬迁至纺织谷（前身为1917年成立的青岛丝织厂），现已成为青岛工业文化的新地标、网红景点打卡地（图11-3-15、图11-3-16）。

　　园区的公共空间塑造十分出众，一方面利用早期生产设备做景观小品，设计契合纺织工业的历史氛围，提升了观览体验，环境与建筑塑造的认可度较高；另一方面，设置有绿地和水塔的园区入口标志性突出，国棉大道空间开阔，道路网络清晰且相互连接性较好，为游览提供了行动上的便利（图11-3-17~图11-3-19）。

图11-3-15　纺织谷休闲空间（来源：王梓霖 摄）

图11-3-16　纺织谷工业厂房（来源：王梓霖 摄）

图11-3-17　纺织博物馆外观（来源：王梓霖 摄）

图11-3-18　纺织博物馆内景（来源：王梓霖 摄）

图11-3-19　纺织谷涂鸦街区（来源：王梓霖 摄）

（二）工业园区的创意赋能与置换

位于济南市中区建设路85号的JN150创意园前身是中国重汽离合器厂（现为中国重汽集团）。厂房兴建于1935年，距今已有近90年历史。1960年中华人民共和国首辆黄河系列JN150型8吨重型卡车在这里诞生，结束了中国不能生产重型汽车的历史，开创了一个时代生产建设的辉煌。而随着社会发展，该厂区也如同许多同类厂区一样面对着相似的问题，如产业结构调整、生产职能的退出，厂区的物质空间随之衰退。

在大型资本的介入下，中国重汽离合器厂于2016年置换

功能为文化创意产业基地。厂区以工业建筑为主要空间特色，融合潮流、个性化的室内及景观设计，营造创意时尚氛围。规划设计保留了主要生产性厂房、原有道路网络；改造提升了水电、供暖，燃气等基础设施；加入玻璃、青砖、金属网、锈蚀钢板等装饰性元素，丰富建筑外观和室外公共空间，同时保留了如齿轮、轮胎、黑板、园区树木等一系列离合器厂的工业元素和生态原貌。

项目以"有限介入"的设计策略推动空间操作。根据使用需要，原单层厂房划分为两层，首层对园区开放兼作企业展厅，二层主要为办公区、洽谈室、阅读区；两层的联系通过中部置入的直跑梯实现。设计师将楼梯塑造为双墙加持的梯形"交通容器"，它的空间介入是多元的。"交通容器"成为联通上下的视觉焦点，呈夹角的墙面夸张了垂直路径的透视感并与厂房端部下沉的开放式摄影棚形成了视廊。包裹容器的墙面在首层自然划分了私密、公共的空间，甚至延伸出座椅功能；墙面在二层则是阅读区和洽谈室的空间边界（图11-3-20~图11-3-23）。

值得注意的是为了不发生新旧结构的刚性连接，"有限介入"的钢构框架与厂房原结构体系脱开，谨慎地规避原墙体界面，隐藏若干连接点，起到减少空间视觉干扰的效果。建筑材质及场所的营造着力强调工业的粗犷质朴与加入材质光滑洁净的反差。原厂房的灯具、汽车轮胎、维修沟渠的原始

痕迹等要素都以恰当的方式利用或展示，将老厂房的工业印记彰显于细节之中（图11-3-24）。

　　既有厂房改造的"有限介入"策略既是设计对历史遗迹的尊重，也是对厂房未来变化的开放性留白，接受并推动城市更新在历史的版图中书写新的生活场景（图11-3-25）。

　　改造后园区置入的新业态有文创企业、健身场馆、都市剧场、青少年宫，配套餐饮、休闲场所，形成了融文化、创意、资源整合、设计、品牌推广为一体的综合性文化创意产业园，

图11-3-20　厂房改造前（来源：同圆设计立强工作室 提供）

图11-3-21　厂房改造后二层办公空间（来源：同圆设计立强工作室 提供）

图11-3-22　厂房改造前外观（来源：同圆设计立强工作室 提供）

图11-3-23　厂房改造后外观（来源：同圆设计立强工作室 提供）

图11-3-24　改造后的一层下沉空间（来源：同圆设计立强工作室 提供）

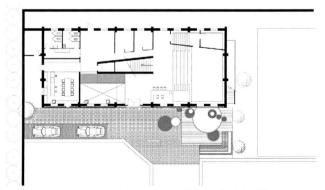

图11-3-25　一层平面图（来源：同圆设计立强工作室 提供）

通过老厂房的活化利用激发了城市存量空间的价值潜力。

三、多元异质的乡村产业遗产特殊实践

　　当今设计介入乡村成为一个时髦的话题，但并非造一座新房、修一栋老宅就能改变乡村的命运，建筑更多是起到以点带面的作用。然而多数时候，乡村现状百态、问题各异，并没有一种统一的建设策略能够应对乡村建设中的种种困难和挑战。

　　站在当下回望过去，今天的乡村建设面临着全新的社会、经济、人文语境，呈现出方兴未艾的大好趋势。建筑师、规划师、艺术家、社会学者、各级政府、各种媒体……不同的社会力量介入乡村、赋能村庄，提升乡村的内生动力。[①]

（一）乡村三线遗产的文旅融合

　　"三线建设"是国家在20世纪60年代，迫于国内外紧张局势，为加强战备，逐步改变我国生产力而布局的一次由东南沿海向西部内陆转移的战略大调整。作为对"大三线"的补充和衔接，"小三线建设"也开始大规模在全国各个省份进行建设部署。山东"小三线"建设始于1964年在沂蒙山区建立了以军事工业企业为主、地方企业为辅的专业化协作生产体系[②]。改革开放以后，大量"小三线"企业落后于时代发展步伐，逐步以关、停、并、转、迁方式进行全面产业调整。随着我国乡村振兴战略的不断推进实施，以及文化旅游产业的快速发展，"小三线"工业遗产隐遁于乡村的地缘优势为这些老工业厂房的重新评估和进一步活化利用提供了崭新的视角和发展契机（图11-3-26）。

图11-3-26　莱芜"小三线""17号信箱"卫星图（来源：周忠凯 提供）

①　侯梦瑶. 赋能村庄，提升乡村的内生动力[J]. 建筑技艺，2020（12）：7.
②　山东省地方史志编纂委员会. 山东省志·工业综合管理志[M]. 济南：山东人民出版社，1999.

1966年初，位于莱芜区高庄街道办事处老君堂村以北的山东省交通厅汽车修理厂（17号信箱）建成了集生产车间与生活区住宅、配套小学、幼儿园、食堂、卫生所、礼堂等为一体的综合型厂区。在随后的20年间，该厂陆续下线了"泰山牌"载重汽车、挂车、集装箱半挂汽车等产品，为地方工业发展作出贡献（图11-3-27）。

遵照"依山傍水扎大营"的山东省"小三线"建设原则，厂区可大致分为两个区域，即位于山脚下，沿河依次而建的生产区（装配区、仓储区、动力车间和机加工区）和位于半山腰处、地势略高临近布局的生活区。受制于当时的经济、技术条件，厂区建设整体延续了苏式厂房的做法，因地制宜采用"低技术"的建造施工策略。生产区全部为层高6米以上的单层双坡顶。建筑部分带有突出屋脊的气窗，屋架为混凝土外包钢箍的大跨桁架或钢桁架，外墙为清水砖砌，混凝土过梁、砖壁柱结构外露，具有时代特点。目前厂区格局完整，建筑保存较好（图11-3-28~图11-3-31）。

图11-3-27　莱芜"小三线""17号信箱"总平面（来源：山东赢泰 提供）

图11-3-28　主体厂房山墙面（来源：金文妍 摄）

图11-3-29　厂区重要道路及标志性烟囱（来源：金文妍 摄）

图11-3-30 厂区原主要道路现改为运动步道（来源：金文妍 摄）

图11-3-31 厂区主体建筑和烟囱（来源：金文妍 摄）

2018年"17号信箱"完成了总体概念性开发规划，以汽车制造、修理的工业价值为内核，从汽车文化切入园区定位，利用现有厂房和景观环境，植入了集儿童世界、汽车文创园、会展中心等功能为一体的文娱、商贸、展览基地，发展主题鲜明的文旅融合项目。先期建成大美儿童世界已于2021年投入运营。

园区规划尊重原有的厂区流线，主入口、道路均保留。最大化保留原建筑质朴的外观，局部细节提升。原锻造车间厂房改造为展示中心，在整体结构加固基础上局部设置隔层增加室内面积。砖烟囱完整保留，车间原址建设玻璃梦彩屋，用作儿童手工活动、售卖、会议等。厂房外观基本延续了原有的中华人民共和国早期工业建筑风格——红砖墙，深色门窗框。部分厂房山墙绘制巨幅主题壁画，即保持了厂房原有构成肌理，也彰显了军工文化色彩。厂区开阔空地增设了大型非动力运动装置，供青少年活动、游玩，装置的夸张造型、鲜艳色彩与厂房的历史风貌形成了富有张力的空间氛围。

乡村的产业遗产活化利用仍处于摸索阶段，周边村落和群众如何有效参与到遗产活化利用的产业链条之中，例如有效补充住宿、餐饮等服务行业，从而提高旅游接待能力，以达到助推乡村文化旅游产业的实施，打造文化与旅游相融合的乡村"文旅综合体"，值得深入探索。

（二）传统陶瓷产业的艺术赋能

颜神古镇位于博山区山头街道，以古窑村为核心，依托当地13座古窑、老厂房和传统历史街区进行保护改造，总占地面积达625亩。工程项目由东南大学郑炘教授主持设计，2021年对外开放。

"颜神"为博山旧称，金代称颜神店，元代置颜神镇，清雍正十二年合并多个村庄，改博山县，县治所在仍称颜神。颜神古镇与景芝、兰陵并称为齐鲁三大古镇。博山区山头镇是闻名遐迩的"陶琉之乡"，以琉璃、陶瓷、煤炭为三大产业。当地人烧制陶瓷的历史不晚于宋代，那时已掌握用煤炭烧窑的技术提升瓷质和色泽。至清代康熙年间城区陶瓷、琉璃业工人总数逾7300人，已形成人口稠密、商业繁华的陶瓷工业城镇。中华人民共和国成立后全国最大的陶瓷厂（山东博山陶瓷厂）坐落于群窑环绕的街区之中，先后在此建成全国第一条简易煤烧日用陶瓷隧道窑（1963年）代替旧式圆窑并在全国推广，以及我国北方第一条重油烧还原焰的隧道窑（1982年）。

历经岁月的洗礼，古窑村仍保存着13座圆窑古窑，民居围绕古窑建造，形成生产—居住组团，街巷、胡同随处可见用匣钵垒成的笼盆墙，风貌独特。完整的瓷业生产链条、手工业时代和工业时代陶瓷生产场所的实物留存，以及百余座明清古建筑群落和特色街巷空间让颜神古镇成为博山地区代

图11-3-32　颜神谷镇鸟瞰图（来源：金文妍 摄）

表性陶瓷业缘聚落（图11-3-32）。

　　颜神古镇的改造更新梳理了聚落的街巷秩序，内部的街巷如河南东街、工农街、院落胡同、北头井胡同等街道走向和脉络肌理基本保留了原貌，在此基础上规划游览路线。通过墙面改造、公共空间节点放大、主要观览建筑串联以及新辟广场的加入，自然地组织起街区环境要素。其中，将近现代工业遗存的老博陶第五车间保留改造为博物馆，原物展示了陶瓷隧道窑。对于厂房外部河道，设计通过增加不同标高的滨水平台将原本生产性场地转化为休闲场所。街区重点打造的匣钵广场以圆窑和手工生产的棚屋建立视觉焦点，围绕其周边设置咖啡厅、书店、陶艺工作室等休闲体验场馆。匣钵元素以建筑墙面、花坛造型为载体反复出现，形成了片区符号化的建筑语汇，从细节上体现了陶瓷主体（图11-3-33~图11-3-35）。

　　颜神古镇改造后以煤炭、陶瓷、琉璃，以及美食为主要

图11-3-33　当地烧瓷器的馒头窑（来源：金文妍 摄）

特色，凭借其丰富多元的形态，以及紧密融合的产业链，依托古窑、老厂房和传统历史街区，建成涵盖度假酒店、民宿、古窑酒吧、陶瓷艺工作室、工艺实验室、陶琉精品展示、交易市场、地方特色民俗、美食街区的综合性街区（图11-3-36、图11-3-37）。

图11-3-34　改造的第五车间及河道景观（来源：金文妍 摄）

图11-3-35　博物馆展陈的窑址（来源：初晓畅 摄）

图11-3-36　展厅及连廊（来源：金文妍 摄）

图11-3-37　匣钵广场（来源：金文妍 摄）

第四节　本章小结

本章从城市尺度、街区尺度、建筑尺度三个不同的精度，以空间场所的传承策略、地域建筑的保护更新和产业遗产的活化再利用三个专题，从不同角度透视了现当代山东传统建筑的传承和遗产保护更新。

山东腹地的城镇保持了较为传统的城市风貌和建筑做法，与此同时较为发达的铁路沿线城镇、海上贸易口岸的城市风貌和建筑类型则体现出多元的样貌。山东现当代城市规划和建筑实践在多元异质的基地条件下，不仅有对历史建筑正其本源的经典佳作，也有契合当代需求的城市更新和对文化传承的个性化表达。另外城市"双修"和高品质发展的内在需求也将以工业遗产活化利用为代表的厂房、厂区改造类项目推到前台，成为山东若干近代工业城市、地区的代表性实践。

第十二章　结语

　　山东传统建筑文化传承演进的历史脉络可以历时性地划分为古代、近代、现当代三个时期。古代时期是山东传统建筑文化发源和形成的时期。历史是人类活动的产物，地理是历史演变的舞台。山东省地处我国东部地区南北交通联结的要冲，泰沂山脉中部隆起，黄河下游入海、大运河襟带南北，胶东半岛跨黄海东联日、韩，地理交通区位优越。齐鲁文化是中国传统文化的重要组成部分，也是中国传统地域文化的主要代表。作为齐鲁文化的代表，儒学对中国历史乃至文化发展产生了至关重要的作用，与之相对应的礼制精神和正统的官式建筑体系，构成了山东传统建筑文化的内核和根柢。在以儒家文化为主体的一体多元的传统文化浸润下，无论是本土的道教建筑还是外来的佛教、伊斯兰教建筑文化，均被纳入中国传统的木构建筑体系。儒、释、道三教与民间信仰的并存融合，交通、移民、海防等因素带来的文化交流，在不同自然环境、历史人文和社会经济因素作用下，形成了山东厚重多彩的地域文化谱系，从沟通天地的泰山文化，联通中原的黄河文化、融汇南北的运河文化，到通达闽越的海洋文化等特色鲜明的区域文化，共同构成了山东传统建筑文化的多元复合特征。如果说礼制精神和官式建筑代表了山东传统建筑文化的正统性、连续性特征，那么，传统民居则充分表现了山东传统建筑文化的丰富性、多样性特征，在聚落选址、布局形态、结构构造和细部装饰等方面形成了鲜明的地域性、乡土性特征。

　　近代时期是中西方建筑文化剧烈碰撞与交融的时期。自20世纪初以降，传统建筑文化的延续与传承在建筑实践上经历了四个时期，形成了三次传统建筑文化复兴浪潮，构成了贯穿20世纪中国近、现代建筑历史的重要脉络。纵观20世纪山东立基传统文化的建筑实践脉络，均与全国范围内的历次传统建筑文化复兴潮流息息相通，成为20世纪中国建筑本土化、地域性探索的重要组成部分。20世纪初，作为近代在华基督宗教本土化策略的重要组成部分，教会主导下形成的"中国式"建筑，成为中国传统建筑与西方建筑相融合的最初尝试，济南原齐鲁大学近现代建筑群是近代教会主导下的"中国式"建筑的代表作。20世纪二三十年代，在南京国

民政府大力倡导下，中国第一批正规建筑师进行的"中国固有形式"建筑实践，形成了中国20世纪的第一次传统建筑文化复兴高潮，波及青岛，留下了青岛水族馆、栈桥回澜阁等"宫殿式"大屋顶的建筑足迹。中华人民共和国成立后，20世纪五六十年代再度形成了传统建筑文化复兴浪潮，与全国范围的"社会主义内容、民族形式"潮流遥相呼应，济南诞生了山东师范大学文化楼、山东宾馆、南郊宾馆等一批经典的"民族形式"建筑。改革开放后20世纪八九十年代，形成了第三次传统建筑文化复兴浪潮，山东立基传统文化的建筑实践，突破了以"宫殿式"大屋顶为蓝本的"民族形式"模式，在传统形式演绎、场所文脉提炼、地域性及乡土性等方面形成了新的探索和突破，代表性作品如戴念慈先生的曲阜阙里宾舍、吴良镛先生的曲阜孔子研究院、关肇邺先生的曲阜师范大学图书馆、彭一刚先生的威海甲午海战纪念馆、戴复东先生的荣成北斗山庄等，成为载入中国现代建筑史册的经典作品。

　　改革开放新时期，建筑设计市场日益开放，当代国际建筑思潮纷至沓来，后现代主义、新现代主义、批判性地域主义、建筑现象学、建构、表皮等当代建筑思潮，给当代立基传统文化的建筑实践带来了新的视野和新的启迪。中国新一代建筑师登上建筑舞台，他们秉持"淡化风格流派、创作优秀建筑"的文化自觉，在齐鲁大地书写了21世纪山东传统建筑文化传承的新篇章，并赋予其可持续发展、绿色化、数字化等新的时代内涵，在诸多方面形成了新的探索、新的突破：走出"宫殿式"大屋顶的宏伟叙事，走向场所精神的微观叙事；超越传统建筑的形式表象，走向深层的文化内涵；摆脱传统形式的具象模仿，转向建构精神的积极表达；发掘传统建筑生态智慧，探讨基于地形地貌气候的"在地性"设计。改革开放以来，中国经历了史无前例的现代化和城市化进程，传统与现代、地域性与世界性、保护与发展之间的矛盾更加凸显。传统文化遗产是中华民族共同的宝贵财富，在保护中发展、在发展中保护，建筑遗产的保护传承与活化利用，不仅是传统建筑文化保护的重要课题，同时也成为当代山东地域性建筑实践的重要方向。

新时代赋予新使命，新征程呼唤高质量新发展。传统建筑文化的保护传承与守正创新，不仅是一份义不容辞的社会责任，更是推动中国式现代化与经济社会转型发展的重要精神文化资源。进入21世纪，中国经济经历了改革开放后30年的强劲增长，正在由高速增长阶段进入高质量发展的新阶段，经济社会的转型发展正在对于建筑设计模式产生决定性的影响："大拆大建"不再是城市建设的主旋律，取而代之的是小尺度、小体量的有机更新和空间织补；人们对城市和建筑空间的关注从物质空间"量"的增长，转向场所空间"质"的提升；对历史城区、历史风貌和传统村落的保护日益受到全社会的广泛关注，传统建筑文化的保护传承正在迎来前所未有的历史契机。

一切历史都是当代史，对过往历史的探究无不指向当下现实的存在。述往事、思来者、鉴往而知来，历史是一个人们获取理性力量的巨大认识对象。本书立足于山东省的传统建筑文化的研究，基于特定的地形、地貌、气候特征和历史人文环境，力求从外显的物质形态和内隐的精神气质两个方面，提炼具有本源性的山东地域文化基因，从而为山东地域性建筑实践提供较为坚实的学术依据。本书探讨了近代以降的山东传统建筑传承的历史脉络和现代转化的探索历程。随着时代精神和时代语境的变迁，对于传统文化的认知视角和阐释方式也在不断嬗变，有鉴于此，本书着重在设计理念、设计手法、设计作品等方面对山东当代的地域性建筑实践进行了深入的解析。在此，希望本书的成果可以为山东省和其他地区的地域性建筑创作与理论创新提供有益的借鉴。

参考文献

Reference

[1] 梁思成，梁思成文集（三）[M]. 北京：中国建筑工业出版社，1985.

[2] 陆元鼎，中国古建筑丛书[M]. 北京：中国建筑工业出版社，2015.

[3] 张祖陆，山东地理[M]. 北京：北京师范大学出版社，2014.

[4] 山东省人民政府. 山东省行政区划[N]. 山东省人民政府公报，1949.

[5] 王有邦. 山东地理[M]. 济南：山东省地图出版社，2000：6-7.

[6] 山东省历史地图集编纂委员会. 山东省历史地图集（自然分册）[M]. 济南：山东省地图出版社，2009：9-10.

[7] 王志东. 填补东夷历史文化研究的空白[J]. 社会科学报社，2019：27-28.

[8] 宣兆琦. 张玉书. 齐文化研究的现状与发展趋势[J]. 管子学刊. 2005（01）：22-26.

[9] 陈伟军. 泰山文化概论[M]. 济南：山东出版社，2012：39-40.

[10] 王书军. 山东农业大学. 博客文章——泰山文化专题. http://blog.sina.com.cn/tswsj.

[11] 姚庆丰. 齐文化视域下临淄故城空间形态研究[D]. 济南：山东大学，2018.

[12] 张建华. 农耕时代济南泉城聚落环境景观的溯考与思索[J]. 城市规划，2011（3）：15-20.

[13] 王丽娜. 济南泉水环境空间形态与传统聚居模式演绎探讨[D]. 济南：山东建筑大学，2007.

[14] 桓台县新城镇人民政府网站. 新城国家历史文化名镇保护规划公示[EB/OL]. [2021-10-20].

[15] 王雁. 桓台县新城镇历史文化名镇保护研究[D]. 天津：天津大学，2015.

[16] 泰安市岱岳区人民政府网站. 大汶口历史文化名镇保护规划征（草案）[EB/OL]. [2021-10-20].

[17] 张建华，张玺，刘建军. 朱家峪古村落环境特色之中的生态智慧与文化内涵[J]. 青岛理工大学学报，2014（1）：1-6.

[18] 刘甦，高宜生等. 山东古建筑[M]. 北京：中国建筑工业出版社，2015.

[19] 张烨. 基于生态适应性的传统聚落空间演进机制研究——以平阴县洪范池镇书院村为例[D]. 济南：山东建筑大学，2015：18-22.

[20] 刘红丽. 精巧隽永、南北结合之园林典范——潍坊市十笏园园林艺术研究[J]. 绿色科技，2013（8）：10-14.

[21] 商学伟. 在地建筑观引导下的地方建筑设计策略探析——以鲁中南地区为例[D]. 济南：山东建筑大学，2019.

[22] 山东出版总社烟台分社. 烟台史话[M]. 济南：山东人民出版社，1983.

[23] [清]尤淑孝修，李正元集：乾隆《即墨县志》，卷10，艺文，清乾隆二九年（1764年）刻本.

[24] 谭立峰，赵鹏飞. 明代蓬莱水城聚落形态探析[J]. 建筑学报，2012（S1）：77-81.

[25] 谭立峰. 山东传统堡寨式聚落研究[D]. 天津：天津大学，2004.

[26] 陆裁等. 《山东通》.卷6.嘉靖十二年（1633）刻本. 《四库全书存目丛书》（史部第188册）[M]. 济南：齐鲁书社. 1996：323.

[27] 尹泽凯. 明代海防聚落体系研究[D]. 天津：天津大学，2016.

[28] 郭冬琦. 传统村落雄崖所古城民居保护与更新研究[D]. 青岛：青岛理工大学，2015.

[29] 孙倩倩. 山东沿海卫所研究[D]. 济南：山东建筑大学，2013.

[30] 郭冬琦. 传统村落雄崖所古城民居保护与更新研究[D]. 青岛：青岛理工大学，2015.

[31] 青岛市文物局. 青岛明清海防遗存调查研究[M]. 青岛：中国海洋大学出版社，2016.

[32] 耿学彪. 胶东传统海岸村落景观文化的可视化表征研究[J]. 城镇建设，2019（6）：12.

[33] 李玉琳. 记山东荣成民居——海草房[J]. 小城镇建设，2006（6）：52-54.

[34] 周双林，张瑞芳，李艳红，马行华. 西式建筑地砖病害及保护建议——以青岛天后宫地砖为例[J]. 古建园林技术，2020（04）：87-90.

[35] 刘彩云. 胶东地区海草房营造技艺的发掘与保护研究[D]. 北京：北京服装学院，2017.

[36] 万晶，隋杰礼. 海商文化在胶东传统民居建筑装饰中的体现[J]. 烟台大学学报：自然科学与工程版，2019，32（2）：7.

[37] 赵素菊. 山东妈祖建筑初探[D]. 青岛：青岛理工大学，2008.

[38] [清]嵩山修，[清]谢香开，张熙先纂. 嘉庆《东昌府志》（据清嘉庆十三年刻本影印）//中国地方志集成·山东府县志辑87[M]. 南京：凤凰出版社，2004.

[39] [清]张度，[清]邓希曾修，[清]朱镜纂. 乾隆《临清州志》（据清乾隆五十年刻本影印）//中国地方志集成·山东府县志辑94[M]. 南京：凤凰出版社，2004.

[40] 张自清修，张树梅，王贵笙纂. 民国《临清县志》（据民国二十三年铅印本影印）//中国地方志集成·山东府县志辑95[M]. 南京：凤凰出版社，2004.

[41] 李树德修，董瑶林纂. 《民国德县志》（据民国二十四年铅印本影印）//中国地方志集成，山东府县志辑12[M]. 南京：凤凰出版社，2004.

[42] [清]王道亨修，[清]张庆源纂. 乾隆《德州志》（据清乾隆五十三年刻本影印）//中国地方志集成·山东府县志辑10[M]. 南京：凤凰出版社，2004.

[43] [清]董政华修，[清]孔广海纂. 光绪《阳谷县志》（据民国三十一年铅印本影印）//中国地方志集成·山东府县志辑93[M]. 南京：凤凰出版社，2004.

[44] [清]张廷玉等撰. 《明史》[M]. 上海：上海古籍出版社，2008.

[45] 刘甦. 山东古建筑[M]. 北京：中国建筑工业出版社，2016.

[46] 陈志华，李秋香. 中国乡土建筑初探[M]. 北京：清华大学出版社，2012.

[47] 赵鹏飞. 山东运河传统建筑综合研究[D]. 天津：天津大学，2013.

[48] 赵鹏飞. 山东运河生土民居实例探析[J]. 华中建筑，2012.

[49] 王云. 明清山东运河区域社会变迁[M]. 北京：人民出版社，2006.

[50] 王云. 明清山东运河区域的金龙四大王崇拜[J]. 民俗研究，2005.

[51] 陶斌，高宜生，邓庆坦. 山东清代城堡式民居——魏氏庄园建筑特色探析[J]，华中建筑，2012.

[52] 赵鹏飞，谭立峰. 大运河线性物质文化遗产：山东运河传统建筑[M]. 北京：中国建筑工业出版社，2019.

[53] 张祚民. 山东通史[M]. 济南：山东人民出版社，1992.

[54] 王守中，郭大松. 近代山东城市变迁史[M]. 济南：山东教育出版社，2001.

[55] 李海霞，陈迟. 山东古建筑地图[M]. 北京：清华大学出版社，2018.

[56] 胡树志，张复合，村松伸等主编. 中国近代建筑总览：烟台篇[M]. 北京：中国建筑工业出版社，1992.

[57] 徐飞鹏，张复合，村松伸等主编. 中国近代建筑总览：青岛篇[M]. 北京：中国建筑工业出版社，1992.

[58]《青岛历史建筑（1891-1949）》编委会. 青岛历史建筑（1891-1949）[M]. 青岛：青岛出版社，2006.

[59] 宋连威. 青岛城市老建筑[M]. 青岛：青岛出版社，2005.

[60] 袁宾久. 青岛德式建筑[M]. 北京：中国建筑工业出版社，2009.

[61] 金山. 青岛近代城市建筑（1922-1937）[M]. 上海：同济大学出版社，2016.

[62] [德]托尔斯藤·华纳，青岛市档案馆编译. 近代青岛的城市规划与建设[M]. 南京：东南大学出版社，2011.

[63] 建筑文化考察组，潍坊市坊子区政府. 山东坊子近代建筑与工业遗产[M]. 天津：天津大学出版社，2008.

[64] 邵甬，辜元. 近代胶济铁路沿线小城镇特征解析——以坊子镇为例[J]. 城市规划学刊，2010（2）：102-110.

[65] 张润武，张复合，村松伸等主编. 中国近代建筑总览：济南篇[M]. 北京：中国建筑工业出版社，1996.

[66] 张润武，薛立. 图说济南老建筑：近代卷[M]. 济南：济南出版社，2001.

[67] 张润武，薛立. 济南近代城市的发展与城市形态特色[J]. 山东建筑大学学报，2002，17（4）：27-30.

[68] 李百浩，王西波. 济南近代城市规划历史研究[J]. 城市规划学刊，2003（2）：50-55.

[69] 党明德. 济南百年城市发展史[M]. 济南：齐鲁书社，2004.

[70] 赖德霖，伍江，徐苏斌主编. 中国近代建筑史（第一卷）[M]. 北京：中国建筑工业出版社，2016.

[71] [日]藤森照信，张复合. 外廊样式——中国近代建筑的原点[J]. 建筑学报，1993（5）：33-38.

[72] 刘亦师. 中国近代"外廊式建筑"的类型及其分布[J]. 南方建筑，2011（2）：36-42.

[73] 赖德霖主编，王浩娱，袁雪平，司春娟编. 近代哲匠录[M]. 北京：中国水利水电出版社，2006.

[74] 周正，周雪平. 筹建山东剧院的前前后后[J]. 春秋，2014（03）：31-34.

[75] 王扬，曹伟. 文阁古韵 书香馥郁 登攀拾英 问学苍穹——植根齐鲁文化之沃土的山东师范大学[J]. 中外建筑，2018（09）：10-16.

[76] 谭威，柳肃. 20世纪50年代中国建筑的民族形式复兴[J]. 南方建筑，2006（03）：119.

[77] 诸葛净. 断裂或延续：历史、设计、理论——1980年前后《建筑学报》中"民族形式"讨论的回顾与反思[J]. 建筑学报，2014（Z1）：53-57.

[78] 张镈，郑孝燮，张开济，周干峙，关肇邺，李道增，吴良镛. 曲阜阙里宾舍建筑设计座谈会发言摘登[J]. 建筑学报，1986（01）：8-15+82-84.

[79] 张祖刚等主编. 当代中国建筑大师-戴念慈[M]. 北京：中国建筑工业出版社，2000.

[80] 戴念慈. 阙里宾舍的设计介绍[J]. 建筑学报，1986（01）：2-7+82.

[81] 吴明伟，薛平. 认识、探索与实践——曲阜五马祠街规划设计浅析[J]. 建筑学报，1988（03）：26-32.

[82] 周桂琳，王小斌. 曲阜孔子研究院中传统装饰元素应用的当代思考[J]. 华中建筑，2012，30（02）：156-158.

[83] 倪锋. 踵事增华——谈曲阜孔子研究院主体建筑正吻设计[J]. 华中建筑，2001（03）：27-30.

[84] 吴良镛. 关于曲阜孔子研究院设计的学术报告——在曲阜孔子研究院设计学术讨论会上的发言[J]. 建筑学报，2000（07）：14-17+74-75.

[85] 吴良镛，张悦. 基于历史文化内涵的曲阜孔子研究院建筑空间创造[J]. 空间结构，2009，15（04）：7-16.

[86] 戴复东. 继承传统、重视文化、为了现代——山东荣成北斗山庄建筑创作体会[J]. 建筑学报，1994（09）：36-39.

[87] 布正伟. 由感悟影视作品到运用建筑语言：有感于建筑作品文化气质的凸显与表现[J]. 建筑创作，2005（12）.

[88] 潘谷西主编. 中国建筑史[M]. 北京：中国建筑工业出版社，2015：452.

[89] 布正伟. 论寻找城市——烟台航站楼创作答疑[J]. 建筑学

报，1993（06）：9-15.

[90] 徐达，王振飞，张洲朋. 消隐的建筑——2014青岛世界园艺博览会天水地池综合服务中心设计[J]. 建筑学报，2014（06）：61-65.

[91] 傅筱，施琳，李辉. 显隐之间——2014青岛世界园艺博览会梦幻科技馆设计[J]. 建筑学报，2014（07）：82-83.

[92] 泺水之乐 济南市省会文化艺术中心[J]. 室内设计与装修，2014（04）：22-27.

[93] 徐友全，张世洋. BIM技术在山东省会文化艺术中心大剧院双曲面壳体龙骨定位中的应用[J]. 施工技术，2014，43（03）：55-58.

[94] [美]阿摩斯·拉普卜特. 宅形与文化[M]. 常青，译. 北京：中国建筑工业出版社，2007.

[95] 崔愷. 山东省广播电视中心[J]. 世界建筑，2013（10）.

[96] 刘子玥. 边界的多样和统一的感知体验 济宁美术馆[J]. 时代建筑，2021（03）.

[97] 徐达，王振飞，张洲朋. 消隐的建筑——2014青岛世界园艺博览会天水地池综合服务中心设计[J]. 建筑学报，2014（06）.

[98] 崔愷. 泰山桃花峪游人服务中心[J]. 世界建筑，2013（10）.

[99] 何镜堂，王杨，李天世，向科. 基于"两观三性"理念的地域——烟台文化中心规划与建筑设计[J]. 建筑学报，2010（04）：65-66.

[100] 黄瑜，何镜堂. 造境·写意·工笔——文化中心建筑组群中的场馆设计思考[J]. 南方建筑，2020（02）：120-125.

[101] 王润政，吴蔚迪. 浅谈博物馆设计的文化性体现——以山东大学青岛校区博物馆为例[J]. 四川建筑科学研究，2021（4）：92-98.

[102] 济南奥林匹克体育中心[J]. 建筑学报，2009（10）：52-56.

[103] 张杰，张弓，张冲，霍晓卫. 向传统城市学习——以创造城市生活为主旨的城市设计方法研究[J]. 城市设计，2013（3）：26-30.

[104] 张杰，王新文. 济南商埠区保护利用规划研究[M]. 北京：中国建筑工业出版社，2010.

[105] 王骏，邱瑛，王刚. 浅谈烟台奇山所城历史街区的文脉延续与活力复兴[J]. 建筑与文化，2018（11）：218-219.

[106] 高玮懋，方旭艳. 异质文化语境下山东省近代建筑的比较研究——以烟台和济南的商业建筑为例[J]. 城市建筑，2021（18卷）总第406期，97-99.

[107] 蒋正良. 历史街区保护更新规划探讨——以青岛中山路区域保护更新改造总体规划为例[J]. 规划师，2015，31（07）：110-116.

[108] 吴鹏. 烟台市朝阳街历史街区的保护规划[J]. 山西建筑，2008（7）：46-47.

[109] 王骏，邱瑛. 基于地域性的港口工业区景观更新与文化重塑——以烟台朝阳街太平湾码头为例[J]. 中国名城，92-96.

[110] 高伟，王腾，王灵芝. 结合文化传承谈历史建筑的修复与再利用——以青岛水兵俱乐部更新为例[J]. 自然与文化遗产研究，2019（7）：104-110.

[111] 张靓. 力复兴导向下青岛里院保护与更新策略研究——以广兴里为例[J]. 建筑与文化，2020（12）：111-113.

[112] 张军杰，秘嘉. 枯木逢春——谈山东大学"号院"改造设计[J]. 建筑学报，2007（06）：90-92.

[113] 董功. 置入历史的回廊——烟台所城里社区图书馆[J]. di+c，2018（5）：94-99.

[114] 徐苏斌，青木信夫，王琳. 从工业遗产保护到文化产业转型研究[M]. 北京：中国城市出版社，2021.

[115] 徐达，赵亢男. 蝶变——海泰工业园厂房项目改造重生记[J]. 城市 空间 设计，2021（3）：102-110.

[116] 侯梦瑶. 赋能村庄，提升乡村的内生动力[J]. 建筑技艺，2020（12）：7.

[117] 山东省地方史志编纂委员会. 山东省志·工业综合管理志[M]. 济南：山东人民出版社，1999：149.

后 记

Postscript

改革开放以来，我国经历了史无前例的城乡建设与更新浪潮，建筑设计实践逐步与国际接轨，城市化进程高速发展，城乡面貌日新月异。与此同时，地域性文化衰落与城乡风貌"千城一面""千村一面"的特色危机日益凸显，城乡建设与传统文化保护与传承之间的矛盾愈发尖锐。在当代建筑创作实践中，如何平衡"时代性"与"民族性"，已成为一个不可回避的话题。中华民族几年前的悠久历史和灿烂文明塑造出独具特色的古典建筑体系和多元璀璨的地域性建筑传统，凝结了世世代代华夏儿女的乡土情怀与营造智慧。在当代设计实践中，既要把握时代精神、融汇科学技艺，又要关注人文诉求、传承地方传统。回溯历史，继往开来，成为本书编著工作的主要出发点。

山东是我国传统建筑文化历史悠久、资源丰富、特色鲜明的省份，通过解析山东现存的丰富传统、近代建筑遗产，挖掘当代创作实践的"时代性"与"地方性"特征，探索延续山东地区历史文脉的路径与方法。本书从山东地区的历史、地理、人文特征出发，上篇以区域文化为经，阐释鲁中南、胶东、鲁西南、鲁西北四区传统建筑文化，下篇以历史脉络为纬，呈现近代以来建筑实践的变革与转型，凝练总结当代实践的趋势与走向，是首部兼具山东地区传统建筑文化解析与近代、现代及当代创作传承的著作。

本书相关内容的研究，始于山东省住房和城乡建设厅指导和推动下的《齐鲁建筑传承与创新》研究，由全晖策划书稿，同邓庆坦、高宜生、刘建军、赵鹏飞、王宇、王月涛、慕启鹏、陈勐、石涛共同开展调研和编著工作。历时2年，讨论撰写，形成对山东传统建筑解析和当代建筑创作研究的阶段性成果。

2021年9月，承蒙中国建筑工业出版社信任，开始《中国传统建筑解析与传承 山东卷》研究和编著工作。由全晖、邓庆坦、高宜生组织山东建筑大学、青岛理工大学、烟台大学、济南大学师生共同推进相关工作。期间备受山东省住房和城乡建设厅、各规划设计单位帮助，甚为感念。在此，感谢山东省住房和城乡建设厅、同圆设计集团股份有限公司、山东省城乡规划设计研究院、山东建工（建设）集团有限责任公司、山东大卫国际建筑有限公司、山东建大建筑规划设计研究院、青岛腾远设计事务所有限公司、威海市建筑设计院有限公司、中国建筑设计研究院有限公司、本土设计研究中心（原崔愷工作室）、李兴钢建筑工作室、清华大学建筑设计研究院、同济大学建筑设计研究院（集团）有限公司、上海建筑设计研究院有限公司、天津大学建筑规划设计研究院、华南理工大学建筑设计研究院、上海水石建筑规划设计股份有限公司、上海联创设计集团股份有限公司、天津市天友建筑设计股份有限公司、北京维拓文创科技有限公司（VDA）、北京华汇关联建筑设计咨询有限公司、悉地国际设计顾问（深圳）有限公司、DC国际建筑设计事务所、GMP建筑师事务所、西泽立卫建筑事务所、Snøhetta建筑事务所、ATAH介景建筑事务所、马达思班（MADA s.p.a.m.）建筑设计事务所、三文建筑（何崴工作室）、朱锫建筑设计事务所、直向建筑事务所、灰空间建筑事务所、凡度设计事务所、墨照建筑事务所、CCDI·境工作室等单位在资料收集方面提供的帮助。感谢山东省文物保护修复中心、济南市职工文化事业发展中心、青岛市城市建设档案馆、青岛市即墨区田横镇镇政府、烟台市博物馆、烟台市蓬莱区文物局、栖霞市文物局、龙口市文物局、烟台市高新技术产业开发区金山湾管理处上庄村民委员会、烟台市牟平区姜格庄镇北头村、招远市张星镇川里林家村村民委员会、烟台所城张氏宗祠、临清市自然资源和规划局、威海市群艺馆、邹城市规划局、中国石油大学（华东）等机构在实地考察、资料收集等方面提供的便利与帮助。王汉阳、闫济等提供现场拍摄，在此一并致谢！

　　在本书编著过程中，多次召开线下、线上书稿讨论会，凝结了团队成员的大量劳动与辛勤付出，几易其稿、终于成文。本书编著工作的主要分工如下：

第一章　邓庆坦、高宜生；

第二章　刘建军、仝晖、高宜生；

第三章　隋杰礼、徐敏、郝占鹏、杨俊、刘馨蕖、温亚斌、成帅、贾超、韩玉、赵琳、许从宝；

第四章　赵鹏飞、仝晖、尹新、徐雅冰、张文波；

第五章　赵鹏飞、仝晖、常玮；

第六章　陈勐、慕启鹏；

第七章　刘哲、王月涛；

第八章　刘强、于江；

第九章　张菁；

第十章　李超先、王宇；

第十一章　金文妍；

第十二章　邓庆坦；

邓庆坦、仝晖负责统稿。

本书编著过程中，遭遇新冠疫情影响，加之编著者水平所限，工作尚存在遗憾与不足。作为阶段性研究成果，恳请广大读者与同仁斧正、指导！

2022年9月